Strategy · Tactics, and Operational Arts
어떻게 경쟁하고 승리할 것인가?
원리와 방법

STRATEGY & TACTICS AND OPERATIONAL ARTS

어떻게 경쟁하고 승리할 것인가?

원리와 방법

배달형 · 전덕종 · 김진영 지음

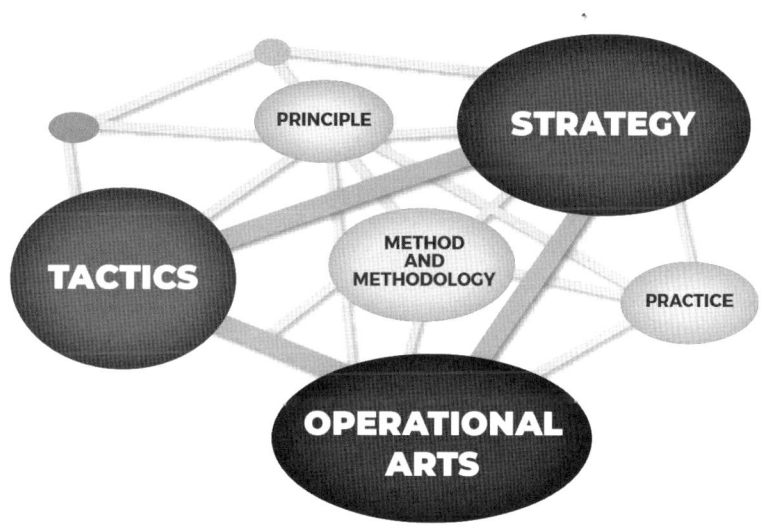

| **일러두기** |

이 책은 국립국어원의 표준어 규정 및 외래어 표기법을 따르지만
일부 인명이나 지역명 및 기업명은 실제 발음을 따라 표기한 경우도 있습니다.

발간에 부쳐

군사이론은 예로부터 군사사상가, 이론가 및 실천가로 추앙받고 있는 동양의 손자孫子와 서양의 베제티우스Vegetius 이래, 군사이론을 집대성한 클라우제비츠Clausewitz를 비롯하여 리델 하트Liddell Hart, 월츠Waltz 등 전쟁과 군사 현상에 대한 명철한 논의들을 기반으로 하여 역사적으로 그에 대한 많은 논쟁이 이어져 왔고, 이를 토대로 하여 심오한 이론적 발전 역시 지속되어 왔다.

21세기 정보문명시대에 접어든 지금도 군사사상, 이론 그리고 교리에 관한 주제들은 전쟁과 군사 현상에 대한 본질과 원인, 전쟁과 군사, 전반적인 군사력 발전의 실천적 원리와 방법 등에 대하여 군사사상가, 이론가뿐만 아니라 정치가, 학자, 전문가, 군 지휘관들의 적지 않은 관심이슈가 되고 있다.

본서는 광범위한 군사학의 분야 중에서 '군사력의 운용을 위한 술術과 관련된 원리와 방법 그리고 수행'에 관련된 본질적 연구의 대상과 영역에 주로 관심을 두고 있다. 특히, 전쟁을 어떻게 인식하느냐 하는 군사사상과 이를 연계하여 준비된 군사력을 어떻게 운용할 것이냐에 관련된(이를 용병술用兵術이라 일컬어져 왔다) 군사전략, 작전술, 전술에 대한 원리와 융합적 운용방법에 대한 포괄적인 이해를 목적으로 한다. 이 같은 군사력 운용에 대한 포괄적 이해는 대체로 원리Principle와 방법Method and Methodology 그리고 실행Practice의 관계와 그것들의 연결과 융합으로 이루어질 수 있을 것이다. 그래서 '전쟁과 군사' 현상에 대해 용병술 중심의 원리와 방법론적인 일반 통찰을 일깨워 창조적 사고능력의 계발에 도움을 주고자 하는 것이 본서의 본원적 목적이다.

본서는 전쟁과 군사 현상의 본질과 특성 등 전쟁이 무엇인가를 사유하는 전쟁철학과 고유한 전쟁에 대한 인식에서 우러나오는 군사관軍事觀 등 군사사상의 초석 위에서, 그리고 어떻게 전쟁을 지도하고 수행하여 승리로 이끌 수 있을 것인가 하는 측면에서, 군사전략, 작전술, 전술 등 용병의 제(諸)원리를 체계적으로 규명하고 방법과 방법론에 대한 군사적 안목과 식견을 확충함으로써, 축적된 지식으로 적응적인 한국군의 군사력 발전, 특히 군사력의 운용과 적용에 관한 유연성 있는 사고력의 계발(啓發)과 실효적 적용의 창달(暢達)에 도움을 줄 수 있도록 하였다.

또한, 기존 군사이론 연구의 한계나 제한사항을 극복하기 위하여, 군사전략, 작전술, 전술 등 용병술의 기본개념을 새로이 갱신하거나 보완하고, 이들 사이에 존재하는 관계에 대한 폭넓은 이해를 통해 억제와 전쟁의 승리라는 종국적인 목적달성을 위한 내적 관계를 더욱 명확히 정립하고 있다. 이로써 '어떻게 통합적으로 운용될 수 있을 것인가'하는 데 대한 더 넓은 직관적 통찰을 얻을 수 있도록 노력을 기울였다.

더욱이 역사적으로 다양한 전쟁의 사례에서 성공할 수 있었던 근본원리가 무엇이며 이러한 원리가 전쟁승리를 위해 어떻게 기여할 수 있었던가를 '전략-작전술-전술'의 연계 관점에서 이해할 수 있을 것이다. 특히, 본서는 나폴레옹 전쟁 이후 용병술로서 새로이 등장한 '작전술'에 대하여 새로운 관점에서 개념의 이론적 토대를 더욱 명확히 정립하여 제시할 것이며, 나아가 최근 미국 등 선진국의 새로운 전쟁 혹은 분쟁, 관련 사례 분석을 통해 발전되고 있는 '전술'의 원리와 방법을 한국적 적용 관점에서 발전시킬 수 있도록 하는 이론적 기반을 이해하는 데에도 많은 도움을 받을 수 있도록 하였다.

그러므로 본서는 군사력을 운용하는 술의 원리와 방법에 대한 전체적이고 포괄적인 안목과 이해 그리고 포괄적인 통찰을 얻을 수 있도록 하는 매우 의미 있는 책이라 할 수 있다.

이 책은 군사사상, 이론 및 교리를 연구하는 군사이론가, 학자, 전문가들에 의한 전반적인 군사학 발전에 우선적으로 기여할 수 있을 뿐만 아니라 정책 의사결정자 및 실무자, 야전 부대 지휘관 및 참모들의 업무에도 유용한 지침서가 될 수 있을 것이다. 또한, 군에 처음 입문하는 사관학교 생도, 일반대학과 대학원의 군사학과 학생, 그리고 군사교육기관의 초급, 전문, 고급 과정에서 과목 교재나 군사적 소양을 위한 기본 혹은 참고 교재로 사용할 수 있을 뿐만 아니라 경쟁과 성과에 관심을 두고 있는 정책학, 전략학, 행정학, 경영학, 경영전략학 등 일반대학의 참고교재나 관심 있는 일반 독자들의 인문학을 위한 교양도서로도 사용될 수 있을 것이다.

모쪼록 이 책이 전쟁과 군사 현상에 대한 이해와 통찰을 바탕으로 새로운 환경에 더 능동적이고 적극적으로 적응할 수 있도록 실천하는 데 도움이 되고, 또한 군 발전의 토대와 밑거름이 될 수 있도록 함으로써 군사에 관한 지식을 폭넓게 확충할 수 있도록 하며, 나아가 보다 창의적이고 실천적인 군사 이론과 교리로의 발전을 모색할 수 있는 터전이 되기를 기대한다.

마지막으로 본 저서의 편집상 용어와 개념 정리 등의 사용에 있어서 조금이라도 미흡한 점이 있다면 전적으로 우리 저자들에게 책임이 있음을 밝히는 바이다.

2022년 8월
저자 일동

감사의 글

이 책이 출간되기까지 오랜 준비시간이 필요했으며, 본서의 핵심 주제들은 앞으로도 지속적으로 연구와 보완작업이 계속 다루어질 것이다.

이 책의 출판에 기여한 분들의 전문성과 인내심에 감사를 드린다. 본서가 나오기까지 여러분들과 기관의 혜택과 도움을 받았다. 우선 이 책이 태동하는 계기가 되었고, 본서를 집필하는 방향성을 제시하여 주었던 「군사이론연구」 1987년판의 연구자들에게 깊은 감사의 말씀을 표하고자 한다. 그리고 본서를 집필하는 데에 있어 국방대 박창희 박사님과 군사편찬연구소 남보람 박사님께서도 한국군의 군사전략과 교리의 발전에 심도 있는 논의와 통찰을 주시었다.

또한, 한국군의 군사사상, 이론 및 교리의 발전을 위해 오랜 시간 노심초사 열정을 다해 연구와 저술 활동을 해오시고 정책과 야전 및 교육 분야에서의 폭넓은 실무 경험을 가지고 계신 본서의 공동저자 두 분께 존경과 함께 무한한 감사를 드린다. 연구와 야전 및 교육 분야에서 폭넓은 신뢰와 존경을 받고 계시는 전 육군대학 교수 전덕종 박사님께서는 본서의 작전술 분야에 대하여 새로운 관점과 시각에서 개념을 온전하게 보완하고 군사전략과 전술 간 역할과 관계 등을 이를 이해하기 쉽도록 풀어 설명하였다. 생도 시절 축구선수 경험과 30여 년간 군 작전 분야에 대한 폭넓은 식견을 가지신 김진영 박사님께서는 본서의 전술 분야에 대하여 군사사상, 군사전략 및 작전술을 연계하여 작전과 전투뿐만 아니라 스포츠 등 여러 사례와 함께 전술의 원리와 방법에 대한 이해를 높일 수 있도록 하였다.

저자들에게 연구를 지원하고 배려를 아끼지 않고 도와주신 군과 국방연구원장님 그리고 군사발전센터장 고원 박사님, 전략기획실장 박지훈 박사님께도 감사의 말씀을 드린다. 책의 집필과 발간에 아낌없는 조언을 해 주신 국방연구원의 김성규 박사님과 초안부터 수차례에 걸쳐 원고 검토를 해 주신 정호정 대령님, 전재현 박사님, 이경혜 연구원님 그리고 최우혁 님께도 고맙다는 말씀을 전한다. 마지막으로 본서의 출판을 허락해 주시고 아낌없이 발간 지원과 노력을 해 주신 국방연구원 전前 안보센터장이자 GDC Media의 이창형 박사님과 성심을 다해 편집을 맡아 주신 편집장 백지선 님께 진심으로 감사드린다.

언제나 마음으로 지원해 주고 늘 격려를 보내주었던 제 가인家人과 공동저자 두 분의 가족분들께 이 책을 바치며….

홍릉 연구실에서 현암賢岩

Si vis pacem para bellum

평화를 원하거든, 전쟁을 준비하라

Vegetius, De Re Militari

凡用兵之法 不戰而屈人之兵善之善者也

孫子, 謀攻篇

CONTENTS

발간에 부쳐 / v

감사의 글 / ix

CHAPTER 1
들어가며 概要 1

제1절 개 요 ··· 3
1. 본서의 집필 배경 3
2. 본서의 목적 및 의도와 집필 중점 6

제2절 전쟁과 군사 현상에 대한 이론적 패러다임 ·········· 11
1. 전쟁 현상에 대한 이론화 가능성과 패러다임 전환 11
2. 전쟁과 군사 현상에 관한 새로운 패러다임과 담론 14

제3절 '전쟁과 군사' 이론 개관 ··· 22
1. 개요 22
2. 전쟁과 군사 이론에 대한 기본 인식 및 태도 23
3. 군사학軍事學, Military Study과 본서의 관심 분야 26
4. 용병술 차원의 주요 이론과 발전과정 및 이론가 33

제4절 관련 주요 용어의 정의와 개념 ······························ 61
1. 용병술 관련 용어 61
2. 전쟁, 전역, 작전, 전투 관련 용어의 정리 66
3. 새로운 전쟁 관련 담론 69

미주 77

xiii

CHAPTER 2
전쟁철학 戰爭哲學 81

제1절	전쟁철학의 개요	83
제2절	전쟁의 본질	87
	1. '전쟁'이란?	87
	2. 전쟁의 진화와 시대별 특성	90
	3. 전쟁의 유형	100
	4. 전쟁의 본질	104
제3절	전쟁의 원인	112
	1. 일반적 원인	112
	2. 전쟁 원인의 범주화	116
	3. 전쟁의 발생 과정	124
제4절	전쟁관 戰爭觀	126
	1. 국토적 여건에 따른 전쟁관	126
	2. 생활방식에 따른 전쟁관	131
제5절	전쟁 목적目的과 목표目標	134
	1. 전쟁의 목적, 목표 그리고 술術과의 상관관계	134
	2. 전쟁목적에 대한 군사사상가의 논의	137
	3. 전쟁목표에 대한 군사사상가의 논의	141
	미주	147

CHAPTER 3
군사전략 軍事戰略 149

제1절	전략의 개관	151
	1. 용어의 기원	151
	2. 전략 개념의 분화와 확장	154
	3. 전략의 개념 재정립 필요성	160

제2절 전략, 그리고 국가전략 및 군사전략 ················· 166
    1. '전략' 용어와 개념 재정립 방향   166
    2. '전략' 개념과 용어의 재정립   167
    3. 전략의 구성요소와 관계   172
    4. 국가전략과 군사전략   176

제3절 군사전략 ··· 181
    1. 의의   181
    2. 술arts과 과학science으로서의 군사전략   191
    3. 군사전략의 구분과 유형 및 특성   194
    4. 군사전략의 목표   208

제4절 군사전략의 설정Formulation과 구현Implementation ················· 214
    1. 군사전략의 설정과 구현 틀   214
    2. 국가전략상 군사전략의 위상, 원리와 방법적 통찰   220
    3. 군사전략의 본원적 논리logic와 원리principle   225
    4. 군사전략 설정과 구현을 위한 융합적 원리와 방법   229
    5. 동시적, 통합적 역량 구현을 위한 군사력변환transformation   231
    6. 군사력 발전을 위한 포괄적 발전방향성 모색   233
    7. 적응적 융합을 위한 전략적 기획strategic planning   236
    미주   239

CHAPTER 4

작전술作戰術   245

제1절 작전술 개관 ··· 247
    1. 등장 배경   248
    2. 초기 발전과정   253
    3. 러시아의 작전술 발전과정   258
    4. 미국의 작전술 발전과정   262
    5. 소결론   265

제2절 작전술의 정의 및 개념 ·· 268
    1. 정의　268
    2. 작전술의 기본원리 및 개념　271
    3. 작전적 사고　276
    4. 전쟁 원칙　280

제3절 작전술의 실제적 적용 ·· 290
    1. 전략지침 이해　290
    2. 전역 구상 Designing　294
    3. 전역 계획 Planning　298
    4. 전역 시행 Conducting　303
    미주　308

CHAPTER 5

전술 戰術　309

제1절 전술 개관 ·· 311
    1. 개요　311
    2. 전술개념의 등장 및 확장　312
    3. 전술의 정의 및 개념　318

제2절 전술 제대 ·· 323
    1. 전술 제대의 역할 및 과업　323
    2. 전술 제대의 구비요건　326
    3. 전술 제대의 작전수행 범위　329

제3절 전투의 기본원리 ··· 333
    1. 전투의 특성　333
    2. 전투의 3요소　335
    3. 전투의 원리　341

제4절 승리의 핵심요소 ··· 350
    1. 주도권 개념 및 특성　350
    2. 주도권 획득의 원리　352
    3. 주도권 획득 방법　354

제5절 전투력의 조직 및 운용 ··· 368
    1. 전쟁원칙 적용　369
    2. 작전수행과정 적용　376
    3. 전장 및 전술집단 편성　390
    4. 전투수행기능의 통합 운용　396
    5. 공격작전　401
    6. 방어작전　408

    미주　414

CHAPTER 6
맺는말 結言　415

찾아보기　424

그림 차례

[그림 1-1] 군사사상-이론-교리 간 상호관계와 논리체계 ·········· 8
[그림 1-2] 전쟁에 대한 이론화 가능성 논의와 근대 초기의 학파 ·········· 25
[그림 1-3] 군사학과 본서의 집필 중점/관심 분야 ·········· 30
[그림 1-4] 군사학 학술체계의 대상과 영역 ·········· 31
[그림 1-5] 용병에 관한 術의 구성 ·········· 32
[그림 1-6] 용병술 관련 이론적 발전 역사 ·········· 45
[그림 1-7] 용병술 개념의 발전 역사 ·········· 58
[그림 2-1] 전쟁의 구분과 유형 ·········· 101
[그림 2-2] 빈도와 위험도에 따른 전쟁의 분류(예) ·········· 102
[그림 2-3] 전쟁의 발생과정 ·········· 124
[그림 2-4] 정치 목적의 구성과 체계 ·········· 136
[그림 2-5] 전쟁목적과 전쟁목표의 상관관계 ·········· 145
[그림 3-1] 전략 매트릭스strategy matrix ·········· 156
[그림 3-2] 전략에 대한 개념 분화와 그 위상 ·········· 157
[그림 3-3] 전략의 요소와 균형 ·········· 174
[그림 3-4] 국가전략과 군사전략 ·········· 180
[그림 3-5] 전쟁 수행 방식에 의한 군사전략 유형 ·········· 200
[그림 3-6] 현대 초기 독일의 사례로 본 국가목표와 군사전략 목표와의 상호관계 ·········· 212
[그림 3-7] 국가 정책 및 전략 설정 및 구현 틀 ·········· 215
[그림 3-8] 동시적, 통합적 군사전략 설정과 구현을 위한 과정적 융합 모델model ·········· 231
[그림 3-9] 전략의 설정과 구현 방법으로서 군사력변환transformation 개념 요약 ·········· 232
[그림 3-10] 가치 창출을 위한 융합의 방향성 ·········· 234
[그림 3-11] 전략적 기획과 일반기획의 위상 ·········· 237
[그림 3-12] 전략적 기획 프로세스 발전 구상 ·········· 238
[그림 5-1] 전투의 3요소 ·········· 336
[그림 5-2] 전투의 3요소 간 조화 ·········· 342
[그림 5-3] 전투의 3요소와 연계된 전술적 상황판단 ·········· 343

[그림 5-4] 전투의 3요소와 전술과의 관계 · 346
[그림 5-5] 공격과 방어의 상호관계 · 348
[그림 5-6] 선제 · 351
[그림 5-7] 힘과 전투력의 지향 방향 · 357
[그림 5-8] 집중의 원리와 힘의 효과 · 359
[그림 5-9] 시간과 기습의 효과 · 363
[그림 5-10] 작전구상요소 · 386
[그림 5-11] 연속 작전지역의 전장구분 · 391
[그림 5-12] 전투수행기능 · 397
[그림 5-13] 공격작전의 형태 전개 과정 · 406
[그림 5-14] 방어작전의 형태 · 411

표 차례

[표 1-1] 용병술에 대한 주요 이론가 및 개념 요약 · 57
[표 1-2] 전략에 대한 정의의 예 · 63
[표 1-3] 저강도분쟁 관련 용어 · 70
[표 3-1] 국가전략과 군사전략 · 178
[표 3-2] 전략의 기본원리 · 185
[표 3-3] 군사전략 구분과 유형 · 195
[표 3-4] 공격우위와 방어우위 · 199
[표 3-5] 정책과 전략의 일반 의미 · 218
[표 3-6] 군사정책과 군사전략의 일반 관계의 비교 · 220
[표 3-7] 전략적 기획과 일반기획의 차이점 · 237
[표 4-1] 작전술 관련 정의 및 개념 · 269

01
CHAPTER

들어가며 概要

Introduction

제1절 개 요
제2절 전쟁과 군사 현상에 대한 이론적 패러다임
제3절 '전쟁과 군사' 이론 개관
제4절 관련 주요 용어의 정의와 개념

CHAPTER 1

들어가며 概要

제1절
개 요

1 본서의 집필 배경

"평화를 원하거든, 전쟁을 준비하라[1]

Si Vis Pacem Para Bellum"

전쟁戰爭은[1] 인류 역사 이래 지금에 이르기까지 끊임없이 지속되었으며, 인류 문명 역시 전쟁과 평화平和에 대한 장구長久한 담론談論[2] 속에서 점진적으로 진화하거나 혁명적으로 발전해 왔다. 고대, 중세, 근대와 냉전冷戰과 탈脫냉전 시대를 거치면서 지금 세대에서는 범세계적인 지배적 정세, 거시적 환경, 과학기술의 개선과 혁신, 새로운 위협의 등장, 전쟁이나 분쟁紛爭 양상의 변화 등으로 그 실체와 관념이 모두

---

[1] 전쟁은 로마의 정치가이자 철학자인 키케로 Marcus Tullius Cicero가 "무력을 동원한 싸움 Contending By Force"이라 정의한 이래, 일반적인 사전적 의미로 "국가 혹은 다른 세력 간 무력을 동원한 싸움 Armed Conflict"(Webster's Dictionary NY: Random House, 1996) 등으로 간략히 정의하고 있으나, 역사적으로 많은 전쟁에 대한 사유와 여러 학자의 학문적 관점과 관심에 따라 다양하게 정의되어 사용되고 있다. 예를 들어, 퀸시 라이트는 "서로 다르지만 유사한 실체 간의 폭력적 접촉 Violent Contact"이라고(Quincy Wright, A Study of War, The University of Chicago Press, 1964., P. 5) 매우 포괄적이며 보편적으로 정의하고 있다.

[2] 담론談論, Discourse이란 '어떤 주제에 대하여 체계적으로 논하는 것'을 말한다.

급격히 변화하는 소용돌이 속에 있다.

　인류는 전쟁의 무력충돌로 인한 폭력과 강압, 고통과 죽음에 이르도록 하는 비극적 현실의 가능성 속에서도 평화와의 간극間隙을 메우려는 끊임없는 노력을 지속해 왔다. 더욱이 지나친 도덕적 이상주의理想主義를 경계하며 전쟁을 예방하고 억제하려는 인류의 엄숙한 노력은 국가와 국민의 삶과 문명의 발전을 지속할 수 있도록 하였다. 평화는 전쟁을 머금고 있으며, 전쟁은 평화를 안고 있기 때문에[2] 평화를 보장하기 위해서는 전쟁이 일어나지 않도록 갖추어진 역량과 의지로 억지抑止 혹은 억제抑制하거나[3] 전쟁이 일어난다면 전쟁의 목적을 달성할 수 있는 능력과 힘Power을 미리 준비하여 대비해야 한다.

> "평화의 도덕적 가치는 개인과 국가를 위해서 가장 필요한 것이다.
> 전쟁은 평화를 보전하기 위한 수단 외에는 아무것도 아니다."
> — 아리스토텔레스 Aristoteles

　어느 한 국가 혹은 집단에서 전쟁의 억지와 대비를 위한 중추적인 역할을 하는 것이 군사軍事, Military Affairs[4]이다. 군사라는 용어는 다양한 관점에서 정의되고 있지만, '주로 전쟁을 전제하고 그것을 주요 대상으로 하며, 평시에는 가장 합리적인 군사력을 건설 및 유지하고, 유사시에는 준비된 군사력을 효과적으로 사용하여 당면한 국가의 위협을 배제하거나 정책 목적을 달성하려는 국가 위기관리 기능'이란 정의가 개념적으로 전제, 대상, 목적 등을 명확히 정리하고 있다는 측면에서 많은 학자나 군사전문가들의 공감을 얻고 있다.[3] 및 [5] 본원적으로 전쟁과 군사에 대한 사

3　억지抑止와 억제抑制: '억지'는 '억눌러 못하게 하는 것'을 의미하고, '억제'는 '정도나 한도를 넘어서 나아가려는 것을 억눌러 그치게 하는 것'을 말한다. (표준국어대사전)

4　사전적 의미로써 군사軍事, Military Affairs 란 '전쟁, 군대, 군비軍備 등에 관한 일'을 말한다. 여기에서 군대軍隊란 용어는 '일정한 규율과 질서를 갖고 편제된 군인의 집단'이란 의미를 지니고 있다. (에센스 국어사전, 2013년 6판) 일반적으로 군대란 용어는 병영생활 이라든가 인적, 물적 자원의 측면을 가리키는 경향이 있으며, 이에 비해 군사는 전쟁, 군비 등 '무력'을 뜻하는 경향이 강하다. (namu.wiki, 2021. 10. 4 수정판 인용)

5　이와 같은 군사의 정의는 이종학1980년의 군사에 대한 개념적 논의를 기반하고 있다. 그는 '군사라는 것은 전쟁戰爭, War의 본질과 성격, 그리고 무력전의 준비, 수행, 억지에 관한 일체의 현상現象을 의미하며, 전쟁

유思惟와 논의에서는 이들이 서로 분리되어 이루어질 수 없는 불가분의 요소이다. 군사란 전쟁을 전제前提하고 있기 때문에 군사는 전쟁의 의미에 암묵적으로 내재되어 있는 무력, 강압적 폭력, '힘'의 충돌 등에 대하여 사고하고, 준비하여 태세를 갖추며, 이를 사용하여 목적을 달성하려는 노력의 집합체라 할 수 있다.

많은 학자와 군사전문가들은 전쟁과 군사의 현상에 대하여 전쟁술, 용병술, 장군의 술, 전투술, 리더십, 무기체계 등 다양한 분야에서 철학, 정치학, 사회학, 경영학, 물리학 등의 학문의 여러 시각과 방법론과 함께 주로 사변적思辨的[6]이고 당위적當爲的[7]인 관점에서 논의되어왔다.[4] 하지만 이전의 시대보다 더 불안정하고, 역동적이며, 복잡한 오늘날 불확실성의 시대에서는 어느 한 시점의 제한된 관점에서 관련 사건과 현상의 단편적인 분석보다는 전쟁과 군사에 관한 사고와 이론의 총체적인 관점과 패러다임 전환 관점에서 미래의 방향성을 찾는 담론에 관한 관심이 더욱 높아지게 된다.

이같이 전쟁과 군사에 대해 관심이 높아지고 있는 포괄적인 담론의 이해를 위해서는 전쟁과 군사에 관해 '한 시대를 지배하는 또는 한 시대의 사회 전체가 공유하는 과학적 인식, 이론, 방법, 문제의식, 관습, 사고, 관념, 가치관 등이 결합되어 있는 총체적인 틀 내지는 개념의 집합체'[5]로서 전반적인 패러다임[8]을 이해해야 할 필요가

에서 승리하기 위한 확고한 의지와 이를 실현할 수 있는 일체의 능력을 포함한다고 정리하고 있다. 또한, 그는 군사의 목적적 측면으로서 전쟁에 처하여 국가가 보유한 군사력Military Power을 어떻게 준비하고(군사력 건설), 사용하여(군사력 운용) 국가목표 달성에 기여할 것인가 하는 군사적 임무 수행을 두고 있으며, 군사의 기능적 측면으로서 국가 기능의 일부로서 군의 관리와 운영을 다루는 문제라고 군사를 개념적으로 정리하고 있다.

6 경험에 의하지 않고 순수한 사유만으로 인식하려는 것을 말한다.

7 마땅히 있어야 할 것 또는 마땅히 행해야 할 일이라고 요구되는 것이란 뜻을 지니고 있으며, 무조건 성취해야 할 목적이나 절대적으로 준수해야 할 규범 등을 의미한다.

8 패러다임paradigm이란 용어는 본래 패턴, 예시, 표본 등을 의미하는 그리스어 '파라데이그마'에서 유래한 것으로 '어느 한 시대 사람들의 견해나 사고를 근본적으로 규정하고 있는 테두리로서의 인식의 체계 또는 사물에 대한 이론적 틀'을 의미한다. (에센스 국어사전, 2013년 6판 및 ko.m.wikipedia, 2022. 2. 2., 탐색 인용) 이에 대하여 토마스 쿤Thomas Khun은 '한 시대를 지배하는(한 시대의 사회 전체가 공유하는) 과학적 인식, 이론, 방법, 문제의식, 관습, 사고, 관념, 가치관 등이 결합되어 있는 총체적인 틀 내지는 개념의 집합체'로 정의하고 있다.

있다.

오늘날 당면하고 있는 불확실한 현실과 미래의 소용돌이치는 패러다임의 전환기 속에서 발현될 수 있는 위협威脅, Threats과 위험危險, risk에 적절히 대응하기 위해 준비된 국가의 군사와 관련된 '힘Power', 즉 '군사력'[9]의 건설과 군사력을 효과적으로 성과를 달성할 수 있도록 조직하고 결합하여 융합된 가치가 발현, 운용될 수 있도록 하는 것은 매우 중요한 일이다. 이를 위해서는 전쟁과 군사에 대한 창의적인 사상적, 이론적, 교리적 뒷받침이 우선적으로 필요할 것이며, 이를 효과적으로 구현할 수 있도록 하는 집합적이고 총체적인 노력 역시 필요하다. 이는 우리의 능력과 의지의 융합체로서 군사력을 전쟁의 승리 등 국가적 목적 달성으로 확고하게 연결할 수 있도록 하는 전략戰略, Strategy, 작전술作戰術, Operational Arts, 전술戰術, Tactics 등 술術, Arts의 창조적 발전과 이와 서로 연계하여 과학을 기반하여 치밀하게 구상된 융합적 정책政策, Policy의 근원적인 이슈 식별과 이에 대한 실효적인 대응 방향 및 방책의 마련이 절실히 요구되고 있다고 할 것이다.

2 본서의 목적 및 의도와 집필 중점

본서를 집필하는 본원적인 목적은 전쟁과 군사 현상에 대하여 새로운 21세기 시대에 부합하는 창의적인 사상思想, Thought[10], 이론理論, Theory[11] 및 교리敎理, Doctrine[12]에

---

[9] 사전적 의미로서 군사력軍事力, Military Power이란 '병력, 무기, 경제력 등을 종합한, 전쟁을 수행할 수 있는 능력'을 의미한다. (에센스 국어사전, 2013년 6판) 군사력에 대한 정의는 학문적 관심과 실천적인 관점에서 다양하게 정의하고 있으며, 일반적으로 '병력과 화력 등 물리적인 투사력과 정보적인 능력, 군수지원 유지가 가능한 경제력, 외교력을 종합한 총체적인 전쟁수행 능력'으로 폭넓게 정의하기도 한다. (ko.m.wikipedia, 2022. 2. 2., 탐색 인용) 한편 한국군의 군사용어사전에는 군사력을 '국가의 안전보장을 위한 직접적이며 실질적인 국력의 일부로서 군사작전을 수행할 수 있는 군사적인 능력과 역량'으로 정의되어 있다. (『합동·연합 군사용어사전』, 2021. 12.)

[10] 사상思想, Thought이란 생각, 사유思惟 라고도 하며, 철학, 생물학, 심리학, 사회학, 인지과학 등 학문적 분야에서 판단이나 추리를 통해 생긴 체계적 의식 내용 또는 논리적 정합성을 가진 통일된 판단 체계를 말한다. (에센스 국어사전, 2013년 6판 및 ko.m.wikipedia, 2022. 2. 2., 탐색 인용)

[11] 이론理論, Theory이란 사물의 이치나 지식 따위를 해명하기 위하여 논리적으로 정연하게 일반화한 명제의 체계를 말한다. (에센스 국어사전, 2013년 6판)

적응적인 군사력을 건설建設하고 이를 적용하여 유연하게 운용運用할 수 있는 새로운 전기轉機를 마련하여 한국군이 어떠한 위협이나 도전도 유연하게 극복할 수 있는 태세를 갖추고 국가나 국방의 목표를 달성할 수 있도록 하는 방향성에 대한 통찰通察을 독자들에게 제공하는 것이다.

이를 위해 우선 역사적으로 수많은 크고 작은 전쟁과 분쟁을 극복하면서 축적해 온 귀중한 전쟁 경험을 바탕으로 이루어진 우리 민족 특유의 군사사상과 역사적으로 대표적인 군사사상을 함께 상고詳考해 볼 것이다. 또한, 이를 기반으로 오늘날과 미래 예측되는 국제정세와 환경 및 여건에 부합하는 한국적 군사이론을 창출하는 토대와 근거를 마련하기 위한 술術적, 과학적 이론과 함께 이를 구현하기 위한 정책, 전략의 이슈들에 대한 면밀한 고찰이 이루어질 것이며, 이는 본서에서의 핵심 주제가 될 것이다. 나아가 본서에서는 이를 기반으로 하여 독창적인 한국적 군사교리를 발전할 수 있도록 하는 원리, 틀과 논거를 제시함으로써 이들을 융합적으로 적용할 수 있도록 하는 통합적 사고 능력과 기반을 독자들에게 제공하기 위한 노력도 함께 기울일 것이다.

본서는 전쟁과 군사 현상에 대하여 술術, Arts과 과학科學, Science의[13] 통합적 시각과 관점에서, 사상, 이론 및 교리 간 일반적인 상호관계[14]에 대한 관계적 논리체계를

---

[12] 교리敎理, Doctrine란 사전적 의미로는 종교상의 이치나 원리로서(에센스 국어사전, 2013년 6판) 공인된 종교적인 신조라는 의미를 지니고 있지만, 종교 이외의 정치학, 군사학 등 다양한 학문 분야에서도 '기본방향을 제시하는 공인된 중요 지침'이란 의미로 널리 사용되고 있다. 대체로 교리란 해당 분야에서 필요한 원리, 기본방향, 지침 등을 포괄하는 근원적이고 기본적인 '공인된' 원칙을 말한다.

[13] 술術, Arts은 예술, 기교, 기량, 기법, 기술 등을 의미한다. (군사학연구회, 「군사학개론」, 플래닛미디어, 2014., P. 37.) 술術은 창조적 차원, 기술적 차원 및 기법과 기량의 차원으로 구분해 볼 수 있으며, 본서에서는 예술, 군이 용병술 등과 같이 창조적 차원외 '술'의 의미로 주로 사용될 것이다. 한편, 과학科學, Science이란 사물이나 현상의 구조, 성질, 법칙 등을 관찰 가능한 방법으로 얻어진 체계적이고 이론적인 지식의 체계를 말하며, (ko.m.wikipedia, 2022. 2. 22., 탐색 인용) 자연 및 사회 현상 등을 포함한 어떤 현상을 설명하는 보편적 원리, 원칙, 법칙 등에 대한 이론을 제시하고 그 이론을 가설, 통계, 인과관계 등을 통해 검증하는 것으로 구성된다.

[14] 군사사상, 군사이론, 군사교리는 모두 '군사'라는 현상phenomenon을 동일체로 하여 그것이 사상적 측면이냐, 이론적 측면이냐, 아니면 교리적 측면이냐에 따라 그 성격이 약간씩 달라진다. 또한, 이와 같은 용어들은 군사학자나 전문가의 관심과 대상 및 기술하는 시각에 따라 달라질 수 있으며, 또한, 시대나 환경의 변화에 따라서 그 본질까지도 달리 해석될 가능성 있기 때문에 확정적으로 표현하기에는 제한될 수 있다.

염두에 두고 있다. 이 같은 상호관계와 논리적 체계에 대해서「군사이론 연구」[6] 등 기존 연구나 교리에서 논의하고 있는 근본 틀을 수용하여, 본서 역시 이와 같은 관점과 틀을 공유하며, 서술의 관념적 틀과 전반적인 방향으로서 역할을 할 것이다.[15] 다음 [그림 1-1]을 참고하기 바란다.

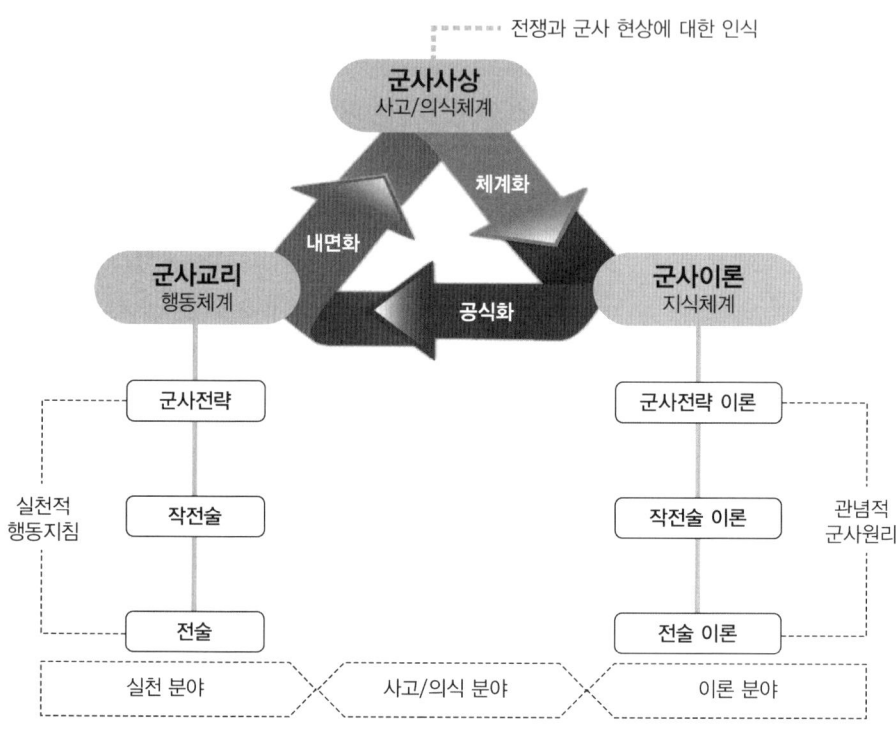

[그림 1-1] 군사사상-이론-교리 간 상호관계와 논리체계

'사상Thought'은 특정 사건 혹은 사물에 대한 사유思惟작용을 통해 일정한 체계와 형식이 갖추어진 인식내용을 말한다. 따라서 '군사'를 '사상思想'한다는 것은 군사문제를 숙고熟考한 결과 마음속에 일정한 체계와 틀이 갖추어진 군사에 관한 인식내용[7]을 말한다. 다시 말해서 군사사상Military Thought이란 군사문제 전반에 걸친 심사

---

15 본서는「군사이론연구」(1987) 등 기존 군사이론 연구나 군사이론 관련 전문서적의 증보판 역할을 할 것이며, 새로운 시대에 군사이론을 개발하고 창조적인 적용을 위한 방향성을 제공할 수 있을 것이다.

숙고深思熟考의 결과로 내면적으로 형성된 군사적 요식체계를 말하는 것이며, 전쟁과 군사 현상에 관한 지각, 가치판단, 상황인식 등의 제諸요소가 포함된다.

그러므로 군사사상軍事思想이라 함은 '군사'와 '사상'의 개념이 복합된 뜻으로 '어느 수준의 목표달성을 위해 장차 직면하거나 예상되는 전쟁과 군사에 대한 올바른 인식을 토대로 어떻게 전쟁과 군사를 준비하고 대응할 것인가에 관한 사고체계'[8]라고 할 수 있다. 이러한 특정의 사고체계가 개별적인 사유나 실천적인 행동을 통해서 당사자나 관련자 간 공감과 합의가 확산되고 이해하게 되며, 이에 대한 믿음을 바탕으로 실천으로 이어지게 될 때 사상화되었다고 한다.[9] 요약하면 군사사상이란 '전쟁과 군사 현상에 대한 사고와 인식의 체계'이다.

한편, '이론Theory'은 '단순한 경험이나 개개의 사실에 대한 잡다한 지식이 아니라, 사물의 이치, 지식을 규명하기 위해 논리적으로 일반화한 명제와 지식으로서 그것을 법칙적, 통일적으로 파악하여 귀납적으로 법칙을 이끌어 내어 꾸민 논리적 지식체계'를 말하는데 통상 실천적 타당성의 검증을 떠나 관념적으로 조직된 원리를 말한다.[10] 그런 의미에서 군사이론Military Theory이란 군사 현상과 문제를 법칙적, 통일적으로 파악하여 귀납적歸納的으로 법칙을 이끌어 내어 꾸민 논리적 지식체계라 할 수 있다. 여기서 한 가지 염두에 두어야 할 사항은 군사이론 역시 실천적 타당성의 완전한 검증과 공식화되기 이전에 관념적으로 조직된 군사원리이기 때문에 특정한 군사적 정황이나 여건을 고려하지 않은 일반적 군사원리 등과 같은 논리적 지식체계로 이해해야 할 것이다.

이에 반해 '교리Doctrine'는 '어떤 사물을 운용하는데 필요한 원칙과 지침으로 권위 있는 기관에 의해 공식적으로 승인된 행동체계'[11]를 말한다. 이런 의미에서 '군사교리Military Doctrine'란 '목표를 달성하기 위해 관련 환경, 상황과 여건을 고려한 공식적인 군사행동의 지침으로써 승인된 군사행동 체계'라고 정의할 수 있을 것이다. 따라서 군사교리는 군사사상과 군사이론과는 달리 실질적으로 특정 국가나 집단의 군사행동을 지배하는 공인된 주관적 군사적 행동지침이라고 할 수 있다.

그러므로, 군사사상, 이론 및 교리와의 본원적인 관계는 군사사상을 논리적으로 체계화하면 군사이론이 되고, 이 군사이론을 군사적 행동지침으로 공식화하면 군사교리가 된다는 것으로 각 요소가 상호 밀접히 연관되고 연계되는 논리체계라 할 수 있을 것이다. 이러한 상호관계는 어느 한쪽으로만 진행되는 단순한 관계가 아니라 역순으로 진행할 수도 있고, 함께 공통으로 이루어질 수도 있는 포괄적 환류Feed Back 관계에 있으며 독립적이라기보다는 상호 중복 또는 연결되는 개념이다. 요약하면, '군사 현상'을 '사유화思惟化'하고, 논리적으로 '체계화體系化'하며, 이를 승인을 통해 '공식화公式化'하는 상호 연결된 일련의 과정을 각기 분리하여 생각할 때, 이를 각각 군사사상, 군사이론, 군사교리라 하며, 사상 → 이론 → 교리라는 관계가 성립될 수 있을 것이다.

본서는 군사이론의 창의적 원리와 방법론의 계발啓發과 적용을 중심으로 전개할 것이다. 그러므로 본서는 군사이론의 계발 측면에서 군사사상을 기반으로 하여 군사학이라는 학문적 수단을 통하여 연구, 발전되어 개념화, 이론화를 장려, 촉진 시키며, 이같이 개발開發된 개념槪念과 이론理論을[16] 토대로 권위를 가지고 있는 기관 혹은 기구에 의해 군사교리로 채택되어 공식화함으로써 그 기능과 역할을 다할 수 있게 한다는 커다란 맥락을 가지고 본서의 집필과 발간을 전쟁과 군사 현상의 이론 중심으로의 전개를 시도하고 있다.

---

[16] 사전적으로는 개념槪念이란 어떤 사물 현상에 대한 일반적인 지식 또는 여러 관념 속에서 공통요소를 뽑아내어 종합한 하나의 관념을 말하며, 이론理論은 사물의 이치나 지식 따위를 해명하기 위하여 논리적으로 정연하게 일반화한 명제의 체계를 말한다. (에센스 국어사전, 6판, 2013.) 그러므로 '개념'은 무엇인가에 대한 일반적인 이해나 추상적으로 정리된 생각이며, '이론'은 어떤 현상을 설명하는 데에 있어서 과학적으로 신뢰할 수 있는 일반적 원리이다.

제2절
전쟁과 군사 현상에 대한 이론적 패러다임

1. 전쟁 현상에 대한 이론화 가능성과 패러다임 전환

전쟁과 군사 현상에 대한 사유思惟에 있어서, 남보람2011년은 이론연구에 대한 중요성에 관해 여러 학자의 견해를 소개하면서, 이론은 관련된 사건이나 현상을 체계적으로 이해할 수 있도록 설명하고 이를 실행에 옮길 수 있는 안내자 역할을 한다고 논의하고 있다.[12] 이론을 탐구하는 목적은 '실제 지형을 뒤덮는 정교한 지도를 만들어 현실을 가리는 것'이 아니라 '어두운 곳을 비추는 강한 전등 불빛처럼 현실을 헤치고 나갈 수 있도록 하는 방법을 제시하는 것'이다.[13] 이론이 없는 한 우리는 자신을 둘러싸고 있는 어둡고 복잡한 세계를 이해할 도리가 없는 것이다.[14]

전쟁과 군사 현상에 대한 이론의 발전에 대하여, 클라우제비츠는 "어떤 행동이 자주 동일한 사물, 동일한 목적과 수단에 관계된다면 상황에 따라 다소의 차이는 있을 수 있지만, 전쟁과 군사 현상 역시 당연히 이론적 고찰의 대상이 될 수 있다"고 하여 역사적으로 반복되는 군사적 행동으로서 전쟁의 이론화 가능성을 말하고 있다. 또한, 군사이론은 "불확실한 상황 속에서 가능한 모든 전쟁요소를 명확히 식별하고, 승리를 위한 여러 가지 수단, 방법과 효과를 논의하며, 전쟁목적을 명백히 밝히고 올바른 목표를 제시하는 등 합리적인 비판적 고찰로 전쟁의 영역을 구석구석까지 조명한다"[15]라고 논의하고 있다. 이러한 논의의 핵심은 군사이론의 역할이 전쟁과 군사의 제반 현상을 분석하여 인과관계를 규명함으로써 체계적으로 이해할 수 있도록 하고, 이것으로부터 무엇이 중요한지를 합리적으로 판별할 수 있도록 하는 데에 도움을 줄 수 있다는 것이다. 클라우제비츠의 말과 같이 군사이론이 전쟁이라는 암흑을 비춰주는 등대와 같은 안내자의 역할을 다하기 위해서는 전쟁과 군사의 제반 현상에 대한 광범위하고도 심도 있는 사고와 공감을 바탕으로 확고한 군사철학을 정립하고, 발전하는 군사이론과 공인된 군사교리와 더불어 전반적인 국가와 군의 정책과 전략을 구현할 수 있도록 방향성을 제시하는 창조적 사고능력과 통찰이 전제되어야 한다.

이론은 실제 또는 현실과 깊은 상관관계를 가지며 서로 영향을 주고받는다. 그러므로 이론가들은 그들이 존재하고 있는 시대에 영향을 받기 때문에 이론 역시 그 시대의 산물이다.[16] 본서의 서두에서도 논의한 바와 같이 21세기에 들어서면서 범세계적인 지배적 정세, 거시적 환경, 과학기술의 지속적 개선과 급속한 혁신, 새롭고 다양한 위협의 등장, 전쟁이나 분쟁 양상의 새로운 변화 등으로 그 실체와 관념이 모두 급격히 변화하는 소용돌이 속에 있다. 이러한 급격한 소용돌이는 어떤 현상에 대한 주체, 환경과 대상의 변화에 따라 더욱 가속화되게 되며, 이에 따라 현상에 대한 이론적 패러다임 전환Paradigm Shift[17]이 역시 이루어지게 된다.[17] 전쟁과 군사 현상에 대한 군사이론 역시 예외는 아닐 것이라고 추론할 수 있다.[18] 냉전 이후 20세기 산디니스타Sandinista[18], 인티파다Intifada[19], 그리고 21세기에 들어 알 카에다Al Qaeda[20], 최근 미국의 이라크전2003~2011년과[21] 및 [19] 이어진 이라크내전 및 이슬람국

---

17 패러다임 전환Paradigm Shift에 대하여 토마스 쿤(1964)은 특정 과학 이론과 관련된 패러다임 전환을 혁명적인 사건으로 보고 이를 과학의 혁명이라 칭하고 있다. 이러한 패러다임의 전환은 특정 사건이나 현상에 있어서 이전에는 상상하지 못한 획기적인 방법이 발견되거나 급속한 기술의 혁신이 이루어질 때 주로 일어나게 되며, 커다란 재앙, 전쟁, 혁명과 같은 대사건은 기존의 가치, 신념, 선호를 근원부터 성찰하는 계기를 마련하게 되면서 패러다임의 전환을 촉진한다고 논의하고 있다.

18 산디니스타Sandinista라는 용어의 어원은 1930년대 미국의 니카라과 침공 때 이에 저항한 아우구스토 세사르 산디노의 이름에서 비롯된다. 산디니스타 민족해방전선(FSLN: 스페인어 Frente Sandinista de Liberación Nacional의 줄임말)은 니카라과의 사회주의 정당으로 이들을 산디니스타라고 부른다. 산디니스타 민족해방전선은 1979년 아나스타시오 소모사 데바일레를 축출, 소모사 정권을 무너뜨리고 혁명 정부를 세웠다. 이후 산디니스타는 1979년에서 1990년까지 대략 11년여간 니카라과를 지배했다.(배달형 외 역, 「21세기전쟁: 비대칭의 4세대전쟁」, KIDA Press, 2쇄, 2011., p.125. 인용함)

19 인티파다Intifada는 1987년부터 시작된 이스라엘에 대한 저항운동으로, 압제를 받던 팔레스타인의 민중 봉기이다. (ko.m.wikipedia, 2022. 3. 3., 탐색 인용)

20 알 카에다Al Qaeda는 사우디아라비아 출신인 오사마 빈 라덴이 창시한 극단적 살파프파 무슬림에 의한 국제 무장 세력 네트워크이다. 이슬람 원리주의 계통에 속해 반미反美, 반유대Judae를 표방한다. 1990년대 이래 주로 미국을 표적으로 테러를 자행한 것으로 알려져 있으며, 2001년 미국에 대한 동시다발 테러를 단행하여 전세계적인 충격에 빠트리기도 하였다. (ko.m.wikipedia, 2022. 3. 3., 탐색 인용)

21 산디니스타, 인티파다, 알 카에다 등 본서에서 언급하고 있는 20세기 말의 전쟁 현상에 대하여 4세대전쟁이란 시각의 새로운 전쟁에 대한 논의는 Thomas X. Hammes, *The Sling and Stone*(2004), 배달형 외 역, 「21세기전쟁: 비대칭의 4세대전쟁」, KIDA Press, 2쇄, 2011.을 참고하기 바란다.

가Islamic States전[22], 아프가니스탄전2001~2021년, 아제르바이잔과 아르메니아전2020년[23], 러시아와 우크라이나 전쟁2022년 등을 직접 혹은 간접으로 경험하면서, 여러 군사학자와 전문가의 최근 전쟁과 군사 현상에 대한 담론은 그 주체, 환경, 대상 등에서 명백하고 많은 변화의 조짐을 보이고 있다는 데에 많은 합의와 공감을 확산시키고 있다. 그러므로 21세기에는 새로운 전쟁과 군사 이론적 패러다임의 전환적 사고가 필요하며 더욱 요구된다고 할 것이다.

하지만 이러한 당위성에도 불구하고 전쟁과 군사 현상에 관한 기존 이론의 지배적 패러다임이 무엇이며, 패러다임 전환의 당위성을 논리적으로 설명할 내용을 밝혀 말하기가 쉽지 않다. 한국군도 마찬가지로 전쟁과 군사 현상의 이론에 대한 완성도 높은 이론적 틀의 발전이나 학문적이고 실천적인 성과를 낼 수 있도록 하는 관련 이론의 깊이와 넓이 등에 관해서는 계속 제기되어 왔던 화두이자 과제였다. 특히 한국군은 그러한 패러다임의 변화 징후를 한국군 내에서 스스로 찾아볼 수 없다는 제한이 있다.[20] 이는 세계적으로 탈냉전 시대가 진행되면서 거시적인 환경과 상대의 실체가 바뀌고, 전쟁이 이루어지는 대상과 시·공간 등이 달라지고 있는 미국 등 서구와는 달리 한반도는 분단 이후 남북한의 적대 양상이나 상정해 놓은 전쟁의 치열도 등이 현재까지도 거의 변화하지 않고 있다는 데에 있다.[24] 더욱이 한국군은 패러다임 전환의 계기가 될 수 있는 역사적인 경험이 미흡할 뿐만 아니라 그에 대한 체계적인 기록, 이론적 연구결과 등을 거의 찾아볼 수 없기 때문이다. 이에 따라 전쟁과 군사 현상에 대한 이론적 발전의 현실은 이론적 패러다임 전

---

[22] 이라그 레반트 이슬람국IS은 2014년부터 2017년까지 이라크 북부와 시리아 농무를 섬령하고 국가를 자처했던 극단적인 수니파 이슬람 원리주의 무장단체이다. 이는 시아파 세속주의 정권이 집권하고 있는 시리아와 이라크의 영토를 무력으로 정복하여 살파피 지하디즘을 이념으로 수니파 이슬람 근본주의 국가를 건설하려는 것을 목표로 하고 있다. (ko.m.wikipedia, 2022. 3. 3., 탐색 인용)

[23] 나고르노카라바흐 전쟁이라고도 한다.

[24] 전 세계적으로 진행되어왔던 탈냉전 구도가 한반도에서만큼은 이전의 구도가 현재까지는 계속되고 있다고 볼 수 있으나, 최근 북한의 핵과 미사일 위협의 증가와 사이버전, 우주 및 전자기정보 위협의 확장 등의 추세가 보이는 바와 같이 미래 한반도에서도 이러한 탈냉전 구도 역시 범세계적 변화의 추세를 벗어날 수 없을 것이다.

환에 대한 포괄적인 사고의 틀과 군사이론 발전의 지표가 되는 명확한 원리나 방법론 등을 정립하지 못한 채, 일단의 유행하는 경향을 중심으로 제諸 현상을 단편적으로 조명하거나 선진先進 이론의 '모방模倣이나 따라가기'에 급급한 나머지, 관련 요소 간의 유기적 상관관계를 규명하지 못함으로써 한국군에 부합하며, 통일적이고 체계적인 이론의 발전과 이를 근본으로 하는 교리 역시 발전이 정체되어 있다. 이론은 교리를 선도하기 때문이다.

그러함에도 불구하고 '지금까지의 전쟁과 군사 현상에 대한 이론적 패러다임은 여전히 존재하고 있으나, 이것이 일반적인 전쟁과 군사 현상을 잘 설명하고 있는 것인가?', '한국군의 전쟁과 군사 현상의 설명 및 분석과 대응 방향에 대해서도 기존의 이론적 패러다임으로도 여전히 잘 설명되고 있는 것이며, 또한 이론적 패러다임의 한계를 극복할 수 있는 방향성을 제시하고 있는가?' 등의 근본적인 질문에 대한 연구 노력은 미흡하다. 그러므로 우리 한국군 역시 최근의 패러다임 전환 현상에 따라 새로운 이론적 발전 노력 가운데에서 그에 관한 핵심 주제나 주요이슈를 다루어야 할 것이다.

2 전쟁과 군사 현상에 관한 새로운 패러다임과 담론

최근 전쟁에 관한 이론적 사유는 국제정치학 연구에서 주요한 주제 중 하나로 발전되어 왔다. 기존의 전쟁과 군사에 대한 사유와 이론의 발전은 주로 국제정치이론의 현실주의現實主義, realism 패러다임을 선험적으로 전제하면서 생존을 절대적 가치로 한 국가이익과 국가안보의 중심적인 패러다임으로 형성되었다는 것은 널리 알려진 사실이다.[21] 냉전 시대의 국제 정치 현상에 대한 이론의 주류 패러다임이었던 현실주의가 냉전 시기 전후 전쟁과 관련된 군사 현상에 관한 사고와 이론의 발전에도 영향을 끼치게 된 것은 당연한 귀결歸結이었을 것이다.

이와 관련하여 케네스 월츠Kenneth N. Waltz에 의해 정립된 신현실주의新現實主義, Neo-Realism는[22] 내용의 간결성parsimony과 보편성university을 두루 인정받아 냉전기 국제

정치 이론의 지배적 패러다임으로 오래도록 존속해 왔다.[23] 및 25 월츠의 논의는 국제 정치가 무정부 상태이기 때문에 국가는 자력생존을 위해 이기적으로 이익을 추구하는 것이 당연하고, 따라서 국가 간 전쟁은 일어날 수밖에 없으며, 일단 전쟁이 일어나면 강한 군사력과 이를 가능케 하는 경제력을 갖춘 강대국은 상대적으로 약한 국가에 자신의 정치적 목표를 강요할 수 있다는 단순하면서도 강력한 설명과 예측을 제공했다.

2차에 걸친 세계대전과 한국전쟁, 베트남전쟁 등의 뼈아픈 전쟁의 경험을 통해 냉전기 이후 국가들은 자국을 둘러싼 환경과 세계의 시대적 특성을 현실적으로 내면화시키고 있었다. 여기에는 어떤 유형의 전쟁에도 국가는 가진 모든 수단을 총동원해서 수행하는 총력전에 대비해야 하며, 일단 발발하면 반드시 이겨야 한다는 내면화된 현실주의적 관념이 존재하고 있었다.[26] 세계는 홉스Thomas Hobbes가 묘사한 것처럼 '만인에 의한 만인의 투쟁' 속에 있었으며 살아남기 위해서는 '눈에는 눈, 이에는 이'로 대응하는 것이 현실주의적 세계 질서에 대한 관념이었다. 현실주의는 이 시기 국제정치 이론의 지배적 패러다임이었고 그러한 현실주의의 안내에 따라 행동해야 하는 국가행위자는 생존과 이익을 추구하기 위해 자신이 가진 가장 강력한 수단을 쓰는 것 외에 다른 방법이 없었다. 국가의 생존과 이익은 국가행위자의 행동을 결정짓는 결정적 고려사항에 그치지 않고 '거부할 수 없는 이데올로기'로 상징되었다.[24] 및 27

냉전 시기 이후 전쟁과 군사 현상에 관한 이론 연구의 주된 기반이 되었던 국제

---

25 그는 "훌륭한 이론은 가상 석은 변수로 가장 많은 것을 설명하고 시대와 공간을 초월하여 적용되는데, 현실주의는 국제 정치에서 국가들의 행동을 무정부 상태나 능력의 분포와 같은 소수의 변수에 의해 설명하고 예측함으로써 국제정치 이론의 지배적인 위치를 차지하게 되었다"고 논의하고 있다.

26 현실주의자들은 어떤 유형의 전쟁이건 간에 전쟁에서 패배할 경우 상대에게 정복당하거나 정치적으로 완전히 사라질 수밖에 없다는 점을 강조하고 있었다. (박영준, "전쟁의 종결과 영향에 대한 이론적 고찰", 2007 한국정치학회 연례학술회의 발표자료, pp.3-4.)

27 이때의 국가는 올바른 의사결정과 효용의 극대화를 추구하는 합리적인 존재이므로 국가가 추구하는 생존 방식과 국가가 선호하는 이익의 달성도 외생적으로 합리적인 것으로 여겨진다. (박재영, 「국제정치 패러다임」, 서울: 법문사, 2004, pp.565-566을 수정하여 인용함.)

정치 현상들에 대한 현실주의의 가정은 다음과 같다.[25] 첫째, 국제정치에 있어서 국가를 단일의 가장 중요한 행위자로 보고 있는 '국가 중심state-centric'의 가정[28]이다. 둘째, '통합된 단일의 행위자로서 국가를 간주하며, 국가가 어떤 결정을 내리고 행동을 취하는가의 문제에 있어 국내구조나 관료정치의 영향은 고려되지 않는다'라는 '동질성[29]과 합리성homogeneity and rationality'[30] 가정이다. 셋째, 국제정치에서는 국가 간의 갈등을 조정할 상위체가 존재하지 않는다는[31] '무정부anarchy'의 가정이다.

이처럼 현실주의 패러다임은 국가의 생존과 국가이익, 전쟁의 본질, 국가의 속성과 국가 행위의 패턴, 군사력 등에 대한 간결한 논리적 기반을 제공해 주었다.[32] 및 [26] 전쟁과 군사의 이론 연구자들도 이와 같은 논거를 발판으로 전쟁의 수행과 군사 활동과 관계되는 이슈와 주제에 대한 주요 분야에서 폭넓고 깊이 있게 연구를 확장 시킬 수 있었다. 전쟁과 군사이론 연구자들은 현실주의의 가정에 기반을 두어 영토, 국민, 주권의 의미와 중요성 그리고 상호관계에 대한 논리와 이론을 적용하여 전쟁과 군사의 현상과 활동을 설명하고 관련된 고려요소 등 변수를 간략히 하려 노력하였다. 전쟁을 전제로 하는 군사에 관한 중요한 정책적, 전략적 결정, 그와 관련된 결정적 변수의 식별, 그들 간의 우선순위 설정, 군사력의 건설과 유지, 위협에 적합한 군사적 수단의 결정과 운용에 대한 합리성의 논거 등은 현실주의라는 이론적 패러다임에 종속되어 왔다고 할 수 있다.[33] 그러므로, 지금까지의 전쟁과 특히 군사 현상에 관한

28　국가는 주권이라는 독특한 관념을 행사하면서 그들의 영토와 국민의 운명을 결정할 수 있다고 가정하고 있다.
29　암상자暗箱子 이론black box theory으로 일컬어지기도 한다.
30　국가는 국가의 테두리 외부에 존재하는 안보환경과 위협에 가장 합리적으로 대응한다고 상정하고 있다는 것을 말한다.
31　현실주의에 기반한 논의는 이러한 '무정부 가정에 의거 국제 사회에서 국가는 당연히 힘과 안보를 추구하고 갈등과 경쟁을 하게 되며 전쟁은 그 결과'라고 보고 있다.
32　국제정치 현상의 분석에 현실주의적 관점을 처음 사용한 것으로 평가받는 투키디데스Thucydides[고대 그리스의 역사가(BC 465 ~ BC 400 경)이며, 아테네와 스파르타 전쟁을 기록한 「펠로폰네소스 전쟁사」를 저술]는 물론, 냉전기 국제정치 이론계의 대표적 학자들이었던 왈츠를 비롯하여 로버트 길핀Robert Gilpin 등 여러 학자도 세계의 수많은 현상 중 다름 아닌 전쟁을 통해 국제정치의 본질을 성찰하려 노력하였다.
33　토머스 쿤Thomas S. Kuhn은 각 분야 과학의 기초를 제공하는 이론들은 각각 뚜렷한 과학적 성취를 기반으로 하는 지배적 패러다임들에 의해 구성된다고 논의하고 있다.

이론적 근간은 현실주의적 관점의 패러다임이 지배적이었다고 할 수 있다. 특히, 문제를 분해하여 해법을 제시했을 때 전체적인 결과도 통제될 수 있다는 인과론적 사고방식과 환원주의還元主義, reductionism[34]적인 믿음, 그리고 비결정적 요소의 배제를 통한 이론의 과도한 간결성parsimony 추구가 전쟁과 군사 현상에 관한 현실주의 관점의 이론적 연구에 있어서 독특한 경향이었다.[35] 이러한 경향은 냉전기의 전쟁과 군사 현상에 관한 특정 종류의 사건의 특성에 기반한 것들이었다.

하지만, 20세기 중반 이후 현실주의 관점의 논의에 대한 회의적 관점의 담론과 비판적 견해들이 상당한 공감을 형성하여 이미 논쟁을 지속하고 있다.[36] 냉전 시대 국제정치와 전쟁 및 군사 현상에 대한 현실주의라는 이론적 패러다임은 20세기 후

---

[34] 철학에서 복잡하고 높은 단계의 사상이나 개념을 하위 단계의 요소로 세분화하여 명확하게 정의할 수 있다고 주장하는 견해를 말한다. (ko.m.wikipedia, 2022. 3. 7., 탐색 인용)

[35] 현실주의를 받아들인 군사학 연구자 집단이 형성한 하나의 견고한 규칙, 표준, 제도, 전통이었다고 볼 수도 있을 것이다.(남보람, 2011)

[36] 국제정치 이론은 현실주의 외에도 자유주의, 구성주의 등과 같은 패러다임이 존재하여 서로 공박, 보완하는 가운데 발전을 거듭해왔다. 학문의 세계에서도 경쟁자의 존재는 분발을 위해 매우 중요하다. 국제정치 이론의 역사에서 자유주의의 현실주의에 대한 도전은 그에 대한 응전으로 신현실주의, 공격적 현실주의, 문화적 현실주의와 같은 이론의 발전과 다양성을 배태했다. 자유주의는 더 분발하여 이기적 국가들에게는 없는 협력 행위를 현실주의보다 잘 설명함으로써 제도나 규범에 대한 세련된 설명과 예측을 가능케 했다. (박재영, 전게서, p.442.) 한편 구성주의는 국제관계의 중요한 측면이 단순히 물질적 요인이 아니라 관념적 요인(역사적으로 사회적으로 구성된다)에 의해 형성된다고 주장하는 사회이론으로서 가장 중요한 관념적 요소는 집합적으로 보유되는 요소이며, 집합적으로 보유되는 신념은 국가행위자의 이익과 정체성을 구성하게 된다고 논의하고 있다.

알렉산더 웬트Alexander Wendt(1992) 는 무정부 상태의 인식과 국가이익의 내생성에 대하여 다음과 같이 논의하고 있다. 구성주의도 현실주의와 같이 무정부 상태를 받아들이고 분석단위도 국가로 설정하고 있다. 다만 구성주의는 '관념의 분포distribution of idea'가 중요하다고 주장한다. 이는 국가마다 자신의 이익을 판단하는 정체성이 있다고 보고 있다. 그 정체성은 무정부 상태의 이해로부터 형성된다. 국제체제가 무정부인 것은 변함없으나, 인식에 따라 홉스적 아나키anarchy, 로크적 아나키 및 칸트적 아나키로 자신만의 무정부성을 다르게 본다. 홉스적 아나키에서는 자국의 안보는 경쟁적인competitive 안보체제로 인식하여 국가들이 서로 불신하며, 협력이 어렵고 상호생존이 공통적인 목표가 된다. 로크적 아나키에서는 안보와 관련하여 개체적individualistic 안보체제로 인식하고 국가들은 상호안보에는 무관심하고 자국의 이익에 관심을 가지며, 국가들이 서로 경쟁을 하지만 공통의 이익을 창출할 수 있다면 협력하고 공존할 수 있다는 관점을 가진다. 칸트적 아나키에서는 안보와 관련하여 상호협조적cooperative 안보체제로 인식하고 상호안보가 긍정적 관계에 있다고 보고 있으며, 국가들은 상호신뢰와 협력을 바탕으로 세상을 발전시키고 영구 평화에 도달할 수 있다는 관점을 가지고 있다.

국가는 각자 자신이 인식하는 아나키에 따라 정체성을 형성하고 그에 따른 국가이익을 결정하게 된다. 이를 국가이익의 내생성이라 한다.

반부터 21세기의 지금까지 그에 대한 이상異常 현상의 발견과 새로운 전쟁에 대한 담론37의 확장으로 인해, 사상, 이론 및 교리의 패러다임에 대한 전환적 사고가 요구되고 있다.

> 기존의 전쟁을 수행하는 방식, 작전개념, 군사교리는 냉전기 미-소 대립에 의한 대규모 재래식 전쟁을 상정한 것으로 이제 그 효용이 다했다.38 및 [27]
> - Rupert Smith, *The Utility of Force: The Art of War ins the Modern World*, 2005

이에 관련하여 배달형2010, 2016, 2017년 등은 4세대전쟁4th Generation War, 하이브리드전 HW; Hybrid Warfare 등 새로운 전쟁 양상에 관한 연구와 관련 현상에 대한 담론을 논의하면서,[28] '새로운 전쟁 양상과 위협의 성격이 비국가非國家, non-state적, 초국가超國家, trans-national 적 양상과 위협에 점차 노출'되고 있고, '무력의 주체와 무력 행위자가 국가 중심에서 소규모의 비국가행위자(반정부저항세력, 소수민족, 테러리즘 단체, 범죄조직 등)로 변화하는 추세'에 있다고 논의하고 있다.39 이에 따라 '무력사용의 합법적 행위자로서 국가만을 고려한 역할과 기능의 한계'를 나타내고 있으며, 또한 사이버전, 테러, 대량살상무기WMD, weapons of mass destruction, 정치적 폭력 등 '비전통적이고 비대칭적 수단과 방법이 확산하고'40 있기 때문에 전쟁과 군사 현상에 대한 새

---

37 이와 같은 담론에는 저강도분쟁LIC; Low-Intensive Conflicts(Van Crevelt, 1993), 복합전CW; Compound Warfare (Huber, 1996), 비대칭전AW; Asymmetric warfare(Munkler, 2002) , 무제한전UW; Unrestricted Warfare(QiaoLiang &Wang Xiangsui, 2002), 4세대전쟁4th Generation War 등과 기술기반 미래전 담론으로서 네트워크중심전 NCW ; Network-centric Warfare, 병렬전Parallel Warfare 등이 있다.

38 루퍼트Rupert Smith, 영국군 예비역 대장는 유엔과 나토군의 일부로 범세계적 지역의 다양한 각종 분쟁과 전쟁에 지휘관 혹은 참모로 참가하였으며, 이 같은 경험과 이에 대한 사고를 바탕으로 「전쟁의 패러다임」을 저술하였다. 그가 기존 '국가 대 국가 간 전쟁' 개념의 대안으로 주장하고 있는 '사람들 속의 전쟁war amongst people' 개념은 미군에도 수용되어 기준교리 개념에 반영하고 있다.

39 냉전 이후 주요 무력분쟁 형태는 ① 특정 국가 내부 소요사태 및 내전, ② 내전 악화에 따른 인접 국가로의 분쟁 확대, ③ 분쟁지역의 지정학적 이해관계에 의한 주요 강대국의 군사적 개입 등이 있으며, 대표적 사례로서 걸프전, '90년대 러시아와 체첸 분쟁, '99 코소보 난민학살에 대한 인도주의적 개입 명분에 의한 NATO의 세르비아 공습, '01년 9.11사태 후 알카에다와 탈레반에 대한 아프간 침공, '03년 2차 걸프전, '06년 이스라엘과 헤즈볼라분쟁, '08 러시아의 그루지아 침공, 최근 IS 사태 등이 있다. 이는 대등한 국력을 갖춘 주권국가 간 정치·경제적인 국가이익 갈등에 기인한 정규 군사력에 의한 대결보다는 상대적 강도가 낮은 중소규모 국지전, 비정규전 강조, 내전이나 테러리즘과 같은 분쟁이 급속도로 증가 등의 변화를 보인다. (배달형, 2016)

40 상대의 군사 기술적인 열세를 일거에 역전시킬 수 있는 비대칭적 무력수단이 확대되고 있고, 핵, 생물, 화

로운 통찰이 필요'하다고 논의하고 있다. 또한, 국제정치학 관점에서도 전쟁에 대한 이상異常 현상의 논의는[41] 및 [29] 이와 유사한 논쟁으로 지속되어 왔다. 이와 같은 담론의 이슈에는 '군사강대국이 반드시 약소국가나 집단을 이기는 것은 아니며', '기존에 정의된 전쟁이 잘 관찰되지 않는다'[42] 및 [30] 등과 같이 기존 현실주의 패러다임으로는 설명되지 않거나 논리가 제한되는 주제였다.

   지금까지의 전쟁과 군사 현상에 대한 현실주의라는 지배적 패러다임 속에서, 군사학은 주로 국가의 생존과 이익을 실현하기 위한[43] 군사력의 건설과 운용에 관련하여 연구가 이루어져 왔다.[31] 군사학은 하나의 순수 학문으로서의 이론적 보편성, 논리성을 추구하기보다는 국가정책 실현을 위한 효과적 수단의 개발에 그 연구 영역이 한정되었다.[32] 이와 같은 군사학의 학문적 제한이나 정교성을 극복하기 위한 노력으로서 자유주의自由主義, Liberalism, 구성주의構成主義, Constructivism, 신현실주의, 전략

학무기, 장거리탄도미사일, 자살공격 등 대규모 테러와 사이버공격 등이 경향이 증가하고 있으며, 또한 재래식 군사력 + 다양한 형태의 전투방법과 무기 등 수단들이 혼합 혹은 복합적인 무력분쟁 양상이 확산하고 있는 등 무력분쟁에서 비전통적, 비대칭적, 복합적 수단/방법이 급속도로 확산하고 있다.(배달형, 2016, 2017)

[41] 이에 대하여 국제정치학자인 전재성·반건영은 탈근대적 현상을 설명하는 데에 기존 국제정치 이론에 한계가 있다고 지적하면서 다음과 같이 논의하고 있다. "9.11테러 사건 이후 강조되고 있는 안보 이슈의 재등장을 탈근대적 속성의 출현이라는 관점에서 어떻게 조망해야 하는지 많은 논의가 필요해 보인다. 폭력을 둘러싼 근대 체제의 속성이 세금에 기반한 국가의 독점적 생산, 소유, 사용이라 할 때, 국가 이외의 집단이 폭력을 생산, 소유하게 되고, 사용 주체가 초국적, 비국가적 집단으로 변화되고 있으며, 이에 대한 대처 또한 초국적이라는 점에서 많은 논란거리를 제공하고 있다. 또한, 테러집단의 폭력 사용 동기가 세계화로 인한 빈부격차의 확산, 문명권 차원의 이념투쟁과 연관되어 있다고 할 때, 근대적 논리로 설명되기 어려운 부분이 확대되고 있다." (전재성·박건영, "국제 관련 이론의 한국적 수용과 대안적 접근", 2002.2.28., 국제정치학회 세미나 「국제관계이론의 한국적 정체성 모색」 발표자료, p.11.)

[42] '냉전 종식'이 가시화된 '90년대'~'00년대 초 14년 동안 전면전은 평균 5.7회/년, 국지선은 평균 11.2회/년, 게릴라 등 소규모 무력분쟁은 평균 11.4회/년, 테러 공격은 8.9회/년으로 증가추세를 보이는 등 전쟁의 특성이 변화하고 있다. (노훈, 권태영, 2009) ; 다키 고지(다키 고지 저, 지명관 역, 「전쟁론」, 2001)는 이에 대하여 '근대전쟁의 종말'로 표현하고, 국민국가 간의 전쟁, 국가의 합법적 폭력 사용, 뚜렷한 적대국의 존재로 특징 지어지는 지금까지의 전쟁의 특성은 앞으로의 시대에는 더는 유효하지 않을 것이라 주장하고 있다. 이는 '오늘날의 선생은 국가 간의 전쟁에만 국한되지 않으며', '국가의 폭력 사용이 반드시 합법적이라고 할 수는 없고 폭력의 국가 독점 자체에 대한 의문도 제기'되고 있을 뿐만 아니라 '테러리즘의 경우, 적대국의 존재가 뚜렷하지 않다'는 데에 있다고 논의하고 있다.

[43] 급박한 국가의 생존과 이익 속에서 군사학의 효용은 우선 당면 문제해결problem-solving에 중점을 둘 수밖에 없었다.

문화戰略文化, Strategic Culture접근[44] 및 [33], 일반 시스템 이론General System Theory, 인지주의 과학Cognitive Science 등 다양한 패러다임 혹은 이론에 기반하여 전쟁과 군사 현상에 대한 논쟁이 끊임없이 이루어져 왔다.

하지만 전쟁과 군사 현상에 관한 지금까지의 연구의 성과가 군사력의 건설, 군사적 수단의 결정과 사용에 대한 국가행위자의 일차적 관심에 대응하는 역할을 주로 감당하는 데에 중점을 두고 있었기 때문에, 새로운 시대에 국가나 사회에서 다른 학문 분야에서 방점을 두고 있었던 효과성이나 적응성, 유연성, 통합성, 창의성 등은 군사학의 관심에서 멀리 떨어져 있었고, 더욱이 이들을 패러다임의 전환적 관점에서 이 같은 이슈들을 적용하여 군사력 효과적으로 사용하고 적응적으로 운용하는 융합적 관점의 술術적 측면의 이론적 연구는 상대적으로 제한되었다.

더욱이 최근의 저강도분쟁, 4세대전쟁, 네트워크중심전 등 전쟁과 현상에 대한 새로운 담론에 대한 비판과 논쟁도 여전히 지속되고 있으며,[45] 및 [34] 다영역전장MDB; Mult-Domain Battle, 모자이크전Mosaic Warfare 등 새로운 담론과 이론 역시 발전되고 있어 이에 대한 논쟁도 여전히 진행 중이다.

본서는 전쟁과 군사 현상에 관하여 융합적 관점에 기반한 술적 측면의 사고와 이론의 발전에 관심과 서술의 중심을 두고 진행할 것이다. 이를 위해 '지금까지의 전쟁과 군사 현상에 대한 한국군의 이론적 패러다임은 존재하고 있으며, 일반적인 전쟁과 군사 현상을 잘 설명하고 있는가?', '한국군의 전쟁과 군사 현상의 설명 및 분석과 대응 방향에 대해서도 기존의 이론적 패러다임으로도 여전히 잘 설명되고 있으며, 이론적 패러다임의 한계를 극복할 수 있는 방향성을 제시하고 있는가?' 등

---

[44] 스나이더Snyder는 전략문화에 대하여 "개념, 조건적인 감정적 반응, 한 국가의 전략적 공동체가 훈련이나 모방을 통해서 획득하는 습관적인 행동 패턴의 총합"이라 논의하고 있다. 한편 남보람(2011)은 전략문화 관점에서 교리 연구를 주창하면서 스나이더의 정의에 대하여 "국가의 특정행위를 결정하는 일정한 패턴에 영향을 미치는 군사력의 역할, 효율성의 개념, 전략적 선호에 대한 인식과 신념의 덩어리"가 그가 초기 연구에서 생각했던 전략문화의 느슨한 정의라고 보완적인 설명을 하고 있다.

[45] 미래전 주요 담론의 내용과 논쟁에 대해서는 배달형(2016), 박일송 외(2015), Michael Raska(2015), Patrick Cullen, 2013), Qiao Liang & Wang Xiangsui(2002), Thomas M. Huber, eds.(2002), William S. Lind(2004), Williamson Murry & Peter R. Mansoor(2012) 등의 논의를 참고하기 바란다.

의 근본적인 질문은 우리 한국군 역시 패러다임 전환에 따른 본서 전개의 핵심 주제나 주요이슈로 다루어질 것이다.

이러한 측면에서 본서는 우리 주변에 널려 있는 전쟁과 군사 현상에 관한 위 이슈와 관련된 이론의 파편破片들을 통합하여 재정리하여 체계화함으로써 원리, 개념과 범위, 방법, 요소 등을 명확히 재정립할 것이다. 또한, 이를 바탕으로 패러다임의 전환적 시각에서 정책과 전략, 군사전략, 작전술, 전술 등에 대한 정체성, 관계와 위상, 원리와 방법 및 체계를 중심으로 하여 이론적 배경과 개념을 명확히 할 것이다. 이로써 전쟁과 군사 현상을 바르게 이해하여 상황에 적응할 수 있도록 하기 위한 통합적이고 유연한 능력을 창출해낼 수 있는 창의적이고 적응적인 사고력의 계발에 도움을 주려고 하는 큰 의도도 가지고 있다. 물론 군사 이론은 단순한 이론 발전의 영역을 넘어 정교한 동기화를 통해 적응적으로 교리화敎理化되어 현실과 근近미래에도 유용하게 적용할 수 있어야만 그 소명을 다할 수 있을 것이다.

한편, '군사외에 다른 수단에 의한 정치', '왜 특정 행위자가 특정 전략과 전술을 사용하는지'와 '왜 강자가 약자에게 질 수도 있는지를 설명하는 행위적, 구조적 영향'에 대한 이슈, '전쟁과 작전의 역동성'에 대한 이론적 통찰, '전쟁에 있어서 기술 주도적 접근의 한계', '전략과 전술(그리고/혹은 작전술)은 연속선 상에 있지 않을 수 있다'는 이슈 등에 대한 논리와 이론화에 대해 기존 패러다임의 비판과 미래 전쟁에 대한 통찰적인 술術적, 과학적 논의나 논쟁 역시 아직도 여전히 진행 중이다.

그러므로 패러다임 전환 시대의 도래와 지속적으로 발전하고 있는 새로운 담론을 담을 수 있도록 하기 위해서, 전쟁과 군사 현상에 관한 창의적인 신新사고 및 이론의 원리와 방법론을 중심으로 사상과 교리의 통섭적[46] 관점의 술術적, 과학적 발전 방향과 논의의 방향성 제공이 본서의 중점적인 집필 의도와 관련이 된다.

---

[46] 통섭統攝, consilience은 '지식의 통합'이라고 부르기도 하며, 자연과학과 인문학을 연결하고자 하는 통합학문 이론이다. 이러한 생각은 우주의 본질적 질서를 논리적 성찰을 통해 이해하고자 하는 고대 그리스의 사상에 뿌리를 두고 있다. 자연과학과 인문학의 두 관점은 그리스 시대에는 하나였으나, 르네상스 이후부터 점차 분화되어 현재에 이른다. 한편 통섭 이론 연구 방향의 반대로 전체를 각각의 부분으로 나누어 연구하는 환원주의reductionism도 있다.(ko.m.wikipedia, 2022. 3. 7., 탐색 인용)

제3절
'전쟁과 군사' 이론 개관

"전쟁은 난폭한 스승이다"
—Thucydides, *History of the Peloponesia War*—

1 개요

　인류의 역사는 전쟁의 역사라고 해도 과언은 아니다. 예로부터 정치적·사회적 현상으로서 '전쟁'은 문명의 생성과 소멸, 국가의 성쇠盛衰를 결정하는 동인動因[47]이며 동학動學[48]의 핵심이었을 뿐만 아니라 최근에 정립되어 발전하고 있는 군사학[49] 및 [35]의 기원이 되는 주된 주제이다. 인류는 개인과 집단 그리고 국가의 생존과 번영을 위해 '전쟁을 억제하고 유사시 전쟁에서의 승리'를 위한 힘(군사력)을 건설하고 이를 운용하는 데에 필요한 정책政策, policy과 전략戰略, Strategy, 전쟁술, 전투술 등에 관한 과학적, 술術적인 이론의 발전에 끊임없는 노력을 경주競走해 왔다. 인류의 역사 이래로 '전쟁과 군사' 이론은 전반적인 군사학의 발전을 이끌어 왔던 밑거름으로써의 역할을 수행해왔다. 군사학이 학문적으로 반듯하게 발전하기 위해서는 전쟁에 대한 다양한 인식체계의 이해와 여러 패러다임에 대한 창의적 논쟁이 축적되면서 전쟁과 군사 현상에 관한 폭넓고 깊은 이해를 근간으로 하는 이론의 발전이 선도되어야 할 것이다.

---

[47] 어떤 사태를 일으키거나 변화시키는데 작용하는 직접적인 원인을 말한다. (민중 에센스 국어사전 6판, 2013)

[48] 시간의 흐름에 따라 일어나는 사건과 현상의 변동과 변화의 특성을 연구하고 분석하는 학문이다. (군사학개론, 2014. p.17.)

[49] 최근에 학문으로 발전되고 있는 군사학은 일반적으로 모든 형태와 유형의 전쟁과 군사 현상을 학술 차원에서 연구하는 것을 말하는 것으로서, 이는 전쟁과 군사 현상의 유형·무형 요소는 물론 이에 영향을 미치는 요소도 포함한다. 따라서 군사학의 범주와 대상은 매우 포괄적이며 다양하고 광범위하다.(황진환 외 공저, 「군사학개론」, 서울:양서각, 2011., p.18.을 수정 인용함.) 외국의 경우, military art and science, military science, military study 등 다양한 용어를 혼용하여 사용하다가 최근에는 military study라는 용어가 폭넓게 수용되어 사용하는 추세이다. 군사학 학문의 기원, 발전 역사와 학문성에 관한 논쟁 등에 대해서는 군사학연구회(2014), 황진환(2011), 정성(2005) 등을 참고 바란다.

2 전쟁과 군사 이론에 대한 기본 인식 및 태도

일찍이 프랑스의 삭세Marshall Maurice de Saxe. 1690-1750 원수는 "전쟁은 암흑으로 덮인 과학이다. 그 속에서는 누구도 자신 있게 행동할 수 없다. 관습과 선입견, 그리고 무지無知의 자연적 소산만이 판단의 기준이 될 뿐이다. 모든 과학은 원칙을 가지고 있지만 유독 전쟁만은 원칙을 가지고 있지 않다"고 하여 전쟁이론의 체계화에 회의적懷疑的인 반응을 보였다.

이것은 전통적으로 전쟁과 군사를 지적인 작업이라기보다는 경험에 의한 실천적 영역이라고 생각해 온 직업군인들의 전쟁관戰爭觀 및 군사적 견해와 맥을 같이하는 것으로서, 직업군인들과 군사전문가들 역시 전쟁은 불확실하고 변화가 심하며, 각각의 군사적 상황이 매우 독특하기 때문에 추상적인 이론보다는 경험에 바탕을 둔 직관력이 올바른 해결책을 찾는 지름길이라고 믿었던 탓으로 보인다. 샤른호르스트Gerhard Johann Dabid von Scharnhorst. 1755-1813도 삭세와 같이 회의적인 입장을 취했다.

그러나 조미니Antonie Henri Jomini, 1779-1869는 삭세의 주장에 대한 반대론적 시각에서 전쟁과 군사에 대한 지식을 체계화하는 것은 가능하며, 더욱이 절대 필요하다고 믿는 독단론적獨斷論的 관점을 가지고 있다. 그는 "새로운 과학기술의 발전은 군대의 조직, 무기와 장비, 전술 등에 많은 변화를 가져왔다. 그러나 전략분야에 있어서는 고대의 시저, 프레데릭, 나폴레옹 시대에 사용되었던 제諸 원리가 그대로 적용되고 있다. 이것은 어느 시대를 막론하고 전쟁에서 승패를 좌우하는 근본원칙이 존재하였으며 이 원칙은 무기의 종류, 역사적 시간과 장소와 관계없이 전쟁을 좌우하는 결성적 요인이다"고 하여 과학에 모든 자연현상의 상호관계를 규정짓는 법칙이 존재하듯이 전쟁도 일종의 자연현상으로 철저하게 인과관계의 지배를 받기 때문에 전쟁을 수행하기 위해서는 채택된 모든 군사적 방책을 통할하여 궁극적 승리를 획득할 수 있는 근본적인 원칙이 있음을 강조하였으며 이런 측면에서 전쟁이론의 체계화에 긍정적인 태도를 보였다. 이탈리아의 군사이론가 마키아벨리Niccolo Machia velli. 1469-1527도 이러한 같은 관점을 가지고 있는 것으로 보인다.

클라우제비츠Karl von Clausewitz, 1780~1832는 전쟁이론의 체계화 가능성과 그 필요성을 절실히 인식하였던 전쟁철학자 중 하나이었으며, 조미니의 입장에 동조하면서도 전쟁을 완전하게 이론화하거나 체계화할 수는 없으나 부분적으로 가능하다고 하여 중도적인 비판적 관점을 취하고 있다.

> "모든 이론은 정신적 측면을 고려하게 되면 곧 어려워지고 만다.
> 군사적 행동은 언제나 물질만을 대상으로 하는 것이 아니라
> 물질을 운용할 수 있는 정신력도 그 대상이기 때문에
> 군사이론의 법칙적 체계화는 곤란하다.
> 그러나 어떤 활동이 반복되고 또 언제나 동일한 목적과 수단을 고려 대상으로 한다면
> 다소 무리가 따르더라도 충분히 이론적 대상이 된다"
> -Karl von Clausewitz, *Vom Kriegr(1832)*[36]

요약하면, 전쟁과 군사 현상의 이론화 가능성 문제에 대해 삭세는 부정적 측면의 회의적 관점을 가지고 있는 데에 반해 조미니는 긍정적 측면의 독단적 관점을 보이고 있다. 하지만 삭세와 조미니의 서로 상반되는 극단적인 관점에 비해 클라우제비츠는 중도적인 입장으로 비판적인 관점을 보이고 있다.

이렇게 볼 때, 클라우제비츠의 주장과 같이 전쟁이 비록 인간의 의지意志에 크게 영향을 받기 때문에 엄격한 보편적 이론화는 곤란하다 할지라도 어느 정도 인과因果의 지배를 받는다는 측면에서 부분적인 이론화는 가능하다고 보아야 할 것이다. 이러한 클라우제비츠의 전쟁과 군사 현상의 이론화 가능성에 대한 중도적 관점에서, 근대 이후 군사이론의 발전은 미국과 영국 등 해양학파, 독일 중심의 대륙학파, 러시아舊 소련 등 사회주의학파[50] 등으로 전쟁에 대한 근대 초기의 이론화를 선도하였다.[51]

2천 년 전에 손자孫子가 당시까지의 역사적 자료를 토대로 전쟁의 근본원리를 연

---

50 「軍事理論研究」(1987)와 Army War College, 국대원 역, 「군사전략: 이론과 적용」(1984) 등 한국의 초기 군사이론 관련 연구나 문헌에서는 사용하고 있었던 소련, 공산학파 등 용어에 대하여 본서에서는 소련을 러시아로, 공산학파는 사회주의학파로 수정하여 사용할 것이다.
51 전쟁 현상에 대한 해양학파, 대륙학파 및 사회주의학파의 근대 초기의 학파의 주류적인 전쟁관, 이론 등은 본서 제2장에서의 논의를 참고할 수 있다.

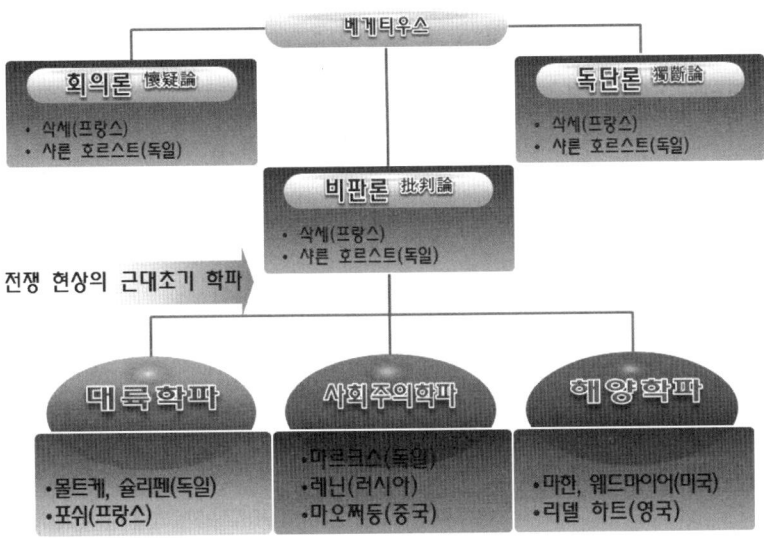

[그림 1-2] 전쟁에 대한 이론화 가능성 논의와 근대 초기의 학파

자료: 「軍事理論研究」, 육군교육사 군사발전지 부록 제44호, 1987., pp 23. 및 Army War College, 국대원 역,
「군사전략: 이론과 적용」, 1984. pp. 174~176.의 그림 내용을 수정/보완하고 재작성하여 인용

구하여 군사이론의 기반을 구축하고, 4세기경 로마의 베게티우스Vegetius가 군사학의 뿌리를 가꾼 이래 전쟁과 군사에 대한 이론적 발전의 중요성은 지속적으로 강조되어 왔다.

포쉬는 "전쟁만이 전쟁을 가르칠 수 있다는 말은 이미 신빙성이 없어졌다"[37]고 하면서 프러시아군이 1815년 이래 전쟁을 경험하지 못했으면서도 풍부한 전쟁 경험을 가졌던 오스트리아군을 격파할 수 있었던 것은 그들의 당시 발전시킨 군사이론과 이에 바탕을 둔 철저한 교육 훈련 덕택이었다고 분석하고 있다.

보불전쟁1866년 시 군사이론으로 주의 깊게 훈련되고 잘 편성된 참모조직의 보좌를 받은 프러시아 장군들과 대치한 프랑스 지휘관들은 병사들의 용감성에도 불구하고 무지와 혼란, 무계획성을 여지없이 드러내고 말았다.[38] 이것은 프랑스 고급지휘관들이 당시 군에 부합되는 군사이론의 창출과 적용보다는 오히려 기만술과 같은 외형적 군사기술과 기능만 중요시했기 때문이다.

이렇게 볼 때 전쟁 현상을 이론화하는 것은 어렵지만 피할 수 없을 것이며, 나아가 종합적인 학문의 분야로 정교히 정립할 필요가 있다. 이를 기반으로 전쟁의 본질을 규명하고 전쟁의 본질에 따라 '어떠한 군사력을 건설하고 어떻게 군사력을 운용할 것인가'에 대한 창의적인 연구와 지속적인 연구축적을 통해 전쟁 억제와 전쟁에서의 승리의 원리를 발전시켜 이론화 및 교리화하여 적용할 수 있는 지속적인 토대를 창출해 나가야 할 것이다.

3 군사학軍事學, Military Study과 본서의 관심 분야

군사이론을 학문적으로 체계화하는 것이 과연 가능할 것인가 하는 문제는 관련 학자들 간에 끊임없는 논란의 대상이 되어왔다. 하지만 군사이론에 대한 학문적 체계, 즉 군사학으로 발전되고 있는 것이 오늘날의 일반적 현상이다. 지금까지 '전쟁과 군사' 이론의 틀이나 발전에 관한 탐험적, 실험적 연구나 진화적 관점의 연구는 제한적이나마 지속적으로 이루어져 왔지만, 여기에 대한 어떤 공통의 합의나 공감대가 이루어졌거나 공식적으로 규정된 바는 없다. 그러므로 '전쟁과 군사' 이론이 공감대가 확산되어 모든 군사행동의 지표가 되기 위해서는 군사이론의 일반적인 틀을 마련하고, 여기에 따라 합목적적인 관점에서 통합적이고 융합적으로 발전시킬 수 있는 토대가 조성되어야 할 것이다.

세계의 각국은 그들만의 역사적 경험과 관찰, 국가적 목표와 이익, 시대적 요구와 현상에 따라 각기 상이한 군사학을 발전시켜 왔지만, 일반적이며 공통된 사실은 그들이 장차 직면하게 되거나 당면하고 있는 전쟁을 어떻게 인식하느냐에 따른 기본인식을 바탕으로 국가적 이상理想과 목표, 전략적 환경, 장차전 양상을 고려하여 각기 그에 알맞은 군사이론에 부합하도록 군사학을 정립해 왔다는 것이다. 그러므로 각국의 군사이론은 그 국가의 시대적 환경과 특성의 변화에 따라 이에 부응할 수 있도록 진화적으로(간헐적으로 혁명적 발전도 존재하였음.) 발전되어 오늘날 각국의 군사학의 커다란 줄기로 역할을 해 왔다고 볼 수 있다.

군사이론은 전통적인 병학兵學이론, 즉 전략과 전술에만 관심을 두고 이를 다루는 순수한 군대 운용의 군사적 요소로부터, 제1차 대전 이후 전쟁의 양상이 총력전總力戰, Total War화[52]됨에 따라 비군사적 요소에 대한 고려를 포함하게 되었고, 제2차 세계대전 이후에는 핵무기의 등장으로 인해 이러한 경향이 더욱 확대되는 경향을 보이고 있다.[39] 20세기 중반 이후에는 이에 대한 회의론적 시각에서 제한전制限戰, Limited War, 첨단기술기반전, 정보전情報戰, Information War 등에 관한 다양한 군사이론이 등장하기 시작했다.

이로써 오늘날의 군사이론은 군사적 요소와 비군사적 요소를 포괄적으로 고려하여 발전하게 되었다. 또한, 그 범위도 전쟁을 어떻게 준비하고 수행할 것인가 하는 군사력의 운용뿐만 아니라 군사력의 건설, 유지/관리와 지원 및 운영 분야까지로 확장되었고, 나아가 전쟁의 성격은 무엇이며 전쟁목적 달성을 위해 요구되는 전쟁철학, 그리고 정치, 경제, 사회, 심리 등 군사에 관련된 제諸국력 요소와 같은 광범위한 내용을 고려하지 않고서는 현대전이나 미래전을 준비 및 수행할 수 없게 되었다.

따라서 군사학의 개념과 범위의 설정에는 상위의 국가전략에서부터 하위의 용병술에 이르는 수직적 관계와 운용방법은 물론 정치, 경제, 사회, 심리 등 수평적 관계와 운용방법 모두 통합적으로 고려되어야 함이 당연하기 때문에 이때 다음과 같은 사항들을 유의할 필요가 있다.[40]

첫째, 군사학과 군사이론은 시간과 장소, 상황의 변화와 관계없이 모든 전쟁을 수행하는데 적용될 수 있는 보편적 일반원칙을 다루어야 한다.

---

52 총력전總力戰, Total War이란 국가의 존망과 관련되어 두 국가 혹은 다른 세력 간에 가능한 모든 자원과 수단을 총동원하여 싸우는 전쟁을 말하며, 전체全體전쟁 혹은 국가총력전이라고도 한다. 상대적인 용어로 제한전制限戰, Limited War이 있으며, 제한전이란 싸우는 두 국가 혹은 세력 간 동원되는 군사력과 이들이 싸우는 전장, 그리고/ 혹은 상호 협약으로 쓸 수 있는 공격수단 등이 제한된 상태에서 치르는 전쟁을 말한다.

둘째, 군사학과 군사이론은 모든 차원의 군사력 운용과 건설 및 유지관리 측면과 같은 단순한 측면만이 아니라 전쟁의 본질과 성격, 그리고 정치, 경제, 외교, 사회, 이념, 기술 등 전체로서의 전쟁의 수행 문제를 광범위하게 다루어질 필요가 있다.

셋째, 군사력을 사용하는 무력 위주의 전쟁 수행 이론 등 군사력 운용 이론의 발전과 함께 현재·미래와 전·평시를 막론하고 정치 목적을 달성하는 데 기여할 수 있는 군사력 건설 및 유지이론도 병행하여 발전되어야 한다.

마지막으로, 더욱이 군사학과 군사이론은 국가 간의 관계 이외에도 국가 내부의 문제해결에도 적용할 수 있도록 확장되어야 한다.

요약하면, 군사학과 군사이론은 전쟁, 분쟁, 평시 등 대상 시기를 전반적으로 포함하여야 하고, 군사와 비군사적 요소 그리고 현용顯用 및 잠재潛在 능력을 효과적으로 융합하여 발전될 수 있도록 노력해야 한다. 이처럼 군사학의 모든 학문과 이론적 발전 노력은 합리적인 군사력의 운용 및 건설을 통해 국가목표 달성 등 성과에 연결되어야 한다는 점을 방향성으로 삼아 모든 총체적인 군사적 노력을 통일적으로 파악하여 귀납적歸納的으로 법칙을 유도하여 융합적 이론적 지식체계로의 승화로 귀결되어야 한다.

그러므로 학문學問[53]으로서 군사학의 본질은 전쟁과 군사 현상에 관한 학술學術, Science and Arts[54] 연구로서 국가목표와 국가이익 달성을 목적으로 안보·국방·군사 '정책'과 '전략'을 만들고 구현하기 위한 노력의 영역이 주主대상이다. 이러한 학문적 영역에서 관심을 두는 주主수단은 군사력이지만 정치와 외교, 경제, 과학기술, 사회, 문화 등 국가 기능요소와 상호 작용할 뿐만 아니라 서로 영향을 주고받으며, 일반 학술의 이론과 연구방법도 이용, 활용, 교류, 통섭, 융합 등이 이루어지기 때

---

[53] 사람과 사물, 기록과 경험, 간접경험 등에 의해 검증된 이론의 체계화된 지식Knowledge, 지식의 연구나 탐구활동, 지식을 배워서 익히는learning 교육의 의미를 포함한다.

[54] 학술이란 '과학적 방법에 의해 검증된 이론'과 '술術'을 포괄하는 개념이다. 여기에서 '과학Science'이란 자연 및 사회 현상 등을 포함한 모든 현상을 설명하는 원리, 원칙, 법칙 등에 대한 이론을 제시하고, 그 이론을 가설, 통계, 인과관계 등을 통해 검증하는 것을 말하며, '술術'이란 기량伎倆, 기법技法, 기교技巧, 예술藝術 등을 의미한다.

문에 군사학은 종합과학적 학술이다.[55]

이는 전쟁과 군사 현상에 대한 이슈 식별과 문제해결이 군사력 이외 다른 국력 요소와도 국가 수준의 총체적인 관점에서 분석되고 정책과 전략의 설정과 구현이 이루어져야 하며, 군과 군대에만 국한되는 것이 아니라 범국민적인 총력방위總力防衛의 차원에서 고려되어야 한다. 이런 관점에서 군사학은 공동체적 일체감을 바탕으로 총력전에 이길 수 있는 범국민적 전쟁수행 의지 등 전쟁사상(그리고/혹은 전쟁철학)과 이를 실제로 구현할 수 있는 군사력 운용과 건설 등에 관한 '정책과 전략'이 필수적으로 포함되어야 한다.

본원적으로 군사학은 전통적인 민족사상과 민족정신의 올바른 인식을 바탕으로 그 국가와 민족 전체에 내면화되어 있는 군사적 경험과 사고思考를 승화하여 전쟁사상과 철학의 근간을 정립하고, 이를 군사이론 발전의 지향점으로 삼아야 할 것이다. 군사학의 올바른 발전은 그 국가와 민족이 전쟁을 어떻게 보고 인식하여 이에 대처할 것이냐 하는 공통의 구심점과 의지를 형성할 수 있는 오롯한 군사사상과 철학에서부터 시작된다고 할 수 있을 것이다.

이로써 볼 때, 군사학의 주요 주제는 전쟁 철학, '군사력 운용에 관한 술arts 과 과학science'적 관점의 이론', '군사력의 건설, 유지, 관리 및 지원에 관한 과학과 술'적 관점의 제도, 구조와 조직 및 프로세스, 교육 및 훈련, 자원의 관리·운영 및 지원 분야가 고려될 수 있을 것이다. 이외에도 국가위기관리, 전쟁 지도, 국민/군의 의지意志와 심리心理, 국가 리더십Leadership, 군사 지리地理 및 군사사학軍事史學[56] 등도

---

[55] 군사학의 기원, 개념과 정의, 특성, 유형, 주요 국가의 발전 동향 등에 대해서는 「군사학개론」(2014), pp.17~59를 참고하기 바란다.

[56] 군사이론의 연구에서 군사사軍事史, military history의 연구도 매우 중요하다. 군사사란 군사문제를 연구하는 역사학의 한 분야이지만 전쟁은 군사영역의 핵심이기 때문에 군사사의 연구대상은 자연히 전쟁이 되지 않을 수 없다. 사물의 현상을 고찰하는 데에는 크게 두 가지 방법으로 나눌 수 있다. 하나는 원인과 결과의 관계를 분석하는 것이고, 다른 하나는 목적을 달성하기 위하여 제반 수단을 분석·정리하여 목적과 수단의 관계로부터 어떤 원칙을 도출하는 것이다. 클라우제비츠는 군사문제를 이론화하는 데 있어서 상기 두 가지 방법을 언급하면서 프레드리히Fresdrich 대왕과 나폴레옹Napoleon의 전쟁경험을 그의 이론과 밀접히 결부시켜 연구를 진행하여 군사사의 연구의 중요성을 강조하면서, 역사적 사례는 모든 것을 명확하게 할 뿐만 아니라 경험과 과학에 있어 가장 훌륭한 증명력을 가지고 있다고 하였다. 리델 하트Liddell Hart도 역사가

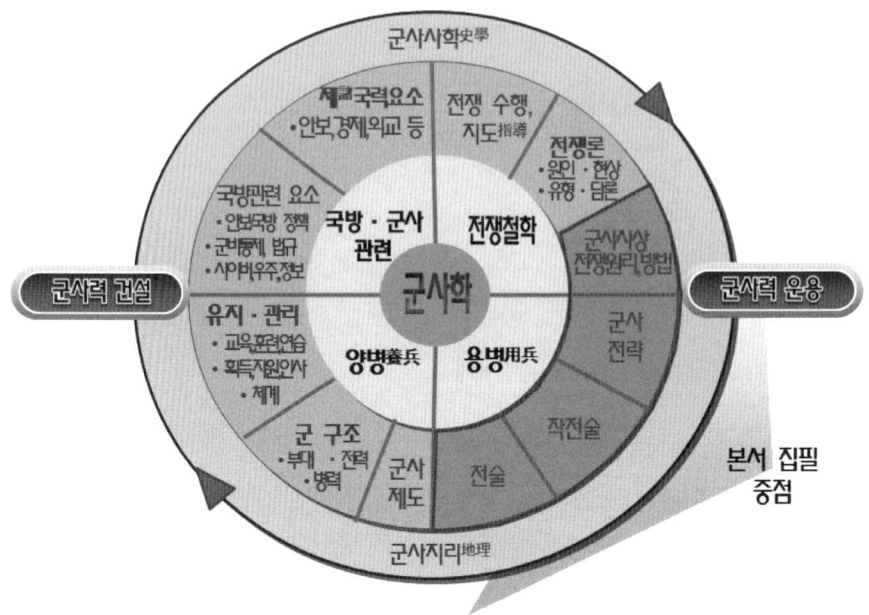

[그림 1-3] 군사학과 본서의 집필 중점/관심 분야

자료: 군사연구학회, "군사학이란 무엇인가?",「군사학개론」, 플래닛미디어, 2014., pp. 49~59. 및 육군교육사 교리부,「軍事理論硏究」, 군사발전지 부록 제44호, 1987. 10. 30., pp. 51~53. 내용을 참고하여 재정리하고 저자가 전면 재구성하여 작성함.

군사학의 주요 관심과 이론 발전의 주요 주제일 것이다.

한편 현재까지도 발전되고 있는 종합적인 학문으로서 군사학의 학술체계[57]는 일반학문과 연계하여 발전되고 있다.[41] 군사학 학술체계에 관한 군사학연구회2014년의

보편적인 경험이고 보면, 군사교육의 기초로 간과할 수 있는 합리적인 타당성이 있다고 강조하고 있다. 더욱이 군대라는 직업은 주로 군사적 경험과 교훈에 따라 그 임무를 수행하고 있어서 역사적인 경험 요소에 입각한 군사사가 그 바탕이 되지 않을 수 없다. 그러므로 전쟁의 과정에 대한 고찰은 군사 현상 전반에 걸친 통찰을 제공할 수 있기에, 군사사에 대한 연구는 군사 이론적 근거와 경험적 데이터 및 분석 자료를 제공하고 사실의 객관적 타당성을 평가, 검증하는 수단이 될 수 있는 것이다. 이렇듯 경험적 사실에 바탕을 둔 군사사는 군사이론의 모든 영역에 준거가 되는 기초적인 학문의 분야이며, 전쟁철학은 물론 용병 및 양병 분야, 관련 요소 및 국력에 관한 제반 요소까지 영향을 미칠 수 있는 공통의 기반 연구로서 작동될 필요가 있다.

57 학술체계는 그 대상과 영역을 학술의 특성과 방식에 의해 범위를 설정하고 분류한 것이다. 대상object, subject, target은 어떤 일의 상대, 목적 및 목표가 되는 것을 의미하며, 영역category, area, domain은 범위, 범주와 같은 의미로 사용되며, 활동, 기능, 효과, 관심 등이 미치는 일정한 범위를 말한다. 학술체계는 고정되어있는 것이 아니며, 학문성과 실용성이 결합하고, 학문 간 교류, 통섭이 되는 추세에 따라 계속 진화하여 나갈 것이다.

논의에 의하면 학술체계는 대상과 영역에 따라 본질적 연구, 실용적 연구, 연관적 연구로 구분하고 있다. 이에 따르면, 본질적 연구는 협의의 군사학술로 전쟁과 군사 현상에 관한 연구이며, 실용적 연구는 중간 수준의 군사학술로 본질적 연구를 중심으로 안보와 국방에 관한 연구를 포함한다. 연관적 연구는 광의의 군사학술로 일반학술과 사회현상이 군사학술에 미치는 영향 요소와 상호작용하는 요소에 관한 연구를 말한다.

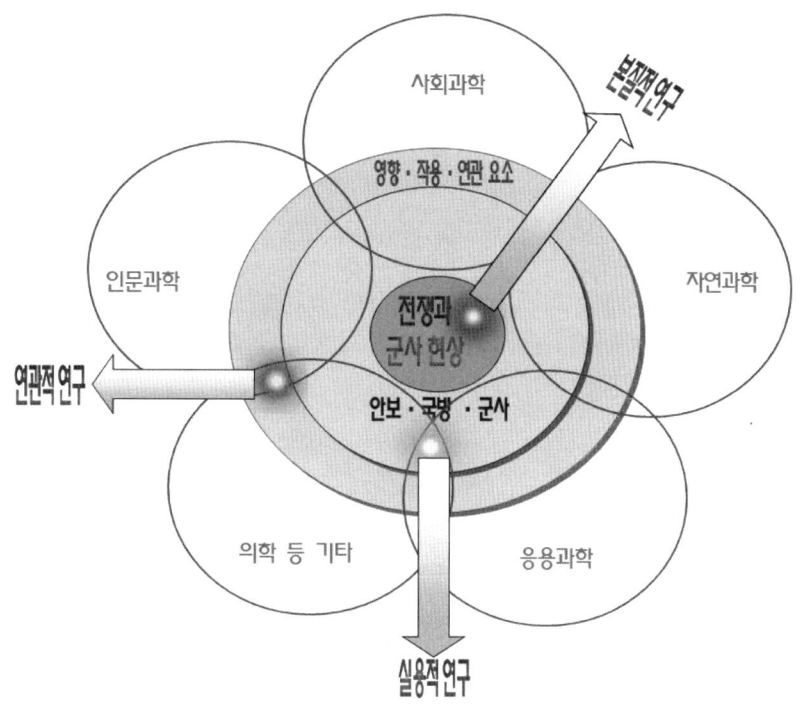

[그림 1-4] 군사학 학술체계의 대상과 영역

자료: 군사연구학회, "군사학이란 무엇인가?",「군사학개론」, 플래닛미디어, 2014., p. 57. 〈그림 1-1〉을 수정/보완/재작성하여 인용함.

집필 배경과 의도에 따라 본서는 위에 논의된 바와 같이 광범위한 군사학의 분야 중에서 '군사력의 운용 그리고 용병과 관련된 내용'에 관련된 군사학의 본질적 연구의 대상과 영역에 주로 관심을 두고 있다. 특히, 전쟁을 어떻게 인식하느냐 하는 군사사상과 이를 바탕으로 준비된 군사력을 어떻게 운용할 것이냐에 관련된(이를 용병술用兵術[58]이라 일컬어져 왔다.) 군사전략, 작전술, 전술에 대한 원리와 융합적 운용방법에 대한 포괄적인 이해를 목적으로 한다. 클라우제비츠는 전쟁이론을 논의하면서, 전투 등 수많은 행동의 통일체로서 전쟁을 하나의 전체적 현상으로 보고, 정치는 전쟁에 대한 논리, 전략은 전쟁 목적을 위한 작전의 운용에 대한 가르침,[59] 전술은 전투에서의 전투력 운용에 대한 가르침을 사고思考할 수 있다고 주장하고 있다.[42] 이처럼 군사력 운용, 특히 용병술의 본질은 학문Study 혹은 과학Science 보다는 술術, arts에 더 비중을 두고 있다고 볼 수 있으며, 대체로 원리Principle와 방법Method and Methodology 그리고 실행Practice의 연결로 구성될 것이다.

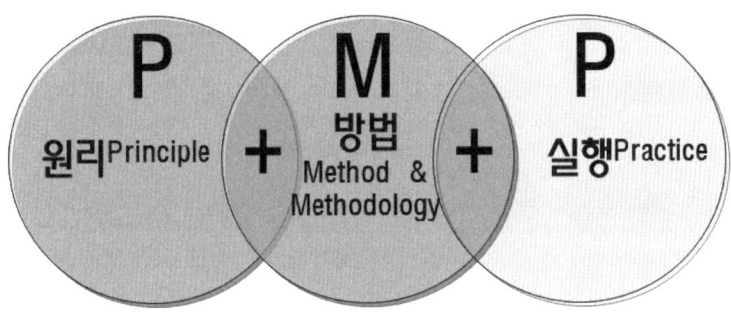

[그림 1-5] 용병에 관한 술術의 구성

출처: 전덕종, "용병술에 대한 새로운 관점", 육군대학 전략학처 교육자료, 2021.10. 주요 내용을 수용하고, 필자가 그림으로 재작성하여 인용

용병술 중심의 '전쟁과 군사' 이론에 관한 원리와 방법론적인 일반 통찰을 일깨워 창조적 사고능력의 계발에 도움을 주고자 하는 본서의 본원적 목적을 달성하기 위해서 용병술의 구성요소 중 원리와 방법을 중심으로 서술될 것이다.

---

[58] 군사용어사전(2021)에는 용병술을 전쟁을 준비하고 수행하는 제반 활동으로 정의하고 있으며, 국가안보목표를 달성하기 위한 군사전략, 작전술 및 전술을 망라한 이론과 실제를 말한다. 현재 관점에서 볼 때, 용병술은 '군사력의 건설'보다는 '군사력의 운용'에 더 관련이 있는 용어로 이해할 필요가 있을 것이다.
[59] 현재의 전략과 작전술의 일반개념으로 치환될 수 있을 것으로 보인다.

본서는 전쟁과 군사 현상의 본질과 특성 등 전쟁이 무엇인가를 사유하는 전쟁철학과 고유한 전쟁에 대한 인식에서 우러나오는 군사관軍事觀 등 한국적 군사사상의 초석 위에서, 어떻게 전쟁을 지도하고 수행하여 승리로 이끌 수 있을 것인가 하는 군사전략, 작전술, 전술 등 용병의 제諸원리를 체계적으로 규명하고 방법과 방법론에 대한 군사적 안목과 식견을 확충함으로써, 축적된 지식으로 적응적인 한국군의 군사력 발전, 특히 군사력의 운용과 적용에 관한 유연성 있는 사고력의 계발啓發과 실효적 적용의 창달暢達에 도움을 줄 수 있을 것이다.

또한, 군사이론연구1987년 등 기존 군사이론 연구의 한계나 제한사항을 극복하기 위하여, 군사전략, 작전술, 전술 등 용병술의 기본 개념을 새로이 갱신하고, 이들 사이에 존재하는 관계에 대한 폭넓은 이해를 통해 억제와 전쟁의 승리라는 종국적인 목적달성을 위한 내적 관계를 더욱 명확히 정립하고 있다. 이로써 '어떻게 통합적으로 운용될 수 있을 것인가'하는 데 대한 더 넓은 직관적 통찰을 얻을 수 있도록 노력을 기울일 것이다.

더욱이 역사적으로 다양한 전쟁의 사례에서 성공할 수 있었던 근본원리가 무엇이며 이러한 원리가 전쟁승리를 위해 어떻게 기여할 수 있었던가를 '전략'의 관점에서 이해할 수 있을 것이다. 특히, 본서는 나폴레옹 전쟁 이후 용병술의 교리로서 새로이 등장하여 러시아舊 蘇聯에 의해 집대성된 '작전술'에 대하여 21세기의 새로운 관점에서 개념의 이론적 토대를 더욱 명확히 정립하여 제시할 것이며, 나아가 최근 미국 등 선진국의 새로운 전쟁 혹은 분쟁 사례 분석을 통해 발전되고 있는 '전술'의 원리와 방법을 한국적 적용 관점에서 발전시킬 수 있도록 하는 이론적 기반을 이해하는 데에도 많은 도움을 받을 수 있도록 할 것이다.

4 용병술 차원의 주요 이론과 발전과정 및 이론가[43]

주요 이론 및 발전의 역사

일부 학자는 원시시대의 시대에도 전쟁은 존재했던 것으로 보고 있다. 그러나 초기 인류의 생활은 수시로 생존을 위협하는 자연조건을 극복하면서 맹수나 천적을 상대로 싸워야 했기 때문에 인간 상호 간의 투쟁은 드물었으며, 당시의 인류는 오히려 인간의 부족한 힘을 보충하기 위해 소수의 집단을 형성하여 공동의 적에 대처하려 노력했을 것으로 보인다.

시대가 지나면서 일단 동물에 대한 인간의 지배권이 확립되고 생활조건이 향상됨에 따라 인간의 투쟁본능은 동족인 인간에게 향해져 비로소 전쟁의 시대가 막을 열게 되었을 것이다. 인간의 상호투쟁은 초기에 체력과 단순 무기에 의한 동물적 투쟁에서 점차 조직적인 싸움으로, 다시 집단 간 전쟁으로 확대되어 갔다.

이 같은 싸우는 방식이 시대에 따라 각기 다른 양상을 보인 것은 문명의 발전에 따라 형성되는 일정한 사회 상태와 체제로의 변화에 따른 주관적 조건인 목적이 각기 다르고, 목적을 달성할 수 있는 수단, 즉 무기체계와 같은 객관적 조건이 각기 달랐기 때문이다.[44]

가. 고대~중세

고대의 전쟁은 대체로 목적이 씨족 또는 부족의 생존권 확보에 있었다. 따라서 전쟁은 집단의 생사존망生死存亡을 걸고 전체 집단의 무장에 의한 개병주의皆兵主義[60]적이며, 힘의 무제한 행사라고 하는 원시적 무제한無制限 전쟁의 양상을 보였다. 그러나 힘의 무제한 행사라고 하더라도 활, 칼 등의 공격무기와 갑골, 방패 등의 방어무기 같은 단순한 무기와 개인 전투술戰鬪術이 주류를 이루었고, 전투방식도 팔랑스Phalanx[61]나 레지옹Legion[62] 등 소규모의 밀집 전투로서 집단 전투술이 발전되고 이를 중심으로 수행됨으로써 진정한 의미의 총력전으로 발전되지는 못해 종합적인 군사이론의 접근은 이루어지지 못했다.

---

60 국민 전원으로 국방을 담당하는 국가의 자세를 말한다.
61 중무장장갑보병대 혹은 밀집장창보병대密集長槍步兵隊로서 고대 그리스 병단의 일종이며, 전투술로서 8열 횡대의 대열을 이루어 적과 격돌하면서 무너진 대열은 후방의 열에서 보충하면서 진형을 유지하는 집단 기동성을 중시하는 방식이다.
62 로마식 병단의 일종

중세에 접어들어 전투 횟수가 줄어들고, 생활이 안정됨에 따라 토지를 중심으로 봉신封臣, vassal 혹은 가신家臣[63] 사이에 맺어진 일종의 쌍무계약인 봉건제도가 차츰 정착되어 갔다. 이에 따라 농사짓는 일 대신 전투를 전담하는 기사단이 생겼다. 이들은 고대 전쟁과 별로 다를 바 없는 무기를 가지고 기사끼리 힘과 기를 겨루는 개인 전투를 시행하는 데 그쳐 뚜렷한 군사적 발전은 이루지 못했다.

중세 후기에 화포火砲, 화승총火繩銃, 격발총擊發銃이 등장하였으나 정밀도가 극히 낮고 사용이 불편하여 전장을 지배할만한 병기의 존재는 아직 찾아볼 수 없었다. 당시의 군주는 화포의 출현에 따라 종래의 소규모 군대만으로는 전쟁의 목적을 달성할 수 없게 되자 전쟁의 주 수단으로 용병傭兵들에 의해 소기의 목적을 달성하고자 했다. 그러나 이들은 군주의 야심에 영합해야 했고 돈만을 위해서 싸우기 때문에 희생정신이나 애국심이란 전혀 찾아볼 수 없었다.

따라서 전투는 항상 병력통제가 수월한 평야 지대에서 밀집대형으로 이루어졌고, 많은 희생이 따르는 격렬한 전투는 서로 회피하였다. 따라서 과감한 추격이나 기습 등과 같은 술術의 혁신적인 발전은 이루어지지 못한 것으로 보인다. 이로써 적과의 직접적 충돌보다는 군대를 교묘히 기동시켜 적의 병참선을 위협하거나 적보다 유리한 지형을 확보하여 적의 퇴로를 차단 또는 진지를 포기토록 유도하여 강화를 맺는 극히 제한된 목표를 위해 제한된 술術과 수단 및 방법으로 싸우는 제한전쟁에 그쳤다.

이렇게 볼 때, 초기 원시적 무제한 전쟁과는 달리 전쟁의 목적이 봉건영주나 군주의 야심을 충족하는 것으로 제한되었고, 전쟁의 수단인 무기체계도 활, 칼, 투석기 등 단순한 공격 및 방어무기로 제한되었기 때문에 누구를 위해 왜 싸워야 하느냐 하는 전쟁에 대한 인식보다는 군대를 사용하여 어떻게 싸울 것이냐 하는 단순 무력전 수준의 제한적인 싸우는 개념에 국한되었다.

---

[63] 봉신 혹은 가신은 유럽의 봉건사회에서 영주나 군주에 대해 상호 의무가 있는 것으로 간주되는 사람이다. 의무에는 대개 봉토로 보유한 토지를 포함하며 특정 특권에 대한 대가로 기사의 군사적 지원이 포함된다. (ko.m.wikipedia, 2022. 3. 22., 탐색 인용)

나. 근대

- **근대 전기**

이 시기는 프랑스 혁명1789년에서 시작하여 나폴레옹Napoleon의 워털루Waterloo 패전 1815년에 이르는 짧은 기간이었지만 정치, 경제, 군사적 제 분야에 걸쳐 혁명적 변화를 가져왔던 중요한 시대이다.[64] 및 [45]

프랑스 혁명으로 봉건적 신분제가 무너지고 근대적 민족 통일국가가 형성되는 시대적 조류 속에서, 일거에 낡은 사회제도에서 해방된 민중들은 새로운 자유민주주의에 바탕을 둔 징병제도에 의해 국민군國民軍[65]을 형성하기에 이르렀다. 프랑스는 최초로 국민군에 의해 발미Valmy 전투에서 승리함으로써 국민 총동원령을 선포1793년 8월하여 사상 최초로 근대적 의미의 국민군을 조직할 수 있었다. 국민군의 출현에 따라 '우리 조국은 국민 모두의 것이기 때문에 국민이 적극적으로 수호해야 한다'는 능동적인 사상과 인식이 확장되어 전쟁도 국민과 국민의 전쟁인 '국민전쟁'으로 전쟁 및 군사를 쓰는 개념의 변화가 이루어졌다.

> "전쟁 수행의 강력한 힘은 그 수단의 격렬함과 거둘 수 있는 성공의 신속성,
> 그리고 이와 아울러 인심의 강렬한 파도로 인해 끝없이 확산하게 되었다.
> 군사적 목표는 완전한 적의 격멸에 두었고,
> 일단 전투가 개시되면 적이 완전히 재기불능의 상태에 이르지 않으면
> 전쟁의 중지나 강화회담 등은 전혀 고려대상이 되지 않는다.
> 이로써 전쟁의 본질은 과거의 모든 인습의 굴레에서 해방되어
> 그 본래의 위력을 발휘하기에 이르렀다"
> – 클라우제비츠「전쟁론」[46]

---

[64] 세부적인 혁명적 변화와 함의에 대해서는 녹스와 머레이 저, 배달형·김칠주 역,「군 혁명과 군사혁신의 다이내믹스」, KIDA Press, pp.61~126.을 참고하기 바란다.

[65] 프랑스 혁명 초기에 질서 유지와 자위를 목적으로 구성된 자치대인 국민위병을 가리키는 용어이다. 현대의 여러 나라에서도 쓰이고 있으며, 조직화된 시민군이나, 국가헌병대를 뜻하기도 한다.(ko.m.wikipedia, 2022. 3. 22., 탐색 인용)

이러한 시대적 조류 속에서 혁명적인 전투의 수행을 통하여 군사적 천재성을 보여준 나폴레옹에 의해 섬멸전殲滅戰[66] 개념이 태동하였으며, 이에 따라 전쟁은 총동원의 형태의 국민개병國民皆兵 사상에 의한 무제한 전쟁으로 확대되어 갔다. 이에 비해 전쟁의 수단이라는 객관적 조건은 힘의 무제한 행사에 부응할 수 있을 만큼 성장하지 못하고 있었다. 산업혁명이 진전되고 있었지만 아직은 경공업의 형태를 벗어나지 못했기 때문에 전쟁 역시 단순한 무력전의 영역을 벗어날 수 없었다.

하지만 이와 같은 전쟁과 군사의 현상에 대하여 전쟁의 본질과 성격 등 전쟁의 주관적 조건을 규명하기 위한 관심과 연구 노력이 확장되었다. 특히 나폴레옹 전쟁을 계기로 병력이 대규모화되기 시작하였고, 전장의 영역이 확대됨에 따라 적 야전군의 섬멸을 목표로 한 결전決戰의 개념이 등장하였다. 이에 따라 전쟁의 준비와 대비개념인 군사관리와 지원개념이 대두되고 확장되기 시작하였으나, 여전히 전쟁의 수행 행위 자체에 초점을 맞추려는 기존의 용병술적 개념의 발전은 미미하였다.

한편 당시의 전쟁 및 군사 현상에 관한 사상과 이론의 주류를 이루었던 조미니Jomini, 1779-1869와 클라우제비츠Clausewitz, 1780-1831는 나폴레옹 전쟁을 기초로 각기 독특한 군사이론을 체계화하고 있는 바, 조미니가 전승을 위한 이론체계를 고안하려 했다면 클라우제비츠는 전쟁의 본질에 관심을 두었다. 이들 전쟁 사상 및 이론가들의 전쟁철학과 전쟁에 대한 이론은 동양의 손자병법과 함께 현대에 이르러서도 전쟁과 군사 현상에 대한 대표적인 이론의 뿌리를 형성하였다.

근대 전기는 무장국민군의 형성에 따라서 원활한 전쟁의 수행을 위한 전쟁의 당위성 문제가 군사적 이슈로 대두되었을 뿐만 아니라 전쟁 '준비와 대비' 개념이 처음으로 전쟁과 군사의 이슈와 관심으로 등장한 의미가 큰 시기였다.

---

66 전쟁이나 전투에서 적군의 작전수행능력과 인적, 물적 자산을 파괴하는 전쟁 양상을 말한다. 이는 모든 자원을 동원하여 전쟁에 임하는 총력전과는 대비된다.

- **근대 후기**

　나폴레옹이 워털루 전투에서 대패하자 유럽제국은 이해를 같이하는 국가끼리 협상 또는 동맹을 맺고 힘의 균형을 유지하고자 노력했다. 하지만 대부분의 나라가 자국본위自國本位 정책의 수립과 구현에만 관심이 있었고 국제질서와 세계평화에 기여할 수 있는 노력이 미흡하여 세계와 관련 국가들은 점차 전쟁의 소용돌이 속으로 휘말려 들어가고 있었다. 가장 큰 국제관계의 갈등은 영국, 프랑스, 러시아의 협력적 삼국협상에 대비한 독일, 오스트리아, 이탈리아의 삼국동맹 간의 대립이었다. 결국, 이 같은 대립은 신생국 독일이 외교적 고립을 탈피하기 위해 영국과 프랑스를 주축으로 하는 연합국을 상대로 제1차 세계대전이란 비극적 충돌의 계기가 되었다.

　전쟁 초기에는 클라우제비츠의 사상을 계승한 독일의 섬멸 사상과 포쉬Ferdinand Jean Marie Foch, 1851~1929를 중심으로 한 프랑스의 공세攻勢 사상 간의 불꽃 튀는 대결이 예상되었다. 양국 모두 전쟁이 격렬한 무력전 위주의 양상으로 전개될 것으로 보고 유혈의 단기적 결전을 통해 승리를 꾀하고자 했으나, 제1차 세계대전은 이들의 기대와는 전혀 다른 양상으로 전개되었다.[47]

　당시 산업혁명을 기반으로 무기체계의 다양화와 성능의 혁신과 대량생산이 가능해졌다. 전장에서는 이를 토대로 하여 진지의 종심이 확대할 수 있었고, 이를 위한 철도 등 기동력이 뒷받침될 수 있었다. 한편 이러한 요소들은 방어력을 강화할 수 있도록 하는 기재로 작동되어 전쟁을 장기화로 인한 지구전持久戰화[67], 소모전消耗戰화[68]의 요인이 되기도 하였다.

　이처럼 전쟁이 소모전으로 전개됨에 따라 과거와 같이 탁월한 작전계획과 기동과 화력 등 군사 능력의 운용보다는 오히려 쌍방의 인구와 생산력 등 국력을 어떻게 군사적 능력으로 사용할 수 있느냐 하는 동원mobilization 능력이 전쟁의 승패를 결정짓게 될 수 있다는 달라진 전쟁의 양상에 많은 군사학자나 전문가들은 커다란

67　지구전이란 한번의 결전이나 승부를 내지 않고 시간을 끌면서 장기적으로 전재되는 전쟁 양상을 말한다.
68　진지전을 중심으로 수년간에 걸친 참담한 전쟁이 지속되었고, 28개국에 달하는 관련 국가에서 거의 6,500만의 병력이 동원되었고, 그 중 300만 명 이상의 인명이 희생되었으며, 천문학적인 막대한 전쟁비용이 소모되었다. (이기원, 「군사전략론」, 동양문화사, p.13, 1985.)

충격을 받았다.

　이러한 충격의 원인은 제2차 산업혁명으로 인한 과학기술의 급속한 발전과 군사사상 및 용병술 간의 괴리乖離였다. 속전속결로 단기간 내에 전쟁을 종결시키고자 하는 제1차 대전 초기 군사사상과 용병술의 개념은 정치가나 군사 이론가, 군 지휘관들이 거대한 파괴력을 가진 무기에 의하여 쉽게 그 목적을 달성할 수 있을 것으로 생각하도록 만들었다. 하지만 당시 주류의 군사사상과 용병술의 개념은 급격한 과학기술의 변화에 따른 발전을 이루지 못하고 기존 개념의 단순한 적용으로 인해 결국 전쟁의 장기화와 참담한 군사력과 국력의 소모만 초래하게 했다. 또한, 전쟁이 총력전의 양상을 보였지만 그 총력을 무제한으로 행사할 만한 진정한 전쟁목적을 찾지 못함에 따라 완전한 의미의 총력전이 되지 못했다는 점이다. 즉, 전쟁의 주체이었던 영국과 독일이 식민지의 확장에 국가 생존의 기반으로 두었기 때문에 적의 완전한 파멸은 오히려 자국의 생존기반을 위협하게 됨으로써 스스로 힘의 행사에 일정한 한계를 둘 수밖에 없다는 점과 전쟁의 목적이 대개 국내 특수층의 이익 보호에 두고 있어 전쟁에 대한 국민적인 공감대 형성과 내면적 의지나 결속이 제한되었기 때문에 국민의 자의에 의한 총력전이 되지 못했다.[48]

　결국, 제1차 대전은 국민전쟁 시대와는 달리 산업혁명의 성숙에 따라 무기체계의 발전 등 전쟁의 객관적 수단은 완비되었지만, 전쟁 목적으로서 주관적 조건의 미숙으로 단지 객관적인 무제한 전쟁에 그쳐 완전한 의미의 총력전 성격은 완성되지 못했다. 다만 소모전을 수행하기 위해서 '어떻게 싸울 것이냐'하는 용병개념 외에도 '전쟁을 어떻게 준비하고 지속할 것이냐'하는 전쟁 준비와 대비 개념(군사관리와 지원 분야)이 중요성을 인시하게 된 계기가 되었으며, 그 후 제1차 대전의 전훈을 교훈으로 삼아 루덴도르프Ludendorff의 총력전 이론[69], 풀러Fuller의 기계화전 이론[70],

---

69　독일 장군 에리히 루덴도르프의 회고록 "총력전Der totale Krieg(1935)"에서 처음 사용한 용어로서 국가가 전쟁 수행에 대해 국력을 총동원해 싸우는 전쟁 양상을 말한다. 이후 미 공군 장성 커티스 르메이는 핵무기 시대에 맞추어, "국가 전체의 모든 핵무기를 동원한 단 한번의 공격으로 국가를 죽이는 것"이라고 총력전 개념을 수정하여 소개한 바 있다.

70　풀러의 저서 "기계화전Armored Warfare(1943)"을(영국의 당시 야전교범 제3권(1932)을 민간판으로 개정 출

두헤Douhet의 항공전 이론[71], 그리고 마한Mahan의 해양이론[72] 등 새로운 이론을 발전시킨 계기가 되었다.

다. 현대

- **현대 전기** 제2차 세계대전 및 그 이후 냉전 시기

제1차 대전 이후 군사이론에 대대적인 변화라면 독가스 등 화학무기와 전차, 항공기 등의 출현에 따른 기술주의技術主義 군사이론이 대두되었다는 점이다. 독가스는 지금까지의 화력전에서 볼 수 없는 전투 피로와 심리적 압박을 주는 공포의 무기로 대두되었으며, 전차와 항공기는 강력한 기동으로 전선을 돌파, 포위, 우회하여 교착된 전선을 타개함으로써 적 군대뿐만 아니라 적 국민에 대해서도 강력한 심리적 위협을 강요할 수 있었던 요인 중 하나로 당시 기술주의를 기반한 군사이론 중 하나로 발전하는 계기를 마련하였다. 제1차 대전 직후, 속전속결을 실현할 수 있는 절대적인 수단으로 이러한 기술주의 기반의 군사이론이 주류를 이루게 되는바, 그중에서도 특히 전차와 항공기를 결합한 '기계화이론'은 제1차 대전의 장기소모전에 대한 반성과 산업혁명의 진전에 따른 시대적 요구에 부응하고자 하는 사고의 결실이었다. 장기소모전을 극복하기 위한 제반 군사이론 중에서도 풀러의 기계화이론과 두헤의 항공이론은 러시아와 독일에 의해서 용병술적 이론을 구체화함으로써 결국 독일군은 기갑사단Panzer을 편성하고 여기에 급강하 폭격기Stukas를 연결하여 전차 중심의 기계화 부대와 전술 항공기가 결합된, 당시로써는 혁신적인 공격력으로 사용할 수 있는, 군사술적 발전의 기반을 갖추게 되었다. 또 한편으로 이러한

판함) 기반으로 한 이론으로 당시 산업 및 군사적 혁명의 시대로 항공기와 내연기관을 이용한 전차, 장갑차 등과 같은 무기가 등장하고 있을 당시 전차 중심의 기동 전법과 기계화 시대에 적합한 기계화라는 기술주의 기반의 전쟁 양상에 관한 혁명적 변화를 이론화 한 것으로 2차 세계대전 당시 독일과 러시아구 소련의 전략에 많은 영향을 끼쳤다.

[71] 항공기의 등장과 함께 두헤Douhet는 전쟁과 군사에서 제공권의 개념과 전략폭격 이론을 주장하였다.

[72] 전쟁 사학자 및 해양 전략가로서 마한Mahan은 국가 발전과 번영을 위한 중요한 해양력의 가치를 인식하고 주장하면서 전략의 지평을 단기적이고 직접적인 전투의 승리보다는 장기적이고 무한한 미래 차원의 것으로 승화시켰다.

기계화 부대를 실효적으로 운용하고 유지하기 위해서는 반드시 상당한 규모의 군수지원이 요구되고 있었다. 이것은 국가적 차원에서 군사력의 건설과 지원·유지 체제의 발전을 통한 총력전 개념의 완성에 필요한 조건으로 전제되어야 하기 때문에 군사적 요소 이외의 정치, 경제 등의 군사 관련 요소의 중요성이 증대되어야 한다는 인식을 제고하고 있음을 말한다.

독일의 루덴도르프가 '총력전론總力戰論'을 제시한 이래, 리델 하트와 풀러 등에 의해 종래의 용병술적 개념을 초월한 새로운 이론적 개념(국가전략, 군사전략 등)이 더욱 체계화됨으로써 군사 및 비군사수단(정치, 경제, 사상, 심리 등)을 총동원하는 국가의 총력이 전쟁에서 발휘될 수 있도록 하는 것이 전쟁 목적을 달성하는 유일한 길이라고 인식되기 시작했다. 이러한 인식의 경향은 제2차 대전 이후 과학기술의 현저한 발달(특히, 핵무기)과 이데올로기 대립(냉전)의 상호작용으로 폭넓게 확산되어 왔으며, 그 결과 전시와 평시, 전투원과 비전투원, 물리적 힘과 정신적 능력을 총동원하는 국가총체전國家總體戰을 요구하게 되었고 이로써 종래에는 볼 수 없던 정치, 경제, 사상 등 군사에 관련된 비군사적 국력 요소의 중요성이 더욱 커지게 되었다.[49]

국민 일부 계층의 이익 보호를 위한 투쟁이었던 1차 대전과는 달리 이 시기에는 전쟁의 목적이 국민 전체의 생존권 보호라는 절대적 성격을 띠게 됨에 따라 일단 전쟁이 발발하면 자국이 보유한 모든 능력을 무제한으로 행사하지 않을 수 없게 되어 전쟁수단의 무제한성無制限性과 아울러 전쟁목적의 무제한성에 의한 완전한 의미의 총력전으로 발전하게 되었다. 이와 같은 점은 이 시기의 전쟁과 군사 현상에 대한 현실주의Realism적 인식이 주류를 이루고 있었던 것과 맥을 같이 한다고 볼 수 있다.

지금까지의 내용을 요약하면, 고대 및 중세에는 무력전 수행을 위한 용병개념에 국한되어 자연히 군사이론의 범위도 용병 분야 중심이었다. 나폴레옹 전쟁 시대인 근대 전기에는 전쟁이 국민 전체의 관심사가 되고, 전쟁을 수행하기 위해서는 전쟁의 당위성을 국민에게 인식시켜야 했기 때문에 전쟁 본질의 규정은 물론 전쟁 수행을 위한 용병개념 이외에 전쟁 준비와 대비 개념이 대두되었으나 여전히 용병술의 개념에 기울어 있었다. 근대 후기 이후, 제1차 대전이 소모전의 양상을 띠게 되자 장기전 수행을 위한 전쟁 준비와 대비 개념이 비로소 용병개념에 상응하는 위치를 점하게 되었다. 현대 전기로 들어서면서, 제2차 대전에서 전쟁 양상이 총력전화總力戰化함에 따라 용병개념뿐만 아니라 전쟁과 군사를 관리·지원 개념과 함께 정치, 경제 등 총력전 수행을 관련 요소들의 중요성이 커지게 되어 비로소 군사이론은 용병개념, 준비와 대비 및 지원개념, 관련 요소의 발전 개념이 균형을 이루는 이론상의 혁신적 발전을 이루게 되었다.

- **현대 중기**냉전 시기 이후~

냉전 시대 이후 특히, 20세기 말부터 21세기에 접어들면서 군사적 분쟁이나 전쟁의 양상과 위협의 성격이 급속도로 변화하고 있었다. 이 시기의 전쟁과 군사 현상에 대한 특성과 이에 대한 몇 가지 함의와 시사점은 다음과 같다. 첫째, 대등한 국력을 갖춘 주권국가 간 정치·경제적인 국가이익의 갈등에 기인하여 정규 군사력에 의한 대결보다는 상대적 강도가 낮은 중·소규모 국지전, 비정규전, 테러리즘과 같은 분쟁 양상이 급속한 증가추세에 있다. 이는 범세계적으로 비국가적이고 탈국가적 위협에 노출되고 있음을 의미한다.

둘째, 무력분쟁의 주체와 행위자에 대한 이슈가 바뀌고 있다는 것이다. 냉전 이후 주요 무력분쟁 형태는 ① 특정 국가 내부 소요사태 및 내전 양상, ② 내전 악화에 따른 인접 국가로의 분쟁 확대, ③ 분쟁지역의 지정학적 이해관계에 의한 주요 강대국의 군사적 개입 등의 특성이 보인다. 이 같은 분쟁 형태의 대표적 사례의 예를 보면, 걸프전1990~1991, 러시아와 체첸 분쟁1994~2009, 코소보 난민학살에 대한 인도주의적 개입 명분에 의한 NATO의 세르비아 공습1999, 9.11사태2001 후 알카에다와 탈레반에 대한 아프간전2001~2021, 이라크전2003~2011, 이스라엘과 헤즈볼라분쟁2006, 러시아의 그루지야 침공2008, IS 사태, 아르메니아와 아제르바이잔 전쟁202), 최근 우크라이나 전쟁2022 등이 있다. 우선 무력분쟁의 주체로서 중소국가 혹은 소규모의 비국가행위자(반정부저항세력, 소수민족, 테러리즘 단체, 범죄조직 등)가 분쟁의 주요 행위자로 등장하여 무력사용의 유일한 합법적 행위자로서 국가의 역할과 기능의 한계에 봉착되고 있음을 말한다.

마지막으로 무력분쟁에서 비전통적, 비대칭적 수단/방법이 급속 확산하고 있다는 것이다. 상대의 군사 기술적인 열세를 일거에 역전시킬 수 있는 비대칭적 무력수단이 확대되고 있으며, 핵, 생물, 화학무기, 장거리탄도미사일, 자살공격 등 대규모 테러, 사이버전 등이 확산하고 있을 뿐만 아니라, 재래식 군사력과 다양한 형태의 전투방법과 무기 등 수단들이 혼합 혹은 복합적인 무력분쟁 양상으로 변모하고 있다.

이와 같은 현대 전장 현상들의 패러다임적 전환에 따라 군사력의 운용 측면의 관점에서도 군사학자, 지휘관들의 관심을 높이게 되었으며, 이에 대한 다양한 담론적인 수준의 이론들이 등장하였다. 여기에는 반 크레벨트Van Crevelt의 저강도분쟁Low-intensity Conflict, 다세Dasse의 작은 전쟁Small War, 막Mack의 비대칭전AW, Asymmetric warfare, 후버Huber의 복합전CW; Compound Warfare, 린드와 함메스Lind, Hammes의 4세대전쟁4th Generation War, 호프만Hoffman의 하이브리드전HW, Hybrid Warfare 등이 대표적이다. 이외에도 기술기반 전쟁 담론이 급속도로 확장되었으며, 이는 전통적 화력소모전을 기술을 기반으로 한 기동마비전으로 전환시키고 있다는 것으로 여기에는 네트워크중심전NCW, Network-centric Warfare, 병렬전Parallel Warfare 등이 있다. 더욱이 최근에는 미래전에 대한 이론적 초기적인 담론의 발전으로서 최근에는 다영역전투MDB, Multi Domain Battle[73], 모자이크전MW, Mosaic Warfare 등의 개념이 관심의 정도를 높이고 있다.[74]

이와 같은 현대전에 관한 담론들은 그 논리와 원리적 적용에 대해 여전히 논쟁이 지속되고 있어 타당성에 대한 합의를 기반으로 한 이론화와 나아가 개별 국가

---

[73] 미국 등에서는 최근 다영역작전MDO, Multi Domain Operations으로 개념을 발전시키고 있다.
[74] 이들 담론에 대한 정의와 개념, 요약적 비판 등에 대해서는 다음 절에서 논의하는 용어의 개념에 대한 요약적인 설명과 함께 확장하여 여기에 관련된 다양한 전문서적, 연구보고서, 문헌과 자료를 참고하기 바란다. 본서에서는 세부적 논의는 생략한다.

들의 군사 교리화까지는 아직은 제한적으로 진행되고 있다. 하지만 이와 같은 담론들의 전쟁과 군사 현상에 발전적 논의로서의 다음과 같은 커다란 몇 가지 의의가 있다.

우선 전쟁의 주체와 전쟁의 수단 및 기술 중심적 사고의 편향에 대한 미래전 담론의 균형성 회복을 위해 노력하고 있다는 점이다. 이는 '전쟁 주체자로서 국가'의 관점에서 비국가, 조직, 단체 등으로 관점을 확장시키고 있으며, 전쟁에 대한 군사력 위주의 담론에서 '국가 전 역량의 시너지적 이용'이라는 총체적 담론의 개념을 끌어내고 있다.

둘째, 기술기반의 압도적 전력으로 군사력 파괴나 마비 중심적 물리적 사고에서 확장하여, 정보, 인식, 심리, 정치적 의지 공략 등 비물리적 차원까지 전쟁 양상에 대한 논의 수준을 확대하고 있다는 것이다.

셋째, 전쟁 담론의 논의 수준 향상에 기여하고 있다는 점도 빼놓을 수 없는바, '어떤 위협에 대해 어떻게 싸울 것인가?'라는 작전술, 전술 수준 측면에서 전략 수준 이상 혹은 이들 간 중첩에 관한 담론으로 진행되고 있다.[박일송 외(2015), 전덕종(2021)][50]

넷째, 군의 새로운 영역에 대한 논의를 주도하고 있다는 점은 커다란 함의 및 의미를 부여할 수 있다. 이는 전쟁과 작전 수행의 핵심요소인 기동과 화력 외에 정보력, 인식과 심리, 테러와 범죄적 무질서 등 전쟁과 군사의 다른 수단 및 요소와 이들의 목표 변화에 대한 담론을 형성하고 있다.

마지막으로, 융합Convergence이란 거시적 담론을 유인하고 있다. 이는 현대전에 관한 담론이 전쟁과 군사의 적용에 있어 전全차원(수직/수평) 수렴과 융합이라는 거시적 담론을 이끌어 내어 전쟁에 관한 보다 거시적인 시각을 제공하고 있다.(배달형, 2016)[51]

이러한 현대전과 미래전의 전쟁과 군사 현상에 대한 논리와 원리적 적용 및 발전적 논의로서 가지는 커다란 의의는 독자들이 용병술의 역사적 발전 전반에 대한 이해와 통찰을 가질 수 있도록 하는 데 도움을 받을 수 있다는 것이다.

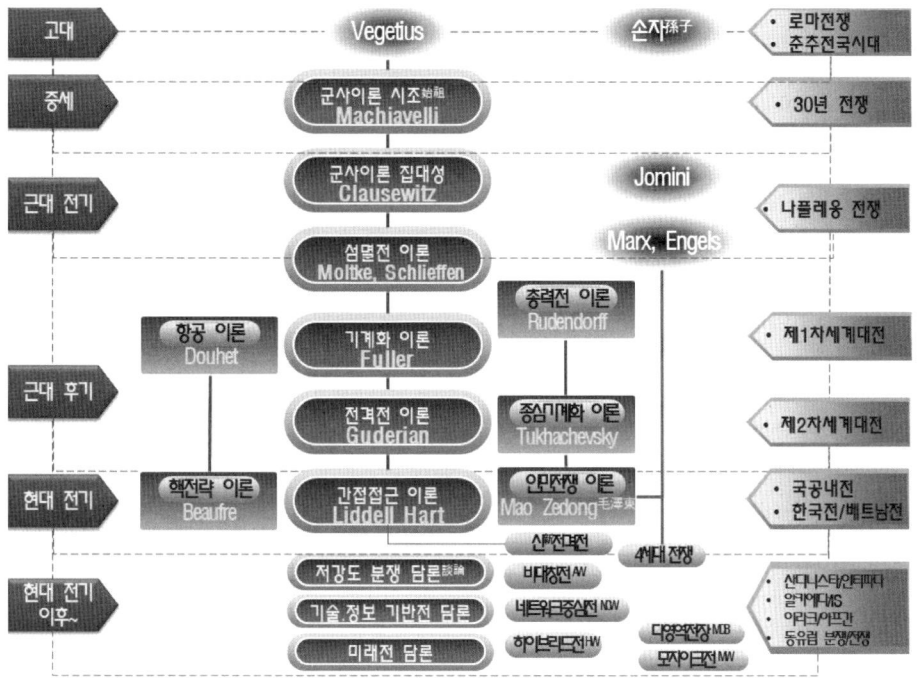

[그림 1-6] 용병술 관련 이론적 발전 역사

   지금까지 고대로부터 현대 중기에 이르기까지 용병술 중심의 이론적 발전과 변천의 역사에 대하여 간략히 요약하여 고찰해 보았다. 이와 같은 과정은 본서의 집필 의도에 맞추어 보다 더 바르고 쉽게 이해하고 이를 토대로 발전적 논의를 진척시키는 근간으로 삼을 수 있을 것이다. [그림 1-6]은 용병술 관련 이론과 담론 발전의 역사와 그 과정을 요약하여 제시하고 있다.[52]

대표적인 군사이론과 용병술 개념의 발전

   광범위한 전쟁과 군사 현상에 관한 지식과 분석을 체계적으로 정리하고 있는 군사이론은 상구한 인류의 역사 속에서 이에 대한 지극한 관심을 가지고 노력을 기울였던 혁신적인 군사사상가와 이론가들에 의해 끊임없이 발전되어 왔다.[75] 본 절에서는 이러한 가장 대표적인 군사이론의 내용을 명찰明察해 보고 이와 관련하여 용병술의 개념적 발전과정과 관계를 정리하려 한다.

고대 서양의 전쟁과 군사에 대한 알려진 사상가, 이론가, 저술가로서는 크세노폰Xenophon, BC 444~355,[76] 에이니아스 탁티커스Aeneas Tacticus, BC 4C, 베제티우스Vegetius, BC 4C, 알렉산더 대왕Alexander the Great, BC 356~323, 오노산더Onosander, AD 1C, 프론티누스Frontins, AD 40~103 등이 있으나, 베제티우스의 군사대강軍事大綱, A summary of Military Matters은[77] 중세까지 유럽 국가들의 군사 적용으로까지 널리 이어져 온 대표적인 고대 시기의 군사이론서이다. 한편 동양에서의 손자孫子의 군사이론은 전쟁과 군사 현상의 근본 원리를 거의 망라하여 폭넓게 논의하고 있으며, 오늘날까지도 많은 철학자, 역사가, 군사이론가, 지휘관의 정치-군사전략뿐만 아니라 작전과 전투를 위한 지침서로 널리 활용되고 있다.

중세 시기의 대표적인 사상가, 이론가, 저술가에는 마키아벨리Machiavelli, 1469~1527와 디제스Digges, 1546~1695[78]등이 있다. 특히 마키아벨리는 군사이론의 시조始祖로 일컬어지고 있으며, 전쟁의 원인과 본질, 전쟁 수행을 위한 전략 등 정치 및 전략이론과 함께 부대배치, 전투진형, 전투를 위한 전술, 보병술, 기병술, 포병술, 성체공방술, 지형술 등 전술 이론을 포함하여 포괄적 군사 관련 이론서인 「전술론」을 저술하여 군사이론의 토대를 마련하고 있다.

---

[75] 역사적으로 다양한 전쟁과 군사 현상에 대한 이론과 논의에 대해서는 정성, "군사학의 기원과 이론 체계", 군사논단 제 41호, 2005. pp.90~100.을 참고하기 바란다.

[76] 서양 최초의 군사학자로 알려져 있으며, 소크라테스의 제자로서 철학자, 장군으로서 리더십과 전술적 진군進軍 및 퇴각退却 술 등 군사이론 서적 15권을 저술하였다.

[77] 군사이론요약 등으로 번역하여 사용하고 있으나, 본서에서는 군사대강軍事大綱으로 번역하여 사용한다. 베제티우스는 이 저서에서 주로 지상군 및 해군의 전술, 성채 공방법 등의 전술적 이론과 군 조직, 편성과 관련된 이론을 제시하고 있으며, 전투에 있어서 기습과 정보 및 훈련의 중요성 등에 관한 원칙을 다루고 있다.

[78] 디제스는 수학적 이론을 기초로 한 탄도학의 포병술에 관한 군사이론가이다.

근대 전기의 대표적인 사상가, 이론가, 저술가에는 클라우제비츠Clausewitz, 1780~1831, 조미니Jomini, 1779~1869, 몰트케Moltke, 1800~1891와 후일 인민 혁명전쟁, 4세대전쟁 등의 이론에 영향을 미치고 있는 마르크스Marx, 1818~1883 등이 있다. 후기에는 총력전總力戰 이론의 루덴도르프Ludendorff, 1865~1937, 기계화機械化 이론의 풀러Fuller, 1878~1966, 전격전電擊戰 이론의 구데리안Guderian, 1888~1954, 종심 전장deep battle 이론의[79] 투하체프스키Tukhachevsky, 1893~1937, 작전술operational arts 이론의 스베친Svechin 1878~1938, 항공이론의 두헤Douhet, 1869~1930, 해양이론의 마한Mahan, 1840~1914 등 전쟁과 군사 현상에 대한 다양한 사상 및 이론가들이 등장하였다.

현대 전기의 대표적인 전쟁과 군사 현상에 대한 사상가, 이론가, 저술가에는 간접접근 이론의 리델 하트Liddell Hart, 1895~1970, 전략 이론의 보푸르Andre Beaufre, 1902~1975, 핵 억지이론의 브로디Brodie, 1910~1978, 인민전쟁 이론의 마오쩌둥1893~1976 등이 있다. 후기에는 저강도분쟁, 기술·정보 기반전, 하이브리드전HW, 다영역전장MDB 이론 등 새로운 시대의 전쟁과 군사 현상에 대한 다양한 담론들이 등장하여 군사사상 및 이론적 발전은 지금도 지속되고 있다.[80] 및 [53]

이처럼 전쟁 및 군사 현상에 대한 역사적으로 대표적인 사상 및 이론들은 그 시기의 전쟁과 군사에 관한 경험적 자료와 당시의 환경과 조건을 배경으로 한 전쟁에 관한 기본 원리와 이론들을 정리하고 있다는 점에서 군사사상과 이론 발전에 상당한 가치를 가지고 있으며 그에 부합되는 함의와 시사를 주고 있다. 특히, 이들 중 군사이론의 원조라 부를 수 있는 고대 중국의 손자, 전쟁의 포괄적인 사유와 군사이론을 집대성하고 섬멸전 이론의 창시자인 클라우제비츠, 그리고 간접접근 이론을 주장하였으며 '대전략大戰略'의 개념을 주창하고 정립하였던 리델 하트의 이론

---

[79] 1920년대~30년대 소비에트 연방에서 개발된 군사이론으로 적 전선의 정면돌파는 전차를 중심으로 한 제파공격에 의해 달성되며, 이와 동시에 적 방어 종심 전체에 대하여 장거리포, 항공기, 공수부대 등을 통한 공격으로 종적 동시성을 달성하여 적의 방어 종심을 돌파하고 적 후방으로 진출하여 방어 시스템 전체에 대한 붕괴를 노린다는 군사이론을 말한다.

[80] 고대부터 현대에 이르는 대표적인 전쟁과 군사 현상에 대한 사상, 이론의 자세한 내용과 해설에 대해서는 군사학연구회 편찬한 군사사상론(2014)와 군사전략론(2018) 등을 참고하기 바란다.

그리고 작전술의 새로운 개념을 정립하고 전략과 전술의 연계를 논의하였던 스베친[81]의 사상과 이론은 본서가 중점적으로 관심을 가지고 있는 '군사력 운용의 용병술적 관점에서 그 이론화와 개념적 발전'의 근간으로 작동하고 있다.

- **손자孫子**

동양의 군사이론에는 무경칠서武經七書라 하여 손자孫子 외에도 육도六韜, 삼략三略, 오자吳子, 사마법司馬法, 위요자尉繚子, 그리고 이위공문대李衛公問對 등이 있으나, 손자의 손자병법이 가장 대표적인 군사사상 및 이론서로 평가되고 있다.

세계군사고전 5권을 편집한 필립스Thomas.R.Philips는 "손자병법은 2,500여년이 지난 오늘날에도 전쟁수행에 있어서 가장 새롭고 또한 가장 가치있는 지침서이다"라고 평가한 바 있고, 간접접근 이론을 주창했던 리델 하트도 "손자병법은 내가 저술한 20권 이상의 저서에서 다룬 전략 및 전술의 근본문제를 거의 포함하고 있으며 전쟁수행에 관한 모든 지혜의 총화이다"라고 높이 평가하고 있다.

손자병법은 총 13편으로 구성되어 있다.[82] 제1편, 시계始計는 전편에 걸쳐 전쟁의 기본 원리를 함축성 있게 표현하고 있고, 제2편은 작전作戰과 제 3편 모공謀攻은 경제 및 외교적 측면에서 기술된 것으로 제1편과 같이 전쟁지도戰爭指導에 관한 내용이 포함되어 있다. 제4편 군형軍形에서 제6편 허실虛實까지는 용병의 기본원리가, 제7편 군쟁軍爭에서 제9편 행군行軍까지는 상기 용병의 기본 원리에 기초하여 구체적으로 어떻게 싸울 것인가 하는 방법론을 기술하고 있다. 제10편 지형地形에서 제13편 용간用間까지는 지형, 기후 등의 자연조건을 이용하는 용병 이론과 함께 특히 정보情報를 강조하여 결론짓고 있다.

---

81 전략지침에서 제시된 군사전략 목표를 달성하기 위한 유리한 상황을 조성하는 방향으로 일련의 작전을 계획하고 실시하며 전술적 수단들을 결합 또는 연계시키는 활동을 말하며, 소베에트 연방의 스베친이 개념을 처음 정립하였으나, 나폴레옹은 이미 이를 최초로 인지하고 실행하고 있음을 보여주었다.

82 손자의 손자병법에 사상, 이론 대한 자세한 내용과 해설은 도해 손자병법(노병천) 및 손자병법: 군사전략관점에서 본 손자의 군사사상(박창희)를 참고 바란다.

손자의 사상 및 이론적 핵심은 유교사상을 근저로 인의仁義를 전쟁의 기본이념으로 하고 있다. 그는 "전쟁은 국민의 생사와 국가의 존망이 달린 중대사이기 때문에, 깊이 생각하고 신중하게 살피지 않을 수 없다"라고 논의하여[54] 전쟁에 대한 깊은 사려와 함께 전쟁을 적자생존의 자연법칙이 지배하는 순환적, 의식적 행동으로 인식하고 있다. 또한, 그는 인간이 집단생활을 영위하는 한 항상 존재할 수밖에 없는 정치적, 사회적 현상이라고 규정짓고 있다.

더욱이 전쟁 현상을 "정치 현상의 계속적인 연장과 다름이 없는 것"이라는 정치와 전쟁과의 관계에 대한 중요한 인식을 보이고 있다. 이는 "군사를 정치에 종속하는 변형된 정치 활동의 일종"이라고 논의하고 있는 후대 전쟁이론을 집대성한 클라우제비츠와 정치와 전쟁에 대한 인식의 맥락과 같은 것으로 보인다. 그러나 클라우제비츠가 폭력의 무제한 행사와 전쟁 노력의 무제한 발휘로 인해 적을 타도 격멸하는 유혈에 의한 절대전쟁 개념을 설명하고 논의하고 있는 데 반해[83], 손자는 동양적 '인본주의'에 바탕을 두고 군사 이외의 방법으로 싸우지 않고 자국의 의지와 목표를 달성하는 간접적인 방법으로 전쟁목적을 달성하는 무혈無血에 의한 전쟁의 승리에 주안을 두고 있다는 점에서[84] 서로 논의의 차이점이 보인다.[55] 따라서 전쟁에 대한 승패를 미리 예측하여 승산이 있을 경우에 한해 싸움을 하되 승산이 있다고 반드시 싸우는 것이 아니라 오히려 싸우지 않고 정치, 외교적 수단에 의해 적의 교전의지를 굴복시키는 것이 최선의 방책이라고 강조하고 있다.

손자는 전쟁을 결정하는 척도로 오사五事와 칠계七計를 들고 있는바, 오사五事는 도道, 천天, 지地, 장將, 법法으로 천天(기후, 기상, 전략 등 시간적 요소), 지地(지형의 지리적 요소), 인人(국민의 총화단결, 정신적 요소, 제도적 요소 등 인적요소)의

---

[83] 하지만 클라우제비츠는 절대전쟁은 관념의 유희일 뿐이고 현실전쟁을 논하기 위한 도입이라고 논의하고 있다. 그러한 식으로 절대선생을 부정했기 때문에 정치에 의해 통제되어야 할, 단지 정치적 수단일 뿐인 전쟁의 본질과 카멜레온처럼 매 각각의 전쟁마다 독특한 모습으로 나타나는 전쟁의 속성에 대한 그의 설명이 성립될 수 있다.

[84] 손자도 '전승'은 이상적인 것으로 보았으며, 현실적으로 대단히 드물기 때문에 대부분을 싸워서 이기는 방법에 대해 기술한 것으로 보인다.

3요소를 전쟁을 대비하고 준비해야 할 것들로 강조하고 있다. 한편 칠계七計는 오사 五事를 기초로 피아彼我 관계를 비교하여 우세를 검토하는 것으로 영도자의 지도력主熟有道, 지휘관의 통솔력將熟有能, 천지, 지리의 이용天地熟得, 법령/제도의 숙지法令熟行, 군사력의 증강民衆熟强, 병사의 교육훈련士卒熟練, 신상필벌賞罰熟明이 있으며 칠계七計는 통상 활발한 정보 수집을 통하여 그 목적을 달성할 수 있다고 하였다.

'손자'의 전편에 흐르고 있는 이론적 핵심은 물심일여物心一如에 의한 실천적 일체관 一體觀으로 요약할 수 있다. 이것은 중국의 전통사상, 특히 후세의 주자학에서 찾아볼 수 있는데 그 대표적인 것으로 손자는 상도常道와 변도變道를 들고 있다. 여기서 말하는 변도變道란 싸우기 전에 선전, 모략 등으로 적을 방심하게 하거나 긴장하게 하여 적의 의지를 동요시키는 것으로, 전쟁은 상도를 기초로 하되 가능한 변도로 운용하여야 한다고 강조하고 있다.[56]

또한, 정正과 기奇, 정靜과 동動, 형形과 세勢, 실實과 허虛와 같이 각기 대립하는 개념을 무리 없이 수용하여 기본과 적용의 관계를 보아야 하며, 그 기본을 토대로 응용의 묘妙가 따라야 한다. 이는 융통성을 기반으로 자유자재로 응용하되 그 근본은 어디까지나 기본에 두어야 한다는 것이다. 손자는 이 같은 대립하는 개념들을 서로 상이한 것으로 보지 않고 이상과 현실, 이론과 실제 간의 모순을 해결하는 상호보완적인 개념으로 받아들이고 있으며, 이 요소들은 전쟁의 대비와 준비의 척도가 될 뿐만 아니라 군사전략, 작전술 및 전술 전체에 응용할 수 있는 전쟁 원리로 높이 평가하고 있다.[57]

더욱이 손자孫子는 싸우지 않고 승리하는 데 전쟁의 목적을 두었기 때문에, 전쟁지도에 있어서 정치에 우선을 두고 외교, 경제면에서 주도권을 강조하는 간접접근 방법을 취하고 있는바, 이런 점에서 근세에 다시금 그 중요성과 관심으로 등장하였던 정치, 경제, 외교, 심리 등 군사와 군사 외에도 관련 요소의 전반적인 통합적 고려의 중요성을 이미 상고詳考하고 있었다.

- **클라우제비츠**Karl von clausewitz

전쟁에서 승리하는 방법의 연구는 인류 역사상 오랜 주제인바, 이 같은 주제에 대한 가장 으뜸의 고전은 동양에서 손자가 있다면, 서양에서는 단연코 클라우제비츠를 꼽을 수 있다. 클라우제비츠는 그의 저서 「전쟁론On war」에서 나폴레옹 전쟁에서 스스로 경험했던 실천적 내용을 토대로 하여 프러시아Prussia적인 군사주의militarism의 전통과 대륙적 관념주의idealism[85]에 입각하여 전쟁과 군사 현상을 철학적으로 규명하고 있다.

절대군주 시대의 지형주의적地形主義的인 군사이론에 의하여 형성된 지구전략持久戰略과 나폴레옹에 의해서 개발된 결전전략決戰戰略은 근대 군사이론의 본원적 시작점이라고 할 수 있다. 「전쟁론」은 이와 같은 양대 이론을 발전시켜 전쟁 및 군사에 관한 보편적인 원리원칙을 논리적으로 이끌어 내고 있는 획기적 수준의 병학서兵學書로서 금세기 이전의 전쟁과 군사 현상의 본질과 성격을 명철하게 사고하여 제시하고 있는 최고의 고전으로 손꼽히며 있으며, 오늘날 현대에서도 정치, 전쟁과 군사력 운용 분야에 의미 있는 함의와 시사示唆를 주고 있다. 더욱이 전술戰術적인 분야에서도, 무기체계의 획기적 변화와 전쟁 양상의 극적 변화 등에 따라 시대적인 적용과 실효적 차이나 차별은 있을 수 있으나, 전쟁의 본질적 탐구를 통하여 전쟁과 군사의 구성요소 간 내적內的 관련성을 명확히 하여 관련되는 거의 모든 분야에 실천적으로 적용할 수 있는 하나의 이론체계를 형성하고 방향성까지도 제시하고 있다는 데에는 다른 이의가 없다.

클라우제비츠는 전쟁의 역사와 실천적 경험을 배경으로 이론과 실제 간의 모순을 해소하고 과학적이 전쟁이론으로 확립할 수 있다는 기본적인 입장을 견지하고 있는바, 주요 내용은 다음과 같이 요약할 수 있다.[58]

---

85 관념주의란 실체 혹은 우리가 알 수 있는 실체는 근본적으로 정신적으로 구성되었거나 혹은 비물질적이라고 주장하는 철학적인 입장을 말한다. (ko.m.wikipedia, 2022. 4. 4., 탐색 인용)

첫째, 전쟁이란 '다른 수단을 가지고 하는 정치의 계속'에 지나지 않는다고 논의함으로써 정치와 전쟁의 상관관계를 정립하였다. 둘째, 전쟁에는 적의 전투력 격멸을 기도섬멸전쟁(殲滅戰爭)하는 것과 적국의 영토 점령을 의도제한전쟁(制限戰爭)하는 두 가지 종류가 있는바, 후자는 정치적 긴장 또는 정치적 목표가 작거나 적의 섬멸이 곤란할 때 발생한다고 논의하고 있다. 셋째, 유혈을 피하려는 측은 유혈을 불사하는 측에 의하여 반드시 정복된다고 하였다. 이것은 클라우제비츠가 독일철학의 관념 속에서 사물의 진정한 본질 또는 사물을 '통어조정統御調整하는 개념'을 추구하는 절대정신의 믿음으로 비롯된 것으로 보인다. 이에 따라 그는 전쟁과 군사 현상의 본질을 탐구하여 이러한 현상을 구성하는 사물의 본질과 이들 상호 간 존재하는 관련성을 규명하고자 했으며 철학과 경험을 밀접하게 조화시키려 노력하였다. 이것은 18세기 낙관주의樂觀主義 또는 합리주의合理主義에의 과도한 경도傾倒를 배척한 것으로, 전쟁이란 과학적 겨루기나 운동이 아니라 다만 하나의 폭력행위라는 전쟁에 대한 인식에서 출발하고 있다. 넷째, 방어는 적의 공격 형태에 따라 기습 또는 포위할 수 있는 융통성이 있고, 지형의 이점을 활용할 수 있다는 점에서 공격보다 훨씬 유리한 전투방식이고, 다섯째, 먼저 적의 야전군을 격멸한 다음 적의 중심(도시, 동맹국 간의 공통된 이익, 여론)에 집중해야 한다고 논의하고 있다. 마지막으로, 전쟁은 이성理性 보다는 폭력이 지배하는 영역이지만 전쟁의 승패는 전승을 위한 강력한 의지에 의해 결정되기 때문에 인간의 정신 및 비물질적인 요소가 중요하다고 강조하고 있다.

클라우제비츠의 전쟁에 대한 관점은 전쟁이란 '적을 굴복시켜 자국의 의지를 실현하기 위해 사용되는 폭력행위'라고 규정짓고, '전쟁은 다른 수단에 의한 정치의 계속'이라 하여 전쟁을 정치로부터 파생되는 요소로 간주하고 있다. 전쟁이 정치의 한 수단인 한 국가는 자기 보존을 위해 보유하고 있는 폭력의 무제한 행사와 전쟁 노력의 무제한 발휘를 통하여 적을 타도, 격멸하는 절대전쟁絕對戰爭의 성격을 가질 수밖에 없으며 대규모의 전투와 그 결과에 의해 자기 생존 본능을 실현하게 된다고 하였다.[59] 이러한 전쟁관에 의해 클라우제비츠는 군사의 전체적 범위를 전쟁의 준비군사력 건설 및 유지와 전쟁의 수행군사력 운용이라는 두 가지 분야로 나누고, 이 두 가지를 동시에 포함하는 것을 광의의 군사이론 영역으로 정립하고 있다. 이 중 전쟁 행위 그 자체의 본질을 파악하여 '어떻게 싸울 것이냐'하는 전쟁수행 개념을 협의의 용병술로 한정하고 있으며, 특히 군사전략, 전술 등 용병 분야를 중시하여 여기에 연구 노력을 집중하였다.

고대 동양의 손자孫子의 무혈無血에 의한 부전승不戰勝 개념과 대비하여, 클라우제비츠는 유혈섬멸流血殲滅에 의한 단기 결전이라는 목표를 달성하기 위하여 전투, 결전, 추격, 우세, 집중 등 일련의 전투개념의 상호관계를 명확히 함으로써 용병 상의 새로운 이론체계를 집대성하고 하였다.

- **리델 하트** Liddell Hart

리델 하트는 전쟁과 군사 리더십, 군사사 연구에 천재성을 보여주고 있는 20세기 최고의 군사사상가이자 이론가이다. 그의 역작인「전략론」[86] 및 [60]의 초판본이라 할 수 있는「역사상 가장 결정적 전쟁」을 저술하면서 전략사상의 정수인 '대전략grand strategy'과 '간접접근 전략'에 대한 이론을 정립하였다.[87]

리델 하트는 전략이론체계의 최상위에는 대전략이 위치하는 것으로 보고 있다. 대전략은 전쟁 목표를 지도해야 할 '더욱 근본적인 정책'과는 구분이 되지만 전쟁수행을 지도하는 정책과 실질적으로 같은 말로서 '집행 중인 정책'이라는 의미를 두고 있다고 논의하고 있다. 근본적인 정책에 의해 정의된 전쟁의 정치적 목적을 달성하기 위해 한 국가 또는 여러 국가의 자원을 조정하고 지향하는 것이 대전략

---

[86] 리델 하트의「전략론」은 기원전 5세기 그리스 전쟁에서 출발하여 20 세기의 제1차 중동전쟁1948년까지 거의 25세기 동안의 전쟁을 망라하여 방대한 전쟁사 연구를 담고 있으며, 연구 간 인류가 치룬 280개 전역 중 2개의 전역을 제외한 전全 전역이 전부 간접접근에 의한 승리였다고 결론짓고, 전략과 대전략에 관한 기본이론을 전개하고 있다. 마지막 4부에 전략과 대전략의 이론 체계를 정립하여 제시하고 있으며, 그는 전략의 체계를 대전략, 전략, 전술tactics이라는 위계서열적 관계로 보고 있다.

[87] 클라우제비츠가 나폴레옹 전쟁에 근거한 분석을 토대로 그의 이론을 전개하였다면, 리델 하트는 주로 제1차, 2차 세계대전의 경험과 전사戰史 연구로부터 그의 주장과 원리를 논의하고 있다.

의 역할이기 때문이다.[88] 오늘날에는 국가전략National strategy이나 총체전략Total strategy으로 이해되고 있기도 하다. 그는 대전략이란 '전쟁의 정치적 목적을 달성하기 위하여 국가가 보유한 모든 자원을 협조시키고 관리하는 것으로서, 엄밀하게는 군사를 지원하기 위하여 국가의 경제자원 및 인적자원을 개발하며 경제적, 외교적 압력에 의해 적의 의지를 약화시킨다는 대단히 중요한 도덕성의 힘 등을 염두에 두고, 적용시키지 않으면 안 될 국가의 전쟁방책'이라고 정의하고 있다.

한편 그는 「전략론」의 서두에서 "누가 간접침략 또는 어떤 국지적 제한전쟁에 대응하려고 수소폭탄을 사용하여 자살행위에 이르겠는가? 아마 그러한 일은 없을 것이다. 그렇다면 수소폭탄보다 더욱 확실하고 치명적이 아닌 한 어떤 위협에 대해서도 수소폭탄이 사용되지는 않을 것이라는 가정이 성립된다"고 논의하고 있다. 따라서 파괴력의 극단적인 자살행위로의 발전은 전략의 진수인 간접적 접근으로의 전환을 자극하며 촉진할 수밖에 없다고 강조하고 있다.[89] 여기에서 그는 전략을 '정책상의 제諸 목적을 달성하기 위하여 군사적 수단을 분배하고 적용시키는 술'이라고 정의하고 있다. 군사적 수단의 분배 및 적용이란 단순한 전투가 아니라 권한 내에 위임된 전투력을 어떻게 효율적으로 배분, 운용할 것인가를 말한다. 이러한 관점에서 리델 하트의 전략개념도 역시 오늘날 용병술이라고 부르는 군사력의 운용관점에 중점을 두고 있음을 알 수 있다.

이상 살펴본 바와 같이 클라우제비츠가 독일적 관념주의觀念主義에 바탕을 두고 전쟁을 이념적, 철학적으로 해명하려 한 데 반해, 리델 하트는 영국적 경험주의經驗主義에 뿌리를 두고 전쟁을 실제적, 과학적으로 이해하고자 했다. 리델 하트는 정치와

---

[88] 리델 하트는 대전략의 역할을 구체적으로 설명하고 있다. 첫째, 대전략은 전투부대를 지원하기 위해 국가의 경제적 자원이나 인적자원을 산출 및 개발해야 한다. 둘째, 여러 군종 간 그리고 군과 산업 사이에서 자원의 배분을 규정해야 한다. 셋째, 적의 의지를 약화시키기 위한 경제적, 외교적 그리고 아주 중요한 도덕적 압력을 가해야 한다. 결론적으로 그는 전략의 영역은 전쟁에 한정되어 있으나, 대전략은 전쟁의 한계를 넘어 전후 평화까지 연장된다고 보고 있다.

[89] 이러한 간접접근 이론을 정립함에 있어서 리델 하트는 손자孫子의 모공사상謀攻思想과 궤도사상詭道思想 등을 「전략론」에 인용하고 있는바, 손자孫子의 간접접근間接接近 방법의 영향을 상당히 많이 받은 것으로 보인다.

전쟁, 정치와 군사 관계를 명쾌하게 분석한 클라우제비츠를 극찬하고 있지만, '적 야전군의 주력 격파를 유일하고 절대적인 방법이라고 주장'하는 클라우제비츠의 논의에[90] 이의를 제기하고 적과 직접 충돌하는 것을 가능한 회피하는 대신 견제, 차단, 위협 등의 수단에 의해 적의 중추신경인 지휘 및 통신수단을 마비시켜 교전交戰의지를 좌절시키는 것이 효과적이라고 강조하고 있다는 점에서 또 다른 측면에서 전쟁과 군사 현상에 대한 이론적으로 획기적인 발전을 이루고 있다.

그는 또한 지금까지 군사이론가들에 의해 소외당해왔던 기술적 요인이 과학기술의 발달에 수반하여 매우 중요한 요소가 될 것으로 판단하고 이에 의해 독특한 군사이론을 전개하였다. 즉, 제1차 세계대전에서 서부전선의 교착상태를 타개할 수 있는 유일한 방법은 전차에 의한 전략기동뿐이라고 보고 전차의 집중운용을 강조하고 있다.[61] 따라서 군사적 수단을 사용하는 데에 있어 피아彼我의 막대한 인력 소모는 무의미하며, 일격으로 적의 저항을 마비시킬 수 있는 급소를 공격하여 최소한의 인적·경제적 손실로 적의 의지를 일거에 분쇄할 수 있어야 하며, 이러한 급소는 쾌속으로 달리고 막강한 화력을 가진 전차군단에 의해 직접적으로 적의 사령부나 통신의 중추부를 강타하여 심리적으로 교란함으로써 결정적인 승리를 추구해야 한다고 주장하여 전격전電擊戰 이론형성의 길을 터놓았다.

리델 하트는 "국가의 정상 활동을 유지하기 위해 전쟁은 최소한의 대가로 끝을 내어야 한다. 전쟁의 목적은 최소한의 인적, 경제적 손실로 최단기간 내에 적의 저항 의지를 말살하는 데 있다. 그러므로, 적의 야전군을 완전히 섬멸하는 것만이 전쟁의 유일한 목표가 아니고 목적은 오직 적을 굴복시키는 데에 있는 것이다. 따라서 이를 달성하기 위한 수단으로 저 주력의 격멸 이외에도 외교, 정치, 경제적 봉쇄는 물론 적의 인구 밀집 지역에 대한 폭격과 같은 방법이 있다"고 논의하고 있다. 그는 군사이론의 범위를 군사적 수단에 국한하지 않고 경제, 외교, 상업 및 심리적 수단에 의한 압력을 가함으로써 전쟁목적을 달성한다는 간접접근에 의한 '제

---

[90] 한편, 클라우제비츠의 논의와 그 내적 주장에 대해서는 리델 하트의 오해라고 판명되었다는 논의도 존재한다.

한 전략사상'을 가지고 있으며 대전략적 차원에서 비군사적 요소를 보다 가치 있는 전쟁수단으로 인정하고 있다.

- **스베친** Aleksandr A. Svechin

스베친1878~1938은 제정러시아 그리고 러시아舊 소련의 군사이론가이자 군인이며 작전술operational arts의 개념을 처음 고안하였다.[91] 그는 기존 전략과 전술의 이분법적 구분을 넘어 작전술이란 용병술의 개념을 추가하여[62] 용병술의 '전략-작전술-전술' 간 개념과 관계를 보다 완벽하게 연결하였다.

그는 '전쟁'을 전반적으로 이끌어가는 방법이나 책략을 '전략'으로 보고, 이전 클라우제비츠가 정의한 전략의 영역에 해당하는 전장에서의 '작전의 준비 및 작전 수행'과 관련한 문제를 '작전술'이라는 새로운 개념의 범주에 포함 시켜 전략의 하위, 전술의 상위 개념으로 발전시키고 있다.

그의 저서에서 전략에 대한 정의는 "군이 전쟁을 위한 준비를 취합하고 전쟁 목표를 달성하기 위해 작전들을 조합하는 술"이라 논하고 있으며, 작전술은 일반적으로 군사전략 목표를 달성하기 위해 일련의 작전을 구상하고 전술적 수단과 방법을 결합 또는 연계시키는 활동으로 보고 있다. 이는 리델 하트가 주장한 대전략 차원에서 이루어지는 국가의 자원 배분, 전시 작전의 형태, 규모, 빈도 등을 조합하는 것 등 모두가 전략이라는 범주에 해당하며, 실제로 '작전을 계획하고 준비하며 수행하는 것'은 작전술이라는 개념에 포함되어 있다고 볼 수 있다. 이러한 스베친의 전략에 대한 개념은 전략을 보다 정치적 차원에 근접시킨 것으로 이해할 수 있으며, 당시 공산주의 이념의 특성상 정치·사회적 차원에서의 전략을 중시하는 당시 구소련의 전쟁관戰爭觀을 반영한 것으로 사료된다.[63]

지금까지의 논의들 토대로 하여 주요 군사이론가들의 대전략으로부터 전술에 이르기까지 용병술에 대한 개념과 용어의 정의는 [표 1-1]과 같이 요약해 볼 수 있다.

---

91 작전술 개념의 창안은 스베친이었지만, 처음으로 이 개념을 인지하고 몸소 실천한 사람은 나폴레옹으로 알려져 있다.

[표 1-1] 용병술에 대한 주요 이론가 및 개념 요약

시대	주요 이론가	주요 개념
고대 및 중세		• 장군 혹은 군사령관의 용병술
근대~	클라우제비츠	• 전략: 전쟁 목적 달성을 위해 전투의 사용 • 전술: 전투에서 군사력의 사용
	리델 하트	• 대전략: 정치 목적 달성을 위한 국가차원의 전략 • 전략: 군사적 수단을 배분하고 운용하는 것 • 전술: 하위 차원의 전략의 적용
	스베친	• 전략: 목표달성을 위해 작전을 조합 • 작전술: 전장에서 작전 준비 및 시행 • 전술: 하위 차원에서 작전술의 시행

용병술 개념의 변천

지금까지 논의를 토대로 볼 때, 군사력을 운용하는 데에 관련된 용병술 용어는 전략strategy, 작전술operational arts, 전술tactics이다. 전략이란 용어는 서양의 고대 시기부터 등장하여[92] 전술이란[93] 용어와 함께 발전해 왔지만, 그리스 시대 이후부터 나폴레옹 시대 이전까지 긴 시간 동안 전략이란 용어는 군사 분야에서 잘 나타나지 않았고 사용이 드물었다. 작전술과 확장된 전략의 개념 중 하나로서 대전략grand strategy이란 용어는 근대 이후 등장하여 최근에 그 개념들이 소개되고 개념이 정립되기 시작하였다. 하지만 이 중에서 대전략은 '전쟁의 정치적 목적을 달성하기 위하여 국가가 보유한 모든 자원을 협조시키고 관리하는 것'으로 군사력을 사용하는 용병술의 측면으로 단순하게 보기에는 제한이 될 수도 있다. 그러므로 군사력을 실제로

---

[92] Strategy戰略이란 용어의 기원은 고대 그리스 군대의 사령관이라는 의미의 'Strategus' 또는 'Strategos'가 운영했던 사령관실이란 의미인 'Strategia'에서 유래하였으며, 장군의 지휘술generalship이라는 뜻에서 기원하였다.
한편 고대 동양에서는 전략이라는 용어는 거의 사용치 않은 것으로 보이나, 기원전 12세기경 편찬된 육도六韜에서 언급되고 있는 군략軍略이라는 용어가 '병력의 운용과 관련한 계획과 계략'이란 의미로 서양의 전략과 유사하다.

[93] Tactics戰術이라는 용어는 '배치하다', '정돈하다'라는 어의語義를 담고 있는 그리스어의 'Taktikos'에서 유래하고 있다.

운용한다는 의미로 사용하는 용병술과 관련된 용어로는 전략, 작전술 및 전술이 대표적이라 할 수 있다.

용병술의 발전 역사와 과정은 [그림 1-7]에서 요약해 보여주고 있다. 고대 정복 전쟁과 중세 왕의 거래에 의한 대부분의 전쟁에서는 소부대 전투부터 국가 차원의 전쟁에 이르기까지 전쟁의 수준에 대한 세부적인 구분이 이루어지지 않았다. 이 시대에는 최고 정치지도자가 야전군을 직접 지휘하면서 정치로부터 전략 및 전술의 개발 및 적용에까지 결정권을 행사하였기 때문에 당시 사용하던 전략이란 용어는 '전장에서 병력을 운용하는 지휘관의 용병술'로 한정되었고,[64] 개념이 확대되거나 발전되지 못했다. 고대에는 전략과 전술이 한 묶음으로 하여 용병술 구분에 대한 명확한 인식이 없이 사용되었다고 볼 수 있다.

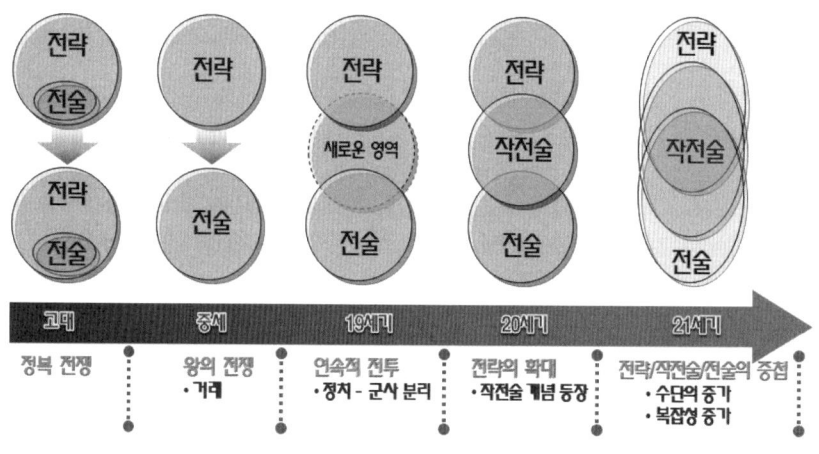

[그림 1-7] 용병술 개념의 발전 역사

출처: 전덕종, "용병술에 대한 새로운 관점", 육군대학 전략학처 교육자료, 2021.10. 주요 내용을 수용하고, 일부 내용을 수정/보완하여 필자가 그림으로 재작성하여 인용

인류 역사상 암흑기로 일컬어지고 있는 중세시대의 용병술에 대한 혁명적 변화나 진보는 역시 정체되어 있었다. 중세시대는 기병의 시대, 성곽 및 장궁長弓의 시대를 거쳐 화약 및 화포의 시대로 변화를 거치면서, 중세에서 근대로 넘어가는 시기에 스웨덴 군주 구스타프 아돌프Gustav Adolf, 1594~1632가[94] 전장에서 승리하기 위한 전략이란 용병술의 중요성을 인식하게 했고, 프리드리히2세Friedrich Ⅱ, 1712~1786는[95]

용병술의 전략과 전술이라는 개념을 초기적으로 구분하여 인식할 수 있도록 함으로써 중세 용병술의 암흑기를 초보적으로 극복할 수 있는 계기를 마련하였다.

　근대에 들어, 나폴레옹 전쟁은 '군 지휘관의 용병술'이란 전통적인 전략의 개념을 명백히 부활시켰고,[96] 용병술의 '전략' 개념을 정치와 구분, 연계하여 인식하고 있을 뿐만 아니라 당시에 용병술로 인식되지 않고 있었던 연속적 전투로서 초기 작전술의 개념도 이때 태동하였다. '장군의 술' 또는 '군사령관의 용병술'로 좁은 개념의 전략은 군사이론을 집대성한 클라우제비츠를 시초로 조미니, 리델 하트 등의 군사사상과 이론이 혁명적으로 발전하면서 전략과 전술, 대전략, 작전술 등으로 개념이 구분하여 인식되기 시작하였으며, 용병술에서 '좁은 의미에서 전략'의 개념은 '전술'이라는 용어로 대체되기 시작하였고, 새로이 '전략' 개념은 '전쟁을 준비$_{\text{war preparation}}$하고, 전쟁을 수행$_{\text{war fighting}}$'하기 위한 보다 넓은 의미의 개념으로 이해하기 시작하였다.

　현대 시기의 초기에는 전략의 개념이 지속적으로 확장되고 있는 가운데, 전략-작전술-전술 이란 용병술의 개념은 지속 유지되었다. 현대 초기 이후에는 전쟁의 현상 위주로 여전히 개념적 발전이 지속되고 있으며, 전쟁 수단과 방법의 다양성과 복잡성 등으로 인해 용병술의 개념적 중첩이 커지고 있는 것으로 보인다. 전쟁 현상 위주의 정의에 대한 예로서 앙드레 보푸르$_{\text{Andre Beaufre}}$는 리델 하트의 논의는 클라우제비츠의 '전투' 수준을 중심으로 한 논의의 관점을 벗어나기는 하였지만, 군

---

[94] 스웨덴 왕 구스타프 아돌프는 현대 전법의 창시자로 일컬어 지고 있으며, 전장에서 용병술로서 전쟁의 승리를 위한 전략의 중요성을 충분히 입증하였다. 대포 등 중장비를 경량화하여 기동성을 향상시키고, 우수한 자원을 선발하여 충원하였으며, 보병, 포병, 기병을 통합 운용힘으로써 오늘날의 제병협동 자원의 융통성 있는 용병술을 보여주었다. (박창희, 2021., 내용을 요약 인용함)

[95] 프로이센의 프리드리히 2세는 과거 그리스와 로마 시대의 전법의 효용성을 재입증함으로써 전장에서 병력을 운용하여 승리의 목적을 달성하는 비법과 술책으로 용병술의 가치를 다시금 일깨워 주었다. (박창희, 2021., 내용을 요약 인용함)

[96] 1801년 간행된 군사사전에서는 프랑스가 처음으로 전략과 전술이라는 용어를 공식적으로 채택하였다고 제시하고 있으며, 'stratgem'을 사전에 등재하고 '전투의 책략' 또는 '적을 패배시키거나 굴복시키는 방법'이라 정의하고 있다. 한편 'La tactique'는 '병력 이동의 과학'이라 정의하고 있다.(*Webster's College Dictionary*, p.1359)

사력의 사용이라는 범주에서 벗어나지 못하고 있다는 것을 비판하면서, 전략이 모든 상황에 적용되기 위해서는 군사력은 물론이고 정치, 경제, 외교에 의한 강제력까지 포함해야 한다고 주장하고 있다.[65] 이러한 그의 정의는 전쟁에서의 승리를 위해서는 국가의 모든 수단을 총체적으로 사용할 수 있어야 한다는 현대적인 시각에 근접한 논의로 보인다.

요약하면, 고대 '군사령관의 술術'로서 태동하였던 전략이란 용어의 개념은 전쟁의 특성적 변화와 그 규모와 영역이 확장되면서 용병술에 대한 용어와 개념적 분화가 지속 등장, 발전되어 왔다. 전쟁이 몇 개의 전투로만 이루어지는 것이 아니라 수 개의 전역戰役, Campaign과 수많은 전투戰鬪, Combat로 확대됨에 따라, '전략의 하위 개념으로서 전술'이라는 용병술의 개념으로 발전되었다. 이어 전쟁의 목적이 상위 차원의 정치와의 연계 개념으로 확장되면서 상위 차원의 전략으로서 대전략 개념이 등장, 발전되었다. 또한, 정치적 수준으로서 전략의 개념을 정의할 경우 전략과 전술 사이의 영역에서 군사작전을 수행하는 연결 개념의 중요성을 인식하게 됨에 따라 용병술의 하나로서 작전술이란 새로운 개념이 발전되었다. 이렇듯 용병술이 등장하고, 발전하는 과정에서 오늘날 전쟁의 수단과 방법의 다양성과 복잡성 등의 다양한 요인으로 인해 용병술 간 개념적 중첩은 더욱 커지고 있는 것으로 보인다.

제4절
관련 주요 용어의 정의와 개념

본서는 '전쟁에서 승리를 위해 준비된 군사력을 어떻게 사용할 것이냐'하는 관점에서 관련된 용어나 이론 및 담론 등에 대하여 그 개념과 정의 그리고 관련 요소 간 상호관계에 대한 논의를 통해 앞으로 본서에서 주로 논의할 각론의 이해를 돕고자 한다.

1 용병술 관련 용어

용병술用兵術

현재 합동·연합작전 군사용어사전에는 용병술을 "국가안보전략을 바탕으로 전쟁을 준비하고 수행하는 활동으로서 국가안보목표를 달성하기 위한 군사전략, 작전술 및 전술을 망라한 이론과 실제"로 정의하고 있으며, 육군 군사용어집에서는 "전쟁, 전투, 교전 등에서 군사력을 운용하는 제반 술과 과학으로서, 군사전략, 작전술, 전술 등을 망라하는 개념"으로 설명하고 있다.

일반적으로 용병用兵이란 '군대를 부린다'는 의미로 군사력의 운용과 관련되고, 양병養兵이란 '군대를 기른다'[97]는 의미로 군사력을 준비하고 건설하는 것과 관련이 된다. 용병술은 '군사兵를 운용用하는 술術, arts'이라고 이해할 수 있을 것이며 그 본질은 과학science이라기보다는 '술'의 의미가 강하다. 이때 여기에서 술이란 원리나 원칙에 관한 심도 있는 이해와 직관 및 통찰력을 바탕으로 창의성을 발휘하는 것을 의미한다.[98] 그러므로 진정한 용병술이란 단순히 아는 것 지식, 이론, 과학만이 아니라 이에 기반한 실천적인 행위 능력, 실제, 술'까지도 포함하여 이해해야 할 필요가 있다. 한편, 용병술은 전략과 작전술, 전술을 망라한다고 하였다. 그러므로 전반적인 용

---

[97] 네이버(NAVER) 국어사전, '용병, 양병'에 대한 검색결과.(검색일: '22. 1. 28.)
[98] 홍봉기,「지휘관의 술(術)적 능력 발휘에 대한 고찰」(군사평론 458호, 2019), p.199.

병술을 이해하기 위해서는 전략과 작전술, 전술에 대하여 서로 연계하여 이해하려고 노력하여야 한다. 이는 용병술 측면에서 전략의 이론이나 실제의 체계와 작전술에서의 그것, 그리고 전술에서의 그것이 각기 다른 개별적인 것이 아니라, 어떠한 모습으로든 서로 연계되어 있고, 서로 영향을 주고받기 때문에 전체적인 관점에서 이해하고, 파악함으로써 전쟁 전체의 현상을 이해할 수 있어야 한다. 재정립해서 요약하면, 용병술이란 '국가나 국방의 목표달성을 위해 전역 및 주요작전, 전투, 교전 등에서 군사력을 효과적으로 운용하는 이론에 기반한 실제 또는 과학에 기반한 술'로 이해할 수 있을 것이다.

전쟁 철학과 사상

'전쟁 철학哲學과 사상思想'[99]이란 전쟁에 대한 올바른 인식과 이해, 전쟁의 본질과 목적 및 원인, 전쟁 수행의 원리와 방식 및 주요 개념, 전쟁승리의 결정 방법, 그리고 전쟁을 지도하고 수행하는 의지적意志的 측면 등에 대한 사유思惟를 통해 정리되어, 사람의 행동 양식을 지배하는 통일된 체계로 이루어진 최고 목적 의식意識을 토대로 그에 관한 근본원리와 이를 둘러싼 세계의 관조觀照를 해명解明하려는 것을 말한다. 전쟁 철학과 사상은 근원적 목적과 원리, 관점 속에서 전쟁의 준비와 대비를 위해 무엇을 해야 하는지(군사력의 건설 및 유지)에 대한 포괄적인 지향 및 방향성을 주고 또한, 전쟁을 어떻게 수행해야 할 것인가 하는 일반적 원리 등을 탐구하여 군사전략, 작전술, 전술 등 용병술 발전의 사상적 기조를 부여하게 된다.

---

[99] 철학은 자연과 인간의 삶을 포함하여 존재하는 모든 세계에 관한 궁극적인 근본원리를 해명하는 생각 혹은 학문을 말하며, 사상이란 사유思惟를 통해 정리되어 사람의 행동 양식을 지배하는 통일된 체계의 최고 목적 의식을 말한다. 그러므로 사상은 철학과 불가분의 관계에 있으며 사상의 형성은 당연히 철학적 해명 속에서 같이 이루어지는 것이다.

군사전략 軍事戰略, military strategy

군사전략은 전쟁철학이 부여한 사상적 기조를 바탕으로 전쟁에서 어떻게 싸우며, 수행하여 나아갈 것인가 하는 상위 수준에서의 군사력의 개발과 사용에 관한 개념으로 학자나 군사전문가의 관점에 따라 [표 1-2]의 예와 같이 다양하게 정의되고 있다.

[표 1-2] 전략에 대한 정의의 예

구분	주요 이론가	주요 개념
'전쟁과 군사' 위주 정의	웹스터 사전 Webster Dictionary	• 전시나 평시에 채택된 정책을 최대한 지원하기 위한 국가와 그 국가의 정치, 경제, 심리, 군사력을 운용하는 술術과 과학
	미 국방부 및 합참 (90년대 이전)	• 국가정책을 최대한 지원하고 전쟁의 승리 가능성을 증가시키면서 패배 가능성을 감소시키기 위해 전·평시 필요한 정치, 경제, 심리 및 군사력을 개발하고 사용하는 술術과 과학
	콜린 그레이 Colin Gray [66]	• 정책 목표달성을 위한 군사력 또는 군사적 위협의 사용
	한국군사용어사전	• 군사전략Military Strategy이란 국가목표 혹은 국방 목표 달성을 위하여 군사력을 건설하고 운용하는 술術과 과학
포괄적 정의	와일리 Wylie [67]	• 목적 달성을 위해 고안된 행동 계획
	미 전쟁대학 War College	• 목표, 방법, 수단 간의 관계
	얼 Edward.M. Earle [68]	• 현재 또는 잠재적인 적에 대해 중대한 이익을 효과적으로 증진시키고 확보하기 위해 국가의 모든 자원을 통제하는 술
	미 국방 용어사전 JP 1-02 [69]	• 전구theater, 국가, 그리고/혹은 초국가적 목표 달성을 위해 동시화되고 통합된 방식으로 국력의 도구instruments들을 운용하기employing 위한 사려 깊은 아이디어 혹 아이디어의 셋
	한국군사용어사전	• 전략Strategy이란 어떤 목표를 효과적으로 달성하기 위하여 가용자원을 준비하고 활용하는 술術과 과학

전략이라는 용어는 내·외연적 개념적 확대 요인에 의해 더욱 넓은 의미의 용어로 사용되고 있다. 군사적인 측면에서도 개념적으로 확장되고 있는바, 이에 대하여 라이더Julian Lider는 '첫째, 전쟁과 군사 현상에서 총력전 양상의 등장, 둘째, 전시뿐

만 아니라 평시 군사 활동의 증대, 마지막으로 목표와 수단의 확대'라는 측면에서 설명하고 있다.[70] 최근 전략이라는 용어는 전쟁과 군사 측면의 개념을 넘어 더욱 개념적 확장이 이루어지고 있다. 국가 수준에서도 정치, 외교, 경제 전략 등으로 사용이 확장되고 있을 뿐만 아니라 경영전략, 기업전략 등 민간분야로도 전략이라는 용어가 많이 사용되고 있다. 이같이 전략이라는 용어는 주체와 목표 등의 다양화, 다변화됨에 따라 더욱 포괄적으로 정의할 필요가 있으나, 본서에서는 군사의 용병술 관점에서 전략의 개념으로 한정하여 논의할 것이다. 한편 어떠한 수준이나 분야에서든 전략을 정의하는 데에 있어서, '첫째, 목적ends 또는 목표objectives, 둘째, 자원resources 또는 수단means, 마지막으로 개념concept 또는 방법ways'라는 요소는 반드시 포함되어야 할 필요가 있다. 따라서 본서에서는 전략을 '목적이나 주어진 목표를 달성하기 위해 가용한 자원이나 수단을 운용하는 술術과 과학'으로 포괄적인 관점에서 정의하고, 군사 부분의 용병술적 측면을 중심으로 서술하고자 한다.

작전술作戰術, operational arts

작전술은 한국군의 군사용어사전에는 "군사전략목표를 달성할 수 있도록 전역 또는 주요작전을 구상하고, 군사력을 조직하여 운용하기 위해 숙련된 능력·지식·경험을 창의적으로 적용하는 것"으로 정의하고 있다.[71] 또한, 미국의 군사용어사전에는 "기술skill, 지식, 경험, 창의성 및 판단의 지원 하, 목적과 방법 및 수단의 통합으로 군사력을 조직하고, 운용하여, 전략, 전역, 및 작전을 개발하기 위한 지휘관과 참모의 인지적cognitive 접근"으로 정의하고 있다.[72] 본서에서는 작전술에 대하여 '전략목표 달성을 위해 필요한 군사적 행동과 수단을 조직하고 운용하는 이론과 실제, 또는 과학에 기반한 술'로 보다 포괄적으로 정의하고, 전략목표 달성을 위한 전역의 구상, 계획, 시행의 원리와 방법을 중심으로 집필을 진행하였다.

전술戰術, tactics

전술은 한국군의 군사용어사전에는 "가용한 전투력을 통합하고 적을 격멸하기 위하여 전투(교전)에서 적용하는 제반 조치 및 활동이며, 군단급 이하의 전술급 제대가 전투에서 승리하기 위하여 전투력을 조직하고, 운용하는 과학과 술"로 정의하고 있다.[73] 또한, 미국의 군사용어사전에는 "서로 관련되는 전투력의 질서 정연한 배열과 운용The employment and ordered arrangement of forces in relation to each other. See also procedures; techniques."으로 정의하고 있다.[74]

본서에서는 전술에 대하여 '작전 수행의 수단으로서 전투력combat power을 조직하고, 운용하는 것'으로 정의하고, 그 원리와 방법을 중심으로 집필을 진행하였다. 전술은 작전술이 부여한 작전목표를 달성하기 위해 실제를 무엇을 준비하여 어떻게 수행할 것인가 하는 것으로, 직접적 전투 또는 교전의 수행으로 어떻게 주도권을 확보하여 목표를 달성할 것인가에 대한 근본원리 또는 방법을 규명하는 데 두고 있다.

전쟁지도戰爭指導

한국군의 군사용어사전2021년에는 전쟁지도를 "전쟁의 목적 달성을 위해 국가의 총역량을 효율적으로 조직화하고 통합 운용하는 활동으로서, 전쟁 수행을 위한 정책과 전략의 수립, 무력사용을 위한 통수권의 행사, 국가자산의 조명 및 통제 등이 포함한다"로[75] 정의하고 있다.

일본은 전쟁지도를 "전시 국력운용의 지표로서 전쟁수행 요강要綱, 무력행사에 따른 통수統帥 및 군사전략과 정치전략의 통합 및 조정과 효율직 통제 등 전쟁목적을 달성하기 위하여 국가총력을 조직화하여 집중시키는 지도역량指導力量과 술術"이라고 정의하고 있으며, 미국은 전쟁지도를 "전쟁에서 승리를 획득하기 위해 모든 국력을 사용하는 술術"이라고 하여 전쟁의 준비와 실천에 중점을 두고, '이미 개시된 전쟁에서 어떻게 승리할 것이냐'에 관한 합리적 지도방법指導方法으로 이해하고 있다.

　최근 무기의 치명성 증대, 전쟁 규모의 변화, 전쟁비용의 천문학적 증가 등 국가의 전쟁수행 능력이 한계를 인식하고 전쟁에서 어떻게 승리하느냐 하는 전쟁의 승패나 경과보다는 어떻게 전쟁을 억제하느냐 하는 전쟁 억제 개념의 중요성이 대두하게 되면서 전쟁지도의 개념 역시 '이미 시작된 전쟁에서 어떻게 이길 것이냐'하는 개념과 함께 전쟁 억제를 위한 평시의 준비 및 계획 개념의 중요성이 커지게 되었다. 따라서, 전쟁지도 개념은 국가목표 달성을 위해 국력의 제諸요소를 통합하여, 군사력을 운용하고, 건설 및 유지하며, 전쟁 개시이전, 전쟁수행, 전쟁종결을 위해 취하는 제반 지도역량을 포괄적으로 의미하게 되었다.

2 전쟁, 전역, 작전, 전투 관련 용어의 정리[76]

전쟁戰爭, war

　전쟁은 "상호 대립하는 2개 이상의 국가 또는 집단 간에 정치적 목적을 달성하기 위해 군사력을 비롯한 모든 수단을 사용하여 자신의 의지를 상대에게 강요하는 행위 또는 그러한 상태"이다. 전쟁은 일반적으로 전구戰區라는 지리적 공간 내에서 전략적 또는 작전적 목표를 달성하기 위한 전역戰役이나 주요작전, 일련의 연계된 각급 부대의 작전을 통해 수행된다.

전구戰區, theater

　전구戰區는 단일의 군사전략 목표달성을 위해 지상, 해양, 공중 및 우주 등 모든 영역에서의 작전이 수행되는 지리적 영역을 말한다. 한반도에서의 전구戰區 즉, 한국작전전구KTO, Korea Theater of Operations는 한반도에 인접한 공해 및 공역 그리고 남북한의 영해, 영공 및 영토가 포함되는 지리적 영역으로서, 한미연합방위체제 하, 미 증원전력의 작전통제권 전환이 되는 지점이고, 한국작전전구 외부에서 작전하는 부대와의 협조선이며, 국제적으로 교전규칙을 적용하기 위한 기준선이 된다.

전역戰役, campaign

전역戰役은 '전략적 또는 작전적 목표 달성을 위해 주어진 시간과 공간 내에서 수행하는 일련의 연관된 주요작전'을 의미한다.

작전作戰, operations

작전이란 광의의 의미로 '군사적 목적을 달성하기 위하여 전략, 작전술, 전술과 훈련 및 군사행정 임무 등에 관한 군사적인 행동이나 그 수행 등 제반 활동'을 말하며, 전·평시 전쟁과 전투를 준비하고 시행하는 활동을 망라하고 있으며, 전투, 전투지원, 전투근무지원 기능 등에서 수행하는 활동 등을 포함하여 폭넓은 의미로 사용되고 있다. 협의의 의미로 '어떠한 전투 또는 일련의 전투에서 이동 및 기동, 공격과 방어, 보급 등 지속지원 등을 포함하여 목표를 달성하는 데에 필요한 전투의 수행 과정'으로 정의되기도 한다. 한편 작전의 일반적인 의미로는 어떤 관련 주제의 통합이나 일반 목적을 가진 일련의 행동이나 제반 활동A sequence of actions with a common purpose or unifying theme으로 이해되고 있다.

전투戰鬪, combat

전투란 '적을 무력화 또는 섬멸하여 승리를 획득하기 위한 직접적인 행동', '작전을 성공시키기 위한 작전행동의 한 수단', '어떠한 수준의 목표달성을 위하여 실시되는 제대의 협조된 활동', 그리고 '적을 격멸하거나 일정 지역 또는 목표물을 공격하고 방어하기 위해 적과 직접 싸우는 군사행동' 등 여러 가지로 정의되고 있다. 일반적으로 싸우는 것 자체를 의미하나 동상 전생을 수행하는 부대 간 직접 충돌하여 싸우는 군사행동이며, 교전과는 상대적으로 더 높은 수준의 무력충돌을 말한다. 전투는 통상 전쟁의 일부로 수행하게 된다. 전투는 무력충돌의 강도와 범위가 전쟁에 비해 작고 교전에 비해서는 크며, 지속기간은 전쟁에 비해 짧고 교전에 비해 길다. 또한, 전투는 통상 각급 부대가 하나 또는 그 이상의 목표를 달성하기 위해 수행하게 되며, 통상 다수의 교전을 수반한다. 대부분의 전투는 통상 전쟁의 승패에 영향을 미치게 된다. 각급 부대는 전쟁에 직·간접적으로 기여할 수 있도록 전역과 일련의 전투, 전투와 교전을 상호 연계시킬 수 있어야 한다.

교전交戰, engagement

교전이란 '적과의 접촉 상태에서 공격 행동을 취하는 전투행위' 또는 최소한 어느 한쪽에 의해 야기되는 적대행위의 발생 상태'로 정의하고 있다. 교전은 전투와는 상대적으로 낮은 수준의 무력충돌로서, 소규모의 무력충돌이 지역적으로 확대되지 않고 짧은 기간 동안 치러진다. 또한, 교전은 통상 상호 대립하여 전투를 수행하는 제대의 소부대 또는 개인 간 단기간의 공격과 이에 대한 대응 행위이다. 교전은 전투와 다르게 통상적으로 계획되지 않은 우발적인 충돌로 발생하며 특정한 목표달성을 전제로 하지 않을 수도 있다. 교전은 통상 전면전 시 전투의 일부로 수행되지만 정전상태停戰狀態에서도 특정한 시간과 장소에서 적의 도발이나 피·아 간의 우발적인 충돌로 인해 발생할 수 있다.

전투와 교전의 구분은 개념적이며 이를 수행하는 부대가 어느 제대인가에 따라 구분하는 것 역시 어려우나, '중대中隊, company' 제대를 일반적으로 '전투의 기본 단위부대'라고 하며, '소대小隊, platoon'를 '최하위 전투 제대'라고 하는 것을 볼 때 전투는 소대급 이상 제대에서 이루어진다고 볼 수 있다.

군사력軍事力, military power과 전투력戰鬪力, combat power

군사력軍事力은 '국가의 안전보장을 위한 직접적이며 실질적 국력의 일부로서 전쟁을 수행할 수 있는 군사적인 능력과 역량'이다. 이에 대하여 클라우스 노어Klaus Knorr는 군사력 결정의 3대 요소로서 국가가 보유하고 있는 실제적 현시 군사 능력과 위기 시 실제적 군사 능력을 증가시킬 수 있는 군사 잠재역량 그리고 무력행사에 관한 국가 의지를 포함시켜 군사력의 개념을 정립하고 있으며, 줄리안 라이더

Julian Lider는 전쟁의 목적 달성을 위하여 국가가 현재 보유하고 있거나 동원할 수 있는 모든 유형적·무형적 자산과 잠재력 역량이 총집결된 것으로 군사력을 매우 넓게 정의하고 있기도 하다.[77] 전투력戰鬪力은 '전장에서 부대가 전투를 수행하여 군사적 목표를 달성해 나가는 능력'을 말하며, 전투의 3 요소시간·공간·전력의 하나로서 병력, 무기, 장비, 물자, 부대조직 등 유형 요소와 리더십, 군기, 사기, 전투술 등 무형 요소로 구성되어 있다.

군사력과 전투력에 관한 내용을 요약하면, 군사력이란 개념은 유사시 실제 전투에 투입되는 능력뿐만 아니라 미래의 전투력으로 운용할 수 있는 국가의 잠재적 능력까지도 포함하며, 전쟁을 지속할 수 있는 잠재적 능력은 미래에 전투력으로 사용할 수 있으나 동원되지 않은 인적·물적 자원, 비축 등 전쟁 수행을 위한 예비자원, 전개 예정인 연합전력 등이 포함될 수 있을 것이다. 전투력은 전투를 위해 현재 보유하고 있는 역량으로 전투에서 운용할 수 있도록 하는 힘을 말하는 것으로서, 각급 부대가 전투를 수행할 수 있는 개별적인 능력은 군사력이라 하지 않고 전투력이라고 한다. 통상 어느 부대의 전투력은 전투를 수행하는 데에 사용할 수 있는 편성된 전투력과 상급부대로부터 지휘 및 지원 관계에 의한 할당된 추가 전투력의 합을 말한다.

3 새로운 전쟁 관련 담론

저강도분쟁 LIC, Low Intensity Conflicts

반 크레벨트Van Crevelt(1993년)는 저강도분쟁을 '정치, 사회, 경제적 혹은 심리적 목표달성을 위해 실시되는 제한된 정치, 군사적 투쟁으로서, 군사력의 선별적, 제한적 사용으로 군사력의 운용 주체인 정치체의 정책이나 목적을 강요하는 것'으로 정의하고 있다. 한편, 카타야마Katayama(2002년)는 '경쟁하는 국가 또는 단체 간 재래식 전쟁보다는 수준이 낮고, 일상적이고 평화적인 경쟁보다는 수준이 높은 정치·군사적인 대결'로 더욱 명확히 정의하고 있다. 또한, 저강도분쟁이란 용어는 한쪽 또는 양쪽의 대립 집단이 이러한 노선을 견지하는 분쟁을 일컫기도 하며, 때때로 대립하는 원칙이나 이념의 지속적인 분쟁을 포함하기도 한다.

저강도분쟁의 일반적인 특징은 통상적으로 국지적 분쟁 성격을 보이며, 그 분쟁이 타 국가로 확산할 가능성이 크고, 국가 또는 체제의 전복에서부터 정규 군대를 운용하는 분쟁 등 다양한 저강도분쟁의 양상이 존재하며, 정치·경제·사회·심리·군사수단 등 제 요소가 통합적 운용되고 있을 뿐만 아니라, 분쟁 성격의 복잡성으로 고강도 분쟁High Intensity Conflict보다는 테러와 국제범죄, 사이버 및 정보 전쟁 등의 형태로의 분쟁이 많이 발생하고 있다. 저강도분쟁과 관련하여 다음 [표 1-3]과 같은 용어들이 있다.

[표 1-3] 저강도분쟁 관련 용어

저강도분쟁 low intensity conflict	내분, 반란, 폭동, 국제테러 등 직·간접적 원인으로 발생하는 군사 분쟁으로, 다분히 정치적 요인으로 발생하는데 정치·경제적으로 그 발생 지역에 막대한 영향을 준다.
로 프런티어 low frontier	미국의 SDI(전략방위구상)에서 위성이나 빔무기를 개발하는 전략구상을 하이 프런티어high frontier라고 하는 데에 비해, 구소련이 채용한 저개발 지역에 정치·군사적으로 침투하는 소규모의 전쟁을 로 프런티어라 한다.
대국관리전쟁 大國管理戰爭	전쟁 당사국이 자주적으로 치르는 전쟁이 아니라 미·러 등 초강대국이 전쟁 방향을 좌우해 결정적 역할을 하는 전쟁
스마트전쟁 smart war	무차별 대량 살상·파괴가 아닌 정보네트워크와 인공위성을 기반으로 적국 군사신경망을 선택적으로 공격하는 전쟁의 한 형태로서, 정확한 명중률로 민간피해를 최소로 줄이면서도 주요 목표물에 필요한 만큼의 파괴력으로 정밀 타격에 중점을 두게 되며, 따라서 지상군 투입은 되도록 미뤄진다. 토마호크 미사일, 공중조기경보기(AWACS), 무인정찰기 등이 스마트전쟁의 축을 이루고 있으며, 앨빈 토플러는 이를 두고 무기와 전쟁의 제3물결이라 하였다.
예방전쟁 豫防戰爭	적국에게 군사적 우위가 옮겨가지 않도록 선제공격을 가하는 전쟁을 말하는 것으로, 1949년 가을, 소련이 첫 원폭실험에 성공하자, 미국의 일부 극단론자들이 '예방 전쟁론'을 거론하여 격렬한 논쟁이 진행된 바 있다.

저강도분쟁의 담론에는 다음과 같은 일반적인 비판이 존재한다. 전쟁의 핵심이 여전히 고강도 분쟁에 주된 관심을 두고 있음에 따라 저강도분쟁은 재래 전쟁의 부차적 형태로 인식하고 있어, 재래전 틀 내에서 비정규전, 전복적, 테러 등 무력 분쟁을 이해하려는 경향이 있다는 것이다.

복합전 CW, Compound Warfare

후버Huber(1996년)는 복합전을 '정규군 또는 주력군regular or main force과 비정규군 또는 게릴라 전력을 다른 전장 또는 전역에서 순차적으로 운용하여 수행하는 전쟁'으로 정의하고 있다. 복합전 개념하에서는 정규 군사력과 비정규 군사력을 동시에 다른 전장 공간에 적용하여 군사적 레버리지leverage 효과를 거둘 수 있다.

이와 같은 복합전이란 담론에는 다음과 같은 일반적인 비판이 있다. 우선 마오쩌둥의 전략적 배합전 개념과 유사하지만, 전역적, 전술적 수준의 복합전쟁양상을 설명하지 못하고 있으며, 둘째, 전쟁 수행의 동시성을 강조하고 있으나, 정규전과 비정규전이 상이한 전장에서의 순차적 운용을 상정, 현대전과 같이 동일전장에서 정규전, 비정규전과 전략, 작전술, 전술적으로 동시, 복합적으로 발생하고 있는 복잡한 현상을 설명하지 못한다는 것이다.

기술기반 미래전 담론

기술기반 미래전 담론은 전통적 화력소모전을 기술technology을 기반으로 한 기동마비전으로 전환시키며, 군사혁신RMA, Revolution in Military Affairs을 통한 종심縱深감시정찰, 종심통제, 종심정밀타격체계 발전을 토대로 네트워크중심전NCW, Network-centric Warfare, 병렬전Parallel Warfare, 효과중심작전EBO, Effects-based Operations 등 관련 논의들을 성행시켰다.

이와 같은 기술기반 미래전 담론에는 다음과 같은 비판이 존재한다. 대표적인 예로, 첨단 기술에의 지나친 경도에 따른 군사비의 막대한 증가와 기술 의존의 한계가 노정 됨으로서, 이로 인한 전반적인 국방의 효율성과 효과성 및 종국적인 성과에 대한 의문이 지속적으로 제기되고 있다는 것이다. 특히, 국제테러와의 전쟁GWOT, Global War On Terrorism과 이라크와 아프간의 대반군전COIN, Counter-insurgency을 경험하면서 고가高價의 정밀 무기 및 전자정보 등이 주는 한계에 따라 기술주도적technology-driven 접근의 한계가 봉착되어 있다.

비대칭전 AW, Asymmetric warfare

비대칭전은 엔트류 막Andrew J. R. Mack(1976년)의 'Why Big nations lose Small wars?'라는 논문에서[78] 처음 제시된 용어로서 일반적으로 전쟁에서 대응하는 세력 간 규모나 운용방법 등의 차이점이 큰 전쟁을 말하며, 외형적으로 약자가 강자에 대처하는 전쟁의 경우에 적용된다고 설명하고 있다.[100] 한국군의 군사용어사전에는 '상대방이 효과적으로 대응할 수 없도록 하기 위해 상대방과 다른 수단, 방법, 차원으로 싸우는 전쟁을 수행하는 방법 또는 양상'으로 비대칭전을 일반적으로 정의하고 있다.

비대칭전의 속성은 우선 적이 아我와 상당히 다른 작전방식을 사용하여 적의 약점 이용과 자기의 강점 사용을 기도하는 것으로서 주도권, 행동의 자유, 의지에 충격, 혼돈, 심리적 영향을 주는 것에 주안을 두며, 둘째, 적 취약점 평가를 기반으로 전통적 전술, 무기, 기술 등의 혁신적 배합을 사용하며, 마지막으로 모든 전쟁의 수준과 모든 유형의 군사작전에 활용 가능하다는 것이다.

비대칭전 담론에 대한 일반적인 비판은 다음과 같다. 우선, 이 담론은 냉전 이후 미국의 헤게모니 하에서는 미국과 대칭적 군사대결은 불가하기 때문에 앞으로의 전쟁은 '미국의 약점을 극대화하여 정치적 목적을 달성할 수 있는 다양한 비대칭적 수단과 방법으로 전개될 수밖에 없다'라는 것을 전제로 예측한 담론으로서, 버팔로Buffaloe(2006년), 메기스Megis(2003년) 등 학자들은 전쟁사戰爭史적 볼 때 '승자는 대부분 비대칭적인 수행으로 전쟁에서 승리하였으며 이를 통해 정치적 목적을 달성한다는 것이 증명되었다'고 하여 비대칭전의 일반성으로 비판하고 있다.

무제한전 UW, Unrestricted Warfare

차오 리앙과 왕샹쉬Qiao Liang와 Wang Xiangsui(2002년)는 전쟁을 군사 영역에만 국한치

---

[100] 당시에는 큰 반향을 일으키지 못했으나, 냉전 종식 이후인 1990년 후반 학계로부터 후속 연구가 활발히 진행되었으며 2004년 이후 미군에서도 해당 개념을 채택하고 있다.

않고 경제, 외교, 무역, 종교, 문화 영역 등으로 확대하여, 이런 다양한 분야들이 통합되고 상호 유기적으로 작용하면서 전개되는 전쟁의 양상으로 무제한전을 정의하고 있으며, 약소국은 보유하고 있는 가용 국력을 효과적으로 융합하여 사용하여야 전쟁의 목적을 달성할 수 있다고 논의하고 있다. 이에 대한 비판적인 시각으로서는 국가의 모든 대외적 행위를 전쟁으로 인식하는 전체주의적이고 적대적인 시각이라는 논쟁과 논의가 존재하고 있다.

4세대전쟁 4th GW, 4th generation warfare

린드와 함메스 Lind & Hammes(2004년)는 4세대전쟁을 '우세한 정치적 의지는 거대한 경제력과 군사력을 상대하여 이길 수 있다'라는 교훈을 토대로 적 군대의 파괴보다는 다양한 사회적 네트워크를 사용하여 상대의 정치적 의지를 직접적으로 무력화하여 국가 목적달성을 추구하려는 전쟁의 양상으로 논의하고 있다. 1, 2세대전쟁은 '적의 전쟁 수행 능력(병력/화력) 파괴', 3세대전쟁은 '군사적 의지 파괴'를 중시하며, 이와 대비하여 4세대전쟁은 '정치적 의지 파괴'에 주된 목적을 두고 있다. 이는 전쟁행위자로서 국가 또는 비국가행위자가 군사적 승리보다 장기적, 상대 정치적 의지 변화에 목표를 두고 정치·심리적 붕괴를 통해 전쟁목적달성을 추구하려는 전쟁 수행 양상으로 보인다.

4세대전쟁 양상의 특징은 우선 전쟁과 정치, 전투원과 일반시민의 경계가 모호하다는[101] 것이다. 또한, 현대전의 세대 측면에서, 4세대전쟁은 국가의 전투력 독점 상실을 특징으로 하며, 이는 전근대적인 전투 양상으로의 회귀를 의미하는 것으로 보인다. 이에 대한 비판은 우선 역사발전의 몰이해沒理解와 전쟁 본질에 대한 인식과 논리 및 해석의 오류를 보인다는 것이다. 4세대전쟁 특성은 미래전, 새로운 전쟁 양상이 아니며 과거에도 지속되던 양상이 확대된 것이고 또한 이라크, 아프간전 등 제한적 사례에서만 설명이 가능하기 때문에 새로운 전쟁의 현상에 대한 본질적

---

[101] 4세대전쟁이란 용어는 1989년 미국 분석팀이 최초 사용했는데, 이들 중 린드(William S. Lind)가 포함되어 있었으며, 이들은 전쟁의 결과를 탈집중적인 형태로 묘사한 바 있다.

설명에는 한계가 있다는 것이다. 또한, 전쟁 사례에 대한 일반화의 오류 가능성으로서 이 담론은 여전히 중요한 국제관계 속 국가의 역할을 너무 과소평가하고 있다는 것이다. 하지만 4세대전 담론은 게릴라전, 테러 등 소규모 전쟁양상 심화, 전쟁의 장기화 등 추이에 따른 전쟁에 대한 새로운 사고를 과감히 도입하여 전쟁에 대한 통찰을 확장하고 있고, 전쟁에서 무력의 탈국가화와 Sub-states 혹은 non-state Actor라는 개념의 부각뿐만 아니라 전쟁의 정치적 목표 약화, 군사외 다른 수단에 의한 강제 등 정치적 폭력에 대한 새로운 통찰을 보여주고 있다. 또한 '왜 특정 행위자가 특정 전략과 전술을 사용하는지'라는 의문 등과 같이 전쟁의 역동성에 대한 이론적 진화를 이루고 있고, '왜 강자가 약자에게 질 수도 있는지'를 설명하는 행위적, 구조적 영향에 대한 시사점과 함의를 주고 있다.

분란전 紛亂戰, Insurgency

사전적 의미로 '당국에 대항하는 무장반란'이란 의미이며, 분란紛亂, 반란反亂, 폭동暴動 등 용어로 번역하여 사용하고 있으나, 주로 분란전이란 용어를 사용하고 있는 경향이 있다. 분란전에 대하여 미국방부는 체제 동요, 무력충돌을 통해 정부 타도, 사회구조 타파 혹은 외국군 추방 등을 목적으로 하는 조직적 행동으로 정의하고 있으며, 키라스Kiras(2007년)는 재래전과 비교하여 쌍방의 능력이 비대칭적이고 약자 측이 대개 준국가단체로서 국가를 상대로 게릴라전술을 사용하여 정치권력획득 등 정치적 변화를 도모하는 것으로 게릴라전, 전복전 개념이 강하다고 논의하고 있다.

테러리즘 Terrorism

테러란 특정 목적을 가진 개인, 조직 혹은 단체가 폭력 사용이나 위협을 통해 사회적 공포심과 심리적 충격을 가함으로써 정치적, 경제적, 사회적, 종교적 신념 추구 등 그들의 목적달성을 추구하는 제반 행위를 말한다. 테러리즘의 행위자가 조직된 무장세력이란 점에서 분란전과 유사하나 테러리즘이 정치적 불만을 인식시키는 데에 두고 있는 데에 반해, 분란전은 무력행사를 통해 정치적 변화 유도를 시도한 다는 측면에서 폭력의 범위와 규모가 차이가 있다.

하이브리드전 HW, Hybrid Warfare

하이브리드전Hybrid Warfare란 용어는 워커Robert Walker(1998년)가 미美해군대학원 NPGS, Naval Postgraduate Shool 논문에서 처음으로 사용하였으나, 이후 호프만Frank G. Hoffan(2007년)이 군사강대국인 이스라엘과 약자인 헤즈볼라 간 전쟁인 2차 레바논 전쟁의 분석을 통해 전통적인 정규군, 비정규군, 테러, 범죄행위를 포함하는 전쟁양상 외에도 전쟁양상과 모습의 다차원성Multi-Dimentionality 혹은 Muli-Modality, 작전적 통합, 정보영역의 극적 활용이란 추가적인 특성을 보이는 새로운 전쟁형태로 하이브리드전을 이론적 담론으로 확장하고 있다. [79] 호프만은 하이브리드전을 "국가, 준국가 혹은 정치집단이 재래식 전쟁 수행 능력, 비정규전 전술과 조직, 무차별 폭력 및 강압을 동반하는 테러 그리고 범죄행위 등 다양한 전쟁방식을 동시에 사용하여 수행하는 전쟁양상"으로 정의하고 있다. 이후 그는(2009년 및 2012년) 동시성simultaneity을[102] 강조하면서 정치적 목적달성을 위해 전장에서 재래식 무기, 비정규적 전술과 전략적, 작전적 목적을 위해 사전에 치밀하게 계획하여 실행되는 테러 및 범죄행위 등 다양한 방법을 조직, 구성원, 첨단 정보통신기술ICT 등 수단과 함께 융합하여 동시에 그리고 적절하게 운용하는 형태의 전쟁 양상으로 보다 세부적으로 확장하여 정의하고 있다. 이에 대하여 배달형2017년은 관련 논의들을 종합하고 분석한 후 개념 요약 및 비교 내용을 근거로 하여, 하이브리드전을 '국가, 준국가 혹은 정치집단이 정규전, 비정규전, 테러, 범죄적 무질서, 사이버전 등 다양한 전쟁방식을 동시에 혼합하고, 다원적인 방법, 조직 및 수단을 융합하여 물리적, 정보적, 인식적 시너지 효과를 창출함으로써 전쟁의 목적을 달성하려는 전쟁 양상'으로 정의하고 있다.

하이브리전 담론은 전쟁이나 군사 현상에 대하여, 미래전에 있어서 비선형성 강

---

[102] 동시성Simultaneity이란 행위자가 다양한Multi-Modality 전쟁 수행방법을 의도적으로 동시에 융합하는 행동을 말한다.

조하고[103], 동시성과 적응성 중시[104]하며, 융합Convergence을 강조[105]하고 있을 뿐만 아니라 신속한 템포와 다양성 및 관련 요소 간 조화Orchestration를 중시하는 담론으로 기존의 정규전에 대한 논의나 비정규전 위주의 담론보다는 설명력은 있으나 복잡하다는 비판도 존재한다.[80]

---

[103] 이에 대하여 박일송, 나종남(2005년)은 선형전투라는 것은 아프간, 이라크에서 단계화 작전으로 정점에 도달하였다고 논의하고, 하지만, 이러한 새로운 하이브리드위협의 주체들은 더 이상 선형적, 단계적, 순차적인 전쟁의 수행 양태나 모습을 고려하지 않고 있다고 주장하고 있다.

[104] 배달형(2020년)은 하이브리드전을 논의하면서 정규전, 비정규전, 테러행위 및 범죄행위가 하나의 전장에서 동시에 상호보완적으로 전개되며, 전장 역시 특정 국가나 지역, 시간, 장소에 국한되지 않고 초국가적, 초공간적으로 전개된다고 주장하고 있다.

[105] 최근의 논의에서 가용 수단/방법의 수렴양상 증대로서 무력을 근간으로 치명적-비치명적 전투방식이 하나의 전장에서 동시에 전개되기 때문에 전장의 물리적/정보적/심리적 요소의 융합, 전투원과 비전투원의 수렴, 폭력과 비폭력의 수렴, 전쟁의 동역학적 접근과 인식의 수렴 등(Williamson, 2009) 확대되고, 전략적-작전적, 전술적 수준의 수렴(Kreps, 2007)이 역시 확산하는 등 새로운 전쟁과 군사의 담론에는 개념, 방법과 수단에 대한 폭넓은 융합의 개념이 강조되고 있다.

Note

[1] Vegetius, *De Re Militari*(Summary of Military Matters), BC 4C, 연도 미상
[2] 온창일, 「전쟁론」, 집문당, 2008., p. 253.
[3] 배달형, "국방의 이해," 국방연구원 전략기획 아카데미 강연자료, 2022. 1.
[4] 군사연구학회, 「군사학개론」, 플래닛미디어, 2014., p. 17.
[5] Khun, Thomas S., *The Structure of Scientific Revolution*, 3rd Ed., Chicago and London: University of Chicago Press, 1996.
[6] 육군교육사 교리부, 「軍事理論研究」, 군사발전지 부록 제44호, 1987. 10. 30., pp. 20~24.
[7] 철학대사전, 성균서관, p.479, 1977.
[8] 육군본부, 「한국군사사상연구」, 육군교육과, 1986. pp.14-15,
[9] 유중평, 교육사역, 「중국군사사상」, 중국문화부흥위원회, p.3, 1986.
[10] 한국어대사전, 현암사, 1978.
[11] Julian Lider, 국대원 역, 「군사이론」, 1985, p.337.
[12] 남보람, 「전쟁 이론과 군사교리」, 지문당, 2011, pp. 35~37.
[13] Jean Baudrillard, *Simulacres et Simulation*(1981), 하태환 역. 「시뮬라시옹」, 서울:민음사, 2001. pp. 9~13.
[14] John J. Mearsheimer, The Tragedy of Great Power Politics(2001), 이춘근 역, 「강대국 국제 정치의 비극」, 서울:나남출판, 2003. p.43.
[15] Carl von Clausewitz, *vom Kriege*, Berlin: Ferdinand Dümmler *(1832)*, 김만수 역, 「전쟁론」, 완역판 5쇄, 2009.
[16] 제프리 C. 알렉산더, 이윤희 역, 「현대 사회 이론의 흐름」, 서울:민영사, 1993. p.10.
[17] Khun, Thomas S., Ibid., pp. 90~91.
[18] 남보람, Ibid. p.45.
[19] Thomas X. Hammes, *The Sling and Stone*(2004), 배달형 외 역, 「21세기 전쟁: 비대칭의 4세대전쟁」, KIDA Press, 2쇄, 2011.
[20] 남보람, Ibid. p.42~44.의 내용을 요약하여 인용함.
[21] 박재영, 「국제정치 패러다임」, 서울: 법문사, 2004, p.442.
[22] Kenneth N. Waltz, *Man, the state and War: A Theoretical Analysis*, New York: Columbia University Press, 1959
[23] 양준희, "월츠의 신현실주의에 대한 웬트의 구성주의의 도전", 「국제정치논총」, 제41집 3호(한국국제정치학회, 2001, pp.28~29.
[24] Kenneth N. Waltz, Ibid., pp.45-46 및 pp.208-210을 요약 인용
[25] 박재영, Ibid., pp.27-29.의 내용을 요약 인용
[26] Kenneth N. Waltz, *Man, the state and War: A Theoretical Analysis*, New York: Columbia University Press, 1959 ; Robert Gilpin, *War and Change in World Politics*, Cambridge: Cambridge University Press, 1981. ; 투키디데스, 박광순 역, 「펠로폰네소스 전쟁사」, 서울: 범우사, 1993 ; 박영준, "전쟁의 종결과 영향에 대한 이론적 고찰", 2007 한국정치학회 연례학술회의 발표자료 등
[27] Rupert Smith, *The Utility of Force: The Art of War ins the Modern World*(2005), 황보영조 역,

「전쟁의 패러다임:무력의 유용성에 대하여」, 서울: 까치, 2008, p.23.

[28] 배달형, 「미래 한반도 전쟁양상 변화에 대비한 전략개념 발전방향 연구: 하이브리드전(Hybrid Warfare)을 중심으로」, 한국국방연구원 연구보고서, 2016, pp. 77~78.(평문 부분) ; 배달형, "북한 하이브리드 위협의 대응 방책과 발전방향", Journal of KCSI, 2017. ; Thomas X. Hammes, *The Sling and Stone*(2004), 배달형 외 역, Ibid, 2011.

[29] 전재성·박건영, "국제관계이론의 한국적 정체성 모색", 국제 관련 이론의 한국적 수용과 대안적 접근, 국제정치학회 세미나 발표자료, 2002.2.28. ,p.11.

[30] 노훈·권태영, 「21세기 군사혁신과 미래전」, 법문사, 2008. ; 다키 고지 著, 지명관 역, 「전쟁론」, 서울: 소화, 2001., pp.13-16.

[31] 군사학연구회, 「군사학개론」, 플래닛미디어, 2014., p.44. 수정 인용

[32] 길병옥, "군사학과 안보학의 학문적 이론체계에 대한 비교연구", 「평화와 안보」 제2권, 충남대학교 평화안보연구소, 2005, p.24.을 수정하여 인용

[33] Snyder, Jack, *The Soviet Strategic Culture: Implications for Nuclear Options*, RAND, 1977., p.8 ; 남보람, Ibid. p.74~106.의 내용을 참고 바람.

[34] 배달형, Ibid, 2016, pp. 73~106.(평문 부분) ; 박일송 외, "하이브리드 전쟁: 새로운 전쟁양상?", 「한국군사학논집」, 제3권, 2015. ; Michael Raska, *Military Innovation in Small States: Creating a Reverse Asymmetry*, 2015. Patrick Cullen, *Non-Linear Science and Warfare: Chaos, Complexity and the US Military in the Information Age*, 2013. ; Qiao Liang & Wang Xiangsui, *Unrestricted Warfare:* China's Master Plan to Destroy America, Panama City, Panama, 2002. ; Thomas M. Huber, eds, *Compound Warfare: That Fatal Knot*, Fort Leavenworth, KS, 2002. ; William S. Lind, "Understanding Fourth Generation War," *Military Review*, Vol. 84, Issue 5, Sep-Oct 2004. ; Williamson Murry & Peter R. Mansoor, *Hybrid Warfare*, Cambridge Press, 2012. ; David Sadowski, Jeff Becker, "Beyond the Hybrid Threat: Asserting the Essential Unity of Warfare", *Small Wars Journal*, 2010. ; Jasper et al., "Islamic State id Hybrid Threat: Why does That Matter?", *Small Wars Journal*, Dec. 2014. John McQuen, "Hybrid Warfare," Military Review, Mar~Apr, 2008. 등의 논의를 참고하기 바람.

[35] 군사학연구회, 「군사학개론」, 플래닛미디어, 2014., pp.17~59. ; 황진환 외 공저, 「군사학개론」, 서울: 양서각, 2011., ; 정성, "군사학의 기원과 이론 체계", 「군사논단」 제41호, 2005., pp.89~113. 등 참고

[36] Karl von Clausewitz, *Vom Kriegr(1832)*, 김만수 역, 「전쟁론」, 도서출판 갈무리, 2009.

[37] 이종학, 「현대 전략론」, 박영사, p.14, 1983.

[38] 이종학, 상게서, p.14.

[39] 국대원, 「안전보장이론」, pp.392~393, 1985.

[40] 육군교육사 교리부, 상게서, 1987, pp. 49~53. 수정/요약하여 인용

[41] 군사학연구회, 상게서, 2014., pp.56~59. 참고하여 요약하고, 수정/보완하여 인용함.

[42] Karl von Clausewitz, *Vom Kriegr(1832)*, 김만수 역, 「전쟁론」 제2권, 도서출판 갈무리, 2009. 전쟁이론 부분 참고, 인용

[43] 육군교육사 교리부, 상게서, 1987, pp. 28~49. 내용을 수정/보완 및 갱신하여 인용

[44] 高橋甫, 국대원 譯, 「현대총력진론」, 1975. p.35~38.을 수정/보완히여 재인용

[45] MacGreger Knox and Williamson Murry 저, 배달형·김칠주 역, 「군 혁명과 군사혁신의 다이내믹스」, KIDA Press, pp.61~126.

[46] Karl von Clausewitz, *Vom Kriegr(1832)*, 김만수 역, 「전쟁론」, 도서출판 갈무리, 2009.

[47] 육군본부, 「군사이론의 대국화 추진 방향」, 1983., p.70.
[48] 高橋甫, 국대원 譯, 상게서, 1975., p.42.
[49] 高橋甫, 국대원 譯, 상게서, p.50.
[50] 전덕종, "용병술에 대한 새로운 관점", 육군대학 전략학처 교육자료, 2021.10. 및 박일송 외, 「하이브리드 전쟁: 새로운 전쟁양상?」, 한국군사학논집, 제3권, 2015.을 참고 인용.
[51] 배달형, "한반도 전구에서의 하이브리드전 개념 및 전개 양상과 한국군 대비방향", KCSI 세미나 발표 자료, 2016. 6.
[52] 육군교육사 교리부, 「軍事理論研究」, 군사발전지 부록 제44호, 1987. 10. 30., p.48., 그림 및 「군사이론 대국화 추진방향」, 육군본부, 1983. p.49.를 참고하여 대폭 수정/보완 후 재작성
[53] 군사학연구회, 「군사사상론」, 플래닛 미디어, 2014. ; 박창희, 「군사전략론」, 플래닛 미디어, 2021.
[54] 손무 저, 박창희 해설, 「손자병법」, 플래닛 미디어, 2017., pp.22~25.
[55] 손무 저, 박창희 해설, 상게서, 2017., pp.26~31.
[56] 육군교육사 교리부, 「軍事理論研究」, 군사발전지 부록 제44호, 1987. 10. 30., pp. 42~45. 및 淺野祐吾, 육군교육사 역,「군사사상사입문」, 1986., p.237.의 내용을 수정/보완하여 인용
[57] 육군교육사 교리부, 「軍事理論研究」, 군사발전지 부록 제44호, 1987. 10. 30., pp. 42~45. 및 淺野祐吾, 육군교육사 역, 상게서, p.192.의 내용을 수정/보완하여 인용
[58] 淺野祐吾, 육군교육사 역, 상게서, pp.72-78
[59] Karl von Clausewitz, *Vom Kriegr(1832)*, 김만수 역, 전게서, 2009.
[60] Liddell Hart, *Strategy: The Indirect Approach*, NY: Praeger, 1954. 및 Liddell Hart, 주은식 역, 「전략론」, 서울: 책세상, 1999.
[61] 淺野祐吾, 육군교육사 역「군사사상사입문」, p.94. 1987.
[62] Aleksandr A. Svechin, *Strategy*, Kent D. Lee. eds., Minneapolis East View Publications, 1992, p.7 및 pp. 68~71. 참고하여 인용
[63] 온창일, 「전략론」, 집문당, 2007., pp.32~33.
[64] 박창희, 「군사전략론」, 플래닛미디어, 2021., p.67.을 수정 인용
[65] Andre Beaufre, *An Introduction to Strategy*, R.H. Barry, trans., NY: Praeger, 1968., 국방대학원 역, 「전략론」, 1975., p.23.을 요약/수정 인용
[66] Colin S. Gray, *Modern Strategy*, Oxford: Oxford University Press, 1999. P.17.
[67] Wylie, J. C., *Military Strategy: A General Theory of Power Control*, ed. John B. Hattendorf, Annapolis, MD., 1989.
[68] Edward. M. Earle, 국대원 역, Makers of modern strategy, 안전보장이론, p 393 재인용
[69] Joint Publication 1-02, *DOD Dictionary of Military and Associated Terms*, 2021.
[70] Julian Lider, *Military Theory: Concept, Structure, Problems*, Aldershot:Gower Publishing Company, 1983., pp.193~194.
[71] 합동교범 10-2,「합동·연합 군사용어사전」, 2021. 12.
[72] Joint Publication 1-02, Ibid, p.159.
[73] 합동교범 10-2, 상게서.
[74] Joint Publication 1-02, Ibid, p.159.
[75] 국대원,「안보관계용어집」, p.1l3, 1985.
[76] 관련된 용어 정리 내용은 합동교범 10-2,「합동·연합 군사용어사전」, 2020. 7.과 최신의 관련 교범 등을

참고하여, 보다 이해하기 쉽도록 수정/보완하여 인용

[77] Julian Lider, *Military Force*,(Swedish Inst. of International Affair, 1981)., 원은상, 「전력평가의 이론과 실제」, p. 47.와 임길섭, 배달형 외 공저, 「국방정책개론」, 2020., p.188~190.을 내용을 종합하고 보완하여 재인용.

[78] Andrew J. R. Mack, "Why Big Nations Lose Small Wars", World Politics, 1975.

[79] Frank G. Hoffman, 'Conflict in the 21st Century: The rise of Hybrid Wars,' 2007.

[80] GAO Report, 2007

/ 02 CHAPTER

전쟁철학 戰爭哲學

Philosophy of War

제1절 전쟁철학의 개요
제2절 전쟁의 본질
제3절 전쟁의 원인
제4절 전쟁관
제5절 전쟁 목적과 목표

CHAPTER 2

전쟁철학 戰爭哲學

제1절
전쟁철학의 개요

"兵者國之大事 死生之地 存亡之道 不可不察也"
전쟁은 국민의 死生과 국가의 存亡이 걸려있는 국가의 중대사이기 때문에 절대로 소홀히 해서는 안 된다
― 손자孫子

철학哲學, philosophy이란 용어는 고대 그리이스어의 필레인사랑하다과 소피아지혜의 합성어인 필로소피아지혜에 대한 사랑에서 유래한다. 여기에서 지혜智慧란 일상생활에서 실용적 지식이 아닌 인간 자신과 그것을 둘러싼 세계를 관조觀照하는 지식을 말하는 것으로서 세계관, 인생관, 가치관 등을 포함한다. 철학은 전통적으로 세계와 인간, 사물과 현상의 가치와 궁극적인 뜻을 향한 본질적이고 총체적인 천착穿鑿을[1] 뜻한다. 한편, '사상Thought'이란 특정 사건 혹은 사물에 대한 사유思惟작용을 통해 일정한 체계와 형식이 갖추어진 인식내용을 말하며, 이는 곧 인간의 행동양식을 지배하는 통일된 체계로서 최고의 목적의식이라 할 수 있다. 철학이 자연과 인간의 삶을 포함한 존재하는 모든 세계에 관한 근본원리를 해명하는 것이기 때문에 사상의 형성은 당연히 철학적 해명 속에서 함께 이루어지는 것이다. 그러므로 '이론과 실천'

---

1   학문을 깊이 연구하여 끝까지 캐어낸다는 것을 말한다.

이란 간결한 관점에서 보면, 이론으로서 철학과 그리고 실천으로서 사상은 통일적인 관계에 있다고 볼 수 있다. 철학은 사상으로 완성되지만, 철학이 없는 실천은 사상이 아니다.[1]

최근에 정립된 전쟁이란 용어의 일반적인 정의는 "상호 대립하는 2개 이상의 국가 또는 집단 간에 정치적 목적을 달성하기 위해 군사력을 비롯한 모든 수단을 활용하여 자신의 의지를 상대에게 강요하는 행위 또는 그러한 상태"이다. 전쟁철학이란 이러한 전쟁 현상에 대한 가치와 궁극적인 뜻, 그리고 그 본질에 대한 사유思惟 작용을 통해 '관련된 행동 양식을 지배하는 일정한 체계와 형식이 갖추어진 인식'을 갈구하는 본질적이고 총체적인 노력이라 할 수 있다. 여기에는 전쟁에 대한 올바른 인식과 이해, 전쟁의 본질과 목적 및 원인, 원리와 방식 및 개념, 전쟁승리의 결정 방법, 전쟁 지도 등 의지적意志的 측면 등에 대한 사유思惟를 통해 정리되어 사람의 행동 양식을 지배하는 통일된 체계로 이루어진 최고 목적의식意識을 토대로 그에 관한 근본원리와 이를 둘러싼 관련 현상의 관조觀照를[2] 해명解明하는 것 등이 포함된다.

이러하듯이 전쟁철학의 범위는 넓고 깊다. 서두에서 인용한 글에서 나온 바와 같은 전쟁에 대한 손자의 주장과 클라우제비츠가 그의 저서 「전쟁론戰爭論 On War」 서두의 핵심 화두이었던 '전쟁이란 무엇인가?'에 대한 논의를 보더라도 전쟁에 대한 철학과 사상은 전쟁을 준비하는 것뿐만 아니라 전쟁을 운용하는 전쟁술의 측면에서도 그 본원적 기조가 되기 때문일 것이다. 본서는 '전쟁이란 무엇인가'하는 전쟁의 성격과 본질에 관한 사유를 바탕으로 '전쟁에서 이기기 위해서 무엇을 어떻게 해야 할 것이냐' 하는 데에 대한 근본원리와 당위성, 방법을 탐구하는 분야로 범위를 한정하여 논의할 것이다.

고대 동양의 손자孫子는 "전쟁은 국민의 사생死生과 국가의 존망存亡이 걸려있는 국가의 중대사이기 때문에 절대 소홀히 해서는 안 된다兵者國之大事 死生之地 存亡之道 不可不

2　지혜로 사물의 본질과 실상을 비추어보는 것을 말한다.

察也"고 그의 병서兵書 서두에 제시하여 전쟁에 대한 성격과 본질을 극적으로 표현하고 있다. 이는 전쟁에 대한 올바른 현상 인식을 통해 전쟁을 수행하기 위한 기본적 자세와 신념을 강조하고 있는 것이며, 전쟁의 본질 규명을 통해 전쟁 목적을 확고히 하고 있다.

서양에서 군사이론을 집대성한 것으로 평가받고 있는 클라우제비츠는 '전쟁이란 무엇인가?'라는 의문을 그의 책 「전쟁론」의 서두에서 제시하고, 전쟁에 대한 그의 숙고를 통해 전쟁의 본질과 목적 및 원리를 명쾌한 논리로 해석하고 있다. 그 역시 전쟁철학이란 전쟁의 본질, 목적 및 수단 등 전쟁의 근본원리를 탐구하는 것이라고 하였다. 특히 그가 전쟁 현상을 '정치 현상의 계속적인 연장'과 다름없다고 주장하고 있는바, 이는 '전쟁과 군사를 정치에 종속하는 변형된 정치 활동의 일종'이라 논의한 그의 탁견卓見은 전쟁철학의 정수精髓라 할 수 있다.

클라우제비츠의 철학적 입장에서 전쟁에 대한 규명 노력은 당시 독일에는 칸트, 헤겔, 기제베티와 같은 관념주의idealism, 觀念主義 철학을 바탕으로 하고 있다. 특히 기제베티 저서인 「칸트의 기본원칙에 바탕을 둔 보편적 논리의 개요」에서 칸트철학의 기본을 인식하고 전쟁 현상에 대한 인식방법론으로 사용하고 있다. 그는 "전쟁의 본질을 탐구하여 이 현상을 구성하는 사물事物의 본질과의 연관성을 보여 주려고 노력했으며…, 조사調査와 관찰觀察, 철학과 경험經驗은 서로 경시하거나 배척해서는 아니 되며 이들은 서로 보완적이어야 한다."[2]고 하여 철학과 경험을 밀접하게 관련시키고 이를 통해 전쟁 현상을 명철히 밝히고자 했다.

한편 「전쟁철학」을 저술한 本郷健홍꼬다께시과 현대전 전쟁의 연구에 커다란 발자취를 남긴 「전쟁연구Study of War」의 저자 퀸시 라이트Quincy Wright, 법학자 흐로티위스Hugo Grotius, 국제정치학자 불Hedley Bull 등 여러 학자도 '전쟁이 무엇인가?' 하는 문제에 관심을 두고 논의하여 전쟁의 목적과 원인 및 전쟁 수행에 관한 제반 현상 등에 대하여 여러 관점에서 사유思惟를 이어왔다.

이들 주요이론가의 견해를 종합해 볼 때 전쟁철학에는 첫째, 전쟁의 본질과 원인을 규명하고 전쟁 인식을 위한 올바른 전쟁관戰爭觀을 통해 '전쟁이란 무엇인가?'

하는 전쟁의 실체에 대한 답변을 제시할 수 있어야 하고, 둘째, 전쟁 목적과 목표를 설정하여 '전쟁으로 궁극적으로 달성해야 할 방향을 제시함으로써 군사력의 운용을 위한 군사전략, 작전술, 그리고 전술을 유도하여 사용하는 원리와 논리적 정당성의 근거를 부여할 수 있어야 하며, 마지막으로 '전쟁의 승리'라는 목적적目的的 행동을 촉발하기 위해 '어떤 의지가 필요한가?' 하는 전쟁지도戰爭指導와 의지적意志的 측면이 망라되어야 할 것으로 보인다.

본서는 군사력의 운용 관점에서 전쟁 철학의 이 같은 측면을 중심으로 서술을 전개할 것이다. 여기에는 전쟁 본질, 전쟁관, 전쟁 목적, 전쟁 지도 및 의지 등의 주제가 중심이 될 것이다.

제2절
전쟁의 본질

1 '전쟁'이란?

　로마 시대 키케로Cicero가 전쟁을 "무력을 동원한 싸움Contending By Force"이라 정의한 이래, 많은 학자, 정치가, 군사전문가들은 '전쟁'의 본질에 대한 의문으로 당시의 환경과 여건 그리고 그들의 관심 분야에 따라 다양하게 정의해 왔다. 이는 한 시대를 지배하는(한 시대의 사회 전체가 공유하는) 과학적 인식, 이론, 방법, 문제의식, 관습, 사고, 관념, 가치관 등이 결합되어 당시 전쟁의 현상에 대한 사유를 근거로 전쟁을 정의하고 있기 때문이다. 오늘날 패러다임의 급격한 변동을 보이고 있는 현대 전쟁의 모습이나 양상에 비추어 그러한 전쟁에 대한 사유와 학자들의 개인 관심 분야가 확장됨으로 인해 전쟁의 본질에 대한 연구는 더욱 깊어지고 그러한 경향은 여전히 미래에도 지속될 것이다. 특히, 21세기 당면하고 있는 현대전의 복잡하고 역동적인 구조와 다양한 양상의 전개는 무력전武力戰이란 본질적 특성과 그 의미 및 범위까지 바꾸어 놓고 있어서 전쟁에 대한 사유는 더욱 깊어지고 있다.[3]

　고대에서부터 현대에 이르기까지 여러 학자와 주요 군사전문가들은 전쟁에 대한 본질에 대한 깊은 사유思惟를 위해 시대의 패러다임적 전환에 따라 전쟁의 정의가 변화해 왔다. 초기에는 전쟁에 대한 개념을 폭넓게 보고, '이질적인 두 실체 간의 폭력적 접촉'으로 전쟁을 매우 폭넓게 광의廣義의 개념으로 규정하고 있다. 이런 광의의 측면에서 전쟁은 두 별 간의 충돌, 동물들 간의 투쟁, 원시 부족 간의 전투, 현대 국가 간의 적대행위敵對行爲 등이 모두 전쟁으로 간주看做될 수 있다. 이 같은 넓은 관점에서 보는 전쟁에 대한 정의는 폭력이 '의도적意圖的 혹은 비의도적非意圖的인가?', '목적적目的的 혹은 우연적偶然的인가?' 등과 같은 전쟁의 본질을 파악할 수 있

---

[3]　전쟁에 대한 클라우제비츠의 전쟁에 대한 논의를 포함하여 전쟁에 관한 본질, 원인 등 일반적 논의에 대해서는 박창희, 「군사전략론」, 플래닛미디어, 2021., pp21~29.의 내용을 참고하기 바란다.

는 기준이 없어 전쟁의 본질, 원인 등 심층적 탐구에 제한을 줄 수 있다.

그래서 일찍부터 전쟁과 군사 현상에 대한 본질적인 사유를 위해 여러 정치가, 법학자, 외교관, 군인, 과학자, 사회·심리학자들은 당시 시대를 지배하는 과학적 인식, 이론, 방법, 문제의식, 관습, 사고, 관념, 가치관 등에 따라 자기 관점에서 이를 규명하려 노력해 왔다.

흐로티우스Grotius 같은 법학자는 전쟁은 '힘에 의한 투쟁의 상태'라고 규정하면서도 개인 간의 투쟁, 폭동暴動 또는 법률상 불평등자不平等者 간 격렬한 논쟁 등은 전쟁이 아니라 논의하고 있다. 이들 국제법학자들은 전쟁을 단순히 '싸움 그 자체'보다는 그러한 싸움이 일어나는 상태에 주안을 두고 있다.

일반 사회학자들은 전쟁을 '힘에 의한 투쟁'이라고 정의한 키케로Cicero의 견해를 받아들이면서, 폭력적 투쟁은 그 사회에서 인정하는 관습慣習이나 생활방식에 의해 그 당위성과 요건을 인정받아야 한다고 보고 '폭력을 포함한 사회적으로 인정되는 집단 간의 분쟁형태'로 전쟁을 규정짓고 있다. 이는 무력 충돌이 일어날 경우 어떤 사회에서는 전쟁으로 인정하나, 다른 사회에서는 그렇지 않을 수도 있다는 것을 말한다.

심리학자들은 국가 간의 적대정도敵對程度에 따라 전쟁을 파악하려 했다. 홉스Hobbes는 전쟁과 평화를 기상氣象에 비유하여 구분했는데, '불순不順한 일기日氣라는 말은 어느 특정 시간의 기상상태를 뜻하는 것이 아니라, 여러 날을 점검해 본 평균적 일기상황日氣狀況을 의미하듯이 전쟁도 실제적 분쟁상태라기보다는 평상시 그때까지 공개된 군사적 배비配備에 있다.'고 논의하면서, 기상氣象을 상태에 따라 여러 가지 정도로 표현할 수 있듯이 국가 관계도 정중鄭重, 우호友好, 긴장緊張, 불화不和, 적대敵對 등으로 나타낼 수 있다고 주장하고 있다. 전쟁에 관심을 두고 있는 심리학자들은 홉스의 전쟁관戰爭觀에 전적으로 동조하면서 국가 관계는 부단히 변하고 때로는 위험 수준까지 악화될 수도 있어서 다른 국가들이 이런 상황을 법률적으로 '전쟁상태'라고 인식하던 혹은 그리하지 않든지 간에 당사국當事國의 입장에서는 전쟁이란 용어로 표현할 수 있다고 주장한다. 이것은 비록 객관적으로는 전쟁상태가 아닐지라도 위협의 감지정도感知程度에 따라 주관적으로 전쟁으로 인식할 수 있기 때문이라는 것이다.

최근 전쟁에 관한 구체적인 정의는 국제정치학자들에 의해 이루어지고 있었던 바, 이 학자들은 폭력행위의 정치적 성격에 초점을 두고 있다. 예를 들어 불Hedley Bull은 전쟁을 '정치행위자들이 서로에게 가하는 조직화된 폭력'으로 보는 관점을 취하고 있다. 이 같은 전쟁에 대한 관점은 전쟁이란 '집단화된 폭력이며, 조직화된 폭력이고, 정치적 폭력'이라는 핵심 키워드를 제시하고 있다. 이외에도 국제정치학의 관점에서 브리머Bremer와 같은 학자는 과학적 통계 방법을 이용하여 규모, 사상자 수 등으로 전쟁을 정의하려는 움직임도 있었다.

철학적 관점의 군사이론가들은 목적과 군사적 수단이 사용되는 정도에 따라 전쟁을 정의하려고 노력하였다. 대표적으로 전쟁을 경험한 군사철학자이며 사상가인 클라우제비츠는 '자기의 의지를 관철하기 위해서 적을 복종服從시키려는 폭력행위'라고 전쟁을 정의하고 있다. 그는 전쟁을 '무력사용 행위로서 직접적인 목표는 적의 군사력을 파괴하는 것이다. 또한, 전쟁은 다른 수단에 의한 정치의 연속으로 군사는 정치에 따르는 것이며, 군사적 목표는 정치적 목적에 부합해야 한다. 그리고 전쟁은 신중한 목적달성을 위한 신중한 수단이다.'라고 전쟁의 본질과 수단 등에 대한 명쾌하게 논의하고 있다.

한편, 군사이론가로서 스타크Stark는 전쟁에 관하여 '무력의 행사로 자기가 원하는 조건을 강요하기 위한 국가 간의 전면적 투쟁'[3]이라 논의하고 있고, 퀸시 라이트Quincy Wright는 '집단생활 유지를 위한 사회적 상호작용 및 집단적 행동'[4]이라고 논의하고 있다. 또한, 오스굿Osgood은 '자기 의사의 관철을 위한 주권국가主權國家 산의 조직적 무력투쟁'이라 했고, 마오쩌둥毛澤東은 '집단 간의 모순해결을 위해 취하는 최고의 투쟁형태'라고 하면서 '전쟁은 유혈정치이고, 정치는 무혈투쟁'이라고 하여 전쟁이 정치목적 달성의 수단임을 암시하고 있다.[5] 本鄕健홍꼬다께시는 '전쟁은 자기세계관自己世界觀에 의해 자기의지 구현을 위한 일체의 적대행위'라고 논의하고[6] 있으며, 神川彦松가미까와 히데스꼬는 '정치집단 간의 조직적, 유혈적 무력투쟁'이라 논의하는 등[7] 많은 군사이론가 역시 전쟁의 본질에 대한 탐구 노력이 여전히 진행되고 있다.

이와 같은 전쟁에 대한 정의는 학문 또는 사상적 분야, 학자에 따라 여러 가지로 정의하고 있다는 것을 알 수 있으며, 군사학과 국제정치학 분야에서는 클라우제비츠의 전쟁의 본질에 관한 논의를 수용하고 있는 것으로 보인다.

본서에서는 지금까지 전쟁과 군사에 관한 논의와 군사용어사전 등의 정의를 종합하여, 전쟁이란 '상호 대립하는 2개 이상의 국가 또는 집단 간에 정치적 목적을 달성하기 위해 군사력을 비롯한 모든 수단으로 자신의 의지를 상대에게 강요하는 행위 또는 그러한 상태'라고 정의하고 본서의 집필을 진행할 것이다. 이 같은 전쟁의 본질에 관한 정의는 다음과 같은 몇 가지 특성을 이해할 필요가 있다.[8] 첫째, 전쟁은 무력행사가 수반된다는 것으로, 무력의 사용 또는 행사 없이는 전쟁이라 할 수 없다. 하지만 국제법적으로 전쟁에서 무력이 행사되지 않음에도 불구하고 전쟁 상태로 성립될 수도 있다. 이는 국제법적으로 전쟁이란 선전포고에서부터 평화조약에 이르기까지 일련의 상태를 지칭하고 있기 때문이다. 둘째, 전쟁은 군사력뿐만 아니라 한 국가의 모든 역량이 투입되는 투쟁으로, 군사적 역량 외에 국가의 모든 역량이 동시에 발휘되어 수행된다. 셋째, 전쟁은 단지 국가 간의 투쟁만을 의미하는 것이 아니라 정치적 집단 간의 투쟁도 포함되어야 한다는 것이다.

2 전쟁의 진화와 시대별 특성

클라우제비츠는 인간의 투쟁은 적대감정Gefühl과 적대의도Absicht라는 두 가지 요소에 의해 야기된다고 그의 저서에서 논의하고 있다. 통상 적대감정敵對感情은 적대의도敵對意圖를 수반하지만 적대의도는 반드시 적대감정을 포함하지 않는다. 따라서 적대의도라는 측면에서 인간의 투쟁을 조명하는 것이 올바른 방법이다. 그런데 적대의도는 '일정한 문명의 단계를 수반하는 사회 상태와 제諸제도에 의한 주관적, 객관적 제諸조건에 따라 발생된다.'[9]라고 논의하고 있다. 다시 말해서 역사에 나타났던 모든 전쟁은 일정한 사회적 조건이 갖추어 졌을 때 발생했으며, 사회적 조건의 변화에 따라 전쟁의 성격도 각각 달라졌다는 것이다. 여기서 말하는 사회적 조건이란 전쟁목적이라는 주관적인 것과 전쟁수단이라는 객관적인 것을 말한다.

이 두 가지는 전쟁의 성격을 조명하는데 훌륭한 준거를 제공해 준다. 이 기준에 따라 시대별 전쟁의 특성을 특정지어 보면 대체로 다음과 같은 다섯 가지 발전단계로 구분할 수 있다. 첫째, 원시 및 고대의 전쟁으로 단순한 무제한 전쟁이다. 둘째, 중세 및 근세 초기의 직업군대 전쟁으로 제한전쟁이다. 셋째, 프랑스 혁명과 함께 나타난 국민전쟁으로 주관적主觀的, 무제한無制限 전쟁이다. 넷째, 산업혁명 진전에 따른 제국주의帝國主義전쟁으로 객관적客觀的 무제한 전쟁이다. 다섯째, 현대의 총력전으로 주관적/객관적主觀的/客觀的 무제한 전쟁이다.

가. 원시原始 및 고대古代 전쟁: 단순한 무제한 전쟁

원시 및 고대에는 민족이나 부족 등 집단의 생존을 위해 적대세력의 토지, 재산 등을 탈취하거나, 전쟁포로를 노예화하여 생산성 향상을 꾀하는 등 극단적 투쟁방식에 의해 전쟁이 수행되었던 것으로 생각된다. 따라서 이 시대의 전쟁목적은 민족이나 부족 등 집단전체의 생존과 번영을 확보하는 지극히 단순한 것이었다.

그러나 일단 전쟁에 지면 부족이나 자신의 존재가치가 말살되거나 노예가 되어 비참한 생활을 영위해야 되었기 때문에 부족 전체가 단결하여 싸우는 단계로서, 말하자면 원시적 개병주의皆兵主義이며, 힘의 무제한 행사라는 무제한전쟁無制限戰爭의 성격을 띠었다.

당시의 전쟁이 집단의 생존이라는 전쟁목적을 달성하기 위해 보유한 모든 수단을 총동원總動員하는 원시적 무제한전생이라고 하나, 활, 창과 같은 단순 부기에서부터 그리스의 팔랑스Phalanx나 로마의 레지옹Legion과 같은 밀집중보병密集重步兵의 중량과 체력으로 싸우는 단순 전법單純戰法으로는 목적의 달성이 제한되었기 때문에 자연히 현대적 의미의 총력전總力戰이 되지는 못했다.[10]

나. 중세中世 : 직업군대 전쟁으로 제한전쟁

중세의 전반기인 10~13세기까지는 봉건군주封建君主시대로 신의神意에 따라 이교도異敎徒를 정복한다는 명분 아래 종교전쟁宗敎戰爭이 성행하였다. 이 시대는 이전 시대와 다를 바 없는 단순무기로 봉건무사封建武士인 기사騎士끼리 1 대 1로 싸우는 중기병重騎兵에 의한 개인전투個人戰鬪에 그쳤다. 그간의 전쟁 중에서 십자군전쟁十字軍戰爭을 제외하고는 장거리원정長距離遠征이 없었고, 중세를 지배했던 기독교는 전쟁에 의한 잔학행위를 금하였기 때문에 전쟁의 목적이나 전쟁수단 면에서 제한될 수밖에 없어 자연히 제한전쟁制限戰爭의 성격을 띠게 되었다.

이 같은 봉건시대의 특성을 붕괴시키는 데 결정적인 역할을 한 것은 화약의 발명에 따른 화포 및 소화기小火器의 등장과 기반이 되는 상공업의 발달이었다. 특히 화약을 이용한 공성포攻城砲는 봉건기사의 근거지인 성곽을 쉽게 파괴할 수 있었고 기사의 철제갑위鐵製甲胄도 더이상 소총 탄환에 무용지물이 되었다. 플랑드르Flanders, 1302년 전투 시, 민병대 2만 명이 5만여 명의 봉건군대를 격파하여 기사계급 대신 시민계급, 기병 대신 보병步兵이 다시 전쟁의 주체가 되는 계기가 되었다. 한편, 상공업의 발달과 함께 화폐경제의 신속한 보급으로 군주君主는 병역을 회피하려는 자들로부터 세금을 거두어 그 돈으로 일정한 기간 용병傭兵을 고용하였다. 이들 용병은 다만 돈만을 위해서 싸우기 때문에 충성심이나 명예심이 전혀 없었으며, 군주의 전시용 사병私兵에 불과했다. 따라서 군주는 낭비를 원치 않게 되어 가급적 근접전투는 피하고 유리한 지형地形을 먼저 확보하여 적의 전투의지를 저하시킴으로써 별다른 피해 없이 전투를 종결지으려 했다. 전쟁의 쌍방 당사자들이 될수록 피를 흘리지 않도록 하는 데에 서로의 이해가 일치되고 있었으므로 전쟁은 장기적 무혈전無血戰으로 수행되게 되었던 것이다.

그러나 급속히 주권主權의 신장을 꾀해야 했던 군주들은 승려, 귀족, 영주 등 기존 세력의 조직적인 저항에 처하게 되었고, 이들 반항세력을 진압하기 위해서는 조직적으로 훈련되고 군주에게 절대 충성하는 상비군常備軍, 즉 상비적 용병군이 필요하게 되었다. 이에 따라 상비용병군常備傭兵軍이 전쟁의 주체가 되었으나, 병사 한 사람한 사람이 곧 시간과 돈을 의미했고, 한 사람의 군인을 만들기 위해서는 2년이라는긴 기간이 필요했기 때문에 사상자死傷者를 최소화하는 것이 곧 시간과 돈의 절약을의미하게 되어 전투는 상호 정면충돌은 가급적 회피하는 양상을 띠게 되었다.

그래서 이 시대에는 적 주력의 격멸擊滅에 의한 결전추구決戰追求보다는 군대를 교묘히 이동하여 적의 퇴각을 강요하거나 그렇지 않으면 외교적 교섭外交的 交涉으로 강화조약을 체결하는 제한된 목표를 달성하는 데 주안을 두게 됨으로서 제한된 목표에 의한 제한된 수단으로 싸우는 제한전쟁制限戰爭이란 특성을 지니게 되었다.

다. 근대 전기近代 前期: 주관적主觀的, 무제한無制限 전쟁

시민혁명1789년으로 프랑스는 절대왕권이 무너지고 자유주의와 민주주의를 바탕으로 하는 공화국共和國이 수립되었다. 이에 놀란 각국의 전제군주와 귀족들은 프랑스 혁명의 영향이 자국에 파급될 것을 우려하여, 필니츠Pilnitz에 모여 대불동맹對佛同盟, 1791년 8월을 체결하고 프랑스에 대해 공격을 개시하였다. 이 전쟁은 '나폴레옹 전쟁'으로 확대되어 20여 년 동안 전 유럽이 전쟁의 소용돌이 속에 휘몰아치게 되었다.

영국, 오스트리아, 프로이센의 동맹국 군대가 프랑스의 국왕 옹호를 선언하고1792년 나서자 프랑스 혁명정부는 집단징병령集團徵集令을 선포하고 모든 국민은 군인이 되어야 하고, 국가를 위해 군에 복무하는 것은 모든 프랑스 국민의 의무가 되어야 한다고 선언하였다. 이로 인해 국왕의 전쟁에 대한 방관자 입장에 있던 국민들은 이제 '국민과 국민의 전쟁', 즉 국민전쟁國民戰爭으로 그 특성이 변화되고 있었다.[11] 특히 나폴레옹의 출현을 계기로 전쟁이 전 국민적 과업으로 개념이 확장되어 그 시대 전쟁의 특성이 변화하게 되었다. 이에 대하여 클라우제비츠는 "전쟁수행의 강력한 힘은 그 수단의 방대尨大함과 거둘 수 있는 성공의 확실성 그리고 인심人心의 강렬한 흥분興奮에 의하여 최대한 제고提高 되었다. 이에 따라 전쟁은 전적으로 적의 파멸을 목표로 하게 되었고, 전투가 일단 개시되면 적이 완전히 재기불능의 상태에 이르기까지 강화회담이나 전쟁중지는 아예 문제가 되지 않게 되었다."[12]라고 논의하고 있다.

그는 전쟁이 종래의 모든 관습적慣習的인 구속으로부터 해방되어 그 본래의 위력을 발휘하게 되었다고 논의함으로써 전쟁의 특성을 분명히 규정하고 있다.

국민전쟁 시대는 전쟁목적을 민족과 국가의 생존번영生存繁榮에 두고, 종래의 제한전쟁制限戰爭에 의해 전투를 될수록 피하려는 것이 아니라, 야전에서 전투에 의해 적의 주력을 격파하여 전투 의지를 완전히 굴복시키는 데 중점을 두고 있었기 때문에 사용되는 수단에는 아무런 제한이 없게 되었다. 이로써 전쟁목적의 달성을 위한 국민 총동원에 의한 개병주의皆兵主義 개념에 입각한 국민전쟁의 사상적 기반이 확립되었고, 이를 바탕으로 국민 대 국민간의 강렬한 적개심에 의해 적을 완전히 분쇄하는 섬멸전殲滅戰 개념으로 발전되어 소위 무제한전쟁無制限戰爭의 특성이 발현되었다.

더욱이 산업혁명의 진전에 따라 공업이 발전되고, 이 같은 발전은 사회 전반뿐만 아니라 군의 무기체계武器體系 발전에도 많은 영향을 주게 되었다. 그러나 아직은 경공업의 단계를 벗어나지 못해 전쟁의 특성에 영향을 주지 못하고 아직도 전쟁은 단순무력전 중심을 벗어나지 못했다. 이로 인해 힘의 무제한 행사에 부응할 수 있을 만큼 기술적技術的 조건 역시 성숙하지 못했다. 즉, 전쟁 목적 면에서는 무제한전쟁의 특성을 띠었으나 객관적 전쟁수단 면에서는 아직 주관적인 특성을 벗어나지 못하고 있었다.[13]

라. 근대 후기近代 後期: **객관적**客觀的 **무제한 전쟁**

산업혁명에 의해 대량생산이 가능해지고 생산된 제품을 신속히 판매하기 위해 각국에는 대량생산과 대량판매에 부응할 수 있는 전반적인 경제구조의 혁신이 뒤따랐다. 이에 따라 자본가와 기업가는 생산수단의 사유제私有制에 의해 개인의 이윤을 최대화하는데 모든 수단을 동원하게 되고, 국가는 무역으로 국부國富를 축적하는 중상주의重商主義를[4] 주요 경제정책으로 채택함으로써 확고하게 자본주의 체제를 구축하게 되었다.

---

4 17세기 초~18세기 중엽에 걸쳐 유행된 근대자본주의 형성기의 경제정책으로 한 나라의 부(富)는 화폐, 금과 은의 다소(多少)에 의한다고 하며, 대내적으로 상공업을 중시하고, 대외적으로는 국가의 보호와 간섭으로 유리한 무역 차액의 확대를 꾀하여 국부(國富)를 증대시키는 주의

자본주의가 고도로 발전하여 자유경쟁의 파탄破綻, 기업 활동에 의한 독점獨占 강화, 종래의 원료수입과 상품의 수출 이외에도 국내 과잉자본過剩資本의 투자 대상으로서 식민지의 필요성이 절실하게 됨에 따라 각국은 식민지 획득이 국가의 주요 현안이 되었다. 따라서 식민지 획득을 위한 국가 간의 충돌은 피할 수 없는 국제적 운명으로 작동되고 있었다. 이와 같은 국제 구조적 변화는 근대 후기 전쟁이 식민지 쟁탈을 위한 제국주의 전쟁을 초래하게 되었고, 그 대표적인 예가 제1차 세계대전이었다.

제1차 세계대전은 중공업의 발전에 따라 무기의 대량생산이 가능해지고, 무기의 대량생산은 전쟁의 가열화苛烈化, 전장의 광역화廣域化, 전쟁의 장기화를 촉진하여 지속적인 물자의 대량소모가 이루어짐으로써 전쟁으로 소모된 물자를 보충하기 위해 국가는 생산력 등 경제력을 총동원하게 되었다. 경제력을 총동원하기 위해서는 강력한 정치력이 필요로 하게 되고, 정치력 강화를 위해서는 국민의 사상思想을 통일할 필요가 있었다. 따라서 전쟁을 수행하기 위해서는 국가의 정치력, 경제력, 사상력思想力을 무제한으로 요구하게 되었다.

제1차 세계대전은 각국 국민의 진심에서 우러나오는 자발적 총력自發的 總力을 경주할 수 있는 전쟁의 목적은 기대할 수 없었기 때문에, 영국과 독일 양축의 국제 구조 속에서 이해를 같이하는 국가끼리 블록BLOC을 형성하여 싸운 제국주의帝國主義 전쟁의 특성을 가진다. 이들 국가는 모두 식민지의 획득 및 유지에 정책의 우선권을 두었기 때문에 상대측을 철저하게 파멸시킬 경우 오히려 자국의 제국주의 토대를 동요시킬 우려가 있었고, 따라서 힘의 행사는 항상 일정한 한계를 둘 수밖에 없었다. 또한, 전쟁의 목적 자체도 국민 전체의 생존권 유지나 생활여건의 향상보다는 기업가나 독점 자본가 등 일부 계층의 이익을 증대시키는 데에 그쳤기 때문에 전쟁의 수행을 위해 국민의 총력을 집중시킬 만큼 내면적 토대가 공고하지 못했다.

"제1차 세계대전은 지난 150년간의 전쟁과는 그 성격이 다르다. 즉, 참전제국參戰諸國의 군대가 서로 상대방을 섬멸殲滅하는 데 주력했을 뿐 아니라 전쟁이 국민 자신에 승화되어 부지불식간에 전쟁에 개입되게 됨으로서 국민도 심각하게 전쟁의 고통을 함께 하기에 이르렀다"라고 루덴도르프Rudendorff가 제1차 세계대전의 성격에 대해 논의한 바와 같이 근대 후기 시대의 전쟁은 총력전의 양상을 띠고 있었으나 국민의 자발성自發性 보다는 국가권력에 의해 강제적으로 국민의 총력을 동원했다는 측면에서 전쟁 목적은 제한될 수밖에 없었다. 반면 전쟁수단의 측면에서는 전쟁 목적과는 달리 산업혁명의 완수에 따라 고도의 무기체계들이 무제한 전쟁에 도입됨으로써 '객관적 조건이 성숙된 무제한전쟁'이란 특성을 보이게 되었다.

마. 현대現代: 주관적/객관적主觀的/客觀的 무제한 전쟁

초기 자본주의 경제체제는 지정학적, 경제적 조건으로 인해 국가 간 물자, 자본 및 인력의 자유로운 교류를 통하여 자율적으로 조절되는 경제 운용상의 자동성自動性 내지 탄력성彈力性을 꾀하는 유기적인 경제구조를 기반으로 하고 있다. 하지만 제1차 세계대전의 경험을 통해 각국은 자기생존과 자기방위防衛에 요구되는 경제적 기반을 확보해 두어야 할 필요성을 인식하게 되었고, 이에 따라 적극적인 자기방어自己防禦 위주 경제정책이 시급하게 되었다. 이와 같은 정책의 시행은 국민경제의 자급자족화自給自足化, Autarky를 서두르게 되고, 특히 당시의 세계적인 공황을 극복하기 위해 방대한 재정지출을 통하여 적극적으로 경제정책에 개입함으로써, 한편으로는 국내경제의 통제를 강화하는 한편 외부적으로 자국보호를 위한 폐쇄閉鎖 정책으로 자본주의 경제의 자율적 회복력恢復力 내지 탄력성을 상실케 하는 요인을 조성하였다.[14] 국제경제가 지나치게 보호주의保護主義 경향을 띠게 되면 광대한 경제적 기반을 가진 나라는 현재의 경제 질서를 계속 유지하려 하고, 경제적 기반을 갖지 못한 나라는 새로운 경제기반 조성에 생존의 활로를 찾게 된다. 이렇게 국가의 번영과 국민의 생존 근거를 경제 질서에 두게 되면 국가 간의 전쟁은 자연히 약육강식의 절대적 성격을 띠게 되어 자기가 보유한 힘을 무제한 행사하지 않을 수 없게 된다.

제2차 세계대전이 그 좋은 사례이다. 제2차 세계대전은 제국주의帝國主義 전쟁과는 달리 국민 일부 계층의 이익 보호보다는 국민 전체의 생존권 옹호를 위해 전쟁 목적을 '국가와 국민의 생존'에 둠으로써 전 국민의 내면에서 우러나오는 힘의 뒷받침을 받게 되었다. 이로써 주관적 조건은 그 극한에까지 이를 수밖에 없게 된다. 한편, 제2차 세계대전은 전쟁수단으로서 무기체계가 고도화되었고, 전쟁의 광역화에 따라 전쟁에 참여하는 군대 규모도 거대화되었으며, 거대한 군대가 상호 간에 발휘하는 공격수단의 치명성致命性과 기동성의 향상은 대응하는 방어수단의 진보를 가져오게 됨으로써 극한에 이르는 전 국력의 총력사용이 요구되는 현대총력전으로 나타나게 되었다.[15]

현대총력전은 전쟁목적인 주관적 조건에 있어서 전 국민의 내면적 호응으로 총력의 무제한 행사라는 조건을 갖추게 되었고, 전쟁수단인 객관적 조건에 있어서도 국가총력의 무제한 행사를 요구하게 되어 비로소 주관적 및 객관적인 무제한전쟁無制限戰爭이란 특성이 나타나게 되었다.

현대 초기까지 전쟁의 시대적 특성의 변천 과정을 고찰해 보았다. 현대 초기까지 전쟁의 특성적 변화는 주관적 조건이나 객관적 조건에 있어서 모두 국가 총력의 무제한적無制限的 행사를 요구하고 있고, 이에 따라 전쟁은 군대의 대규모화, 전 국민의 군사화, 전쟁 노력의 범국민화凡國民化 및 전쟁의 극렬화極烈化로 치닫고 있어서 스스로 클라우제비츠가 말한 바 있는 '절대전쟁絕對戰爭'에 근접해 가고 있었다고 볼 수 있다. 또 하나의 현대 초기까지 시대별 전쟁의 특성 변화의 주요 내용은 전쟁목적 측면에서 국민의 일부 계층이나 정치집단 일부의 이익 보호를 위한 제한된 목적에서 국민 전체의 생존과 국가의 번영을 도모하기 위한 무제한의 목적으로 변화되었다는 것이다. 또한, 전쟁 수단적인 측면에서도 현존전력에 의한 단순무력전의 양상에서 변화된 전쟁의 목적을 달성하기 위해 현존 군사력 이외에 정치, 경제, 사상, 심리 등 국가 총력의 사용으로 특성적 변화가 지속되고 있다는 것이나. 전 국력을 총동원한 국가적 노력의 결정結晶으로서 국가 및 국민의 정신적, 물질적인 역량을 총동원하여 전쟁 목적을 달성하려는 총력전의 양상은 현대 중기 이후의 전쟁에서도 여전히 지속되고 있다. 전쟁은 군대만이 하는 것이 아니라, 전 국민이 군과 함께 준비 및 대비하고 전 국력을 효과적으로 운용하는 방법과 수단을 찾지 않고서는 국가의 목적을 성공적으로 달성할 수 없게 되었다. 이는 국민개병國民皆兵에 토대로 하는 개념 하 군은 더욱 국민으로부터 분리될 수 없게 되었다.

오늘날의 현대 전쟁 양상은 정치와 군사, 평화의 전통적 개념의 혼란을 초래하고 있다. 현대의 전쟁은 무기 등 군사력의 건설과 군사전략 등 군사력의 운용에 의해서만 수행되는 것이 아니라 정치, 외교 등 관련 국력 요소의 뒷받침 없이 승리할 수 없게 되었다. 오늘날 일부 사회주의 국가, 정치적 집단들은 전쟁을 정치의 연장으로 보고 외교, 경제 등 비군사적인 수단을 동원하여 국가목표를 달성하려는 경향이 강하다. 이들은 정치와 전쟁 또는 정치와 군사를 동일한 내용의 표리表裏로 보고 있어서 군사영역과 비군사적 영역의 명확한 구분을 어렵게 만들고 있으며, 평화마저도 전쟁을 위한 준비 기간이나 전쟁의 한 부분으로 취급하고자 하는 경향을 보이고 있다.

한편, 전쟁을 정치의지政治意志의 실현수단으로 구사하였던 종래의 전쟁과 달리 현대전은 전쟁이 정치를 통제하게 되는 일부의 경향도 보인다. 현대에 들어선 초기 거대 전쟁의 파괴력에 압도된 전쟁공포戰爭恐怖로 인해 냉정한 국가 이성理性을 상실한 채 분별없는 군비확장軍備擴張을 통한 무력의 우세를 확보하려는 극단적 국가 이기주의利己主義가 확장되기도 하였다.

더욱이 현대 중기에 들어서면서 핵무기와 같은 절대무기의 등장과 확산으로 파괴력이 극대화됨으로써 정치목적 달성이라는 전쟁 본래의 목적달성이 제한되어 전쟁의 본질적인 변화를 초래하고 있었다. 핵을 가진 국가 간 전면전은 상호 완전한 파멸을 의미하는 것이었기 때문에 핵에 의한 전면전을 회피하고 소규모의 분쟁이나 전쟁이라도 대규모의 대결로의 확산을 피하려 노력하지 않을 수 없었다. 이로써 전쟁의 목적, 수단, 지역을 한정하게 되는 제한전의 특성이 보이기 시작했다.

이러한 가운데 비대칭전, 선제기습先制奇襲의 개념에 대한 관심 증가, 공격수단의 압도적 우위에 대한 결정적 방어수단의 부재로 인해 전쟁에 있어서 초전初戰의 중요성 등에 대한 정치가, 군사학자, 군지휘관의 관심이 더욱 증대되고 있다. 또한, 전쟁 규모 면에서도 확대됨으로써 전쟁 준비 및 수행을 위한 전쟁비용이 천문학적으로 소요되어 한 국가의 능력만으로는 전쟁비용을 감당하기 어렵게 됨에 따라 이해를 같이하는 국가끼리 블록BLOC을 형성하는 체제별 전쟁體制別 戰爭이나 더 나아가 초국가超國家, transnational적인 갈등의 확산이란 문제가 등장하게 되었다.

전쟁의 양상 측면에서도 종래의 전쟁이 단순한 평면적, 선형 및 횡적橫的 전쟁이었던 것에 비해, 현대 중기 이후 전쟁은 첨단 ICT의 극적 발전을 토대로 기동성과 치명성의 극적으로 향상되고, 급속한 기계화로 인해 입체적, 비선형, 종적縱的 전쟁으로 변모되고 있다. 이는 지상, 해상, 공중뿐만 아니라 새로운 영역으로서 사이버, 우주 및 전자기 정보 영역 등 다차원에서 전쟁이 동시통합전으로 발전되어 시·공간적으로 거의 제한을 받지 않게 되는 등 전쟁의 본질적 모습이 획기적으로 변화하는 추세에 있다.

베트남전쟁과 같은 혁명전쟁을 비롯하여 현대 중기 이후 중동전쟁, 아프간전, 산디니스타Sandinista 및 인티파다Intifada, 가장 최근의 러시아-우크라이나전쟁의 사례에서도 볼 수 있는 바와 같이 4세대전쟁, 사이버전cyber warfare, 우주전space warfare, 정보전informatiom warfare 외에도 사상전, 심리전, 여론전, 법률전, 금융전financial warfare 등과 하이브리드전hybrid warfare과 같은 새로운 유형의 양상이 지속되고 있어 전쟁의 본질에 대해 다시금 깊이 사유해 봐야 하는 다양한 미래전에 대한 담론들이 등장하고 있다.

이러한 경향은 전쟁의 전반적인 본질에 대한 사유 측면에서 영향을 주고 있지만, 핵 시대를 거쳐 첨단 기술시대에 이르는 오늘날의 시대에도 국가나 정치적 집단들은 정치적 목적달성을 위해 전쟁을 지속하고 있다는 측면에서 전쟁이 '정치적 목적달성을 위한 수단'이라는 전쟁의 근원적 본질은 변하지 않고 있다고 볼 수 있다.

우리가 당면하고 있는 한반도 전구 전쟁의 특성도 현대전이 보여 주고 있는 이러한 본질이나 성격의 커다란 틀에서는 벗어날 수 없을 것으로 보인다. 한반도 전구의 전쟁은 이민족 간 혹은 주권국가 간의 갈등과는 달리 한민족韓民族이라는 동일 민족 간의 정치 체세적體制的 이념 선쟁의 성격이 여전히 유지되고 있어, 이러한 체제와 이념적인 전쟁에서 이길 수 있도록 하는 군사력과 정치, 경제, 사회, 심리 등 관련 요소의 총체적인 운용을 통해 전쟁의 목적을 효과적으로 달성할 수 있는 개념, 방법, 수단의 융합적 운용의 중요성이 더욱 두드러질 것으로 보인다.

3 전쟁의 유형

전쟁을 어떻게 분류할 것인가 하는 기준은 전쟁의 개념이나 본질을 파악하는 하나의 준거가 될 수 있다. 전쟁 유형의 분류는 다음 [그림 2-1]에서 볼 수 있는 바와 같이 다양한 기준의 구분에 여러 가지 유형으로 분류하고 있다. 여기에는 국제법, 군사행동 목적이나 목표, 전쟁의 수단, 시간적·공간적 기준, 상태나 시기 등 여러 가지의 기준이 있다.

우선 국제법을 기준으로 볼 때, 전쟁은 크게 그것이 국제법상 정당성에 어긋나는 위법적違法的인 전쟁과 국제적으로 정당성을 부여할 수 있는 합법적合法的인 전쟁으로 구분할 수 있다. 일반적으로 정당한 이유 없이 타국에 대하여 무력으로 공격하는 침략侵略전쟁이 위법적인 전쟁에 해당할 수 있을 것이며, 이러한 침략전쟁에 대해서 자위행동自衛行動을 취할 수밖에 없는 방위防衛전쟁은 정당성을 부여받을 수 있는 합법적인 전쟁일 것이다.

군사행동의 목적 및 목표 측면에서는 핵심적인 작전이나 전투에서 적의 군사력을 물리적으로 완전히 파괴하는 데 주안을 두는 섬멸전殲滅戰, annihilation war과 적의 군사력뿐만 아니라 적의 모든 자원을 대상으로 장기간에 걸쳐 적의 피해를 누적시키는 형태의 전쟁의 유형인 소모전消耗戰, attrition war[5]으로 분류될 수 있을 것이다.

전쟁의 수단 측면에서는 가용한 모든 자원과 수단을 총동원하여 싸우는 전쟁의 개념인 총력전總力戰, total war과 싸우는 두 세력 간 동원되는 군사력과 그들이 싸우는 전장, 상호 협약 등에 의해 사용하는 공격수단 등이 제한된 상태에 치러지는 전쟁의 개념인 제한전制限戰, limited war으로 구분할 수 있다. 한편 같은 수단이란 측면에서, 양측의 세력이 엄밀히 정의되며 일반적으로 재래식 무기체계를 사용하여 벌어지는

---

[5] 싸움 중에 인력과 물자 등이 지속적으로 소모되어 쉽게 승부가 나지 않으며 승리를 위해서는 많은 자원이 수반된다.

[그림 2-1] 전쟁의 구분과 유형

전쟁으로서 재래전在來戰, conventional warfare과 핵, 최근의 사이버 등 전통적이지 않으며 비군사적인 수단과 방법 등으로 치러지는 전쟁으로서 비재래전非在來戰, unconventional warfare으로 분류하기도 한다.

시간 측면의 기준으로 장기전長期戰과 단기전短期戰 그리고 공간적인 측면에서 전면전全面戰과 국지전局地戰으로 분류된다.[16]

상태나 시기적인 측면에서는 냉전冷戰, coldwar과 열전熱戰, hot war으로 유형을 구분하기도 한다. 냉전은 제2차 세계대전 이후부터 구舊소련이 붕괴한 1991년까지 미국과 구소련을 비롯한 양측 동맹국 사이에서 갈등, 긴장, 경쟁상태가 이어진 대립 시기와 그 상태[6]를 말하며, 열전은 물리적 충돌 등 극렬한 투쟁의 상태를 의미한다. 한편 신냉전이란 용어는 일부 역사가들이 1970년대 말에서 1980년대 초 사이 냉

---

6   냉전시기에 냉전의 두 주축 국가의 군대로 직접 서로 충돌한 적은 없었으나, 군사동맹, 재래식 군대의 전략적 배치, 핵무기, 군비경쟁, 첩보전, 대리전proxy war, 선전, 그리고 우주 진출과 같은 기술개발 경쟁 양상을 보이며 서로 대립하였다.

전 대립이 극심해진 시기를 일컫는 말로 양자의 대립이 심해지면서 군사 개입도 커졌던 시기와 그러한 상태를 말한다.

이외에도 수단과 공간의 두 가지 기준에 따라 사이버전, 우주전, 정보전 등으로 구분하기도 하며, 방법 등 다른 기준에 의해 정규전과 비정규전으로 분류하기도 한다. 또한, 담론 수준으로 아직 학술적으로 완전하게 정립이 되어 있지는 않고 있지만 혁명전쟁革命戰爭이란 용어가 많이 등장하고 있으며, 여기에는 소규모전쟁small war, 인민전쟁people's war, 전복전subversive warfare, 분란전insurgency warfare, 유격전guerrilla warfare, 내전civil war, 테러리즘terrorism 등의 용어들과 혼용하여 사용되고 있다.

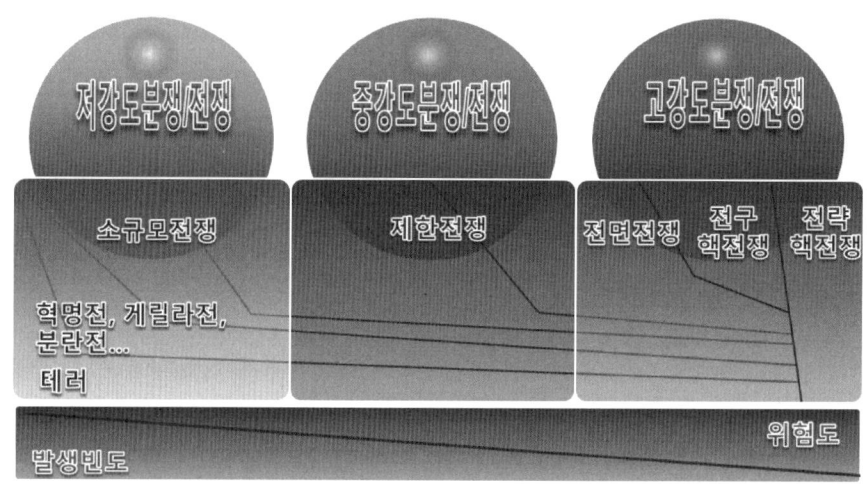

[그림 2-2] 빈도와 위험도에 따른 전쟁의 분류(예)

자료: 「軍事理論硏究」, 육군교육사 군사발전지 부록 제44호, 1987., p.90. 그림을 참고하여 수정/재작성 인용

한편, 전쟁의 본질을 사유하기 위해 여러 학자나 군사전문가들은 다양한 방법으로 전쟁 유형의 분류를 시도해 왔다. 예를 들어 전쟁의 위험도와 발생가능성의 정도에 따라 '고강도, 중강도 및 저강도분쟁 혹은 전쟁'으로 [그림 2-2]와 같이 분류해 볼 수도 있다. 이것은 게릴라전, 소규모전쟁 등 저강도분쟁/전쟁은 전쟁의 위험도가 가장 작은 대신 발생 가능성이 가장 높으며, 전쟁의 위험도나 발생가능성이 중간 정도인 제한전과 전면전 등 중강도분쟁/전쟁, 반대로 발생가능성은 가장 작

으나 위험도는 가장 큰 핵전쟁과 같은 고강도 분쟁으로 전쟁의 유형을 특성적으로 분류하고 있다.

첫째, 소규모전쟁small war, 혁명전쟁 및 게릴라전, 분란전 등이 대표적인 예로서 저강도분쟁低强度紛爭 Low intensity Conflict 이다. 여기에서 혁명전쟁은 정부와 비정부 간의 전쟁으로서 정치적, 사회적 성향이 농후한 전쟁을 말하는 것으로서 한때 사회주의자들이 빈번히 운용하였다. 혁명전쟁은 주로 마오쩌둥毛澤東, 호치민胡志明 Ho Chiming, 보구엔지압Vo Nguyen Giap, 체게바라Ernesto Che Gevara 등과 같은 혁명가들의 사상이 그 바탕을 이루고 있는바 소규모의 전투로부터 점차 규모를 확대하고 있는 경향을 보인다. 한편 최근 관심이 재등장하고 있는 게릴라전, 분란전, 전복전, 4세대전쟁 등도 규모와 범위가 점차 커지고 분쟁의 특성 조차도 정치적 성격을 띠게 됨에 따라 이들 간의 구분이 매우 어렵고 모호하게 되었다. 또한, 최근 범세계적으로 발생하고 있는 테러Terrorism도 저강도분쟁의 일종으로 볼 수 있다.

둘째, 중강도분쟁中强度紛爭 Middle intensity Conflict이다. 제한전은 양측이 제한된 목표를 가지고 제한된 수단에 의해 제한된 지역 내에서 수행하는 무력전이라는 점에서 중강도분쟁이다. '50년대 초의 한국전쟁과 '60년대의 베트남전은 제한전쟁의 대표적 예라고 할 수 있다. 한국전 당시 미국은 소련을 의식하고 중국과의 접전을 가급적 회피하면서 한반도의 지정학적 위치를 고려하여 사용무기를 최대한 억제했으며, 이로써 결국 중국으로 하여금 전쟁목적을 한반도 적화가 아닌 북한 정권의 유지라는 제한된 범위 내에서 전쟁을 수행케 할 수 있었다. 베트남전의 경우는 비록 러시아舊 소련이나 중국이 참전하지 않았으나, 그들의 잠재적인 개입가능성을 의식하여 미국이 일방적으로 전쟁목적과 수행방법 및 수단을 억제했다는 의미에서 일종의 제한전이라고 볼 수 있다. 물론 이 두 경우는 강대국의 관점에서 분류한 것이며, 전쟁 당사국인 한국과 베트남의 입장에서는 전 국토에서 전 국민이 총력을 기울여 싸우는 개념이기 때문에 당연히 전면전全面戰이 된다. 따라서 제한전은 당사국의 입장과 제한의 정도에 따라 그 개념이 달라질 수 있다.

셋째, 고강도 분쟁高强度 紛爭 High intensity Conflict이다. 제한전이 모든 가용한 수단을 제한적으로 사용하는 전쟁이라면 전면전全面戰은 무제한적인 것으로서 국가의 존망을 걸고 싸우는 전쟁이라고 할 수 있다. 그러나 아직 상호공멸을 초래하는 대규모 핵전에는 돌입하지 않은 상태를 말한다. 제2차 대전 이후는 국가의 전 국력요소(정치, 경제, 사회, 심리 및 군사 등)가 총합적으로 발휘되어야 하는 총력전의 형태인 전면전의 시대였다. 대규모 핵전은 핵무기에 의해서 수행되는 전쟁으로 핵폭발에 의한 파괴효과는 재래식 무기보다 상상할 수 없을 정도로 크다. 핵무기의 출현과 그와 관련된 발사 및 운반수단 등 관련 기술의 발전이 초래할 가장 큰 문제는 선제공격先制攻擊에 대한 강한 유혹과 위험성 그리고 이로 인한 전면 핵전쟁으로까지 확대될 가능성이 상존尙存하고 있다는 점에서 가장 위험부담이 큰 고강도 분쟁이라고 할 수 있다.

4 전쟁의 본질

전쟁에 대한 개념적 사유思惟

인류의 시작으로부터 인류가 생존을 지속하는 동안 끊임없이 반복되어왔던 전쟁의 본질을 파악하려는 진지한 노력은 계속되어왔다. 이러한 선인들의 위대한 지적 유산을 통해 전쟁의 본질을 유추해 보는 것도 전쟁의 본질을 이해하는 한 방법이 될 수 있을 것이다. 지금부터는 철학, 과학, 경험론적인 입장에서 전쟁을 이해하고자 했던 많은 학자의 이론과 여러 군사이론가 및 전문가들의 견해를 통해 전쟁의 본질에 대한 사유를 이어나가기로 한다.

모스크바 공략이 임박한 보로디노Borodino 전투1812년에서 나폴레옹은 그의 부관에게 "전쟁이란 무엇인가? 그것은 야만적인 사업이다. 용병술用兵術이란 무엇인가? 그것은 결정적 지점에서 우세를 달성하는 것이다"라고 갈파하여 간결하고 명쾌하게 전쟁과 전쟁의 운용에 관해 실명하고 있다. 나폴레옹의 견해와 같이 '폭력의 사용'은 전쟁의 한 속성이자 본질적인 내용임에 틀림이 없으나, 자기의 생명을 걸고 적진에 돌입해야 할 병사들이나 전쟁의 주축이며 토대인 국민이 전쟁을 '야만적인 사업'으로 인식하고 있다면 전쟁에 임해 최선을 다해서 싸울 명분이나 추구해야 할 가치가 없어지게 된다.

전쟁현상에 대한 철학자들의 관점은 전쟁을 철학적 사색哲學的 思索으로 규명하고자 하는데 특색이 있다. 이와 같은 전쟁에 대한 사색은 먼저 전쟁불인사상戰爭否認 思想과 전쟁긍정사상戰爭肯定思想에 대한 사유였다.

로마의 세네카Lucius Annaeus Seneca, BC 4~AC 65를 필두로 하여 파스칼Blaise Pascal, 1623~1662, 칸트Immanuel Kant, 1724~1804, 톨스토이Leo Tolstoy, 1828~1910와 같은 서구의 철학자들과 노자老子 등 동양철학자들은 전쟁을 '용서할 수 없는 도덕적 악道德的 惡'으로 규정하고 개인에 대한 살인은 처벌됨에도 불구하고 민족이나 국가를 위한 살인은 명예롭게 여겨지는 현실을 비판하면서 전쟁은 인류를 멸망시키는 원흉이라 개탄하고 있다.[17]

이러한 전쟁불인론자戰爭否認論者에 반해 전쟁에 대한 긍정肯定의 사상을 가진 철학자도 많았다. 그리스의 철학자인 헤라크레이토스Heraclitus, BC535~BC475는 전쟁을 "우주만물이 변화, 생성하는 진면목"이라 하고, '전쟁은 만물萬物의 아버지'라고 하여 전쟁을 인류발전의 필수적인 요소로 전쟁을 규명하고 있다. 헤겔Hegel, 1770~1831은 전쟁을 "절대적 이성理性의 역사적 내지는 논리적 발전"이라 하여 "존재하는 것 전부가 합리적이다."라고 하였고, 니체Nietzsche, 1844~1900는 "강자强者의 주장이 최선最善인 것은 확실하다."고 하여 강자존强者存의 철학을 강조하고 있다.[18] 이처럼 전쟁을 긍정하는 철학자들은 '전쟁이야말로 전체로서의 궁극적인 조화를 추구하고, 반대와 모순의 해결자인 절대자絕對者에 귀착하는 과정'이라고 전쟁의 본질을 사유하고 있다.[19]

그러나 철학적인 관점으로서의 전쟁의 본질에 대한 사유는 개인적인 명상瞑想이나 직관直觀에 의해 연역적演繹的으로 그것을 규명하고자 했기 때문에 논의에 여러 취약점을 내포하고 있을 수 있다. 이러한 철학적 관점에 과학적인 입장을 가미하여 전쟁을 논리적으로 분석하려고 시도하는 과학적 관점이 등장하였다.

다윈Charles Darwin, 1809~1882은 그의 서서 「종의 기원種의 起源」에서 일체의 생명 현상을 진화의 과정으로 보고, 전쟁은 "적자생존適者生存의 자연법칙에 따른 인류 집단 간의 투쟁"이라 하여 생물의 생존을 위한 투쟁이나 자연도태自然淘汰의[7] 관점에서 전

2장 전쟁철학 **105**

쟁을 이해하려 했다. 한편 스펜서Spencer,는 다윈의 진화론을 다시 정신적 진화론精神的 進化論으로 발전시켜 진화의 원칙을 우주의 모든 현상에 원용하였다. 그는 "우주가 끊임없는 분리分離와 통합統合에 의해 무질서無秩序 Chaos한 이질상태異質狀態로부터 질서Cosmos 있는 동질상태同質狀態로 변화하듯이, 이러한 원칙을 인간의 심리적, 사회적 진화에 적용한 것이 전쟁"이라고 논의하고 있다. 결국, 다윈이나 스펜서는 생물학적 입장에서 전쟁을 생물계生物界의 보편적 현상으로 보고, 생물의 진화에 따른 생물학적 법칙을 전쟁에 적용함으로써 전쟁 현상을 규명하고자 노력하였다.

한편 마르크스주의자들은 종래의 관념적觀念的인 전쟁에 대한 이해에서 탈피하여 실증적實證的이고 과학적인 입장에서 그 본질을 파악하고자 노력했다. 이들은 유물론적변증법唯物辨證法과 유물사관唯物史觀에 의해 인간의 사회적, 정치적 및 정신적 생활은 궁극적으로 물질적, 경제적 생활의 생산방법으로 결정된다고 보고 경제적 관계에서 일어나는 계급투쟁을 전쟁으로 이해하였다. 따라서 전쟁을 "생산수단의 사유私有를 유지, 강화, 확대하기 위한 집단과 이것을 반대하는 집단 간의 무력투쟁 형태"로 규정짓고, 전쟁도 정치와 같이 경제적 제諸관계를 기반으로 하여 발생하는 투쟁 현상으로 보고 있다.

지금까지 고찰해 본 바와 같이 다윈, 스펜서 등의 생물학자와 마르크스주의자들은 약간의 견해 차이에도 불구하고 전쟁을 '우수하면 승리하고 열등하면 패배優勝劣敗'한다는 자연법칙에 의한 인류 집단 간의 무력투쟁으로 인식하고 있다. 과학자들의 전쟁에 대한 인식이 비교적 전쟁을 객관적으로 관찰했다는 점에서 철학자들에 비해 진보했다고 수긍은 되지만 아직도 전쟁의 본질을 전체적으로 이해할 수 있기에는 제한적이라 보인다.

철학자, 과학자, 사회학자들이 험난한 사색思索의 미로에서 헤매고 있는 동안 현실적 필요성에 의거 전쟁의 역사에 관점을 둔 실증적 방법으로 전쟁을 규명하고자 하는 일단의 노력이 대두되었는데, 이들은 주로 실전에 참여했던 군인 또는 군사이

---

7   자연계에 있어서 생활조건에 적응하는 생물은 생존하고, 적응하지 못하는 생물은 멸망하는 현상

론가들이었다. 이들은 철학적 사색이나 과학적 분석 대신 일단의 전쟁을 정치 현상으로 받아들여 전쟁 또는 용병 상의 제諸문제를 통일적이고 법칙적으로 해석하고자 했다.

그중에서도 클라우제비츠는 그의 저서인 "전쟁론戰爭論"에서 "전쟁은 적을 굴복시켜 자기의 의지를 실현하기 위해 사용되는 폭력행위"라고 하여 전쟁목적과 전쟁목표, 전쟁수단을 명확히 구분했다. 즉, 전쟁의 목적은 적에게 자기의지를 강요하는 것이며, 이 목적을 실현하기 위해서 적의 의지를 좌절시키는 것이 전쟁의 본래 목표이고, 이 목표를 구현할 수 있는 수단이 폭력행위라고 규정하고 있다. 결국, 전쟁이 일종의 폭력행위인 이상 그 폭력의 행사에는 한계가 없다는 것을 전제로 폭력의 상호 무한계적無限界的 발전 원리가 전쟁을 지배한다는 논리인 것이다. 예컨대 상대측이 1의 힘으로 압력을 가해 오면, 아측은 2~3의 힘으로 대항하고, 다시 상대측이 2~3의 힘으로 힘을 행사하면 아측은 5배의 힘으로 대응한다는 식의 개념상 한계가 없는 상호 간의 단계적 확대개념이었다. 이러한 개념을 전쟁에 원용한 것이 클라우제비츠의 '절대전쟁絶對戰爭' 사상이며, 자기의지를 관철하고자 무력수단에 의해 적의 저항력을 완전히 분쇄하는 무력 섬멸전殲滅戰을 전쟁의 목표에 두고 있다. 그는 이러한 개념 규정에서 한걸음 더 나아가 "전쟁이란 다른 수단을 가지고 하는 정치의 연장"이라고 하여 전쟁은 정치적 욕구 표현 이외에 아무것도 아니라고 보고 정치적 동기가 전쟁의 원인이라고 보았다. 이같이 정치요인이 전쟁을 결정하는 이상 군사軍事는 마땅히 정치에 종속되어야 한다고 주장하였다.

손자孫子는 제3편 모공謀攻에서 "가장 훌륭한 용병술은 적을 격멸하지 않고 전투에서 승리하는 것이며, 싸우지 않고 적을 굴복시키는 것이다凡用兵之法 全軍爲上 破軍次之 是故 百戰百勝 非善之善者也 不戰而屈人之兵 善之善者也"라 하였다.[20] 이 같은 손자의 전쟁에 대한 사유는 클라우제비츠가 후일 논의하였던 바와 같이 전쟁의 원인이 정치적 목표를 달성하는 데 있고, 전쟁은 정치적 복적달성을 위한 수단이기 때문에 정치에 군사를 종속된다는 당위성을 논의한 바와 같은 맥락임을 볼 수 있다. 그러나 클라우제비츠가 전쟁의 유일한 수단으로 유혈流血에 의존하는 '직접적 전투'에 경도傾倒된 반면

2장 전쟁철학 **107**

손자는 전쟁에는 간접적 수단이 존재하고 있음을 시사하고 있다는 점에서 두 논의 간 약간의 상이성相異性을 보이고 있다.

영국의 군사이론가 리델 하트는 손자, 클라우제비츠와 같이 "전쟁은 적에게 자기의지를 강요함으로써 보다 나은 평화를 유지 하는데 있다"고 하여 전쟁목적이 정치의 목적달성에 있음을 분명히 하고 있다. 그러나 전쟁목적 달성을 위한 구체적 지향방향인 전쟁목표에 있어서는 클라우제비츠보다 손자에 동조하는 경향이 강하다. 즉, 클라우제비츠가 적 야전군野戰軍의 주력격파主力擊破를 유일하고 절대적인 전쟁목표라고 논의하고 있는 데 비해 리델 하트는 전투와 같은 유혈流血 수단에 의해 적과 직접 충돌하는 것보다는 견제牽制, 차단遮斷, 위협威脅 등 전투 이외의 간접수단에 의해 적의 핵심 또는 중추부인 지휘 및 통신 마비시킴으로써 적의 저항의지를 말살시키는 간접접근間接接近에 전쟁목표를 두었다. "전쟁은 국가의 정상생활을 영위하기 위하여 최단 시간 내에 최소한의 대가를 치러 끝내야 한다. 전쟁은 자기의 생명과 재산의 희생을 최소화하고 최단시간 내에 적의 저항의지를 말살하는 데에 있다. 이렇게 볼 때 적의 야전군을 섬멸하는 것만이 우리의 유일한 목표는 아니다. 목적은 오직 적을 굴복시키는 데 있다. 따라서 목적을 달성하기 위해서는 적의 격멸보다는 정치, 외교, 경제적 봉쇄封鎖, 인구중심지에 대한 폭격과 같은 대체적 수단을 사용할 수 있다. 여러 가지 방법 중 가장 적절하고 효과적인 수단을 사용하면 되는 것이다"라고 주장하면서,[21] 군사軍事는 정치적 목적달성에 기여할 수 있어야 한다고 전쟁과 정치의 관계를 분석하고 있다.

이와 같은 견해에 대하여 루덴도르프Ludendorff는 또 다른 맥락으로 전쟁을 규명하려 노력하였다. 그의 저서인 「국가총력전國家總力戰 Der total krieg」에서 "전쟁의 본질이 전쟁발전 단계에 따라 지속적으로 달라지듯이 전쟁인식 방법도 시대에 따라 달라져야 한다. 클라우제비츠가 정치에 군사軍事를 종속시킨 것은 전쟁의 본질이 달라진 오늘날에는 맞지 않는다. 전쟁과 정치는 모두 국민의 생존을 위해 행해지는 것이며, 그중에서도 전쟁은 국민의 생존 의지에 대한 최고 표현이므로 전쟁이 총력전화總力戰化 될수록 정치는 전쟁지도를 위해 봉사하여야 한다."[22]라고 논하고 있다. 루덴도르프의 논리는 세계 제2차 대전 당시 일본의 군부에 그대로 원용되어 개전과 함께 정치지도가 정치가의 손에서 군부로 넘어감으로써 비극적인 종말을 재촉하는 요인이 되기도 하였다. 이렇게 볼 때 정치와 군사는 상호 마찰이 되는 모순과 대립의 관계가 아니라 서로 보완해 나가는 보충적인 관계라는 것이 확실하나 전문분야에서는 각각의 독립성이 인정되어야 할 것으로 보인다.

지금까지 논의한 바와 같이 철학적 사색思索으로 전쟁을 해석하고자 했던 철학자와 사회심리적 측면에서 전쟁을 조명했던 심리학자 그리고 논리적으로 전쟁을 분석하고자 노력했던 과학자들, 그리고 역사적 사실에 바탕을 두는 전쟁사적戰爭史的에 관점에 바탕을 두고 실증적으로 전쟁을 이해하고자 했던 오늘날의 경험론자經驗論者들의 논의 모두는 전쟁에 대한 본질을 규명하려는 인류의 한결같은 진솔한 노력이었다.

여기에서 경험론자들은 한결같이 전쟁목적을 '자기의지自己意志의 실현'에 두고 있다. 그러나 전쟁목표와 전쟁수단 면에서는 약간의 견해 차이가 있다. 전쟁목표를 적의 저항력 분쇄에 두는 데는 서로 이의가 없지만, 클라우제비츠와 루덴도르프가 적의 주공과 같은 유형전력有形戰力을 섬멸하는데 전쟁목표를 두고 있는 데 비해 손자와 리델 하트는 직접적 전투 이외의 수단을 사용하여 적의 저항의지를 마비시키는데 주안을 두었다. 또한, 전쟁수단으로 '폭력행위'를 모두 인정하고 있으나, 클라우제비츠나 루덴도르프가 전투라는 직접수단에 의존하는 반면 리델 하트나 손자는 전투이외의 기동機動이라는 수단과 방법을 이용하여 적의 심리적 교란攪亂을 통한 전쟁목적 달성을 강조하고 있다.

따라서 이들 학자나 군사전문가의 전쟁에 대한 사유에 있어서 그 목표와 수단적인 측면에서 약간의 견해 차이를 보이고 있기는 하지만, 일반적으로 '적의 저항력을 분쇄하여 자기의지를 실현하기 위해 사용되는 폭력행위'로 전쟁의 본질을 규정하는 데에는 이의가 없는 것으로 보인다. 여기에서 전쟁이 '자기의지를 실현하기 위해 사용되는 폭력행위'라고 할 때 여기서 말하는 '자기의지의 실현'이란 '정치적 목적달성'을 의미하는 것이다.

그런데 오늘날의 현대전이 일어나는 순간 상호 완전한 파멸을 초래하게 되는 핵전쟁의 위험을 항상 수반하고 있어 전쟁이 정치목적 달성이라는 본래의 의도를 실현하는데 문제가 생기게 되었다. 종래의 전쟁은 한정된 군사력과 한정된 수단을 사용하여 정치적 목적이나 목표달성이 이루어질 수 있었으나, 핵전쟁 등 고강도전쟁에서는 자의건 타의건 간에 일단 전쟁이 시작되면 정치적 목적달성이라는 본래의 의도와는 달리 무한정의 파괴를 초래하여 자기 자신마저 멸망케 된다는 사실에서 전쟁에 의해 자기의 의지를 실현한다는 것은 불가능할 수 있게 된 것이다. 하지만 핵전과 같은 고강도전쟁이나 소규모전쟁 등 저강도분쟁 간의 위험과 빈도 측면에서 분명한 차이에도 불구하고 실제 이들은 무제한적 목적을 지향하고 있다는 점에서는 일치되고 있다.

전쟁의 본질에 대한 논의 관점

'전쟁의 본질이 무엇인가?'라는 사유에 대한 접근 관점은 역사적으로 다양하게 쟁점화되고 논의되어왔으나, 그간 여러 측면에서 치열한 쟁점이 되어왔던 접근관점은 다음과 같은 3가지 측면에서 이루어져 왔다.

첫째, 군국주의적軍國主義的 접근이다. 이와 같은 관점에서 독일의 루덴도르프나 일본의 도오죠 히데끼는 전쟁이 정치적 목적달성을 위해 시작된다는 것을 인정하면서도 전쟁의 속성상 일단 전쟁이 발발하면 정치적 목적에 의해서는 통제가 불가능하기 때문에 전쟁은 순수한 군사적 고려에 의해 조종되어야 한다고 주장했다.

둘째, 현실주의적現實主義的 접근이다. 이와 같은 관점을 가진 대표적 군사사상가 및 철학자로서 클라우제비츠는 "전쟁이란 다른 수단을 가지고 하는 정치의 연장"이라고 주장하면서, 전쟁이 격렬한 적개심에서 일어나는 결사적 투쟁이라고 가정한다면, 정치적 입장은 전쟁개시와 더불어 소멸되어야 마땅하나 전쟁이란 바로 정치 목적달성을 위한 수단이기 때문에 정치의 도구로서의 전쟁은 마땅히 정치적 통제하에 수행되어야 한다고 주장하고 있다. 이와 같은 관점은 리델 하트 역시 클라우제비츠와 견해를 같이하고 있다고 볼 수 있다.

셋째, 평화주의적平和主義的 접근이다. 평화주의자들은 정치의 목적을 달성하기 위해서 전쟁이라는 폭력수단을 인정하고 그러한 측면에서 전쟁은 사회생활의 일부라고 주장하는 앞의 두 가지 관점을 정면으로 반박하고 있다. 이 같은 관점의 학자나 군사전문가들은 현재와 같은 핵무기 시대에서는 전쟁으로 정치목적을 달성하기는 제한되기 때문에 정치 목적달성을 위해서는 평화적 수단에 의존할 수밖에 없다는 관점을 취하고 있다. 전쟁 자체에 대하여 도덕적인 평가를 거치지 않은 어떠한 전쟁이론도 불완전하며 부정당하기 때문에 거부되어야 한다는 관점하, 모든 국가가 세계적인 조화 속에서 자신의 이익을 추구한다면 전쟁이라는 폭력에 의존하지 않더라도 국가 간의 견해 차이를 해소할 수 있는 수단과 방법을 찾을 수 있으며 그런 의미에서 평화적 방법으로도 전쟁방지가 가능하다는 것이다.

이 같은 전쟁의 본질을 탐구하려는 접근들에는 그 본질을 인간의 본성에서 찾으려 하는 접근 방법이던 혹은 케네스 월츠Kenneth waltz의 논의와 같이 국제적 무질서에 있는 것으로 보는 접근 논의든 간에 '전쟁을 정치적 행위로 인식'하고 있다는 데에는 큰 이견이 없어 보인다. 다만 군국주의자의 절대전쟁絶對戰爭 개념이나 평화주의자의 초현실적 이상주의超現實的 理想主義가 다소 전쟁의 본질에 관한 현실성이 결여되어 있는 반면 현실주의적인 관점이 보다 보편적인 논의로서 더 설득력을 가질 수 있다는 점에서, 전쟁의 본질로서 "정치적 목적달성 즉, 자기의지를 실현하기 위해 사용하는 폭력행위"라고 보는 관점에 대한 공감이 더 크다고 볼 수 있으며, 정치 역시 전쟁의 본질과 매우 밀접한 관계 속에서 폭넓게 사유되어야 할 것으로 보인다. 여기서 말하는 정치 목적이란 마르크스주의자가 말하는 계급투쟁의 현상 또는 도구를 지칭할 수도 있고 혹은 타 국민에 대한 우위 달성, 또는 지리적地理的 영토 확장을 통한 생활여건의 향상일 수도 있다.

그러므로 정치적 대립의 최종 해결 수단의 하나인 폭력적 행위로서, 전쟁의 개념은 기존의 고강도 전면전을 비롯하여 소규모 전쟁, 분란전, 게릴라전, 우주 및 사이버전은 물론 오늘날 확산되고 있는 테러행위까지 광범위하게 포함하고 있다고 할 수 있다.

제3절

전쟁의 원인

전쟁은 인류 시작 이래 지속되어 왔다. 그래서 '전쟁이 왜 일어나게 되며, 그 원인은 무엇인가?'에 대한 철학적 사유는 전쟁의 본질을 사유하기 위한 인류의 끊임없는 노력의 핵심 주제 중 하나였다.

예로부터 여러 철학자, 정치가, 군사학자, 군 지휘관들은 전쟁의 원인으로서 인간의 본성, 집단·사회·국가 등의 속성이나 구조, 국가 간의 질서 등 여러 측면에서 사유하고, 사상과 이론을 제시해 왔지만 전쟁의 본질을 완전하게 규명하지는 못해 왔다. 그리고 아직도 세상에서는 전쟁이 여전히 지속되고 있는바, 이 같은 사유^{思惟} 노력들은 세상에서 전쟁의 완전한 종식보다는 전쟁의 발생을 억제하고 그러한 가능성을 최소화하기 위한 인간의 끊임없는 노력으로 볼 수 있다.

인간은 항상 자기, 집단, 사회 및 국가의 생존에 영향을 미치는 요소에 대한 많은 관심과 호기심을 가져왔다. 인간의 호기심은 새로운 발견을 낳고, 이 새로운 발견은 인간이 주어진 여건에 가장 유효하게 적응하는 능력을 주기도 하였지만, 인간의 파멸을 재촉하는 요인으로 작동되기도 했다. 그러므로 전쟁의 본질에 대한 사유로서 전쟁의 원인에 관한 탐구는 전쟁의 본원적인 문제를 파악하고 원인을 규명함으로서 궁극적으로 전쟁의 발생을 최대한 예방하고 이에 대한 유효한 처방의 시발점을 제공하는 것이어야 할 것이다.

1 일반적 원인

전쟁의 일반적인 원인에 대해서는 많은 사유와 연구들이 이루어져 왔다. 우선 사회학자들은 전쟁을 생존경쟁의 한 형태로 보고, 인류가 생존을 위하여 투쟁하는 한 불가피한 것이며 필연적 현상이라고 주장한다. 그러나 이러한 주장은 인간사회를 동물과 식물 등 자연을 같은 차원에서 보아 생물 진화의 법칙을 그대로 적용하여 보는 너무 일반적인 관점으로 전쟁의 원인으로 완전하고 보편타당한 이론으로 보기에는 무리가 있을 수 있다.

심리학자들은 전쟁의 원인을 인간의 투쟁본능鬪爭本能에서 찾고 있다. 인간사회에서 일어나는 모든 전쟁은 투쟁 본능의 충동에서 기인한다는 것이다. 그러나 이 이론도 인간의 심리적 과정만을 가지고 해명한 것이기 때문에 충분한 이론이라 할 수 없다.

군사철학가, 사상가이며 군사이론가인 클라우제비츠는 전쟁의 원인은 정치적 목적에 의해서 기인되는 것이라 보고 어떠한 전쟁이라 할지라도 다른 수단에 의한 정치의 계속임을 강조하고 있다.

한편 정치학자, 경제학자 등 역시도 다양한 관점에서 전쟁의 원인의 규명에 노력해 왔다. 여기에는 한스 모겐소Hans Morgenthau는 힘의 요인으로, 마르크스Karl Marx는 경제적 요인으로 그리고 퀸시 라이트Quincy Wright는 종합적인 측면에서 전쟁의 원인을 다양하게 분석하고 있다.

한스 모겐소의 힘의 요인으로 전쟁의 원인을 사고하고 있다. 그는 힘의 투쟁은 시·공을 초월한 보편적 사회현상社會現象으로 모든 인간은 다른 인간들(개인, 집단, 국가)을 지배하고자 하는 본능이 있다고 주장한다. 따라서 지배의 욕구에서 파생되는 인간관계는 권력투쟁을 유발하게 되며, 이러한 힘의 투쟁관계는 결국 국가 간 대립의 상태로까지 확대된다는 것이다. 이 힘의 개념은 대략 다음과 같은 3가지 측면에서 설명될 수 있다. 우선 국가의 지배계층이 궁지에 빠지게 되면 전쟁 및 전쟁준비로서, 국민 전체로 하여금 정부를 지원하지 않을 수 없도록 유도하며, 반대로 국가 지배계층의 권위가 높아지고 힘이 축적되면 해외에서의 전쟁을 획책하게 된다는 것이다. 둘째, 힘의 공백 상태(특정지역에 정치적, 군사적 힘의 공백)가 발생할 경우 인접 국가 또는 이해관계가 있는 타국가가 새로운 영향력 행사 기회를 가지게 되거나 자국의 정책목표를 추구하기 위해 전쟁을 도발하는 경우로서 1950년의 한국전쟁이 대표적인 사례로 보고 있다. 마지막으로, 어느 한 국가의 경제력과 군사력의 증강이 현저하여 영향력 행사의 새로운 전기가 마련될 때, 타 국가와 직접 대립하는 경우를 들 수 있다. 예를 들면, 독일과 일본의 경제력, 군사력이 증강되었을 때, 이들은 자연스럽게 외부지향적 팽창정책을 취하였고, 이러한 일본과 독일의 팽창정책은 필연적으로 영국과 미국 세력 불균형의 예상에 기초한 강력한 대응책에 견제를 당함으로써 결국은 제 2차 세계대전을 자초할 수밖에 없었다. 그러나 반대로 팽창주의膨脹主義를 추구하는 야심적인 정책결정자들이 군사력 등을 급속히 증강하여 전쟁의 계기를 만들 수도 있다.

경제적 요인에 대해서는 홉슨Hobson, 슘페터Schumpeter 등 상당수의 학자들이 동조하고 있으나 전통적인 경제학설은 마르크스Marx에서 비롯되고 있는 경제적 요인이다. 마르크스는 모든 정치현상이 경제적 생산구조에 의하여 결정된다는 사상에서 출발하여 과잉생산過剩生産, 잉여가치剩餘價値, 사적 소유권私的 所有權에 전쟁원인의 근거를 두고 있다. 즉, 자본주의 국가는 노동계급이 생산한 상품을 소비하기 위해 비자본주의 지역을 그들의 상품시장 및 자본의 투자 대상으로 이용함으로써 국가 간에 극심한 갈등을 자초하게 되고 마침내 강대국 간의 전쟁을 유발하게 된다는 것이다. 또한, 마르크스주의를 대표하는 레닌Lenin도 저개발 지역低開發 地域이 감소하면 할수록 자본주의 강대국들은 식민지 쟁탈이 치열해지고, 누가 어디를 먼저 점유하느냐에 대한 이해의 대립이 긴장을 조성하여 결국에는 전쟁으로 발전된다고 주장한다. 그러나 이 이론은 유럽의 강대국들이 일련의 군사행동을 통해서 저개발 지역에 진출하였던 19세기말이라는 특정 시대에 초점을 맞춘 점, 그리고 과잉생산에 대한 문제는 경제계획 등을 통하여 자본주의 체제 내에의 생산구조를 얼마든지 수정하여 해결할 수 있다는 점에서 반론의 여지가 많이 있다.

정치적 지체遲滯, 전쟁의 사회적 기능, 전쟁에 대한 심리적 충동, 전쟁의 기술적 이용, 전쟁의 법적 근거 등을 포함하여 이 5가지 요인으로 전쟁 원인을 종합적으로 분석하고 있는 퀸시 라이트의 요인분석 이론이다. 이 다섯 가지 요인들이 상호 균형을 이루면 평화상태가 지속되지만, 만일 균형을 지탱하고 있는 요인에 변화가 있거나 과중한 부하가 걸렸을 때 전쟁이 발발한다는 것이다.[23] 여기에서 특히 유의할 점은 균형을 유지시키는 특정 요인의 변화가 전쟁을 유발할 수 있지만 어떤 다른 환경에서는 평화를 증진시킬 수도 있다는 점이다. 이러한 논리는 국제적 환경여건에 따라 군비증강軍備增强이 어느 시기에는 평화를 유지할 수 있지만 다른 시기에는 전쟁도발의 요인이 될 수도 있다는 말과 같다. 결국, 요인분석 이론에서 본 평화체제는 '이에 속한 정치 단위들이 평화를 유지, 조성하는 각 요인들을 어떻게 균형 있게 유지하느냐'하는데 달려있다고 해도 과언이 아니다. 그러나 평화체계에 참여하는 모든 정치 단위들의 균등한 발전이란 기대하기 어려운 것이다. 현실적으로 각 정치 단위의 발전이 불균형하게 되고, 이는 국가 간에 현격한 힘의 차이를 노정시키고 있으며, 이러한 경향은 점차 심화 되는 추세가 여전히 존재하고 있기 때문에 오늘날의 현실 세계는 여전히 많은 전쟁 위험의 요소를 내포하고 있다고 보아야 할 것이다.

여기에서 이들의 관계를 종합해서 생각해 보면, 힘이나 경제적 요인만을 전쟁의 원인으로 보는 사고방식은 복잡한 전쟁 현상을 단일 변수로 파악하려고 시도하는 것이며 단순히 전쟁의 인과관계적因果關係的 단면만을 추적한 데에서 도출되는 결과이다. 그러나 인간은 단순히 힘이나 경제적 이익만 추구하는 단일목적적單一目的的 존재가 아니라 가치와 목적을 존중하고 환경과도 밀접히 관련을 맺으며 살아가는 다목적적多目的的 존재로 이해되어야 할 것이다.

결론적으로 말해서 정치, 경제, 사회 및 심리적 측면에서 파생되는 여러 가지 다양한 전쟁 원인은 국가 간의 이익과 밀접하게 관련되어 있다고 보여진다. 국익에 따른 기본요소는 민족의 생존, 국가의 정통성 보전, 경제적 복지 등의 생활 수준과 세계질서의 향상 및 유지가 그 범주에 들 수 있다고 보이며, 이러한 국익의 충돌이 있는 한 전쟁의 가능성은 배제될 수 없을 것이다. 즉, 국익의 대립이 없는 한 국가 간의 전쟁(적대행위)은 일어나지 않을 것이지만 양국 간에 국익이 대립할 경우 전쟁의 가능성은 증가하게 될 것이다. 이같이 전쟁은 국익의 정도에 따라 긴장緊張에서 대립對立으로 그리고 대립에서 전쟁으로까지 발전되기도 하는 것으로 범세계적으로 이러한 전쟁의 사례는 최근에도 빈번하게 발견되고 있다.

2 전쟁 원인의 범주화 [8]

앞서 고찰해 본 바와 같이 여러 정치가, 철학자, 군사학자들은 전쟁의 원인에 대하여 다양하게 정의하고 있다. 이러한 정의들을 포함하여 전쟁 원인을 범주화하여 사고해 봄으로써 전쟁의 본질에 관한 통찰에 도움을 받을 수 있을 것이다. 박창희 2021년는 즉각원인과 근본원인, 촉발원인과 허용원인 그리고 인간의 본성, 국가, 국제체제 등 수준별 원인으로 범주화하고 구분하여 논의하고 있다.[24]

즉각적 원인과 근본적 원인

'즉각적即刻的, immediate 원인이하 즉각원인'은 시기적으로 가까운 원인으로 예상치 않게 우발적으로 전쟁이 발생하는 원인으로 작동되는 것이다. 제1차 세계대전은 오스트리아 황태자 페르디난트Franz Ferdinand가 세르비아Serbia의 한 청년에게 암살당함으로써 발발하게 되었다. 이 암살사건은 제1차 세계대전의 즉각원인이 된 사건으로써 만일 이 사건이 발생하지 않았다면 1914년에 세계대전은 발발하지 않았을 것이다. 즉, 즉각원인이란 전쟁이 곧바로 야기하게 된 사건을 말한다. 그러나 비록 1914년에 전쟁이 발발하지 않았더라도 당시 유럽에는 전쟁 분위기가 만연하고 있었으며, 따라서 제1차 세계대전의 즉각원인이었던 오스트리아 황태자 암살사건이 없었더라도 다른 우발적인 사건에 의해 곧 유럽의 화약고는 터지고 말았을 것이다. 따라서 '즉각원인' 외에 다른 전쟁의 원인으로 사고해 볼 수 있는 더 근원적인 요인을 규명해볼 필요가 있는바, 이것이 바로 근본적根本的, underlying 원인이하 근본원인이다. 제1차 세계대전의 근본원인으로는 열강들의 식민지 경쟁, 슬라브족과 게르만족 간의 민족 갈등, 경쟁적인 두 동맹체제의 형성, 보불전쟁부터 가속된 독일과 프랑스 간의 군사적 긴장, 산업혁명으로 인한 동원잠재력 확대, 그리고 해양에서의

---

8 박창희(2021)는 그의 저서 전쟁론에서 여러학자 들의 논의를 토대로 전쟁의 원인을 범주화하여 논의하고 있다. 본서에서는 전쟁의 본질을 보다 심층적으로 사고하는 데 도움을 주기 위해 앞 저자의 저서 내용을 요약, 보완하여 인용하여 제시한다.

군비경쟁 등을 들 수 있으며, 이러한 요인들은 정확히 언제부터 인지는 규정할 수 없으나 그 이전부터 이미 유럽 국가들을 전쟁으로 치닫게 하는 배경이 되었던 근본원인으로 볼 수 있다.

전쟁의 원인에 대한 심층적 사유를 위해서는 이같이 즉각원인과 근본원인 모두를 연계한 통찰이 필요하다. 근본원인이 없거나 약하다면 오스트리아 황태자 암살 사건이 발생했더라도 국가들은 전쟁으로 치닫지 않았을 것이다. 반면, 근본원인이 강하게 작용하고 있다면 암살사건이 발생하지 않았더라도 언젠간 즉각원인으로 작용할 다른 사건에 의해 대규모 전쟁이 촉발되었을 것이다.[25]

촉발적 원인과 허용적 원인

촉발적觸發的, efficient 원인이하 촉발원인은 각각의 전쟁을 둘러싼 특정한 환경과 관련이 있다. 가령 A 국가가 갖고 있지 않은 것을 B 국가가 갖고 있을 때 전쟁이 발생할 수 있다. 이 경우 촉발원인은 A 국가의 야망이 된다. 1990년 사담 후세인Saddam Hussein의 쿠웨이트 공격은 쿠웨이트가 가진 석유를 확보함으로써 국내적 입지를 강화하려는 사담 후세인의 야망에 의해 촉발되었다고 할 수 있다. 이처럼 촉발원인은 직접 전쟁을 야기하게 만드는 원인으로서 이러한 촉발원인이 없다면 전쟁은 발생하지 않는다. 촉발원인이 즉각원인과 다른 점은 촉발원인에 의한 전쟁 발발은 즉각적으로 이루어지지 않을 수도 있다는 점이다. 가령, 사담 후세인이 쿠웨이트 석유에 대한 야심을 가졌더라도 쿠웨이트에 대한 공격은 즉각 이루어지지 않은 채 미루어질 수 있다. 만일 제1차 세계대전과 같이 즉각적으로 전쟁을 야기하는 결과를 가져올 수밖에 없다면 이는 촉발원인이 아닌 즉각원인으로 분류되어야 할 것이다. 즉, 즉각원인이 전쟁 발발의 '즉각성'에 초점을 맞춘다면, 촉발원인은 전쟁을 직접적으로 초래한 '촉발성'에 초점을 맞추고 있다.

허용적許容的, permissive 원인이하 허용원인은 곧 국제체제의 무정부적 성격을 의미하는 것으로 전쟁을 활발하게 촉진시키지는 않으나 전쟁 발생을 허용한다. 우리가 살아가는 세계는 독립된 주권국가들로 구성되어 있을 뿐 이들 국가들을 구속할 수 있는 어떠한 권위 체제나 기구도 존재하지 않는다. 비록 범세계적 국제기구로서 유엔UN이 존재하고 있으나 이는 국가들의 합의로 구성된 권위체로써 국제사회를 관리하는 거버넌스governance가 통치 행위를 하는 정부government는 아니다. 우리가 살아가고 있는 세계는 이른바 국제정부가 존재하지 않는 무정부상태anarchy에 놓여 있는 셈이다. 따라서 현재 모든 국가는 자국의 이익을 위해 필요하다면 무력을 사용할 수 있는 매우 취약한 국제적 상황에 놓여 있다. 다시 말해, 국제체제의 무정부성 그 자체는 전쟁이 언제든 발발하도록 허용하는 허용원인으로 작동한다고 볼 수 있다.[26]

그러나 어떠한 경우에는 이 두 원인은 앞서 논의한 즉각원인 및 근본원인과 혼동되거나 명확히 구분하기 어려울 수 있다. 전쟁의 원인을 인간, 국가, 그리고 체계 차원에서 분석한 미국의 국제정치학자 월츠Kenneth N. Waltz도 그의 저서에서 즉각원인과 촉발원인을, 그리고 근본원인과 허용원인을 동의어로 사용하고 있다.[27]

인간의 본성, 국가 및 국제체제의 수준별 원인

- **인간의 본성과 행위**

전쟁의 중요한 원인은 바로 인간의 본성과 행위 속에서 발견된다. 전쟁은 인간의 이기심, 잘못된 저돌적 충동과 어리석음에 기인한다. 인간의 본성에 대한 다양한 평가가 나오고 있으나, 심지어 인간이 이성적인 존재라고 믿는 자유주의자들도 인간은 살인, 자살, 파괴, 증오 등의 본성을 갖고 있음을 인정한다. 만일 인간의 본성이 전쟁의 원인이 된다면 다음과 같은 세 가지 유형의 주장을 고려해볼 수 있다.[28]

첫째, 인간의 본성으로 본 전쟁의 원인이다. 노벨 생리의학상을 수상한 오스트리아의 동물과학자이자 동물심리학자인 로렌츠K.Z. Lorenz는 인간도 동물과 마찬가지로 공격본능을 가지고 있다고 한다. 인간의 공격본능은 자신과 종족을 보호하고 식량을 획득하는 데 필요한 영토를 확보하며, 타인이나 타 종족을 지배하여 자민족 중심의 위대한 제국을 건설하려는 정치적 욕망을 자극하게 되는데, 이러한 본능이 국가 사이에서 집단적으로 분출되면 전쟁으로 발전된다고 보았다.[29] '좌절-분노-공격' 이론을 제시한 심리학자 달라드John Dallard는 인간은 좌절을 경험할 때 분노를 느끼게 되고, 출구를 모색하면서 자신을 좌절시킨 대상이나 희생양을 공격할 수 있다고 논의하고 있다.[30] 이러한 측면에서 만일 정치지도자가 대외정책을 추진하는 과정에서 영토적 야심을 갖는다든가 국민이 외부 요인에 의해 심한 좌절을 경험할 경우, 이들은 국가정책을 공격적인 성향으로 이끌어 나가려 할 것이고 전쟁 가능성은 더 증가한다고 할 수 있다.

국제정치학에서 자주 다루는 희생양이론Scapegoat theory이나 전환이론diversionary theory은 좌절-분노-공격 이론으로 설명할 수 있다. 즉, 국내적으로 심각한 혼란이나 분규에 휩싸여 좌절한 국가 지도자가 내부 안정을 도모할 목적으로 다른 국가의 공격을 결심할 수 있다는 것이다. 역사적으로 일본의 도요토미 히데요시豊臣秀吉는 국내 정치적 상황이 어려워지자 내부적 불만과 문제를 외부로 돌리기 위해 조선을 침략해 임진왜란을 일으켰으며, 러일전쟁 직전 국내적으로 혼란한 시기에 러시아 내무장관 플레베V.K. Plehve는 "내부 혁명의 조류를 차단하기 위해서라도 작은 전쟁에서의 승리가 꼭 필요하다"라고 언급한 바 있다.[31]

둘째, 오인misperception에 의한 전쟁이 가능하다.[32] 현실 세계에서 정치지도자나 정책결정자들은 정보의 부재, 혹은 선입견에 따른 왜곡이나 오해 등으로 인해 잘못된 인식을 가질 수 있다. 상대의 선의를 악의로, 혹은 악의를 선의로 잘못 받아들일 수 있다. 가령, 평화를 원하는 정치가들이라도 인지의 한계로 인해 서로의 의도를 오해하고 상대의 능력을 잘못 판단함으로써 전쟁 발발 가능성을 깨닫지 못하거나 반대로 전쟁으로 전개될 수 있다. 1914년 이전까지 유럽의 자유주의자들은 강대국 간의 제국주의적 경쟁이 기대했던 것보다 덜 위험하다고 보고 전쟁의 위험성이 줄어들고 있다고 판단했다. 1914년 6월 사회주의자조차도 국제적 상황이 일반적으로 화해detente 모드로 돌아섰으며, 제국주의로 인해 긴장이 형성되고 있기는 하지만 모두가 경제적 이익을 위해 평화를 유지할 것으로 낙관했다.[33] 이러한 가운데 유럽의 주요 국가들은 새로운 무기체계와 방대한 동원능력을 갖춤으로써 상대의 군사적 능력을 무시한 채 전쟁이 일어날 경우 신속하게 승리할 것으로 자신하고 있었다. 그리고 그 결과는 제1차 세계대전이라는 사상 유례없는 규모의 총력적으로 나타났으며, 유럽 국가들은 쉽게 전쟁을 끝내지 못하고 4년에 걸쳐 사망자만 약 900만 명에 달하는 참혹한 전쟁을 치러야 했다.[34]

셋째, 인간의 의식적 또는 무의식적 동기가 작용할 수 있다. 전쟁을 결심하는 것이 의식적이고 합리적으로 이루어질 수 있지만, 여기에는 의도하지 않게 인간의 감정이 뒤섞인 여론이나 민족주의가 작용할 수 있으며, 그 이면에는 지도자의 야심이나 심리가 무의식적으로 작용할 수 있다. 가령 히틀러Adolf Hitler가 독일 국민에게 극우적 민족주의를 주입하고 전쟁을 야기한 데에는 그의 깊은 내면에 숨어 있던 개인적 야심이 작용했을 수도 있다. 물론, 인간 내면의 심리적 요소는 추정이 가능할 뿐 과학적으로 규명하기 어려운 면이 있다. 따라서 인간의 무의식적 동기가 전쟁의 원인이라면 전쟁의 원인을 연구하고 그 처방을 제시하는 데에는 한계가 있을 수밖에 없다.

인간 본성에 내재하고 있는 각종 결함, 예를 들어 좌절하면 공격적인 모습이 나타난다거나, 잘못된 인식으로 인해 엉뚱한 정책 결정을 내린다거나, 혹은 무의식적 동기가 전쟁을 부채질한다는 등의 결함들은 완전히 근절될 수 있는 것이 아니다. 그러나 상대의 좌절을 이해하고 조심한다든가, 상호 간에 오인을 줄이기 위해 정책의 투명성을 증가시키는 등의 노력을 통해 국가 간 전쟁의 가능성을 낮출 수 있을 것이다.

- **국가**

인간의 본성이나 행위가 전쟁의 원인으로 작용할 수 있지만, 국가도 주요한 원인을 제공할 수 있다. 국가가 인간의 집합체이고 전쟁은 이러한 인간이 모인 국가 혹은 집단을 단위로 이루어진다는 측면에서 어쩌면 국가는 더 중요한 전쟁의 원인을 제공할 수 있을지도 모른다.

국가적 수준에서 전쟁의 원인은 매우 다양하다. 그 예로 강대국 간 패권의 전이轉移, 민족주의에 따른 민족 간 갈등, 제국주의에 의한 식민지 경쟁, 경쟁적이고 적대적인 동맹 관계 형성, 군사기술의 발달로 인한 군비경쟁, 세력균형 정책의 실패, 국가 간 영토분쟁, 국내 정권의 불안정성, 강대국 간의 제3국 개입 경쟁, 인종차별주의, 그리고 군사적 낙관주의 등을 들 수 있다. 가령, 펠로폰네소스 전쟁Peloponnesian War 전쟁의 경우 전쟁의 원인을 강대국 간 패권의 변화로 설명할 수 있는바, 당시 아테네의 국력이 상승하자 이를 두려워한 스파르타는 아테네가 더 강성해지기 전에 이를 제압하고자 전쟁에 돌입했다. 한편 제1차 세계대전은 민족주의와 제국주의, 동맹관계, 그리고 세력균형 정책의 실패 등이 복합적으로 작용하여 발발했다. 1950년 김일성이 남한을 공격하여 한국전쟁을 일으킨 데에는 1949년부터 시작된 중국 내 여러 한인韓人부대의 귀한歸韓과 소련의 군사적 지원 등으로 북한의 군사력이 강화되자 쉽게 남한을 점령할 수 있을 것이라는 군사적 낙관주의가 작용했다.

국가적 수준에서 전쟁의 원인으로서 '궁극적으로 그 국가의 정치체제에 의해 영향을 받을 수 있다'는 것이 지배적인 견해이다.[35] 대체로 자유주의자들은 민주주의가 독재체제보다 더 평화적이라고 주장한다. 이 같은 주장은 제1차 세계대전 직후 민족자결주의를 내세우고 민주주의 원칙하 국제연맹League of Nations 창설을 주도하면서 세계평화를 구상한 윌슨Woodrow Wilson이 그 선구자이다. 이들은 민주국가들이 민주적 정치문화와 제도, 그리고 평화적 해결 규범을 공유하고 있기 때문에 무력보다는 규범을 통해 분쟁을 해결한다고 주장한다. 또한, 민주주의 국가는 경쟁적인 정당정치로 인해 전쟁 개입이 곤란하며, 군에 대한 민의 통치와 국민의 여론 때문에 전쟁을 시작하는 것이 쉽지 않다고 지적하면서 독재국가가 전쟁을 도발하는 경우에만 전쟁에 개입한다고 주장한다. 이것이 바로 민주평화론democratic peace이다.

반대로 마르크스-레닌주의자들은 종국적으로 사회주의가 평화를 가져오게 될 것이라는 주장과 함께, 자본주의에서는 국가가 자국의 경제적 이익을 위해 제국주의 정책을 추구하고 전쟁을 획책한다고 주장한다. 레닌Vladimir Il'ich Lenin에 영향을 준 영국의 경제학자 홉슨J.A. Hobson은 제국주의론을 통해 자본주의가 발전하면 잉여생산품과 잉여자본이 발생하게 되며, 이를 소비하기 위해 해외시장을 찾는 과정에서 정치적 군사적 수단을 동원하는 제국주의 정책을 추진한다고 보았다. 그리고 강대국 간의 제국주의 정책이 충돌하면서 제국주의 전쟁이 야기됨으로써 자본주의는 붕괴되고 사회주의가 등장한다고 주장했다.

역사적으로 국가 정치체제는 지역 안정과 관련하여 국제적 논란을 야기한 바 있는바, 19세기 초 나폴레옹과의 전쟁에서 승리한 후 빈 회의Congress of Wien에 모인 유럽의 지도자들은 혁명적인 자유주의 정체가 전쟁을 야기하는 원인이 된다고 규정한 바 있다.

이같이 국가 차원에서도 여러 요소가 전쟁의 원인으로 제기되고 있으나, 어떠한 것이 주요 원인인가에 대해서는 결론을 내리기 불가능하다. 설령 민주주의가 평화에 기여하는 정치체제라 하더라도 민주주의를 택한 모든 국가가 동일 수준과 형태의 민주적 정치체제를 가지고 있는 것은 아니다. 또한, 독재국가가 더 호전적이라고 하더라도 세상 어느 국가도 스스로를 독재국가라고 인정하지는 않을 것이다. 심지어 세상에는 사회민주주의라든가 사회주의 시장경제와 같은 복합적인 체제가 존재함으로써 이러한 논의를 더욱 복잡하게 하고 있다. 따라서 월츠는 국가 차원에서 전쟁 원인을 규명하려는 노력은 그 접근 자체가 잘못된 것이라고 보고 국제체제 차원에서 접근하는 것이 바람직하다고 주장하고 있다.[36]

- **국제체제**

전쟁을 일으키는 인간의 행동과 국가의 정책은 국제환경의 영향을 받지 않을 수 없다. 따라서 국제체제도 마찬가지로 중요한 전쟁의 원인을 제공한다. 무엇보다도 국제체제가 갖는 무정부적 성격은 모든 전쟁이 발발할 수 있도록 하는 허용원인으로 작용한다. 물론, 국제적 무정부상태가 항상 전쟁을 야기하는 것은 아니다. 역사적으로 보면, 어떤 때에는 전쟁이 발발하였다가도 오랜 기간 동안 평화의 상태가 지속하기도 한다. 그러나 국가의 군사력 사용을 제어하고 구속할 수 있는 세계정부가 존재하지 않는 한 국가는 필요한 경우 군사력을 사용하려 할 것이고, 그로 인해 전쟁의 가능성은 항상 존재하게 된다.

만일 세계정부가 수립되어 국제적 무정부상태를 벗어날 수 있고 이로써 모든 국가가 범세계적 정부의 완전한 통제가 이루어질 수 있다면, 전쟁은 제어될 수 있을 것이다. 그러나, 대부분 민족이나 어떠한 신념 등의 단위로 이루어져 있는 국가들이 주권을 포기하려 하지 않을 것이기 때문에, 국제적 무정부상태는 현실적으로 지속될 수밖에 없다는 것이 일반적인 공감이나 논의의 주류를 이루고 있어 보인다. 국가들은 필요한 경우 국제적인 제도나 기구의 제약에 구애를 받지 않은 채 자국의 이익과 야망을 추구할 수 있으며, 다른 국가들과 이익갈등에 휩싸이게 될 경우, 무력분쟁이나 전쟁을 불사하면서 자국의 이익에 따라 판단하고 행동할 수 있다. 즉, 세계정부가 수립되지 않는 이상 국제체제가 가진 무정부성은 전쟁의 충분원인sufficient cause은 아니지만, 필요원인necessary cause으로 작용하고 있다.[9]

월츠는 국제체제의 무정부성이 전쟁의 근본원인 혹은 허용원인이라고 주장한다. 그리고 인간과 국가 차원의 원인은 즉각원인 혹은 촉발원인을 제공한다고 본다. 그는 인간과 국가 수준의 원인이란 하나의 증상에 불과한 것으로 그러한 원인을 제거했다고 하더라도 근본적인 원인이 제거되는 것은 아니라고 주장한다. 암 환자에 나타나는 구토 증세를 가라앉혔다고 해서 암이 치유되는 것은 아니며, 다른 부위에서 증상이 나타나는 것과 마찬가지이다. 그는 국제체계 수준의 원인 이야말로 진정한 전쟁의 원인이며, 세계정부만이 세계에서 전쟁을 방지할 수 있는 처방이라고 주장한다.[37]

요약하면, 즉각원인 및 촉발원인과 함께 근본원인 및 허용원인을 함께 규명함으로써 각각의 전쟁에 대한 원인을 보다 정확하고 온전하게 설명할 수 있을 것이다. 다만, 전쟁의 원인을 연구하는 데 있어서 뉴턴식의 기계적 모델을 따라 한두 개의 원인이 작용하여 전쟁을 일으키게 된다고 생각한다는 것은 전반적인 통찰에서 오류에 빠지기 쉬울 것이다. 전쟁은 정치, 경제, 사회, 군사, 심리적 요소 등 매우 다양한 원인이 동시에 복잡하게 작용하기 때문이다. 또한, 전쟁의 원인을 규명하고

---

9 충분원인이란 존재할 경우 어떠한 결과(Y)를 반드시 일으키게 만드는 원인을 말한다. 이때 다른 원인도 그러한 결과 Y를 일으킬 수 있다. 필요원인이란 존재하지 않을 경우, 어떠한 결과 Y가 절대로 일어나지 않게 되는 원인을 말한다. 가령, 국제적 무정부성이 존재하지 않는다면 전쟁은 일어날 수 없다. 이 경우 필요조건이 형성된다. 또한, 영토분쟁은 전쟁을 일으키는 충분조건이 될 수 있다. 다만, 전쟁의 원인에는 영토 문제 외에 동맹, 민족주의, 역사적 반감, 군비경쟁 등 수많은 원인이 있을 수 있다.(박창희, 2021)

나서 평화의 조건을 밝히는 데만 관심을 두게 될 경우에도 오류를 낳을 수 있다. 그러한 조건만 알면 모든 전쟁을 막을 수 있다고 쉽게 생각할 수 있기 때문이다. 따라서 단편적인 전쟁의 원인을 규명하기보다는 전쟁이 발발하게 되는 과정에서 왜 국가들이 전쟁을 선택할 수밖에 없는지, 또는 왜 국가들이 전쟁을 통해 그들이 직면한 상황을 가장 잘 해결할 수 있다고 믿게 되는지에 대해 관심을 기울일 필요가 있다.[38]

3 전쟁의 발생 과정

지금까지 고찰해 본 바와 같이 모든 전쟁은 이미 논의되었던 여러 요인과 요인들 간 복잡한 구조에 의해 발생하게 되지만 전쟁의 원인이 무엇이든 간에 전쟁은 어떠한 단계와 과정을 거치게 된다. 어떤 원인에 의해 위기가 조성되어 종결될 때까지 시간의 진행과 긴장緊張의 정도를 도시화圖示化하면 다음 [그림 2-3]과 같다.[39]

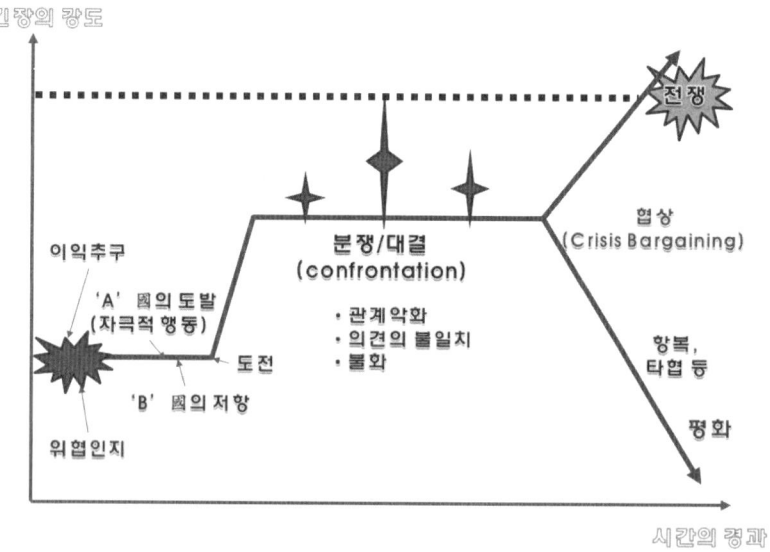

[그림 2-3] 전쟁의 발생과정

먼저 당사국이나 집단 간에 심한 이익의 갈등이 발생한다. 하지만 이익을 둘러싼 갈등만으로 위기상황이 되지는 않는다. 어느 한쪽이 이러한 갈등관계를 표면화시키는 자극적 행위를 도발해야 한다. A국이 이권분쟁利權紛爭을 자국에 유리하게 전개하기 위해 도발적 행위를 자행했을 때, B국도 자국의 이익보호를 위해 부득이 이에 대항함으로써 위기상황이 조성된다.

여기서 말하는 자극적 행위란 어느 한 나라의 행위가 타국의 안보위협, 경제적 생존능력의 거부, 국가의 명예와 위신을 심각히 손상시키는 등 인내할 수 없는 상황으로 인식될 정도의 결정적 요인을 말한다.

이렇게 위기상황이 조성되면 양 당사국의 관계는 악화가 되고, 의견의 불일치가 심화되면서 불화不和상태가 계속된다. 이러한 가운데 일단의 위기상황이 위험 수준을 넘어서면 쌍방 간에 밀고 당기는 대결이 시작된다. 대결의 수단으로 모든 강압적인 외교수단을 동원하게 되는데, 여기에는 군사적인 무력전개, 위협, 경고 등이 포함된다. 쌍방은 서로 물러서지 않게 되고, 전쟁에 대한 엄포를 강요하는 등 여러 외부적 신호를 보낸다. 그렇게 되면 양측은 전쟁을 피하면서 최대의 이익을 얻든가 혹은 어떻게 손실을 최소화할 것인가에 주안을 두고 협상이 진행된다. 이 같은 협상의 과정에서 어느 일방이 항복하거나 불이익을 감수하면서 타협에 응하게 되면 위기는 해소될 수도 있지만, 쌍방 이해의 차이를 조정하여 평화적 해결이 불가능할 경우 전쟁 상태에 돌입하게 된다.

예를 들면, 1962년 여름 소련은 쿠바에 무기를 반입해 오던 중 쿠바 영토 내에 장거리 미사일 기지를 설치하려는 시도가 미국에 노출되었다. 케네디 미국 대통령은 TV연설을 통해 소련의 유도탄 철수를 즉각 요구하고 나섬으로써 양국 간에는 극도의 위기가 조성되었다. 결국, 구舊소련이 미국의 도전에 굴복하여 쿠바로부터 유도탄을 철수함으로써 위기는 해소되고 전쟁상태에까지 이르지 않게 되었지만, 소련이 미국의 경고를 무시하고 계속 버티었다면 미·소간의 전쟁은 불가피했었던 국제적 사례가 있다.

제4절
전쟁관戰爭觀

일반적으로 전쟁에 관한 전체의 통일적 이해統一的 理解를 전쟁관戰爭觀이라고 한다. 이 전쟁관은 전쟁이란 무엇인가 하는 전쟁의 본질을 관념적觀念的으로 인식하는 것이기 때문에 주관적主觀的인 경향이 강하다. 그러나 인식은 행동의 동기유발이 될 수 있으므로 통상 실천적 개념實踐的 槪念까지도 포함한다. 전쟁 현상이 전쟁에 관한 표상表象이며 총체總體인데 반하여 전쟁관은 전쟁에 관한 실천적實踐的인 자각自覺을 말한다.

인생관人生觀이 보통 개인의 경험이나 지식, 의식구조에 따라 다르듯이[40] 전쟁관도 어느 한 민족의 국토적 여건, 생활방식, 의식성향, 지역에 따라 각기 다르다. 그런 측면에서 전쟁 현상이란 객관적이고 상대적인 것인데 비해 전쟁관은 주관적이고 절대적인 것이다.

1 국토적 여건에 따른 전쟁관

어느 국가의 국토적 여건이 단순히 바다로 둘러싸여 있다고 해서 해양국가라고 할 수 없으며, 대륙 내부에 위치했다고 해서 반드시 대륙국가라고 할 수 없다. 오히려 국토의 위치, 넓이, 인구, 해안선의 형상, 양항良港의 유무 등 유형적 요소와 그 국토에서 생활을 영위하는 국민의 성격, 자질, 의욕, 이념 등 무형적 요소가 국가의 성격을 결정짓는 중요한 요인이 될 수 있을 것이다.[41]

해양국가海洋國家

영국은 대표적인 해양국가이다. 사면이 바다로 둘리싸여 있는 지리적 요소와 17~18세기 이후 강력한 해군海軍을 건설, 이를 기반으로 전 세계에 해가 지지 않는 대제국大帝國을 이룩한 것은 영국민이 바다를 동경憧憬하고 바다에서 생활의 기반을 찾으려는 국민성 등 무형적 요소들이 더하여 해양국가의 표상으로 보이게 한다는 것이 타당할 것이다.

일본은 4면이 바다로 둘러싸인 환해국環海國이라는 지리적 요소를 비롯하여 국토의 넓이, 인구, 해안선, 항만 상태는 물론이고 국민적 자질 등 무형적 요소에 이르기까지 영국과 매우 흡사하다. 그러나 일본을 해양국가로 일컫게 하는 바를 주저하게 되는 것은 역사적으로 일찍부터 해양진출에의 노력을 꾀했지만, 국가적 수준에서의 노력 집중이 결여되었고, 특히 명치유신明治維新 이후 대륙국가인 독일의 군사이론을 적극 수용하여 청일전쟁清日戰爭 및 러일전쟁露日戰爭에서 승리함으로써 해양국가로서의 국가발전에 노력하기보다는 대륙국가적 육군력의 건설을 선호했던 역사적 사실에서 비롯된다.

이에 반해 미국은 지리적인 요소를 보면 대륙국가大陸國家에 속하지만, 경쟁상대가 될 만한 인접한 국가가 적었고 국내적으로도 남·북전쟁 이외에는 전쟁다운 전쟁을 치룬 경험도 없어서 자연히 해상에 관심을 쏟게 되었고, 오늘날에는 세계 최강의 해군海軍을 지닌 국가로 범세계적인 헤게모니를 지니고 있다는 점에서 미국이 해양국가라는 데에 이의를 제기할 사람은 없을 것이다.

본서에서는 영국과 미국에 초점을 맞추어 해양국가의 전쟁관을 조명하기로 하겠다.

해양은 지금까지 육상 중심의 무력武力이 극복하여야 할 거의 절대적 장애 요인이었고 관련 무기체계가 급속도로 발전하고 있는 오늘날에도 국가가 겪어야 할 해양의 마찰摩擦 요인은 여전히 변함이 없다. 따라서 어느 국가가 해양에 의해 타국과 이격되어 있는 한 대륙 내부의 전쟁이 아무리 격렬하고 처절하다고 하더라도 직접 자국에 영향을 미치는 데에는 제한되며, 또한 다른 국가가 해양국가를 공략하기 위해서는 극복해야 할 위험부담이 뒤따르기 때문에 공격할 엄두를 내지 못했다.[42] 어쩔 수 없이 전쟁에 휘말리더라도 강대한 해군이 바다를 지배하고 있어서 해양을 이용하여 전쟁을 자국에게 유리하도록 전개할 수 있다.

이같이 해양국가는 그들의 지리적 여건으로 인해 비교적 타국과의 전쟁과 무관하게 국가를 운용할 수 있어서 전쟁은 국가의 존망에 직결되기보다는 냉정한 타산으로 국가의 이익을 추구할 수 있는 하나의 국가적 사업으로 인식하는 경향이 강하다. 사업이란 최소의 비용으로 최대의 이윤(혹은 성과)을 거두게 되는 경제원칙經濟原則이 적용되지 않으면 최선의 전쟁이 될 수 없다고 인식하는 경향이 있다.

워털루 전투에서 상승의 나폴레옹 장군을 격파했던 영국의 웰링턴 장군은 나폴레옹의 추격을 교묘하게 회피하다가 최후의 일전에서 승리함으로써 자국을 위기에서 건져낼 수 있었다.

해양국가들은 최소의 비용으로 최대의 성과를 거두기 위해 간섭干涉을 많이 사용하였으며, 이는 어느 양국이 국가의 운명을 걸고 싸우는 결정적 순간에 한편에 가담하게 되면 간섭으로 인해 힘의 균형이 파괴됨으로서 전쟁의 국면을 유리하게 이끌어 결국 자국의 성과를 얻을 수 있었다. 이때 간섭국干涉國은 큰 힘이나 희생 없이 참전국으로서의 이익을 균점均霑할 수 있으며 때로는 위력을 시위하는 것만으로도 소기의 목적을 달성할 수 있었다. 간섭 전쟁을 수행하기 위해서는 무력 이외의 정치, 경제, 외교를 교묘히 구사하고, 타국과의 동맹同盟을 통하여 자기의 힘을 절약하며, 필요하면 언제든지 적과의 화해도 사양치 않는다. 어떤 특정 이념이나 명분에 구애받지 않고 사적 감정에 치우치지 않으며, 경제적 원리에 기반하여 자기 국가목표의 달성에 최고의 가치를 둔다.

해양국가는 전쟁을 시대와 더불어 변화하고, 장소에 따라 그 경향이 달라지며, 주변 환경의 변화에 민감하게 작용하는 가변적인 것으로 인식하여 전쟁은 실재 그대로의 모습으로 파악해야만 천변만화千變萬化하는 전쟁에 융통성 있게 적응할 수 있다고 믿는 경향이 많다. 이렇게 볼때 해양국가는 국가의 존망을 판가름하는 절대전쟁에 몰두하기보다는 가능한 전쟁을 정치의 범위 내에 제한하여 피해를 최소화하면서 국가이익은 최대한 추구할 수 있는 융통성 있고 타산적打算的 전쟁관을 보유하고 있다고 볼 수 있다.

대륙국가大陸國家

해양국가와는 현저히 다른 전쟁관을 가지고 있으며, 전쟁 수행에서 육군에 의존했던 독일, 프랑스, 오스트리아 등이 대표적인 대륙국가의 범주에 있다. 이들 국가는 대부분 지리적으로 유럽 대륙의 중앙에 위치하고 있으며 주위에는 강력한 견제세력牽制勢力에 의해 포위되어 있으면서도 자국을 보호할 수 있는 천혜의 자연적 방벽이 존재하지 않는다는 유형적 요소와 인접 국가의 전쟁은 곧 자국에 영향을 미치게 되어 원하던, 원치 않던 간 자동개입하게 됨으로써 이 국가들의 국민은 국가의 사활을 걸고 전쟁을 수행하여야 한다는 특징적인 무형적 요소들이 결합한 특성을 보이고 있다.

지리적 측면에서만 본다면 러시아와 중국은 대륙大陸이지만 대륙국가로서 독일이나 프랑스와는 상이한 무형적 특성을 보이기 때문에 본원적인 대륙국가로 분류하기에는 제한이 된다. 러시아 국토의 대부분은 유럽으로부터 아시아에 걸쳐 있는 광대한 대륙국가이며, 중국 또한 역사적으로 동북아의 대표적인 대륙국가로 군림해 왔다. 하지만 이들 두 국가는 광대한 국토적 여건으로 인해 해양국가가 해양으로부터 향유하고 있는 혜택을 대륙으로 그대로 누리고 있다는 점에서 대륙국가의 일반적 범주에 한정하는 것은 제한될 수 있다. 러시아와 중국은 광활한 영토에 풍부한 인구를 보유하고 있어 공간을 양보하는 대신 시간을 버는 퇴피적退避的 술arts에 의존한다는 점에서 소극적 수세消極的 守勢 사상으로 일관하고 있는 해양국가와도 유사한 특성을 보이고 있기 때문이다.

대륙국가에서의 전쟁은 유리한 사업일 수가 없다. 이득이 없는 전쟁에 초연하거나 전쟁 도중에 재빨리 후퇴하여 전쟁을 관망할 수도 없다. 미국이나 영국과 같은 해양국가나 러시아 중국처럼 전쟁에 타산打算을 따지거나 전후의 국가경영을 따지기에 앞서 우선 발등에 떨어진 불똥을 끄기 위해 진흙탕 속에 뛰어들어 싸우지 않으면 안된다.[43] 이들 대륙국가들은 전쟁으로부터의 도피가 곧 생존의지의 포기를 의미하는 것과 같은 의미로의 전쟁에 대한 관점을 가지고 있다. 이같이 전쟁은 자기보존自己保存과 국가의 손망과 바로 직결되기 때문에 전쟁을 언제나 정당화되고 미화하기까지 한다. 결국은 자기의 의지를 관철하기 위해 적의 섬멸까지 불사하는 정신과 사상이 지배적일 수밖에 없게 된다. 따라서 전쟁은 생존을 위한 불가피한 수단이며, 생존의 유일한 수단은 전쟁 이외에 다른 방법이 없다. 이러한 측면에서 예방전쟁은 평화의 파괴가 아니라 오히려 위협당하고 있는 약소국이 자기보존을 위해 취하지 않을 수 없는 논리적 배경을 잉태하고 있다. 국가와 민족이 위기에 처했을 때 최후의 진력을 소멸시킬 때까지 싸우는 것은 국가와 민족의 보존을 위해 당연한 도리라고 생각하며, 그렇지 않으면 적에게 곧 압도당하게 된다고 믿는다. 그래서 클라우제비츠는 "폭력의 사용에는 국제법과 국제관례라는 여러 가지 제한이 따르지만, 그것은 무시해도 좋은 사소한 것이다. 전쟁과 같이 위험한 일에 있어서 선량한 마음에서 우러나오는 그릇된 생각이야말로 가장 나쁜 것이다"고 주장하면서, 전쟁의 유일한 수단은 전투이고, 적 전투력의 격멸은 전쟁의 주요한 원리이며, 적극적 행동과 공세적 수단만이 목표에 도달할 수 있는 가장 빠른 지름길이라고 논의하고 있다.[44]

이렇게 볼 때, 대륙국가의 일반적인 전쟁관은 전쟁을 회피하고 경원시敬遠視하기보다는 오히려 전쟁에 뛰어들어 갖은 고난 속에서도 최후의 승리를 통해 자기보존을 꾀하는 적극적 공세사상攻勢思想, 즉 국민과 국가의 존립을 위한 극단적 생존투쟁이 곧 전쟁이라고 인식하고 있는 것이다.[45]

반도국가半島國家

반도半島란 대륙에서 바다로 돌출한 좁은 육지로서 보통 삼면이 바다로 둘러싸여 있으며, 해양과 대륙의 중간적인 지리적 위치에 놓여 있다. 반도는 대륙에 부속된 특성으로 인해 대륙에서 신흥新興하는 강국들이 그 세력이나 영토를 해양 쪽으로 확장하거나 진출하려는 의도가 있을 경우나 반대로 해양세력인 대륙으로 진출할 의도를 가지고 있을 경우에도 늘 그 디딤돌로 강국들의 침략 대상이 되어왔다. 그래서 반도는 대륙과 해양을 연결하는 교량적 역할과 양대 세력의 진출에 필수적인 관문적關門的 성격을 띠고 있다.[46] 따라서 역사적으로 반도국가는 이와 같은 의도를 가진 대륙이나 해양국가의 양대 세력에 의한 잦은 피침被侵의 피해를 입어왔다. 이탈리아 반도의 초기 로마Rome가 그러했고, 우리 한반도가 역시 그러하다.

반도국가는 좁은 국토와 대체로 세장형細長形 지형 등으로 인해 방어 상의 이점을 갖추고 있지 못하기 때문에 가능한 한 전쟁을 회피하는데 주안을 두었고, 국익이 충돌되었을 때에도 직접적인 전투보다는 외교, 책략 등 간접수단에 의해 전쟁을 예방하거나 종결하는데 중점을 두었다.

전쟁에 대한 인식에 있어서도 전쟁을 실재적 사실實在的 事實로 인정하여 당시의 상황에 따라 대처해 나가는 상황즉응적狀況卽應的 융통성에 따라 대응한다는 관점을 가지고 있는 경향이 많았다. 즉, 국력이 쇠약衰弱할 때는 국토적 여건, 전략환경 등 지리적 이점을 활용하여 지연전遲延戰을 펴거나 인접국가와의 우호적 동맹을 통하여 침략국에 대항하거나 외교, 책략 등에 의해 조속한 전쟁종결을 꾀하였다. 한편 융성기의 로마나 스페인처럼 반도국가가 국력이 융성할 때는 해양과 대륙을 제패하여 세계적으로 웅비하고 도약하는 찬란한 역사를 이룩하였다.

이렇게 볼 때, 반도국가의 전쟁관은 지리적으로 대륙과 해양의 중간적 위치에 놓여 있듯이 전쟁인식에 있어서도 대륙국가의 극단적 생존 전쟁의 성격과 해양국가의 융통성 있는 이해利害관점으로 전쟁을 보는 특성을 이중적으로 모두 가지고 있다고 보아야 할 것이다.

2 생활방식에 따른 전쟁관

근대 산업사회가 형성되기 이전의 생활양식은 주로 유목 생활과 정착 농경 생활로 크게 구분할 수 있다. 각자가 서로 다른 환경 속에서 전쟁이라는 상호작용을 통하여 정복하기도 하고 정복당하기도 하면서 각기 독특한 문화와 가치관을 창조하여 귀착시켜 왔을 것이다. 그러므로 이 같은 서로 다른 생활환경은 전쟁을 보는 관점에도 영향을 끼쳐 왔다고 볼 수 있다.

일반적으로 유목민족은 삼림지대에서 새나 짐승을 수렵하거나, 초원지대에서 가축을 유목하거나, 또한 사막지대에서 오아시스를 중심으로, 소규모의 농경과 유목을 병행하였으며 이동을 위해 말을 주요 기동수단으로 삼았기 때문에 기마민족騎馬

民族의 특성을 지니게 되었다. 이에 비해 농경민족은 일정한 지역에 정착하여 농작물을 생산하고 이를 생활의 기초로 삼았다. 이들은 대체로 토지가 비옥하고 경제적 생활이 안정되어 인구의 증가폭이 빨라 일찍부터 국가형태를 갖추는 동력으로 작동하였다. 그러나 인구의 팽창에 비해 경작지는 제한되어 있으므로 끊임없이 경작지 면적 확대에 노력해야 했다.

이같이 생활환경에 따라 각기 이해를 달리하는 민족 간에는 통상通商과 전쟁으로 문화적 교류가 이루어졌다. 대체로 유목민족은 농경민족에 비해 생산력이 떨어지기 때문에 농경민족을 습격하여 곡물, 금품, 인질을 약탈하는 호전적인 공격성 특성을 보이는 경향이 있었으나, 농경민족은 토지를 확보하기 위한 경우 이외에는 전쟁을 회피하게 되는 수세성守勢性을 가지는 성향이 강하였다.

유목민족遊牧民族

유목민족은 대체로 소수부족으로 광대한 불모지에서 가축을 목축하면서 생활을 영위하였다. 따라서 생산력이 부족하고 생활여건이 불리하였다. 이같이 불리한 생활여건을 극복하기 위해서 전쟁을 통해 감당하려는 동기가 발생하게 되고, 전쟁은 자연히 생활의 일부가 되게 되었으며, 민족의 성격 또한 상무적尙武的 경향이 강하고 공세적으로 변화할 수밖에 없었다.

이들의 전투대형은 대체로 옆으로 벌린 횡대橫隊로서 분산소개대형分散疏開隊型을 취했고, 전법戰法은 주로 기마騎馬에 의존한 우세한 기동력에 의해 적을 급습急襲하거나, 포위包圍, 우회迂廻를 통하여 적을 섬멸하는 기동機動 위주의 섬멸전殲滅戰에 능하였다.[47]

유목민족의 또 다른 특색은 토지에 집착하지 않고 금품의 약탈이나 노예 획득 등 전쟁목적만 달성하면 즉시 퇴거退去했다는데 있다. 유목민족들은 일반적으로 전쟁을 불리한 생활여건의 개선이라는 생존의 필수조건으로 인식하여 집단 전원이 전투에 참여하는 개병제도皆兵制度를 취했고, 반농반목半農半牧의 집단이라도 일단 유사시에는 모든 구성원이 전쟁에 임하는 사회제도를 취하는 경향이 많았다.

이렇게 볼 때, 유목민의 전쟁관은 전쟁이 생존을 위해 필수적 조건이라는 절대 전쟁의 개념을 수용하고 있다고 볼 수 있다.

농경민족農耕民族

농경민족은 대체로 토지에 정착하여 농산물을 주식으로 생활을 영위하였으므로 토지가 생활의 기반이었다. 경작할 수 있는 토지는 생산력이 풍부하여 생활여건이 유리하고 이에 따라 부족 집단의 인구가 증가하게 됨으로써 국가 등 일찍이 대집단을 형성할 수 있는 기반을 가지게 되었다. 따라서 농경민족은 유목민족보다 자급자족할 수 있는 생산량이 많아 전쟁으로 생활여건을 개선할 의도나 그 필요성이 적다. 그 대신 토지에 대한 애착심이 강하여 영토를 수호하기 위한 수세적 전쟁관이 확장되었고, 특별히 공격적인 전투나 투쟁을 할 경우에도 농경지의 확장을 목적으로 하는 제한적인 전쟁수단을 택했다.

이같이 농경민족은 전쟁을 목적달성의 수단 즉, 경지확장耕地擴張 수단으로 인식하지만 먼저 전쟁을 도발할 필요성이 없어 이들의 전투기술은 유목민에 비해 열등할 수밖에 없었다. 따라서 성벽을 높이 쌓고 상대방의 공격을 지연시키는 수세守勢 위주의 지연전에 능하며, 근접전투 시에는 유목민족들이 대담한 기동에 의해 포위, 섬멸하는 데에 주안 두는 반면 농경민족은 다수인이 밀집하여 싸우는 밀집에 의한 돌파전술突破戰術 등이 개발되었다.[48]

또한, 농경민족들은 종교, 예술 등 문화를 존중하고, 전쟁을 혐오하였기 때문에 무력을 통한 전쟁에 호소하는 것보다는 외교, 모략謀略 등 전투 이외의 방법으로 적의 저항의지를 마비시켜 정치 목적을 달성하는데 주안을 두는 경향을 보이고 있다.

이렇게 볼 때, 농경민족은 일반적으로 전쟁이란 악惡한 것이며 특별한 경우에만 필요하다고 보는 상대적 인식에 따라 유목민의 생존을 위한 절대개념 보다는 현실적 목적달성을 위한 현실개념으로 받아들이고 있다.

제5절
전쟁 목적目的과 목표目標

1. 전쟁의 목적, 목표 그리고 술術과의 상관관계

인간의 모든 행위는 목적과 수단의 합리적 조합과 조직에 의해 효과적으로 성과를 달성할 수 있다. 일반적으로 수단보다는 목적이 앞서고, 목적은 수단을 조절하고 통제하면서 발전하는 것이 모든 인간의 활동과정이었다.

목적이 없거나 불분명하면 결과에 대한 예측도 불가능할 뿐만 아니라 수단을 효과적으로 운용하지 못하게 된다. 목적은 행동을 규제하는 지표 내지 방향의 길잡이가 되는 것이다. 이 같은 측면에서 본서에서는 전쟁목적과 목표 그리고 이를 달성하기 위한 실천수단으로서 군사력을 운용하는 원리와 방법을 중심으로 이들 간의 상관관계를 고찰해 보기로 한다.

클라우제비츠는 "전쟁이란 적을 굴복시켜서 자기의 의지를 실현하기 위해 사용되는 폭력행위"라고 하여 전쟁의 목적 및 목표 그리고 수단을 구별하고 있다. 즉, 전쟁의 목적은 '적에게 자기의 의지를 강요'하는 것이며, 이 목적을 실현하기 위해 '적의 저항을 무력화'하는 것이 곧 전쟁행위의 본래 목표이며, 이 목표에 도달하기 위해 사용되는 수단이 '폭력행위'라고 하였다. 또한 "전쟁은 다른 수단에 의한 정치政治의 계속에 지나지 않는다"라고 결론짓고, 전쟁이 자기 의지의 강요인 이상 자기 의지가 관철될 때까지 무한정 계속될 수밖에 없다고 주장하고 있다.[49]

이와 같은 그의 논리에 의하면, 전쟁은 그 자체의 논리에 따르며, 일단 전쟁이 시작되면 적이 완전히 무력화될 때까지 전쟁을 계속할 수밖에 없다는 것이 바로 클라우제비츠의 '절대전쟁絕對戰爭' 개념인 것이다. 그러나 현실적으로 핵무기와 같은 절대적 수단을 가진 국가가 적의 완전섬멸이라는 절대적 목표를 달성하기 위해 자기가 보유한 수단을 무제한적으로 사용할 수는 없다. 왜냐하면, 적의 완전한 섬멸이라는 목표를 추구하다 보면 결국 자신의 국가도 쇠진衰盡하여 멸망을 자초할 수밖에 없기 때문이다.

따라서 한 국가가 전쟁을 한다는 것은 전쟁을 위해서 전쟁을 하는 것이 아니라 국가이익을 제고하기 위한 국가정책을 수행하기 위해서 전쟁을 하는 것이라 볼 수 있다. '전쟁을 위한 전쟁'의 거부는 전쟁에는 군사적 승리 이외에 정치적 목적달성이라는 또 다른 한 가지의 중요한 사실이 포함되어 있다는 것을 의미한다. 이러한 측면에서 정치와 전쟁은 같은 내용의 표리表裏에 불과하지만, 전쟁의 최종 목적이 정치목적 달성에 있는 한 전쟁은 정치의 연속이라고 단정 지을 수 있는 것이다.

이같이 전쟁은 국가이익을 위한 국가정책의 수행이라는 정치적 목적달성에 그 존재의의를 찾을 수 있기 때문에 '전쟁에 의해 무엇을 달성하고자 하는가?' 하는 전쟁목적과 '전쟁을 통하여 무엇을 성취하려 하는가?' 하는 전쟁목표가 뚜렷하여야 한다. 즉, 전쟁목적은 국가적 수준에서 요구하는 정치적 목적 즉, 국가이익이나 국가생존 등 국가목표와 직접 연관되어 있으며, 전쟁목표는 전쟁목적을 달성하기 위해 군사력이 지향해야 할 구체적 방향으로 군사전략목표와 직접 관련된다.

예컨대 제2차 세계대전 당시 독일의 전쟁목적은 파리Paris를 점령하는 데에 있었으나, 전쟁목표는 파리 점령을 위한 프랑스군의 주력 격멸에 두고 있었던 것이나, 중동전中東戰 당시 이스라엘의 전쟁목적은 유태민족국가의 유지발전에 있었으나 전쟁목표는 선제기습에 의해 아랍연맹군의 주력을 격멸하는데 두었던 사실은[50] 전쟁목적과 전쟁목표를 유추하는데 명확한 시사示唆를 주고 있다.

전쟁목표는 전쟁목적을 달성하기 위해 군사력이 지향해야 할 구체적 방향으로 '전쟁을 어떻게 수행할 것인가?' 하는 전쟁의 운용과 직접 관련된 것으로, 군사적 수단과 방법을 선택하는 실천적 과정이며, 순로서 군사전략으로 실천된다.

그러므로 군사전략의 본원적 의의는 전쟁목적에서 비롯된 전쟁목표를 달성하는 수단과 방법인 것이다. 따라서 군사전략은 그 상위개념인 전쟁목적이나 목표의 범위와 연계되어야 하며, 정치적 목적 즉, 전쟁목적이 지향하는 전쟁목표 달성의 범위 내에서 적용되는 것이 바람직하다. 또한, 군사전략은 전쟁수행을 위한 전반적 작전의 운용과 관련된 작전술과 전술도 모두 군사전략과 연계되거나 수렴되어 융

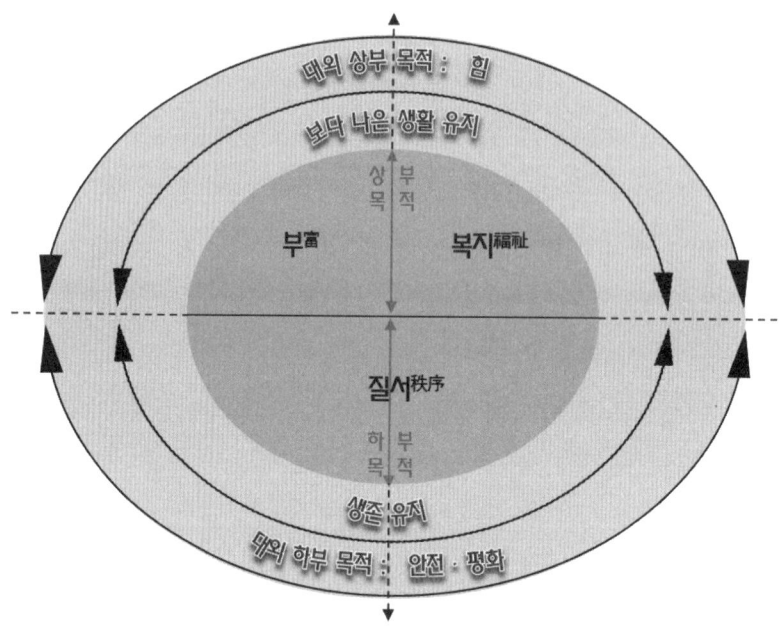

[그림 2-4] 정치 목적의 구성과 체계

자료: 「안전보장이론」, 국대원(1985) 및 「軍事理論硏究」, 육군교육사(1987)의 p. 123의 그림을 수정, 보완하여 인용

합적 성과를 달성할 수 있어야 한다.

전쟁을 하나의 국가정책적 수단으로 결정했다면 정치는 국가가 의도하는 바 목적달성 수단인 전쟁이 그 속성상 무제한으로 발전되지 않도록 전쟁목적과 전쟁목표의 한계를 정해주어야 하며, 그 실천적 과정이며 술로서 군사전략과 작전술 및 전술은 당연히 전쟁목적과 목표에 연속되어야 한다. 이로서 전쟁이 정치의 도구로서 그 본래의 역할과 기능을 발휘할 수 있기 때문이다.

이렇게 볼 때, 전쟁목적은 정치적 목적으로부터 주어지고 전쟁이라는 수단을 통해서 의도하는 목표를 달성하게 되는데, 이러한 측면에서 전쟁목적은 전쟁목표를 통해 구체적으로 군사적 행동을 환기하고 방향을 짓게 하는 원동력인 동시에 모든 군사행동의 정당성Legitimacy의 근거로서 군사전략으로 하여금 가용한 수단과 방법을 선택하게 하며, 이 군사전략은 작전술 및 전술 수준의 전투행위에 의해 구체화되는 것이다. 따라서 한 국가의 전쟁에 대한 정책은 전쟁목적, 전쟁목표 그리고 이를 구현하기 위한 실질적 차원의 군사전략, 작전술, 전술의 융합적 결합에 의해 그 효과를 발휘할 수 있는 것이다.

이에 대하여 클라우제비츠는 "전쟁으로 또는 전쟁에서 무엇을 달성하려고 하는가에 대한 두 가지 질문에 답하지 않고 전쟁을 개시하는 일은 아마 없을 것이다. 이중 첫 번째 질문은 '전쟁의 목적'에 관한 것이며, 두 번째 질문이 '전쟁의 목표'에 관한 것이다. 이 두 가지 중요한 요소에 의하여 군사적 행동의 모든 방향, 사용될 수단의 범위, 전쟁을 수행할 능력의 정도가 결정되는 것이다. 그래서 전쟁목표 달성을 위한 전쟁기획은 모든 군사적 행동의 지표가 되고, 그 하부구조에 이르기까지 영향력을 행사하게 된다"라고[51] 논의하고 있다.

2 전쟁목적에 대한 군사사상가의 논의

손자 孫子

고대 중국 춘추전국시대의 손자는 "최선의 전쟁목적은 나와 상대의 군사력을 온전히 보존하면서 정치 목적을 달성하는 데에 있고, 적의 군사력을 파괴하면서 정치적 목적을 달성하는 것은 차선의 전쟁 목적이다_{全軍爲上, 破軍次之}"라고 하여 가능한 한 자국과 상대에게 손실을 적게 하여 전쟁에 승리하는 것에 전쟁목적이 있다고 했다. 손자는 전쟁을 회피하면서 정치적 목적을 달성하는 것, 즉 전쟁에 대비하여 군사적으로 온전한 태세를 갖추어 적의 무력투쟁 의지를 말살함으로써 전투최소화는 물론 군사력의 피해를 최소화하는 데 전쟁의 목적을 두었다고 볼 수 있다.

손자가 이 같은 전쟁의 목적을 설정하고 있는 배경에 대해, 대해 일본의 가와노_{河野牧} 교수는 "전쟁은 국가의 중대한 일이다. '국민의 생사와 국가의 존망이 기로에 서게 되는 것이니, 신중히 검토하지 않으면 안된다_{兵者國之大事 死生之地 存亡之道 不可不察也}'라는 손자의 명제에서 알 수 있듯이 '국가의 존속유지사상_{存續維持思想}'을 근간으로 하고 있다. 또한 "유리하지 않으면 전쟁을 하지 않고, '국가에 이익이 되는 바가 없으면 군대를 사용하지 않으며, 국가가 위기에 처해 있지 않는 한 싸우지 않는다非利不動 非得不用 非危不戰'라는 손자의 명제는 '이익의 획득과 위험의 배제'를 목적으로 함으로써 전쟁목적을 감정적인 것과는 관계없는 극히 이성적理性的인 계산에 의해 설정한 것으로 보인다"라고[52] 논의하고 있다.

더욱이 손자는 "적의 물질적 군사력은 보존하되, 정신적인 군사력 즉, 전의戰意를 파괴하여 적을 무력화시키는 것이 최선의 전쟁목적이고, 적의 물질적인 군사력을 파괴시키는 것은 차선의 목적에 지나지 않는다"고 하였다. 이는 적의 물질적인 군사력을 파괴하기 위해서는 파괴하는 측에서도 출혈을 면치 못하기 때문에 "승자와 패자는 종이 한 장의 차이에 불과 하다"고 한 처칠의 말이나 "전쟁에서 여러 번 승리하여 천하를 얻는 자는 많지 않으나 이 승리 때문에 망한 자는 많다"라고 논의한 오자吳子의 말은 모두 가능한 한 최대의 이익을 취하되, 이익에 따른 위험은 배제되어야 하고, 이성적 손익계산에 따라야 한다는 손자의 사상과 맥을 같이한다고 할 수 있다.

클라우제비츠Clausewitz[10]

클라우제비츠는 "전쟁의 목적에 확실하게 도달하기 위해서는 적의 저항력을 무력화시켜야 한다는 것은 개념상 군사행동의 본원적인 목표이다. 적의 저항력을 무력화한다는 이러한 목표야말로 적에게 자기 의지를 강요하기 위한 전제조건이다"라고 논의하면서 적으로부터 박탈해야만 하는 저항력의 객체로서 적 전투력의 격멸, 적 영토의 점령, 적 의지의 굴복을 들고 있다. "제1의 대상으로서 적의 전투력 격멸은 적이 투쟁을 계속할 수 없는 상태에 빠뜨리기 위함이며, 제2의 대상으로서 적의 국토를 점령해야 할 필요성은 적의 전투력을 격파해도 적의 국토는 항상 새

---

10 대체적으로 1980년대까지는 클라우제비츠의 전쟁철학 및 전쟁관을 절대전쟁의 관점에서 이해하려는 경향이 강했으나, 이후에는 관념에 기초한 절대전쟁에 대한 논의는 현실전쟁에 타당성을 부여하기 위한 도입으로 이해하는 경향이 강하다. 국내에서도 2000년대 이후에는 클라우제비츠를 재해석하려는 일반적인 경향이 나타나고 있다.

로운 전투력이 만들어질 수 있도록 하는 힘의 원천이 되기 때문이다. 적 전투력의 격멸과 영토의 점령이 동시에 이루어진다 해도 적의 정부 또는 그 동맹국과 강화조약을 체결하여 적 국민을 완전히 정복시키지 않는 한 적과 힘의 긴장 상태나 그 작용은 종결되었다고 볼 수 없기 때문에 제3의 대상으로 적의 의지 굴복이 실현되어야 한다"라고 논의하고 있다.[53]

전쟁의 목적과 목표에 관한 클라우제비츠의 위 논의는 몇 가지 문제점을 내포하고 있다.[54] 첫째, 정치적 목적을 설정할 수 있는 여지를 남기지 않았다는 점이다. 전쟁목적 자체가 적의 전투력을 격멸하는 데에서 시작하여 적의 영토를 완전히 점령하고, 궁극적으로 적의 의지를 자기 의지에 추종하게 하는 전쟁목적을 달성하는 데에까지를 전반적으로 포괄하고 있기 때문에 그 이상의 다른 어떤 목적 설정을 불가능하게 하였다는 점이다. 즉, 일단 전쟁이 시작되면 다른 어떤 제한에도 구속받음이 없이 어느 한쪽이 군사력과 영토를 상실하고 완전히 패배할 때까지 계속되어야 하는 극단적 이론인 것이다.

둘째, 적의 저항력을 무력화시킴으로써 적을 타도한다는 전쟁의 목적 내에 정치적 목적과 전략, 작전술, 전술의 목적을 모두 묶어 둠으로써 각각의 목적과 그 수준을 구별할 수 없게 만들었다. 적의 타도라는 전쟁의 목적이 정치적 목적인 동시에 전략, 작전술, 전술의 목적과 일치하게 만드는 복합 목적으로 파악한 것이다. 이같이 정치적 목적과 전략, 작전술, 전술의 목적이 전쟁의 목적과 동일한 형태의 전쟁을 클라우제비츠는 '개념전쟁槪念戰爭'이라 하였다.

요컨대 손자는 적의 의지를 굴복시키는 데에 전쟁의 목적을 두었다는 점에서 클라우제비츠와 유사하나 손자가 전쟁을 통해 자국의 이익을 추구하되 가능한 한 이익추구에 따른 위험은 배제되어야 한다는 이성적 손익계산理性的 損益計算에 철저한 반면 클라우제비츠는 적에게 자기 의지를 강요하는 데에 전쟁의 목적이 있다고 보고, 이 목적을 달성하기 위해서는 어떠한 위험도 감수해야 한다는 관점으로 철저한 감정적 대립의 격화를 예상하고 있다는 점에서 손자의 주장과 서로 상이한 점을 찾아볼 수 있다.

리델 하트 Liddell Hart

리델 하트는 "전쟁의 목적은 자신의 관점에서 볼 때 보다 나은 평화를 획득하는 데에 있다. 따라서 전쟁은 항상 평화에 대한 부단한 관심 하에 수행되어야 한다. 클라우제비츠가 전쟁은 다른 수단에 의한 정치의 연속이라고 한 것은 근본적으로 진리이다. 그러나 정치(혹은 정책)는 전쟁이 끝이 날 때까지, 그리고 전후 평화의 시기까지도 연장되어야 한다. 한 국가가 자신의 국력을 모두 소진할 때까지 군사력을 증대시키는 것은 그 국가의 정책과 장래를 파산하게 하는 것이다. 전쟁 후의 사태에 대비하지 않고 오직 승리만을 위해 배타적으로 모든 힘을 사용한다면 국력을 완전히 소모하여 평화에서 얻을 수 있는 이익을 받을 수 없을 뿐만 아니라 결국 이러한 상황은 다른 전쟁을 준비하게 되는 악의 씨앗이 될 것이 확실하다"라고[55] 논의하고 있다.

이 같은 그의 논의는 전쟁이 승리하는 데 목적이 있는 것이 아니라, 승리라는 수단을 통하여 국가의 평화 또는 민족의 번영과 같은 국가 본래의 목적을 달성하는 데 있다는 것이다. 이러한 맥락에서 제2차 세계대전 시 주축국의 무조건 항복을 요구하였던 연합국 측의 전쟁목적은 그 범위를 벗어난 그릇된 것이었다고 주장하고 있다.

리델 하트는 전쟁의 목적이 정치 목적달성에 있다는 클라우제비츠의 이론에 전적으로 동의하면서도 전쟁목적 달성을 위한 목표 및 수단 면에서는 오히려 손자의 사상과 가까운 견해를 보이고 있다. 이것은 독일과 영국이 지리적으로 근접해 있으면서도 군사사상의 형성배경이 각각 상이했던 역사적 사실에 기인한다고 보아야 할 것이다.

전쟁목적이 종족이나 영주領主, 절대군주 등 특정 개인이나 집단의 이익추구라는 소극적이고 개인적인 것에서부터 점차 민족, 국가, 이념 체제상 어떻게 생존하고, 번영하느냐 하는 적극적, 집단적 목적의 추구로 변화해 왔다고 요약할 수 있다. 이러한 가운데 주요 군사사상가들이 논의하고 주장하고 있는 전쟁의 목적은 한결같이 '시대별 정치 목적의 달성이라는 의지를 어떻게 관철시킬 수 있을까' 하는 데에 두고 있다.

3 전쟁목표에 대한 군사사상가의 논의

손자孫子

손자는 모공편謀功篇에서 "백번 싸워 백번 승리하는 것이 결코 최상의 방법이 아니며 싸우지 않고도 적을 굴복시키는 것이 최선의 방법"이라[56] 갈파하고 있다. 그의 논의는 전쟁목적이 적의 의지를 굴복意志屈服시키는 데에 있는 한, 싸우지 않고도 내 의사를 관철시키는 것이야말로 전쟁목적 달성을 위한 최선의 방법이라는 것을 명백히 주장하고 있다. 부득이 싸워야 할 때, 즉 싸우지 않고는 적을 굴복시킬 수 없는 경우에는 '전투'라는 목표달성의 수단을 사용하여야 한다. 이 경우 손자는 전쟁목표를 '백전백승百戰百勝'에 두어야 할 것이라 주장한다. 싸워서 이기는 길만이 자기의지를 관철할 수 있는 유일의 방법이기 때문이다.

클라우제비츠Clausewitz

전쟁의 목적에 대한 논의에서 이미 기술되었듯이 클라우제비츠는 "전쟁이란 적을 굴복시켜서 자기의지를 실현하기 위해 사용되는 폭력행위"라고 주장한 바 있다. 이는 전쟁의 목적이 적에게 자기의 의지를 강요하는 것이며, 이 목적을 실현하기 위해 적의 저항을 무력화하는 것이 전쟁의 목표라는 것을 분명히 하고 있다. 그런데 전쟁을 통해서 적에게 자기의지를 강요하기 위해서는 적으로 하여금 도저히 현상유지 내지 원상회복을 할 수 없다는 심리적 좌절감을 안겨주어야 하는 바 이러한 심리적 압박수단으로 클라우제비츠는 적 주공의 격멸과 적 영토의 점령 등을 들고 있다.

이 중에서도 전투력은 국토방위를 위해 가장 필요한 것이기 때문에 전투라는 유혈수단에 의해 먼저 적의 전투력을 격멸시킨 후 적의 영토를 점령하고 이 두 가지 방법으로 적에게 강화講和 내지 항복을 강요함으로써 본래의 전쟁목적인 자기 의지의 실현이라는 정치적 목적을 달성할 수 있다고 주장한다.[57] 이런 의미에서 정치목적은 다만 군사적 행동에 의하여 달성되어야만 하는 전쟁목표를 설정하기 위한 척도일 뿐만 아니라, 전쟁에서 사용할 힘의 한계를 결정짓는 기준이기도 하다.

이렇게 볼 때, 적 주력의 격멸 또는 상대의 영토 점령은 전쟁목적인 정치적 목적 달성의 수단임과 동시에 군사적으로 달성해야 할 최종 목표라는 측면에서 클라우제비츠는 전쟁목표란 전쟁목적 달성을 위해 군사력이 구체적으로 지향해야 할 방향으로 규정짓고 있다.

리델 하트 Liddell Hart

리델 하트는 클라우제비츠와 같이 적의 저항의지를 분쇄하는 데 전쟁목적을 두고 있다. 그러나 클라우제비츠가 유혈에 의한 적 주공의 섬멸에 전쟁목표를 두고 있는 반면 리델 하트는 제1차 세계대전의 결과 등 면밀한 분석을 바탕으로 술術적 요소의 중요성이 과학기술의 발전에 수반하여 증대될 것이라는 통찰과 함께 구체적인 전쟁 목표에 관해 논의하고 있다.

그는 이러한 심오한 사유 속에서 간접접근적間接接近的인 사상을 발전시킬 수 있었다. 그는 제1차 세계대전에서 서부전선의 교착상태交錯狀態를 깨뜨리기 위해서는 기병騎兵의 부활 이외에 다른 방법이 없음을 인식하고, 종래의 기병에 대신할 수 있는 방법으로 전차에 의한 전략기동戰略機動을 구상하였다. 이는 전차를 주 공격무기로 사용하여 적의 측방이나 배후를 향해 결정적인 기동機動을 감행하여 최소한의 인적, 경제적 손실로 적의 저항 의지를 굴복시키는 데에는 전투에 의한 군사적 수단 이외에도 비군사적非軍事的 수단이 존재하고 있음을 역설하면서 그중에도 경제적 수단은 가장 많은 가능성을 내포하고 있다고 논의하고 있다.[58] 또한, 그는 적의 전투부대가 아닌 저항 의지의 근원인 지휘부나 통신 시설을 공격하여 최소의 비용으로 전쟁목표를 달성하는 것이 바람직하다고 하였다.

시대별 전쟁목표의 주안

전쟁 양상이 비교적 단순했던 고대에는 전쟁목적이 집단의 생존에 있었던 만큼

종족 간의 전쟁도 자연히 '먹느냐 아니면 먹히느냐 '하는 절대적인 양상을 보였고, 이에 따라 전쟁목표 역시 상대를 철저하게 정복, 괴멸시키는 데 있었다고 볼 수 있다. 예를 들어, 포에니Poeni전쟁BC 264~BC146에서[11] 로마에게 패한 카르타고는 70만의 시민이 살해되거나 자살하여 남녀노소를 합쳐 겨우 5만 5천 명만이 살아남아 항복했고, 그들마저도 노예로 전락했다. 지중해에서 융성하던 카르타고가 결국 한 줌의 초토焦土로 변해 버렸던 이 같은 역사적 사실은 당시의 전쟁목표가 철저한 적의 섬멸에 두고 있었음을 말하고 있다.

중세 봉건시대封建時代에 접어들면서 전쟁목표는 변화되기 시작했다. 봉건영주封建領主나 군주君主는 자기의 지위를 보존하기 위해 군대가 필요했고, 소유하고 있는 영토와 영민領民은 크지 않아도 지배자로서 권위를 위해 궁정宮廷에서 사치를 해야만 했다. 따라서 군대의 필요성은 인정이 되었지만, 군대에 많은 돈을 투자할 수 없었을 뿐만 아니라 군의 보충도 용이하지 않았기 때문에 자연히 결전에 필요한 소수정예를 유지하지 않을 수 없었다. 그로 인해 군대로서도 전멸을 각오하면서까지 일부러 결전決戰을 해야 할 이유도 없었다. 그리하여 중세의 전쟁목표는 적의 주력부대 섬멸보다는 교묘하게 군대를 이동/기동하여 적의 병참선兵站線을 위협하거나, 유리한 지형을 확보하여 적의 후퇴를 강요하거나 적의 영토를 일부 점령하는 등의 누적된 승리를 통해 유리한 강화조약을 맺어 이루려는 목표의 달성에 노력하는 것이었다.[59]

근대인 19세기 초 프랑스의 혁명전쟁 및 나폴레옹 전쟁에 의해 전개된 국민전쟁은 전쟁목표에 혁명을 일으킨 획기적인 사건이었다. 즉, 봉건적 신분제封建的 身分制가 무너지고 근대적 통일민족국가 近代的 統一民族國家가 성립됨에 따라 낡은 사회제도에서 해방된 민중은 징병제徵兵制란 국민개병제도國民皆兵制度에 의해 전쟁에 참여하게 됨으로써 이제까지의 방관자적 입장을 떠나 진정한 조국의 해방과 공화국 건설에 참여할 수 있게 되었다. 이로서 전쟁의 승패는 국가의 흥망과 아울러 국민의 사활에 직

11　B C.264~241년에 육군국(陸軍國)인 로마와 해군국(海軍國)인 카르타고 사이에 일어난 3차에 결친 전쟁이다. 이 전쟁의 승리로 로마는 지중해를 제패, 세계 제국건설의 기초를 마련하였다.

결되어 전쟁목적은 무제한으로 확대되지 않을 수 없게 되었다. 이같이 전쟁목적이 확대되고 결전적인 것이 되자 전쟁 당사국의 국민은 서로 사활의 한계의식에 이르게 되고, 이와 같은 극도의 흥분상태에서 일단 전투가 개시되면 적이 완전히 재기불능의 상태에 이를 때까지 전쟁의 중지나 강화회담과 같은 것은 문제가 되지 않았다. 따라서 전쟁목표도 어떻게 하면 적의 주력을 격멸하느냐 하는데 주안을 두게 되었고, 결국 클라우제비츠의 절대전쟁 개념의 등장 즉, 목적달성을 위해서는 어떠한 수단도 정당화된다는 극한적 상황으로까지 몰고 가게 되었다.[60]

일반적으로 전쟁목표에는 물리적 군사력을 파괴함으로써 무형전력인 전투의지를 무력화하는 방법과 전투의지를 마비시킴으로써 물리적 군사력을 무력화하는 두 가지로 구분할 수 있다. 그런데 적 주력의 섬멸에 전쟁목표를 두었던 근대의 군사적 경향은 승리한 쪽에서도 엄청난 손실을 감수해야 하기 때문에 비경제적이고, 국가전략적 차원에서도 전후의 관리에 문제점이 남게 되었다. 중세를 지나 근대로 들어서면서 전쟁이 거의 절대적인 파괴성을 지니게 되어 인류의 앞에 등장하자 어떤 민족이나 국가도 전쟁이라는 괴물의 제물이 되기를 바라지 않게 되어 진정하게 전쟁을 심사숙고하는 계기가 마련되기 시작하였다.

이러한 측면에서 전쟁에 대한 면밀한 상고詳考를 통해 리델 하트는 전쟁의 목표가 비록 결전에 있다 할지라도 가장 유리한 상황에서 전쟁을 치러야 하기 때문에 상황이 유리할수록 그것에 반비례하여 유혈의 전투는 적어진다고 논의하고 있다.

1940년 독일의 구데리안 장군은 세당Sedan에서 기습적으로 중앙돌파中央突破를 감행하여 연합군의 좌익을 분단시키고 포위하여 유럽 대륙에서 연합군의 전면적 붕괴를 강요하였다. 이것은 적 주공의 격파가 반드시 전투승패의 결정적 요소가 아님을 입증한 좋은 예이다.

현대에 들어서면서 전쟁 목표는 적 주력 섬멸보다는 적의 저항의지를 마비시키는데 주안을 두게 되었고, 이를 위해 적의 중심重心이나 지휘 중추를 강타하여 전투를 최소화하는 데 주력하였으며, 이러한 사상은 또한 작전술 발전의 계기를 마련하게 되었다. 시대별 전쟁목표는 대체로 유형적 군사력의 파괴로부터 점차 무형적 마비를 통해 전투를 최소화하는 경향으로 발전되었다고 요약할 수 있다.

소결론

본서의 이번 절에서는 전쟁목적과 전쟁목표에 대하여 간략히 고찰해 보았다. 하인리히 뷰로1757~1807는 일찍이 "목표目標는 눈에 보여도 목적目的은 눈에 보이지 않는 관념觀念이다. 보이는 목표에 대해서 '어떤 관념을 가지고 행동하려는가'하는 행동의 관념이 곧 목적이다. 그러면 왜 목적은 눈에 보이지 않고 목표는 눈에 보이는 것일까? 한마디로 목적은 주관적이고 내면적인 것이지만 목표는 객관적이고 외형적인 것이다. 따라서 목적은 자기만 잘 알고 있으면 되지만 이것을 외부로 표현하여 상대방에게 인식시키기 위해서 유형적인 목표를 가지고 말해 주거나 목적을 달성하기 위한 수단을 아울러 사용해야 하는 것이다. 따라서 목적과 목표는 일치하는 경우가 많다"[61]고 논의하고 있다.

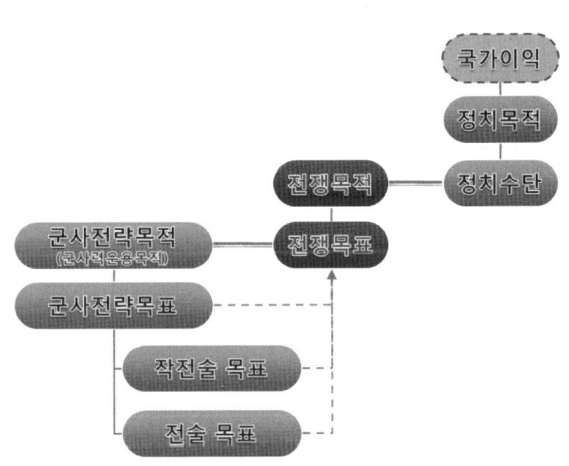

[그림 2-5] 전쟁목적과 전쟁목표의 상관관계

독일 베를린 대학의 쉐링 교수도 그의 저서 「국방과학총서國防科學叢書」에서 클라우제비츠가 "전쟁수행이 정치, 전략 및 전술에 의해 이루어지기 때문에 이들은 통일적 연관이 있다"라고 한 말을 지적하고 이들 사이의 연관이란 목적과 수단으로 표시된 유기적有機的인 것으로 풀이하였다. 다시 말해서 정치와 전략 및 전술은 각기 상, 하위 개념으로 어느 하나의 행동 목적이 언제나 그보다 높은 차원에서 행동의 수단이 된다는 점에서 하나의 체계를 이루고 있다는 것이다. 따라서 전쟁목표를 어떻게 수립할 것인가 하는 것은 언제나 전쟁목적이 무엇인가에 따라 결정된다는 것이다.[62] 이를 도식화하면 [그림 2-5]와 같다.

Note

[1] ko.m.wikipedia, 2022. 4. 2., '철학과 사상'으로 탐색하고, 수정하여 인용
[2] 국방대학원, 「안전보장이론」, 1984., p,67.
[3] 이종학, 「현대전략론」, 박영사, 1983, p.22.
[4] Quincy Wright, *A Study of War*, 1979, p.30.
[5] 이종학, 상계서, p.30.
[6] 本郷健홍꼬다개시, 국방대학원 역, 「전쟁철학」, 1982,, P.29.
[7] 神川彦松가미까와 히데스꼬,「전쟁과 생존경쟁」, 국제학회, 1970., P.78.
[8] 박창희, 「군사전략론」, 플래닛 미디어, 2021., pp. 30~31. 의 내용을 요약/수정하여 인용
[9] 高橋甫, 국방대학원 역, 「현대총력전론」, 1975., p.35.(재인용)
[10] 상게서, p.38.(재인용)
[11] 상게서, p.39.(재인용)
[12] 상게서, p.39.(재인용)
[13] 상게서, p.40.(재인용)
[14] 상게서, p.47.(재인용)
[15] 상게서 ,p.48.(재인용)
[16] 국대원, 「방위학 개론」, 1985.,p.128.(재인용)
[17] 高橋甫, 국대원 역, 「현대총력전론」, 1975., p.24.(재인용)
[18] 조인복, 「전쟁연구」, 성지문화사, 1959.,P.1.(재인용)
[19] 상게서, p.12.(재인용)
[20] 이종학 편역, 「손자병법」, 박영사, 1984., p.74.(재인용)
[21] 淺野祐吾, 육군교육사 역, 「군사사상사입문(軍事思想史入門)」, 1986., p.127.(재인용)
[22] 高橋甫, 국방대학원 역, 「현대총력전론(現代總力戰論)」, 1975., pp.28~29.(재인용)
[23] 퀸시 라이트, 육본 역, 「전쟁연구」, 1979., pp.101~105.(재인용)
[24] 박창희, 「군사전략론」, 플래닛미디어, 2021., pp.34~45.을 내용을 수정/보완하여 인용
[25] John Garnett, "The Causes of War and the Conditions of Peace", John Baylis et al,. Strategy in the Contemporary World, 2007., pp.24-25.
[26] John Garnett, Ibid.
[27] Kenneth N. Waltz, *Man, the State and War: A Theoretical Analysis*, New York:Columbia University Press, 1959., p.232.
[28] John Garnett, Ibid., pp.30~34.
[29] 김열수, "전쟁원인론: 연구동향과 평가", 교수논총, 제38집, 2004.
[30] Edwin I. Megargee and Jack E. Hokanson, *The Dynamics of Aggression*, New York:Harper & Row, 1970., pp.22~32.
[31] Geoffrey Blainey, *The Causes of War*, New York:The Free Press, 1988., pp.72~82.
[32] Robert Jervis, *Perception and Misperception in International Politics,* Princeton:Princeton

[33] Michael Howard, *War and the Liberal Conscience*, Oxford:Oxford University Press, 1981., pp.70~72.
[34] Paul Brewer, *The Chronicle of War*, London:Carlton Books, 2007., pp.166.
[35] Kenneth N. Waltz, Ibid., pp.63.
[36] Kenneth N. Waltz, Ibid., pp.122~123.
[37] Kenneth N. Ibid., pp.230~238.
[38] John A. Vasquez, *The War Puzzle*, p.42.
[39] 국방대학원, 「안전보장이론安全保障理論」), 1984, p.67.(재인용)
[40] 「세계철학대사전世界哲學大辭典」, 성균서관, 1977, p.908.
[41] 육본, 「대륙국가大陸國家와 해양국가海洋國家의 전략」, 1977, p.11.(재인용)
[42] 상게서, p.12.(재인용)
[43] 육본, 상게서. p.24.(재인용)
[44] 이종학, 「한반도의 억지전략이론」, 형성출판사, 1981., p.157.(재인용)
[45] 상게서, pp.25~27.(재인용)
[46] 육군교육사령부, 「한국군사사상연구」, 1985., pp.131~132.(재인용)
[47] 淺野祐吾, 육군교육사 역,「군사사상사입문(軍事思想史入門)」, 1986., pp.20~21.(재인용)
[48] 상게서, p.22.(재인용)
[49] Carl von Clausewitz, *vom Kriege*, Berlin: Ferdinand Dümmler*(1832)*, 김만수 역, 「전쟁론」, 완역판 5쇄, 2009.
[50] 大橋武天, 「통수강령(統帥綱領)」, 병학사, 1980., p.473.(재인용)
[51] Carl von Clausewitz, Ibid.
[52] 河野牧, 「손자전략론」, 拉木書館, 1976., pp.65~66.(재인용)
[53] 클라우제비츠, 이종학 역, 「전쟁론」, 일조각, 1984., pp.27~28.(재인용)
[54] 육군교육사 교리부, 「軍事理論研究」, 군사발전지 부록 제44호, 1987, 10. 30., pp. 125~126. 인용
[55] 이종학, 「현대전략론」, 박영사, 1983., pp.246~247.(재인용)
[56] 이종학 편역, 「손자병법」, 박영사, 1984., p.74.(재인용)
[57] 클라우제비츠, 육대 역, 「전쟁론」, 1982., p.28..(재인용)
[58] 리델 하트, 「전략론」, 양우당, 1982., pp. 22~24.(재인용)
[59] 육군교육사령부,「한국군사사상연구」, 1986., pp.30~31.(재인용)
[60] 高橋甫, 국대원 역, 「현대총력전론(現代總力戰論)」, 1975., pp.39~40.(재인용)
[61] 本郷健홍꼬다개시, 국대원 역, 「전쟁철학」, 1982., p.262.(재인용)
[62] 상게서, p.263.(재인용)

03 CHAPTER

군사전략 軍事戰略

Military Strategy

제1절 전략의 개관
제2절 전략, 그리고 국가전략 및 군사전략
제3절 군사전략
제4절 군사전략의 설정과 구현

CHAPTER 3

군사전략軍事戰略

제1절
전략의 개관

1 용어의 기원

'전략戰略'이란 용어는 원래 싸움할 '전戰' 자와 다스릴 '략略' 자가 합쳐진 용어로 '싸움하는 꾀 혹은 싸움을 다스리다'라는 뜻을 지니고 있으며, 대체로 '전장에서 군사력을 운용하는 것'이란 의미로 사용되어왔다.

동양에서 전략이란 용어는 초기부터 사용된 것은 아니지만, 고대 중국의 병서兵書인 '육도六韜'와 위요자尉繚子' 등에서 사용된 군략軍略, 전권戰權, 전도戰道, 병법兵法, 병도兵道라는 용어가 발전된 것으로 권모모공지법權謀攻之法, 지략智略, 선전지모략善戰之謀略 등의 말과 유사하게 사용되어왔다.[1] 이 용어는 중국 춘추시대 이전 주周왕조 초기에 장수將帥가 전장에서 군대를 부리는 것으로만 한정되어 사용되었으나, 춘추전국시대에 접어들면서 무력과 권모를 동시에 구사하여 정치를 행한 소위 패권에 의한 정치수단으로써 순수한 군사 이외에도 정치, 경제, 사회, 심리적인 개념이 포함된 복합적인 개념으로 의미가 확장되어 사용되었다.[2]

서양에서는 영어의 'Strategy戰略'라는 용어는 고대 그리스의 'Strategos 혹은

Strategus' 그리고 'Strategia'라는 말에서 유래한 것으로 보인다. 이 'Strategos'라는 말은 고대 아테네에서 10개의 부족단체로부터 차출된 10개 연대Taxi의 팔랑스Phalanx를 총지휘했던 장군General의 명칭이었다. 아테네 장군의 명칭인 'Strategos'가 구사하는 용병술 혹은 지휘하는 장소를 'Strategia'라고 하였는데 이것은 장군의 지휘술Generalship 또는 장군의 술The art of the General로 의미가 확장되었다. 기원전 4세기경부터 'Strategos'의 역할이 순수한 군사 분야에서 정치 분야에까지 영향력을 행사하게 되었던바, 알렉산더 대왕이 대내외적인 정복과정에서 'Strategi'를[1] 대부분 도시국가나 연방체의 최고 장관으로 임명하였고 당시의 집정관은 교대로 야전군의 사령관을 겸임하도록 한 예와 같이, 정부의 중요한 정책결정자가 전쟁에 관한 결정을 하게 되고 또한 직접 군대도 지휘하였던 것에 따른 자연스러운 현상이었다.

오늘날의 'Strategy戰略'라는 용어는 이 같은 역사적 과정 속에서 그 의미와 개념들이 진화적으로 정착된 결과이다. 이같이 동·서양을 막론하고 전략이란 용어는, 근대시대 이전까지 순수하게 '군대를 부린다'는 군사적 의미로 주로 사용되었으나, 현대 초기에 이르러서야 군사 이외의도 정치 분야까지도 연계하여 포함하게 되었으며, 오늘날에 들어서면서 기업이나 조직의 경영 분야에서까지도 사용하는 더욱 포괄적인 개념으로 확대되었다. 이 전통은 오늘날 통수권이 국가원수에게 집중되어있는 것과 원리적으로 같다고 할 수 있으며, 이런 측면에서 클라우제비츠는 정책결정자와 군사령관이 동일인이 되는 것이 가장 이상적인 지휘 방식이라고 주장한 바 있다.

이전 장에서 이미 논의된 바와 같이 고대 시기 이후인 대략 5세기 말부터 17세기까지는 그 시대의 전쟁 특성이 비교적 단순하고 전쟁목적 및 수단 면에서 제한되었다. 그래서 당시의 전략은 대부분의 경우 단지 준비된 무력을 어떻게 운용하느냐 하는 측면의 군사 분야에 국한하게 됨으로써, '전략'이란 용어 개념 역시 순수

---

1 고대 그리스에서 연대를 지휘했던 직책을 말한다.

한 군사적 의미인 '장군이 전쟁에서 상대를 기만하기 위한 계략, 작전계획 및 군의 기동과 배치방법'으로 인식하고 있었다. 하지만 이 시대에는 전략이라는 용어 자체는 문헌 등에서 거의 찾아보기가 드물었다.[3]

나폴레옹 전쟁을 계기로 전쟁에 있어서 군사적 요소와 비군사적 요소 간 균형이 중요하다는 인식이 확산하였고, 이후 1차대전의 총력전 개념이 확장됨에 따라 군사 이외의 정치, 경제, 사회, 과학 등 국력의 제諸요소를 상호 통합, 조정해야 할 필요성이 제기되었다. 이를 계기로 순수한 군사적 차원에서의 '군사전략'과 제諸국력을 통합, 조정하기 위한 '국가전략'을 구분하게 되었다.

19세기 초, 프랑스 파리에서 발간된 군사사전1801년에서는 '전략Strategime'이라는 용어를 '전투의 규칙rule de guerre 또는 적을 패배, 굴복시키는 방법'으로, 그리고 '전술Latactique'은 '병력이동의 과학'이라고 정의하여 전략과 전술을 구분하여 최초로 정의하고 있다. 나폴레옹 전쟁 이후에는 '전략'을 장군의 제반 활동뿐만 아니라 전쟁의 수행을 위한 계획에 관련되는 활동까지 포함하게 됨으로서, 장군의 순수한 전투 수행 방법으로서의 '전술'과 전쟁의 수행을 위한 계획과 관련된 '군사전략'을 구분하여 사용하게 되었다.[4] 결국, 전략이라는 용어는 18세기 이후에 보편적으로 사용되었던 개념이라고 보면 틀림이 없다.

이같이 전략은 '군사전략'과 '전술' 등 여러 개념적 변화를 거쳐 왔고, 현대 초기에 들어서서 군사력 운용의 개념 속에 새로이 작전술이 추가되었다. 작전술은[2] 제정帝政러시아의 스베친 장군이 그의 저서인 「전략」1920년에서 개념을 발전시켜 제시함으로써 군사전략, 작전술, 전술 등 연결된 군사력 운용술로 추가하게 되었다. 작전술과 전술에 대해서는 제4장 및 제5장에서 술術, arts적인 운용을 중심으로 자세히 논의할 것이다.

---

2   제정帝政러시아의 게루아 대장과 메스너 대령이 제1차 세계대전 직전에 오뻬라찌까Omepaunka라는 용어로 처음 사용하였다.

2 전략 개념의 분화와 확장

　나폴레옹 전쟁 이후 19세기 후반부터 제1차 세계대전과 제2차 세계대전 이후 전략의 개념은 클라우제비츠와 조미니를 비롯하여 리델 하트, 앙드레 보프르 등 여러 전쟁과 군사사상가에 의해 수직적, 수평적으로 더욱 확대되었다.

　클라우제비츠는 전략을 '전쟁목적 달성을 위한 수단으로 전투 운용에 관한 술'이라 하여 전략을 군사력 중심으로 정의하여 무력사용에 주안을 둔 전략의 개념으로 정리하고 있다. 그는 전략을 "'전쟁' 목적을 달성하기 위해 전투engagement를 사용하는 것"으로 정의하고 있으며, 전술은 "'전투'에서 군사력을 사용하는 것"으로 정의하고 있다. 또한, 그는 전략과 전술 등 전쟁술art of war에는 군사력을 준비하고 군사력을 운용하는 두 가지 측면이 있다는 중요한 개념을 원리적으로 제시하고 있으나, 전쟁술은 본원적으로 전쟁을 수행하는 데에 관련된 것이지 전쟁을 준비하는 것에 중점이 있는 것은 아니라는 견해를 밝히고 있다. 그래서 전략에 대한 그의 전반적인 견해는 현대에서 들어서야 개념으로 발전되었던 작전술과 유사한 개념으로 이해할 수 있을 것으로 보인다.

　리델 하트는 전략을 '정치적 목표 달성을 위해 군사적 수단을 배분하고 운용하는 술'로 정의하고, '국가정책목표는 전·평시를 망라하기 때문에, 군사력은 평시에도 유용하게 국가의 목표 달성에 기여해야 한다'는 점을 분명히 하고 있어, 전통적인 군사적 무력 중심적인 정의를 벗어나 현대적인 전략개념으로 발전시키는 데에 공헌하였다. 그는 전략이란 전쟁의 목표 달성을 위한 '전투의 운용'에만 국한되는 것이 아니라 군사력의 산정과 동원, 절약과 집중, 조정 등 비전투적, 비폭력적 중심의 요소를 포괄하는 보다 넓은 의미로 보아야 한다는 견해를 가지고 있다. 그리고, 전략의 상위 개념으로서 '대전략grand strategy'을 제시하고, 이를 국가 수준의 전략으로서 실천적 의미에서 본 정책이라 규정하면서 '한 국가가 정치적 목적을 달성하기 위해 전쟁을 수행하면서 그 국가가 가진 총체적 자원을 배분하고 조정하는 역할을 수행하는 것'으로 정의하고 있다.

한편, 앙드레 보프르는 전략을 '국가정책 목적을 달성하는 데 가장 효과적으로 기여하는 힘의 적용술'[5]이라 하여 클라우제비츠나 리델 하트의 정의를 넘어 전략을 군사력뿐만 아니라 정치, 경제, 사회, 이념 및 과학·기술적 수단을 포함하여 정책의 전반적인 수단을 포괄적으로 운용하는 보다 추상적인 개념으로 발전시키고 있다. 그는 전략의 핵심은 대립하는 두 의지意志 간 충돌에서 비롯되는 '관념적인 상호작용'이며 분쟁을 해결하기 위해 힘을 사용하는 것으로, 대립하고 있는 의지 간 변증법dialectics적인[3] 술이라 보는 견해를 가지고 있어 현대적 관점에서의 전략개념으로 발전시키는 발판을 제공하고 있다.

본 절에서 지금까지 논의된 바와 같이, '군사령관의 용병술'로의 협의적인 전략의 개념은 점차 넓은 개념의 전략으로 확산되었고, 전쟁의 수행war fighting과 전쟁의 준비war preparation로 구분하여 개념이 분화하거나, 대전략grand strategy, 전략 등 용어로 개념이 수직적으로 확장되기도 하였다. 또한, 전쟁이 하나 혹은 몇 개의 전투로만 이루어지지 않고 수 개의 전역과 수많은 전투로 확대됨에 따라 이전까지 전장에서 이루어지는 용병술 차원에서 협의적으로 정의된 전략이라는 용어는 전술이라는 용어의 개념으로 구분하여 대체되었다. 이후 전략이란 용어의 개념은 더 넓어지고, 또한 더 상위의 차원에서 전쟁을 준비하고 수행하기 위한 용어로 이해되기 시작하였다. 예를 들어, 콜린스John. M. collins는 전략에 대하여, '전·평시를 막론하고 국가이익과 국가목표를 달성하기 위하여 국가의 모든 힘을 결합시키려는 술적 차원의 힘'이라고 보고 있다. 또한, 그는 전략에는 국내외의 제반 문제를 총괄하는 전반적인 정치전략over all political strategy, 대내외 문제를 포괄하는 경제전략, 국가적 차원의 군사전략이 있음을 암시하면서 이것들을 통틀어 '대전략大戰略'[6]이라 하였다. 그는 이러한 개념을 요약하여 다음 [그림 3-1]과 같이 대전략의 구성요소를 모형화하면

---

3 대화를 통해서 사물의 진리에 도달하는 소크라테스식 문답법이나 혹은 헤겔의 철학에서 모순과 대립을 지양止揚하고 고차高次의 인식에 이르게 되는 사고思考의 형식을 말한다. (네이버 국어사전, 2022. 4. 30. 탐색하여 인용) 또는 이성적 주장을 통해 진리를 확립하고자 하는 것으로 주제에 대해 서로 다른 견해를 가진 두 명 이상의 사람들 사이의 담론을 말하며, 모순을 통해 진리를 찾는 철학적 방법이다. (ko.m.wikipedia, 2022. 4. 30., 탐색 인용)

[그림 3-1] 전략 매트릭스strategy matrix

출처: John, Collins, 국대원역, 「대전략론」, 1979. p.38.를 참고하여 그림을 재작성하여 인용

서 전략은 긴박한 목적, 가용한 수단 및 위협의 정도에 의해 설정된 변수를 고려하여 다각적이고 실제적인 문제들을 다룰 수 있어야 한다고 강조하고 있다.

한편, 전략과 전술 사이의 영역에서 군사작전을 수행하는 문제의 중요성이 제기됨에 따라 작전술이란 개념이 등장하면서 군사전략에서 작전술 및 전술에 이르는 연결된 술의 수직적 개념의 분화와 발전을 이루는 계기가 되었다.

현대에 들어서면서, 미국은 한 때1990년대 이전 전략을 '정책을 효과적으로 지원할 수 있도록 모든 국력을 사용하는 기술과 과학'이라고 정의하기도 하였으나, 오늘날 미국방부은 '전략을 전구theater, 국가, 그리고/혹은 초국가적 목표 달성을 위해 동시화되고 통합된 방식으로 국력의 도구들instruments을 운용하기employing 위한 사려 깊은 아이디어 혹 아이디어의 셑set'이라 정의하여 보다 포괄적으로 정의하고 있다.[7] 미국은 공지전투ALB, Air Land Battle 개념을 시작으로 하여 군사전략과 전술 간에 작전술 개념도 도입하여 체계적인 용병술의 발전을 도모하였다. 전략의 전반적인 위상과 관련 개념들의 분화에 대해 미국을 비롯한 주요 국가의 견해는 [그림 3-2]에 볼 수 있는 바와 같이 요약해 볼 수 있다.

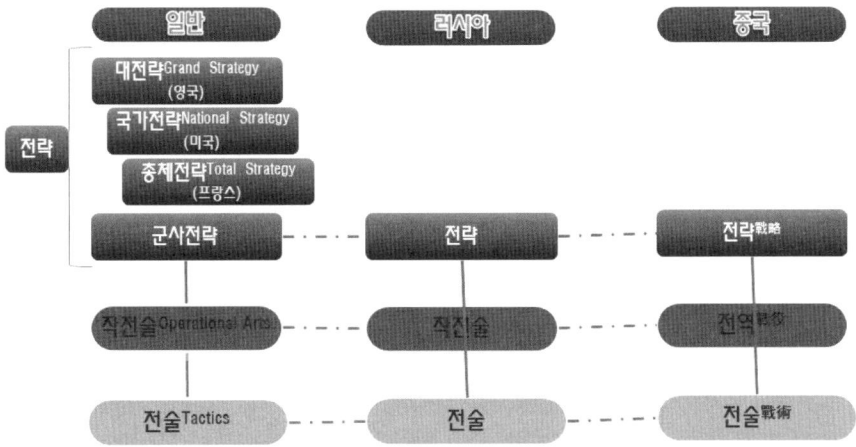

[그림 3-2] 전략에 대한 개념 분화와 그 위상

러시아舊 소련는 전략의 개념에 대해 미국과는 다소 다른 견해를 가지고 있었다.[8] 러시아는 전략을 '전쟁의 준비와 기획, 전략적 군사력 사용 및 지도 문제를 위주로 하는 이론과 실제로 정의하고, 본질적으로 정치의 직접적 도구'라는 개념을 가지고 있다. 이는 전략을 전쟁과 무력전을 준비하고 수행하는 원리를 발전시키는 '군사술 軍事術 Military art의[4] 분야'로 정의하고 있으며, 그 특징을 살펴보면 다음과 같다.[9] 첫째, 전략을 엄격한 군사적 개념으로 축소하고 있다. 군사술의 범위에 군사전략, 작전술, 전술을 포함하고 있는바, 군사전략은 최고 수준의 전쟁 수행 이론으로 여러 군사이론을 주도하는 군사학의 최고 수준이며, 그 하위수준에 작전술[5]과 전술[6]을

---

[4] 최근의 러시아는 군사술Military art / Военное Искуство / 바옌노에 이스꾸스트바을 '군사 업무의 부분으로 군사(및 전투)행위 준비, 실행의 이론과 실제'로 정의하고 있으며, 군사술 이론이란 전략, 작전, 전술적 제대에서의 무장투쟁 수행과 상호 밀접하게 연관된 법칙, 형태 및 방법 분야를 연구하는 군사학의 한 부분으로 정의하고 있다. [자료: Военный энклопедический словарь. МО РФ, 2007(군사 백과사전, 러 국방부(2007)]

[5] 최근 러시아에서는 작전술Operational art / Оперативное искусство / 오뻬라찌브노에 이스꾸스트바을 군사술의 한 분야로 전략과 전술의 중간적 위치를 차지하며, 대규모 군 제대(군관구, 통합군, 군사령부, 전방군, 전략공수군 및 항공우주군 등의 부대)의 합동 및 단독 작전operation, 전투 수행의 준비 및 실행의 방법을 연구하는 이론과 실제적 학문(과학 또는 술)로 정의하고 있다. [자료: Военный энклопедический словарь. МО РФ, 2007(군사 백과사전, 러 국방부(2007)]

[6] 최근 러시아에서는 전술Tactics / Тактика / 딱찌까을 군사술의 한 분야로 협동부대(군단, 여단, 연대 급) 및 다양한 병종으로 구성된 하위제대의 전투준비 및 수행의 방법을 포함하는 이론과 실제적 학문(과학 또

위치시키고 있다. 둘째, 전략을 군사행동의 이론과 실제로 정의하여 더 협의의 군사적 개념으로 파악하고 있다. 셋째, 이론으로서의 전략과 실제로서의 전략을 혼합해 놓고 있어서 '군사적 행동 이전의 전략'과 '전쟁 수행 간 전략'과의 개념상 혼란을 야기하고 있다. 넷째, 이데올로기적 성격이 강했던 당시 러시아는 전략이 직접적으로 사회체제에 의존하며 대내외 정책 역시 국가의 일반목적과 정치, 경제, 문화적 수준에 의존한다고 규정하고 '군사전략은 정책과 밀접한 관계가 있으며, 정치목적에 봉사한다'고 하였다.[10] 이런 점에서 러시아의 전략7은 국가 지향적이라기보다는 체제 지향적이라고 볼 수 있다. 한편, 중국은 '전체적인 전쟁지도를 다루는 것이 전략이고, 국부적인 전쟁지도를 다루는 것이 전역과 전술이다.'라고 러시아 등 사회주의 국가들이 정의하고 내용과 유사한 개념으로 정의하고 있다.[11]

이같이 주요 이론가의 전략에 대한 논의나 대부분 국가에서의 전략에 대한 견해를 살펴보건대, 전략의 개념은 점차 확대되어 진화해왔다. 이에 대하여 줄리안 라이더Julian Lider는 새로운 전쟁 양상의 등장과 활동 영역의 확대(예를 들어, 전시뿐만 아니라 평시 군사 활동의 중요성 증대 등) 그리고 목표와 수단의 동시적 확대라는 측면에서 논의하고 있다.[12]

우선 총력전이라는 전쟁 양상의 등장에 따라 전략의 개념은 순수한 무력의 사용이란 군사적 수준을 넘어 정치·경제적, 과학·기술적, 사회·이념적인 것을 포함한 가용한 모든 수단의 사용을 고려하지 않을 수 없게 되었다는 것이다. 전쟁이 '국가가 가진 모든 힘을 사용하는 국가 간의 총체적 충돌 혹은 대결 현상'으로 이해되기

는 술)으로 정의하고 있다. [자료: Военный энклопедический словарь. МО РФ. 2007(군사 백과사전, 러 국방부(2007)]

7 최근 러시아는 전략strategy / Стратегия . 스트라쩨기야을 군사술의 한 분야로 최상위 개념으로 규정하고, 전쟁war 준비와 기획 및 수행에 대한 문제를 포함하는 전쟁의 법칙에 관해 연구하는 이론과 실제적 학문(과학 또는 술)으로 정의하고 있다. 이는 전략이란 변화하는 정세와 여건을 고려하여 합리적으로 결정된 공통계획과 체계적인 대응책을 통하여 전쟁에서 승리하는 방법이며, 전쟁의 준비와 전쟁 목적 달성을 위한 군대의 연속적인 작전을 결합하는 방법을 포함한다고 규정하고 있다. 전략은 적에게 승리하기 위해 군사력뿐만 아니라 국가의 모든 자원의 이용과 관계되는 문제를 연구하며, 군사학에서의 전략은 다양한 상황에서의 전략적 행동을 의미한다고 설명하고 있다. [자료: Военный энклопедический словарь. МО РФ, 2007 (군사 백과사전, 러 국방부(2007)]

시작한 이후, 전략의 개념은 '전장battle에서의 승리'라는 단순함을 넘어 '전쟁war에서 승리하기 위해 모든 국력을 사용하는 술術'로 받아들여지게 되었다. 그리하여 전략의 개념은 무력투쟁에만 한정되는 것이 아니라 전체적인 전쟁 수행과 관계하게 되었으며, 전쟁 전반의 총체적인 전략the strategy of war의 개념으로 확대되었다. 이같은 개념상 확대는 전략이 전시는 물론이고 평시에도 작동되어야 하며, 전장은 물론이거니와 전장 밖에서도 전쟁 상황은 존재하기 때문에 모두 고려되어야 하고, 단순히 무력 충돌이나 폭력만을 의미하는 것이 아니라 전반적인 전쟁행위에 관련된 폭넓은 현상을 포함하게 되었다는 것을 말한다.

둘째, 현대에는 전시에 전쟁의 수행뿐만 아니라 평시 전쟁의 준비 그리고 전쟁을 억제하는 것이 더욱 중요해지고 긴요해 짐에 따라 전략의 활동 영역이 더욱 넓어지게 되었다는 것이다. 핵 등 현대 무기의 파괴력은 한 국가뿐만 아니라 전 인류의 재앙을 가져다 줄 수도 있기 때문에 평시에 전쟁을 대비하고, 예방하며, 억제하는 데 주안을 두는 데에 관심이 확산될 수밖에 없었다. 그러므로 오늘날에는 순수한 군사적 충돌 문제의 해소만으로 전체 문제를 해결할 수 없을 뿐만 아니라 전략에는 가용한 국가의 자원을 효과적으로 활용할 수 있도록 하는 정치지도자의 리더십과 전쟁을 억제하는 외교적 능력 등도 다루어야 하기에 그 영역이 확대될 수밖에 없는 측면이 있다. 여기에 대하여, 가네트John garnett는[13] "기본적으로 전략이란 정치적 목적을 달성하기 위해 군사력이 사용될 수 있는 방법에 관한 것이며, 전쟁을 직접 수행하는 것만이 정치적 목적을 달성하기 위한 유일한 방법이라 할 수는 없다"고 논의하고 있다. 또한 오스굿Robert. E. Osgood[14]역시 이러한 측면에서 전략이란 '전쟁에서 승리하는 것보다도 외교정책을 지원하기 위해 경제적, 심리적 수단과 함께 무력을 동원한 강압을 가하기 위한 전반적인 기획'으로 이해되어야 한다고 주장하고 있다. 그러므로 현대의 전략은 전쟁에만 국한되는 것이 아니라, 평시의 국가의 목표달성에 기여할 수 있도록 운용되어야 함을 말하고 있다.

마지막으로 수단과 목적의 동시적인 확대는 전략의 개념적 확대를 요구하고 있다는 것이다. 절대왕정시대의 국가 간 영토 문제나 왕위계승문제를 둘러싼 전쟁의 사례에서처럼, 과거 전략의 개념에는 핵심이익vital interest에 대하여 상대방에게 우리의 의지를 강요하기 위해 한정된 군사력을 사용하는 것을 의미하였다. 하지만 현대에 들어서면서 국가들은 그들의 국가목적과 목표달성을 위해 정치외교력, 경제력, 군사력, 이념과 같은 기타 잠재력 등 그들이 가진 총체적 국력을 사용할 수 있게 됨에 따라 과거의 전략이 국가의 핵심이익으로서 특정한 정치적 목적을 달성하기 위한 군사력의 사용뿐만 아니라 중요이익major interest 및 부차적 이익peripheral interest까지도 확보하기 위한 전략적 노력도 병행할 수 있게 되었다.[8] 및 [15] 즉, 오늘날의 전략은 과거보다 훨씬 다양한 국가이익을 달성하고 수호하기 위한 확대된 목적으로 군사력을 포함한 거의 모든 수단을 동원하여 그 운용을 고려할 수 있게 되었기 때문에 전략의 외연이 더욱 확장되고 있음을 볼 수 있다.

3 전략의 개념 재정립 필요성

지금까지 논의한 바와 같이 전략은 정치적 목적을 달성하기 위하여 유·무형, 현재 및 잠재적인 통합적 국력이라는 수단의 사용을 의미하게 되었다. 이와 같은 의미에는 전략을 '전쟁' 그리고 '국가 수준의 위기상황'과 연계하여 대체로 정의하고 있음을 알 수 있다.

하지만 현대 중기에 들어서면서 전략에 대한 주요 국가들의 정의뿐만 아니라 사전적인 정의에서도 이보다 더 포괄적으로 정의하고 하고 있으며, 일반적으로 수직적, 수평적으로 더 확장된 개념의 용어로 사용되고 있다. 전략의 개념은 대전략, 군사전략, 작전술, 전술 등 종적인 분화는 물론 국가전략의 하위전략으로써 군사전략 외에도 정치전략, 외교전략, 경제전략, 사회전략, 문화전략 등으로 횡적인 분화

---

[8] 핵심이익vital interest이란 국가가 양도할 수 없는 이익으로 국가의 중대한 위해를 초래할 경우, 군사력을 동원해서라도 확보해야 할 이익을 말하고, 중요이익major interest이란 확보하지 않을 경우 국가의 정치, 경제, 사회복지에 부정적 영향을 줄 수 있는 이익으로서 굳이 군사력을 동원하지 않더라도 확보해야 할 다소 광범위한 이익을 말한다. 부차적 이익peripheral interest이란 국가이익에 해당되나, 전반적으로 국가에 미치는 영향이 적은 이익을 말한다.(Dennis M. Drew and Donald M. Snow, 2006)

도 거듭 이루어지고 있음을 볼 수 있다.

그뿐만 아니라 전략은 국가와 군의 수준에서뿐만 아니라 전략경영strategic management, 사업전략business strategy 등 경영 부분 이외에도 판매전략, 생산전략, 성공전략, 처세술 등 기능 수준에 이르기까지 개인, 기업, 그리고 사회 전반의 대부분 영역에서 보편적으로 사용되고 있다. 이를 볼 때, 오늘날 전략이라는 용어는 '전쟁' 그리고 '국가 수준의 위기상황'에 대비하는 차원에서 이해하고 정의하는 것을 넘어서서 더 일반화되고 보편적이며 더 넓은 개념으로 재정립할 필요가 있다.

이와 같은 관점에서 박창희군사전략론, 2021년 역시 본서와 같은 맥락에서 전략 개념의 확장에 대하여 논의하고 있다. 그는 수행 주체, 시간과 공간, 수단 그리고 추구하는 결과 측면에서의 개념적 변화를 논의하면서 현대의 전략에 대한 개념이 왜 새롭게 정의되어야 하며, 어떻게 정립되어야 하는지를 주장하고 있다.[16]

전략 수행 주체

전통적으로 전략의 수행 주체는 전장에서 군을 총지휘하던 사령관이었다. 고대 시기부터 근대 초기 절대왕정시대에 이르기까지 왕이 직접 군을 지휘함으로써 사실상 전략의 주체가 왕 자신이자 곧 사령관이었던 전통적 전략의 맥락은 지속 이어져 왔다.

그러나 근대에 들어서면서 전쟁의 규모가 크게 확대되고 '몇 번의 전투나 교전의 결과가 전쟁의 승패로 직결되지 않는다'라는 전쟁과 군사에 관한 현상의 인식으로 인해 전략의 주체는 왕 또는 군사령관 차원을 넘어 정부 혹은 정치집단의 집단적 리더십으로 옮겨가게 되었다.[17] 클라우제비츠가 전쟁을 정치의 한 수단으로 정의한 이래, 전쟁의 양상이 총력전화됨에 따라 국가의 존망이 걸린 전쟁을 군사령관보다는 정치지도자가 책임을 맡아야 한다는 인식이 확산함으로써[9] 전략의 주체는

---

9   이에 대하여 프랑스 총리 클레망소Georges Clemenceau는 "전쟁은 장군에게 맡기기에는 너무 심각하며, 또한, 정치가에 맡기기에도 너무 심각하다"고 논의한 바 있다. 이는 전쟁을 수행하는 데에 있어서 정치가와 군 지휘관 간 협력이 긴요하다는 의미이다. (John Garnett, "Strategic Studies and its Assumptions", John

군의 수준에서 국가의 수준으로 확장되었다.

하지만 이미 논의한 바와 같이 오늘날의 전략 개념은 국가 수준의 전쟁 문제만을 다루는 것이 아니며, 개인, 집단, 사회, 국가가 그들의 수준과 관심의 대상으로 전략을 논하고 있다. 대기업이 글로벌 경영을 한다든가 해외에서 안전하게 자원 개발이나 확보하는 문제는 이미 국가전략에 직접적으로 결부되어 운용되고 있은 지 오래이다. 오늘날 전략이란 군과 정치집단은 물론 경제·경영 분야, 국제기구, 동맹체제, 테러집단 그리고 개인에 이르기까지 보편적 개념으로 사용되고 있다. 그러므로 전략의 주체는 더 이상 국가로만 한정될 수 없으며, 초국가 집단은 물론 사회, 집단 그리고 개인까지도 전략의 주체가 될 수 있다.

시간적 측면

지금까지 전략의 정의는 수행 주체를 중심으로 전쟁이란 시기, 즉, 전시에 한정하여 정의되어왔다. 하지만 현대에 들어서면서 전쟁의 수행뿐만 아니라 전쟁의 준비까지도 전략의 개념에 고려되어야 하고, 이에 따라 전략이 적용되는 시기가 전시로만 국한될 수 없을 뿐만 아니라 단절적이지 않기 때문에 전시와 평시라는 구분이 모호해지고 있다.

더욱이 오늘날의 전략의 개념에는 전시보다는 전쟁의 억제와 대비 등 평시의 전략 설정과 구현에 더 주안을 두는 경향마저도 보이고 있다. 이는 전쟁이 총력전화되고 핵무기 등 가공할만한 파괴력을 가진 현대적 대량살상무기WMD의 등장으로, 전쟁이 발발할 경우 어떠한 국가든 간에 국가의 존망이나 극심한 피해를 감내할 수밖에 없기 때문에, 전쟁의 수행 자체보다는 전쟁 이전에 전쟁을 억제하고 예방하는데 더 큰 관심을 두지 않을 수 없었기 때문이다.

또한, 이미 논의한 바와 같이 전략의 주체가 국가 또는 정치체로부터 비국가행위자, 집단 그리고 개인에게까지 확대되고 있고, 글로벌 경제활동과 자원확보 등이

Baylis et al., *Contemporary Stratgy: Theories and Concepts* I, NY: Homes & Meier, 1987, p.6.) (재인용)

상대적으로 중요한 이슈로 대두됨에 따라 전략 개념에 대한 무게중심은 전시보다는 평시에 더 많이 실리게 되었다. 이에 대하여, 와일리J. C. Wylie는 전략의 개념을 논의하면서 전쟁 상황이나 군사적 적용의 한계를 초월하여 국가목적과 그 목적달성을 위한 제반 수단, 조치 및 강구 등 어떠한 분쟁 상황에도 적용할 수 있어야 한다고 보고 '전략은 어떤 목적end과 그 목적달성을 위해 강구되는 제반 수단과 방법을 포함한 하나의 행동계획이다'[18]라고 정의한 바 있다.

공간적 측면

예로부터 전략이란 전장battlefield이란 한정된 공간의 범주에서 적용되는 것으로 인식되어 왔다. 하지만 근대에 들어서면서부터 그 공간은 지리상의 발견과 증기기관, 항공엔진 등 기술의 혁신으로 인한 수송능력의 획기적 향상으로 인해 활동 영역이 넓어지면서 지상 영역에서의 대폭 확장과 더불어 해양과 공중 영역까지로도 확대되었다.

현대에 들어서면서부터는 사이버와 우주 및 전자기 영역까지로도 확대되고 있다. 나아가 핵 억제에서 핵심적으로 다루고 있는 심리적 요인, 그리고 혁명전쟁이나 비대칭 전장에서 중심重心, center of gravity으로[10] 간주하고 있는 대중의 심리, 정치적 의도나 의지와 같은 관념적 영역까지도 전략이 운용되는 공간으로도 확장되고 있다.

특히, 오늘날에는 정보통신기술ICT, informtion, communication & technology이 혁신적으로 발전하면서 새로운 전략적 공간이 창출되고 있다. 각종 소셜미디어social media와 소셜네트워킹social networking의 발전으로 인해 시민사회 간 의사소통공간이 새로운 전략의 공간으로 부상하고 있으며, 이미 재스민 혁명Jasmine Revolution으로 알려진 북아프리카 및 중동 지역의 정치 변동은 물론 리비아 내전 시 나토NATO군의 군사작전에 적지 않은 영향을 준바가 있다. 소셜미디어와 소셜네트워킹은 일반행위자로 하여금 정

---

10 중심重心, center of gravity이란 정신적 또는 물리적인 힘, 행동의 자유 또는 전투 의지를 제공하는 능력 또는 힘의 원천으로서, 파괴 시 전체적인 구조가 균형을 잃고 붕괴될 수 있는 물리적 또는 정신적 요소를 말한다. (『합동·연합 군사용어사전』, 2020. 7.)

책결정에 영향을 미치고 참여하는 기회를 증가시킴으로써 그것이 국가전략이든 경영전략이든 개인적인 전략이든 간에 기존 전략의 다양한 주체들 사이에 존재하는 벽을 낮추고 있다. 이는 국가지도자들과 일반 국민뿐만 아니라 다양한 집단, 조직, 사회 그리고 일반 시민과 군사작전을 수행하는 주체 간에서도 소통을 가능하도록 하는 새로운 전략의 공간을 제공하고 있다.[19]

수단의 성격 변화 측면

고대 시기에 전략의 주된 수단은 병력이었지만, 근대에 들어서면서 그 수단은 군사력이라는 보다 포괄적인 개념으로 변화하였다. 현대 초기에 제1, 2차 세계대전을 겪으면서 군사력의 전면적인 사용이 전반적인 전략의 파산을 가져왔다는 현상의 인식으로 전략적 수단은 국력national power으로[11] 확장되었다.[20]

현대에 들어서면서 전략의 또 다른 수단이 추가되고, 수단의 성격도 변화가 감지되고 있다.[21] 9.11테러 사건 당시 민간 자산인 민간항공기의 탈취 등 범죄행위에 의한 사용 등과 같이 종교적 극단주의자들에 의한 비대칭적 수단이 있으며, 4세대전쟁4th Generation war의 분란전insurgency warfare의 주요 수단으로서 민심heart&mind을 얻기 위해 주민들을 대상으로 한 각종 선전 활동과 정치교육 그리고 위협이나 협박 등도 전략의 목적이나 목표 달성을 위한 새로운 수단으로 등장하고 있다. 새로운 공간으로 등장하고 있는 사이버와 우주 그리고 전자기 영역에서의 새로운 전략적 수단은 언제든지 나타날 수 있으며, 그 성격적 변화의 모습은 상상을 초월할 수도 있을 것이다.

추구하는 결과의 변화 측면

이전에 이미 논의한 바와 같이, 고대 시기에는 전략의 최종상태는 전투battle에서의 승리이었고, 근대에 들어서면서는 전략은 정치적 목적을 달성하기 위해 전쟁war

---

11   여기에서 국력이란 정치, 경제, 사회, 군사 등 국가 제분야의 역량을 포함한다.

에서의 승리를 추구하였다. 현대 초기에 제1, 2차 세계대전을 겪으면서 총력전 가능성과 국가 존망存亡뿐만 아니라 인류의 멸망까지도 초래할 수 있는 핵무기 등 가공할 대량살상무기의 등장으로 인해 종국적인 전쟁의 승리 외에도 전쟁의 억제, 현상 유지나 회복, 행동의 중지 등의 결과까지도 전략에서 고려해야 한다는 인식이 강하게 나타났다. 이로써 전략적 행동은 궁극적으로 국가 또는 정치체제가 추구하는 제한적 목적을 달성하는 데에 목적을 두게 되었다.[22]

현대 중기 이후에 여러 국가, 집단은 전략이 추구하는 최종상태에 대하여 전략의 주체, 시간, 공간 등의 다원적인 변화를 수용하여 다양하게 설정하고 있다.[23] 예를 들어, 아프리카 대륙의 여러 국가에서 벌어지고 있는 인종분규에서는 인종청소라고 하는 참혹한 결과를 추구하였던 바가 있고, 알 카에다, 이슬람 국가 등 종교적 극단주의 집단이 추구하는 테러는 수많은 무고한 시민을 대상으로 하는 것으로 공포와 혼돈을 야기하는 그 자체를 그 목적으로 하였던 것을 목도目睹하였다. 그리고 미국, 중국, 유럽국가들이 중동과 아프리카에서 벌이고 있는 자원확보를 위한 경쟁 역시 과거의 전략이라는 범주에서 찾아볼 수 없었던 모습이었다.

현대의 전략이란 용어의 개념은 변화를 거듭하고 있다. 전략의 주체가 국가에서 비국가행위집단 및 개인으로까지 확대되고, 평시 전략의 운용이 전시의 그것과 균형을 이루어야 하며, 심리, 의지, 사이버, 우주 및 전자기 공간, 민간영역 등 새로운 전략의 공간이 창출되고 있을 뿐만 아니라 전략 수단의 특성 변화와 추구하는 결과의 변화가 이루어지고 있다. 그러므로, 전략에 대한 지금까지의 용어의 정의는 본서에서 논의한 여러 측면의 개념적 변화를 담아내지 못하고 있어서 보다 일반적이고 보편적인 용어로 재정리될 필요가 있을 것으로 사료된다.

제2절
전략, 그리고 국가전략 및 군사전략

1. '전략' 용어와 개념 재정립 방향

지금까지 살펴본 바와 같이, 전략이란 용어의 개념은 전략 수행의 주체, 시간적, 공간적, 수단의 성격 변화 그리고 추구하는 결과의 변화 등 시대적 상황이나 전쟁의 본질 변화에 따라 전쟁이나 분쟁 등 무력의 충돌에서의 승리를 위한 협의의 전략 개념을 넘어 점차 확대되고, 적극적인 개념으로 변화해 왔다. 이는 전략의 개념에 국가의 특정 목적 이외에도 안전보장이나 전체적 국가방위의 보전 등도 총체적인 목적에 포함하여 사고함으로써 국가안보 내지는 국가이익을 포함하는 적극적인 목적으로 변화되었고, 정치적 목적 전부(혹은 거의 전부)를 달성하기 위한 정치, 경제, 군사, 이념 및 국가잠재력 등 전술 국력의 총화적 사용으로 개념상 확대되었다는 것을 말한다. 더욱이 전략은 분쟁, 전쟁이란 폭력의 충돌이라는 좁은 범위를 벗어나 일반 사회, 경영, 집단은 물론 개인의 차원에 이르기까지 경쟁competition에서 이기거나 경쟁우위competitive advantage 등 성과를 달성할 수 있는 아이디어, 방법과 수단 등을 지칭하여 확장, 사용되고 있기도 하다.

따라서 전략의 개념과 범위를 설정하는 데에 있어서 국가전략에서부터 군사전략의 하위 전략 혹은 술에 이르는 수직적 혹은 계층적 구분과 정치, 경제, 군사 전략과 같은 사항의 구성요소에 따른 수평적 구분 그리고 경영, 사회 등 분야의 경쟁까지도 고려되어야 함이 당연할 것인바, 다음과 같은 사항들이 반영되어 정립되어야 할 것으로 보인다.

첫째, 전략은 이론적 측면과 실제적 측면이 동시에 고려되어야 한다. 이론적 측면은 상황의 변화에 상관없이 모든 전쟁이나 경쟁을 수행하는 데에 적용될 수 있는 일반적인 원리와 논리일 것이며, 실제적 측면은 전쟁이나 경쟁을 준비하고 수행하는 창의적, 기획적 노력과 실천적, 행위적인 원리와 논리의 적용과 구현이다. 이와 같은 두 가지 측면이 균형되도록 고려하여 상고詳考하여야 한다.

둘째, 전략의 개념이 기존 '야전사령관에 의해 수행되는 무력 투쟁에 승리하기 위한 술術'이라는 좁은 개념을 넘어서야 한다. 즉, 전체로서의 용병술arts of war 혹은 군사술military arts, 모든 수준에서의 전투술戰鬪術, 아울러 국가 수준에서의 전쟁지도 등과 관련된 '전쟁에서의 승리'뿐만 아니라, 정치, 경제, 외교, 사회, 이념, 경영조직, 일반조직 등 제諸분야를 망라하는 전체로서의 '경쟁competition과 성과performance' 문제를 포괄하는 보편성과 일반성을 가져야 한다는 점을 간과해서 안 될 것이다.

셋째, 전략은 전쟁과 경쟁이란 상대적인 개념으로서 인식하여야 한다. 전쟁과 경쟁이란 정의에서 볼 수 있듯이 상대가 없는 전략과 경쟁이란 무의미하기 때문에, 전략은 본원적으로 상대적이라는 것을 인식할 필요가 있다.

마지막으로, 전략의 개념을 정립하는 데에 있어서, 국력의 중요한 수단의 하나인 군사력의 사용과 관련된 전략 본연의 개념으로서의 전략적 함의를 수용해야 하며, 국가정책을 목표를 추구하는데 필요한 능력의 광범위한 적용으로 진화된 전략 개념으로 다루어야 할 것이다.

2 '전략' 개념과 용어의 재정립

현재 한국군의 군사용어사전2021년에서는 전략을 '어떤 목표를 효과적으로 달성하기 위하여 가용한 자원을 준비하고 활용하는 술과 과학'으로 정의하고 있다. 미군에서도 한 때1990년대 이전 전략을 '국가 정책을 최대한 지원하고 전쟁의 승리 가능성을 증가시키면서 패배 가능성을 감소시키기 위해 전·평시 필요한 정치, 경제, 심리 및 군사력을 개발하고 사용하는 술과 과학'으로 정의한 바 있다.

본서의 전략이란 용어의 개념 재정립 방향을 비추어 보건대, 위의 전략에 대한 정의는 몇 가지 문제로 대두될 수 있는 주요 이슈가 있을 것으로 보인다.

첫째, 한국군의 전략에 대한 정의에서 '가용한 자원을 준비하는 것', 즉 '수단을 건설하는 것, 그것을 전략의 정의에 포함하여야 하는가'하는 것이다. 이에 대하여 박창희2021년는 전략의 정의에 대해 논의하면서 수단 그 자체를 강화하는 것이나 혹은 수단을 건설하는 영역은 전략의 영역이 아니라 정책의 영역으로 보아야 한다고 논의하고 있다.[24] 및 12 전략은 '가용한 자원과 수단을 어떻게 운용할 것인가'하는 문제이지 '그것을 어떻게 준비할 것인가'하는 문제는 아니다.

둘째, 전략은 '술인가?, 과학인가?'하는 문제에 봉착될 수 있다. 이미 논의되었던 바와 같이 술術, Arts은 예술, 기교, 기량, 기법, 기술 등을 의미한다.[25] 한편 과학科學, Science이란 사물이나 현상의 구조, 성질, 법칙 등을 관찰 가능한 방법으로 얻어진 체계적이고 이론적인 지식의 체계를 말한다.[26] 과학은 자연 및 사회 현상 등을 포함한 어떤 현상을 설명하는 보편적 원리, 원칙, 법칙 등에 대한 이론을 제시하고 그 이론을 가설, 통계, 인과관계 등을 통해 검증하는 것으로 구성된다. 여기에서 이론理論, Theory이란 사물의 이치나 지식 따위를 해명하기 위하여 논리적으로 정연하게 일반화한 명제의 체계를 말한다.[27] 전략을 과학science으로 본다는 것은 전략에 대한 이론화가 가능하다는 것을 의미하며, 술art로 본다는 것은 전략 연구가 이러한 이론화가 불가능한 영역에 있다는 것을 의미한다.

박창희2021년는 이 문제와 관련하여 학자들의 세 가지 견해에 설명하고 있다.[28] ① 전략을 과학으로 보는 관점이다. 이는 전략을 연구하는 데 있어서 변수 간 인과관계를 설명할 수 있으며, 전략행동으로부터 일정한 이론을 도출할 수 있다고 보고 있다. 이러한 부류의 학자들은13 전략이론의 연구와 개발을 통해 전쟁을 지배하는 규칙을 발견하고 또 성공적인 전쟁수행 원칙을 정립할 수 있다고 본다. ② 전략을 술로 보는 관점이다. 전략을 술로 보는 견해는 다음과 같은 이유로 전략 연구의 과학적 접근에 결함이 있다고 본다. 우선 전략이론이 과학으로 간주될 수 있다고 하

------

12 클라우제비츠도 "칼을 만드는 사람의 기술과 펜싱하는 솜씨와는 아무런 관계가 없으며, 군대를 모집하고, 무장시키며, 장비를 갖추고, 부대를 이동시키며, 정비하는 것과 실제로 야전에서 전쟁을 수행하는 것은 별개"라고 보고 있다.

13 예를 들어, 버나드 브로디Bernard Brodie는 과학으로서 전략 연구를 강조하고 있다. 1950년대 전략이론은 단순히 이미 알려진 전쟁 원칙을 적용하는 범주를 벗어나지 못했다고 비판하고, 전략 연구가 경제학과 같은 사회과학이 되어야 한다고 주장했다. 즉, 전략 연구도 정치학이나 경제학과 마찬가지로 개념을 구체화하고 체계적 검증을 통해 일반화를 추구해야 한다는 것이다.(박창희, 재인용)

더라도 그러한 이론은 여전히 인간행동을 다루는 것으로, 예기치 않은 많은 사건과 그 요인이 작용하여 규칙성을 파악하기 곤란하기 때문에 불완전할 수밖에 없다. 또한, 술로서의 전쟁수행은 매우 불완전하고 어떠한 규칙도 발견할 수 없으며, 여러 가지 특수한 상황에서 전투의 방법을 선택하고 승패를 가르는 것은 다름 아닌 군 지휘관의 상황평가와 지휘술이다. 더욱이 비록 이론으로부터 군사술의 원칙이 도출될 수 있다 해도, 그러한 다양한 제안들은 결함을 안고 있으며 모두가 공감할 수 있는 합의된 원칙은 존재하지 않는다.[29] 특히 이 부류의 학자들은[14] 역사상 어떠한 전쟁도 똑같이 수행된 적이 없다고 주장하며, 전략 연구는 과학의 영역이 아님을 강조한다. 이러한 견해에 의하면 전략이란 마찰과 우연으로 가득 찬 전장에서 예측 불가능한 적을 상대로 하는 것으로서, 시시각각 변화하는 상황에서 지휘관의 직관으로 주도되기 때문에 과학적 연구나 이론화가 불가능한 술의 영역에 해당한다고 주장한다. ③ 절충적 입장에서 전쟁수행은 과학인 동시에 술로 간주될 수 있다고 보는 견해이다. 과학의 영역에서는 전쟁에서 나타나는 인과관계를 연구할 수 있으며, 술의 영역에서는 실제로 전투에서 얻을 수 있는 성공 원칙이나 전투의 지침을 다룬다는 것이다.[30] 즉, 순수하게 전쟁을 연구하는 군사학의 경우 응용과학으로 볼 수 있으나, 전략을 실행하는 부분은 술로 간주되어야 한다는 것으로, 이들은 전략이 '과학 또는 술'이 될 수 있다고 하는 모호한 입장이라 할 수 있다.

이러한 세 가지 논의에 대하여 박창희2021년는 다음과 같은 견해를 피력하고 있다.[31] 전략이 과학이 아니라고 하는 주장은 정치학이나 사회학, 그리고 심리학이

---

14 예를 들어, 로렌스 프리드민Lawrence Freedman은 술로서의 전략 연구를 주장했다. 마이클 하워드와 마찬가지로 고전직 방식, 즉 역사적·철학적 방법의 전략 연구를 통해서도 이론적 틀 내의 주요 개념들에 대한 이해가 가능하다고 보았다. 가령 권력power이라는 개념을 과학적으로 인구, 돈, 자산 등으로 측정할 수 있지만 이는 대립하는 의지들 간의 관계라는 측면에서 이해해야 한다. 즉, "권력이란 보다 더 유리한 효과를 창출해낼 수 있는 능력"으로 볼 수 있다는 것이다. 가령 A가 B를 억제한다고 할 때 이는 A가 위협에 가해 B의 행동을 바꾸는 것을 의미한다. 그러나 현실적으로 억제는 그렇게 쉽게 이루어지지 않는다. B는 A의 위협을 인지하지 못하거나 A가 원하는 방향으로 행동하지 않을 수 있다. 따라서 전략 연구는 단순히 '강압'을 통해 '통제'만이 아니라 그 이상의 것을 다루어야 한다. 이러한 논리로 그는 전략이란 가용한 군사적 수단을 사용해 정치적 목적을 달성하기 위해 권력을 창출하는 '술'이라고 정의하고 있다.(박창희, 재인용)

과학이 아니라고 하는 것과 마찬가지이다. 전략의 대상이 살아 있는 생물체인 것과 마찬가지로 정치학이나 사회학에서도 그 대상은 사람 또는 인간 공동체이기 때문이다. 전쟁수행이나 전략의 영역에서 규칙성을 발견하기 어렵고 그 결과가 지휘관의 판단과 선택으로 결정된다고 하지만, 인류의 역사를 놓고 볼 때 정치나 외교의 영역도 마찬가지이다. 무엇보다도 정치학이나 사회학, 경영학 등 사회과학에서 많은 이론이 존재하고 있지만, 이론은 나타났다가 사라지는 것일 뿐 그 자체가 항구적 법칙law은 아니다. 마찬가지로 전략이론이 불완전성을 갖는다고 해서 과학적 연구가 불가능하다고 할 수는 없다.

클라우제비츠는 과학의 목적은 '지식knowledge'이며, 술이 추구하는 목적은 '창조적 능력creative ability'이라고 했다.[32] 따라서 전략의 제 문제에 관한 의문을 제기하고 역사적 사례를 통해 그 의문에 대한 지적 호기심을 충족시키며 이를 전략이론으로 발전시키는 영역은 과학으로 볼 수 있다. 반면, 현장에서 혹은 전장에서 각종 전략이론과 교리를 응용하여 적절한 전략을 구상하고 준비하며 실행하는 경우에는 전략에 관한 지식을 추구하는 것이 아니라 창조적 능력을 추구하는 것이므로 술의 영역으로 볼 수 있을 것이다.

그러므로, 전략은 술이자 동시에 과학으로 보는 것이 타당할 것이다. 학자들이 학문적 지식을 탐구한다는 측면에서 경영학이나 정치학은 사회과학의 영역에 속하지만, 경영자들이 산업이나 경영일선의 경쟁에서 성과를 구현하거나, 또는 정치가들이 현장에서 국민들과 각종 이익집단을 대상으로 정치를 구현한다는 측면에서는 술의 영역으로 볼 수 있기 때문이다.

전략이 과학의 영역에 속한다고 하더라도 모든 유형의 전쟁에 똑같이 효과적으로 적용될 수 있는 전략이란 있을 수 없다. 한 가지 유형의 전쟁에서 입증된 전략은 다른 유형의 전쟁에서 부적절한 전략이 될 수 있다. 그래서 마오쩌둥은 '중국특색의 진략'을 강조하였고, 진쟁에 승리하기 위해시는 전쟁의 법칙을 알아야 한다고 했다. 겉보기에 동일한 전략처럼 보이더라도 실제로는 다른 상황에서는 적용할 수 없는 경우가 많다. 전략은 특정한 상황이나 전쟁에 대해 그에 맞는 전략을 도출할 수 있으나, 그렇다고 해서 그러한 전략을 모든 상황과 모든 전쟁에서 모두 적용이 가능하도록 일반화하는 데에는 한계가 있음을 유념해야 할 것이다.[33]

전략이란 용어의 개념 재정립 방향을 비추어, 마지막으로 대두될 수 있는 이슈에는 '전략의 개념적 확대에 따른 전쟁 혹은 군사 이외로의 수평적인 개념적 분화를 어떻게 수용할 것인가'하는 문제이다. 반복되는 논의이지만, 전략은 본래 지휘관이 전쟁이나 전투에서 운용하던 술이었지만, 현대에 들어서면서 전략이란 용어는 군의 전쟁이나 전투 등 무력의 충돌을 넘어 정부 내, 정부 간, 그리고 민간 사회, 집단 심지어 개인의 경쟁 상황에서까지도 사용되고 있는 용어이다. 그러므로, 보편적인 개념으로서의 전략이라는 용어의 개념은 이를 수용하여 일반적으로 재정립하여야 하는 것은 당연할 것으로 보인다.

오늘날의 학자들은 이러한 일반적인 전략의 개념을 수용하여 정의하고 있다. 예를 들어, 머레이와 그림슬리Murry and Grimsley, 1994년는 우연, 불확실성, 그리고 모호함이 지배하는 세계에서 변화하는 조건과 상황에 부단히 적응하는 과정"으로,[34] 와일리Wylie, 1989년는 "어떠한 목적을 달성하기 위해 고안된 행동계획"으로[35] 보다 보편적이고 일반적으로 정의하고 있다. 또한, 군사기관인 미국방대학교NDU의 드류와 스노우Drew and Snow, 2006년은 전략이란 "목적을 달성하기 위해 노력을 조직화하는 행동계획"으로,[36] 미 육군의 전쟁대학Army War College에서는 전략을 "목표, 방법, 그리고 수단 간의 관계"로[37] 정의하여 군사 분야에서까지도 전략을 매우 폭넓고 다양하게 정의하고 있는 추세에 있다.

한편 최근 미국방부는 전략을 '전구, 국가, 그리고/혹은 초국가적 목표 달성을 위해 동시화되고 통합된 방식으로 국력의 도구들을 운용하기 위한 시려 깊은 아이디어 혹은 아이디어의 셑set'으로 정의하고[38] 있다. 최근 미국방부의 전략에 대한 정의는 본서에서 논의하였던 논점들에 비추어 볼 때, 우선 목표의 대상을 '전구, 국가, 그리고/혹은 초국가적인 목표'로 한정하고 있어 일반적이고 보편적으로 전략이란 용어를 사용하고 있는 현실에 부합하지 않고, 전략을 '아이디어 혹은 아이디어의 셑set'으로 정의한 것은 '이론과 행동의 균형'이란 전략의 개념을 오히려 과도히 구속하고 있는 것으로 사료된다.

본서에서는 제기된 이슈들에 대한 본서의 논의와 최근 전략의 정의에 대한 비판 내용을 수용하여 다음과 같이 전략을 정의하여 그에 대한 개념을 재정립한다. 앞으로 본서에서는 이와 같은 정의와 개념을 토대로 하여 차후 논의를 전개할 것이다.

> 전략이란 '궁극적 목적이나 상위의 목표와 정책policy을 효과적으로 달성하기 위하여 국가, 집단이나 조직 등이 그(들)의 역량competence(힘power과 도구instruments)을 동시화되고 통합된 방식으로 구상하여 운용하기 위한 사려 깊은 술arts과 과학science'이다.
> - 본서에서의 전략에 대한 정의2022년

3 전략의 구성요소와 관계

군사전략의 핵심적 구성요소로는 테일러Taylor, 1981년가 구체화한[15] 세 가지 요소인 목표objective or ends, 방법ways, 수단means이 보편적으로 받아들여지고 있다. 이와 같은 동일한 관점에서 자블론스키David Jablonsky, 2010년는 "전략을 정의하는 데 있어서 반드시 포함되어야 할 요소는 목적object 또는 목표objectives, ends, 자원resources 또는 수단means, 그리고 개념concepts과 방법ways이며, 일반적으로 이 세 가지 요소는 전략의 용어를 설명하는데 생략할 수 없는 중요한 요소들이다."라고 논의하고 있다.[39] 포괄적 범위를 갖는 이러한 요소들에 대하여 여러 연구자나 전략가들이 수용하게 된 이유는 전략이 단순히 군사적 이론이나 행동계획만을 의미하지는 않고 보편적으로 사용할 수 있는 요소로서 공감과 합의가 존재하였기 때문일 것이다. 이는 성공적인 전략이란 '원하는 최종상태가 어떤 것인가?', '어떠한 행동으로 이러한 최종상태를 달성할 수 있는가?' 그리고 '가용한 자산이 이러한 행동을 수행할 수 있는 수준인가?' 등과 같이 전략의 구성요소와 관련된 질문에 답할 수 있어야 한다는 것이다.

---

15 군사전략의 세 가지 요소는 손자나 클라우제비츠와 같은 전략가들에 의해서도 논의되었으나, 이들을 명확하게 구분하여 사용하기 시작한 것은 1960년대 프랑스 군사전략가인 보푸르Beaufre에 의한 것으로 여겨진다. 미 육군대학의 테일러 장군은 이를 실무에 적용할 수 있도록 구체적으로 정의한 바 있다.(박창희2021년, 재인용)

목표objective, ends는 '지향하는 혹은 달성해야 하는 궁극적인 지향점 혹은 최종상태'를 의미한다.[40] 예를 들어, 군사전략의 성공과 실패는 군사전략이 지향하고 있는 최종상태에 따라 결정되기 때문에 군사전략 목표는 가장 중요한 요인이다.[41] 하지만 군사전략 목표의 경우, 그것이 국가의 정치와 정책의 영역으로부터 긴밀히 연결되는 개념이므로 군사적으로는 이미 어느 정도 명확하게 제시되어 있는 것으로 간주할 수 있다.[16] 따라서 상위 목표와 정책이 지향하는 부분을 식별하여 이를 수준에 따라 전략의 목표에 반영하는 것이 필수적일 것이다.

둘째, 수단means은 '전략을 수행할 수 있는 국가나 집단, 조직 및 개인 등 전략의 주체가 보유하고 있는 모든 형태의 유·무형 자원resources 혹은 역량competence'으로 볼 수 있다. 전략가 등 기획자들은 주체의 가용한 수단을 식별해 낼 수 있어야 한다. 수단 없이는 어떠한 방법도 수행할 수 없으며, 결국 전략목표의 최종상태에 도달할 수 없기 때문이다. 이러한 관점에서 수단은 전략의 가동성을 보장할 수 있는 핵심이며, 술術, arts로써 전략을 창의적으로 만들어 줄 수 있는 기초가 될 수 있다. 유사하고 대등한 수단으로도 원하는 최종상태나 전쟁 혹은 경쟁의 성과가 차별화되었던 역사적, 현실적 사례는 많이 찾아볼 수 있다.

방법ways이란 '지향하는 목적이나 목표를 달성하기 위해 국가나 집단, 조직 등 전략의 주체가 보유하고 있는 역량을 운용하는 술術, arts 또는 과학科學, Science으로서 역량을 어떠한 방식으로 구상하여 적용 및 실행할 것인가'를 의미한다. 문제는 '목표'와 '방법'을 개념적으로 명확하게 구분하기가 어렵다는 것이다. 예를 들어, '억제deterrence'는 목표가 될 수도 있고, 방법이 될 수도 있다. 이와 같은 문제는 용어를 정의하는 주체의 수준이 다르기 때문일 가능성이 크다. 만일 최상위 기관에서 억제라는 용어를 사용하였다면 이는 목표로 인식할 수 있으며, 작전 등 실행하는 기구에서 억제라는 용어를 사용했다면 이는 방법으로 해석될 수 있다는 것이다.[42] 한편 전략은 '행동이 수반되는 과정course of action'으로도 정의[43]하고도 있는바, 전략의 요

---

16 이에 대하여 클라우제비츠는 군사전략의 최종상태가 정치로부터 결정된다는 것을 강조한 바 있다.

소로서 방법은 전략의 구상, 설정 그리고 실행까지도 고려하여 이해해야 한다.

지금까지 논의된 목표, 수단, 방법이란 세 가지 전략의 구성요소들이 통합적으로 연계되어 전략이란 전반적인 개념을 갖추게 된다. 이에 대하여 리케Lykke, 1989년는 "전략이란 목표, 방법 그리고 수단의 합으로 이루어지며, 성공적인 전략은 세 가지 요인의 균형balance"이라 논의하면서,[44] 이들 요소의 균형을 통해 전략의 목적 달성이 가능하며, 나아가 이러한 균형에 문제가 발생할 때 이를 전략적 위험risk이라 지칭하였다. [그림 3-3]에서 볼 수 있는 바와 같이, 그는 전략은 목표, 수단, 방법의 삼각의자처럼 세 가지 지지요소들이 안정적인 균형을 이루어야 하며, 어느 한 구성요소라도 의자의 한 지지대(목표, 수단 및 방법 등 각 구성요소)가 없거나 길이가 다를 때와 같이 안정적이지 못할 경우, 의자 자체(예를 들어, 군사전략)뿐만 아니라 의자 위에 있는 상위 목적(예를 들어, 국가안보)은 균형성을 잃고(예를 들어, 위험의 증가) 불안정해진다는 이론과 설명을 제시하고 있다.[17]

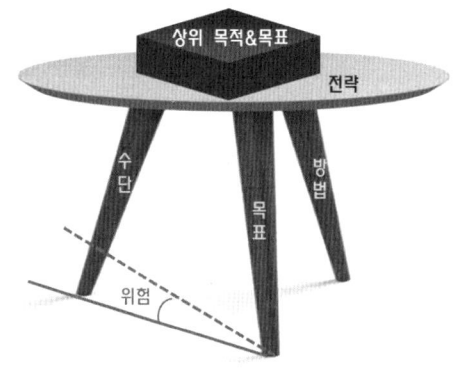

[그림 3-3] 전략의 요소와 균형

자료: 리케Lykke의 전략 균형 모델(1989년)의 그림과 논리를 인용하여, 전략의 구성요소 관점에서 필자가 재구성하고 작성하였음.

----

17 리케Lykke는 '군사전략'의 세 가지 요소(군사전략의 목표, 수단, 방법)와 군사전략 및 국가안보 간 균형으로 설명하고 있으나, 필자는 이를 보편적인 '전략'의 구성요소(전략의 목표, 수단, 방법)와 전략 그리고 상위 목적 및 목표로 더 일반화하여 그림을 재작성하고 설명을 부가하였다.

그렇다면 각 요소 간 균형이라는 개념과 상호작용은 어떻게 전략에 영향을 주게 되는 것일까?[45] 먼저 '수단'이 무한대라면 전략의 목표달성가능성은 분명 높아지게 될 것이다. 또한, 목표 달성에 필요한 '방법'이 유일하거나 적을수록 효율적일 수 있다. 하나의 목표에 수많은 방법을 사용하게 된다면 통제하기도 어려울 뿐만 아니라 방법에 투입되는 노력이 분산되기 때문이다. 따라서 방법이 하나에 가까울수록 목표 달성가능성은 높아지게 된다. 목표달성가능성은 그 목표에 대한 수단과 방법의 함수로 표현될 수 있으나, 목표 달성에 관한 요소 각각의 상호작용에 대한 해석과 함의의 적용은 신중하게 판단되어야 한다.

전략의 균형 이론과 실제의 차이는 바로 이와 같은 상호작용에 대한 해석의 불일치에서 시작될 것이다. 만일 전략의 목표 달성가능성을 최대치로 올려놓고 싶다면 이론적으로는 무한대의 수단과 유일한 방법을 사용해야 할 것이다. 또한, 목표 달성가능성이 최소치가 될 수 있는 경우는 수단이 거의 없고, 사용해야 하는 방법이 계속 증가하는 경우일 것이다. 하지만 현실적으로 무한대의 수단을 보유할 수 없을 뿐 아니라, 가장 확실한 하나의 방법만이 존재하는 경우는 찾아보기 어렵다. 현실적으로는 수단은 필요성이나 소요에 비해 항상 제한되고, 또한 이러한 제한적인 수단 의해 방법이 결정되는 경우가 많이 존재하기 때문에 전략의 설정과 구현은 이러한 요소들의 최적화된 조합과 위험에 대한 적절한 관리의 노력이 바로 전략의 균형을 달성하기 위한 적절한 접근이 될 수 있을 것이다.

이러한 측면에서 빌더Carl H. Builder, 1989년와 자블론스키David Jablonsky, 2010년 등 학자들은 전략을 수단과 목표를 연계시키는 개념으로 정의하고 있기도 하다.[46] 이러한 정의에 대하여 함의를 유추해 보면 전략이란 목표와 수단 간의 관계에서 취할 수 있는 어떠한 선택을 의미하며, 전략을 수립하는 것은 곧 목표를 설정하고, 수단을 결정하며, '수단과 목표를 연계하는 방법을 선택하는 창조적 행위'라고 볼 수 있다.[47]

그러므로 전략은 목표나 수단보다는 결국 '목표의 달성을 위해 수단을 운용하는 방법'이란 주제로 귀착될 수 있을 것이다. 이는 목표란 통상 상위의 목적이나 목표로부터 주어지게 되며, 수단 역시 국제법, 당시에 가용한 자원, 기타 환경적 제약 등으로 대체로 한정될 수밖에 없기 때문일 것이다. 결국, 전략은 목표나 수단보다는 '방법', 즉 목표와 연계하여 수단을 운용하는 창조적 방법에 관한 것이다.

여러 군사전략 사상가들의 견해도 이를 뒷받침한다.[48] 클라우제비츠는 전략을 "전쟁의 목적을 달성하기 위해 전투를 운용하는 것"이라고 논의하고 있으며, 리델 하트는 "정책 목적을 이행하기 위해 군사적 수단을 배분하고 운용하는 술"이라고 정의하고 있다. 마이클 하워드Michael Howard, 1991년도 "전략은 주어진 정치적 목적을 달성하기 위해 군사력을 운용하고 사용하는 것에 관한 것"이라 논의하고 있다.[49]

4 국가전략과 군사전략

'전략'으로서 국가전략과 군사전략의 의의

수직적, 수평적으로 분화된 모든 전략은 지금까지 본서에서 논의했던 일반적인 전략에 대한 개념과 정의를 바탕으로 각 수준 및 영역별로 정의될 수 있을 것이다. 즉, 본서의 핵심 주제인 군사전략을 포함하여 모든 전략은 이러한 일반적이고 보편적인 전략의 개념을 바탕으로 수준별, 영역별 등에 의해 더욱 명확히 정리할 수 있다.

일반적으로 군에서의 수준의 구분은 수직적으로 국가 수준, 국방 및 군사 수준, 작전적 수준, 전술적 수준으로 구분하며, 국방 및 군사 수준을 기준으로 수평적으로는 전장의 구분을 비롯하여 군종, 군사와 비군사, 군사력 운용과 건설 및 유지 분야 등 다양하게 그리고 합목적적으로 영역을 구분하여 사용하고 있다. 군사전략은 이와 같은 수준과 영역에 따라 정의될 수 있다.

본서에서는 전략을 '궁극적 목적이나 상위의 목표와 정책policy을 효과적으로 달성하기 위하여 국가, 집단이나 조직 등이 그(들)의 역량competence(힘power과/또는 도구instruments)을 동시화되고 통합된 방식으로 구상하여 운용하기 위한 사려 깊은 술arts과 과학science'으로 정의하고 있다.

이와 같은 관점과 논리에서 국가전략은, 국가적 수준에서의 전략으로, 국가이익과 국가의 목표를 달성하기 위해 국가가 가진 정치, 경제, 사회, 문화 및 군사적 역량을 동시화되고 통합된 방식으로 구상하여 운용하기 위한 사려 깊은 술과 과학'으로 더 명확히 정의할 수 있을 것이다. 국가적 수준에서 수평적으로 임무나 역할 및 기능 영역에 따라 국방(및 군사)전략을 비롯하여 외교전략, 경제전략 등으로 위 전략의 개념과 그 논리를 토대로 명료하게 정의할 수 있을 것이다.

위와 같이 같은 관점과 논리를 토대로, 군사전략은 국가전략의 수직적 그리고 영역으로 분화된 전략으로서, '정치적 목적과 전쟁의 목표를 달성하기 위해 가용한 군사적 역량을 동시화되고 통합된 방식으로 구상하여 운용하기 위한 사려 깊은 술과 과학'으로 정리할 수 있을 것이다.

한편, 국방 및 군사 수준의 수직적 분화로서 작전적 수준에서의 보편적인 전략은(현재 군에서는 작전술로 일컬어지고 있다) 전구 내에서 군사전략의 목표를 달성하기 위해 가용한 군사 역량을 동시화되고 통합된 방식으로 구상하여 운용하기 위한 사려 깊은 술과 과학으로 정의할 수 있을 것이나, 본서의 제4장에서 이와 같은 논리와 개념을 담아 용어의 정의와 개념을 재정립하고 세부적으로 논의할 것이다.

또한, 국방 및 군사 수준의 수직적 분화로서 작전적 수준에 이어 전술적 수준에서는(현재 군에서는 전술이란 용어로 정립되어 사용되고 있다) 전투에 있어서 상황에 따라 임무달성에 가장 유리하도록 전투력을 동시화되고 통합된 방식으로 구상하여 운용하기 위한 사려깊은 술과 과학으로 일반적으로 정리할 수 있을 것이나, 본서의 제5장에서 이 같은 논리와 개념을 담아 용어의 정의와 개념을 재정립하고 세부적으로 논의할 것이다.

국가전략과 군사전략의 개념과 관계의 발전과 변천

고대로부터 현대에 이르기까지 각 국가는 사회적 배경, 무기체계, 전쟁의 성격, 군사사상 및 용병술은 각각 상이하였고, 이렇게 차별화된 시대별 그리고 각각의 상황과 특성에 어울려 국가전략과 군사전략을 구분하여 사용하기도 했고 같은 개념과 용어로 사용되기도 하였다. 이를 시대적 흐름에 따라 변화된 과정을 보면 아래

[표 3-1]과 같이 요약해 볼 수 있다.

[표 3-1] 국가전략과 군사전략

시대	관계	비고
고대-중세	· 국가전략 = 군사전략	국가통치 - 군사령관 일치, 동일개념으로 사용
근대~현대 초기 -제1차-2차대전-	· 국가전략 > 군사전략	국가전략 비중 증대 경향
현대	· 전쟁억제 < 무력전 수행 · 군사뿐만 아니라 군사 이외의 요소까지도 중시, 정치, 경제, 사상, 심리의 중요성 증대	국가전략이 상위 개념화

본서의 이전 장에서 논의되었던 바와 같이, 고대에서 중세까지 근대 이전의 전쟁은 비교적 단순하고 제한적이어서 국가의 총력으로 적을 재기불능의 상태를 강요하기보다는 오히려 용이한 방법으로 일부 계층이나 신분의 이익 보호라는 전쟁목적만을 달성하는 데 두었다. 따라서 준비된 무력을 사용하여 어떻게 전쟁을 유리하게 이끄느냐가 군사적 관심사였고, 무력만이 정치적 해결의 최후수단으로 인정되었기 때문에 군사행동 그 자체가 전쟁이었고, 전쟁을 운용하는 개념인 군사전략이 곧 국가전략이었다.

근대 이후 현대 초기까지 시대에 있어서 산업혁명은 기존 전쟁의 양상과 전쟁수행의 개념을 획기적으로 변화시킨 획기적 계기가 되었다. 산업혁명의 확산은 근대식 무기의 대량생산을 가능케 하였으며, 근대무기의 대량생산을 기반으로 무력전 수행을 위한 물적 수단의 급속한 진보가 이루어졌다. 이로써 전쟁이 격렬해지고, 전선이 전 국토로 확대되었으며, 전쟁이 장기지구전화長期持久戰化함에 따라 국민경제 등 총력이 전쟁 수행에 동원되어 모든 국가는 전쟁이 군사적 수단만으로 해결될 수 없다는 것을 인식하게 되었다. 이에 대하여 인도의 파리트D. K. Palit 소장은 "제2차 세계대전 이후 전략개념에는 근본적 변화가 생겼다. 새로운 전략개념은 전쟁은 전시 및 평시를 막론하고, 군사행동 이외에도 정치, 경제, 사회 등 국가적인 모든 수단과의 합주가 필요로 하게 되었다"고 하여 모든 국가는 전쟁수행에 있어서 정치, 경제, 사회, 과학, 군사적 모든 요소를 통합, 조정해야 한다고 역설하고 있다.[50] 그리하여 근대 이후 현대 초기 시기에는 순수한 군사적 의미의 전략에서, 넓은 의미의 전략의 개념으로의 확장 필요성을 인식하게 됨으로서 군사전략과 동일시되던 국가전략에 대한 중요성이 더욱 증대되었다.

현대로 접어드는 시기에 등장한 핵무기의 가공할 파괴력은 상대방의 섬멸과 동시에 자국의 파멸까지도 자초하는 절대무기로 부상하였다. 이러한 핵무기의 위력을 실감한 각국은 전쟁 억제 중요성을 실감하게 되었으며, 더욱이 전쟁비용의 천문학적 증가에 따라 경제적 여건이 전략 중에서 차지하는 비중이 커지게 되었다. 더욱이 자국만의 전쟁 수행의 제한을 인식하고 국가와의 동맹 관계의 강화와 외교력이 중요시됨에 따라 군사전략은 국가전략의 종속개념으로 변모하게 되었다. 이는 국가 내지는 국민의 정신적, 물질적인 전수 생존력과 활동력을 동원, 결집해서 전쟁 목적 달성을 위해 이를 조직하고 전력화할 필요성이 증대되고, 이러한 성격의 전쟁에 대응하기 위해 병력 위주의 군사력 건설 및 운용방법으로써의 전략개념에서 총합전력의 건설, 유지 및 운용은 물론이고, 사전에 전쟁을 예방하는 전쟁 억제를 위한 국가전략의 중요성이 더욱 커지게 되었다는 것을 말한다.

상관관계

국가전략은 한 국가가 그의 생존을 보호하기 위해 국내외 정세에 유효하게 대처하기 위한 지적인 노력의 전부를 지칭하는 것으로, 프랑스의 총체전략Total Strategy, 영국의 대전략Grand Strategy과 구별 없이 혼용되어 왔다. 즉, 국가전략은 국가목적을 달성하기 위해 국가가 보유한 모든 역량을 활용하는 술과 과학이다.

한편, 군사전략은 군사력의 직접, 간접적 사용으로 국가전략에 기여할 군사수단의 개발과 운용을 선도한다. 군사전략은 그 근원을 국가전략에 두고 있으며, 전·평시를 막론하고 국가전략의 발전에 기여하여야 한다.

그러므로 국가전략은 군사전략보다 정치적 요소가 큰 영역이고, 군사전략은 군사적 요소가 더 큰 군사지도자의 영역으로 국가전략의 하위에 속하는 개념이다. 국가전략 및 군사전략 모두는 국가가 성취하고자 하는 궁극적 지향 방향인 국가의 목적과 목표 달성을 위해 공동의 노력을 기울여야 한다는 점에서 같으나, [그림 3-4]에서[51] 볼 수 있는 바와 같이 요소들은 서로 중복되고 보완적이다.

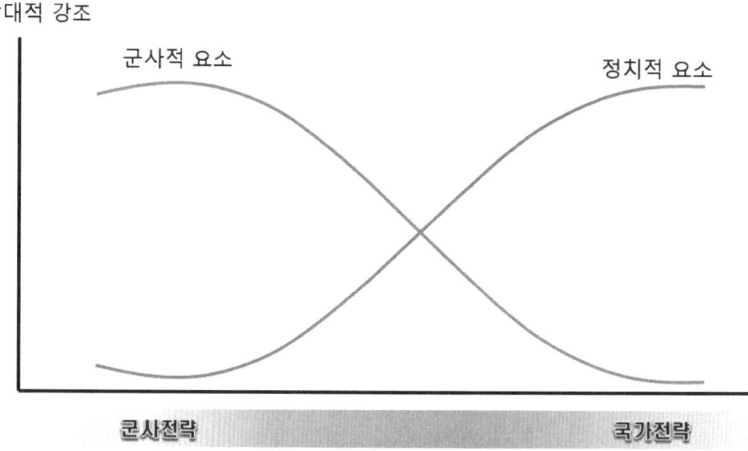

[그림 3-4] 국가전략과 군사전략

제3절
군사전략

1 의의

　최신 한국군의 군사용어사전합참, 2021년에서는 군사전략military strategy을 "국가목표 혹은 국방목표 달성을 위하여 군사력을 건설하고 운용하는 술과 과학"으로 정의하고 있다. 이와 유사하게 박창희군사전략론, 2021년는 "정치적 목적 또는 전쟁의 목적을 달성하기 위해 가용한 군사적 자산을 운용하는 술과 과학"으로 정의하고 있는 등 여러 군사학자와 군사전문들이 군사전략에 대한 본원적인 개념에 관한 관심을 높이고 있고 이에 대한 논의 역시 여전히 폭넓게 진행 중이다.

　본서에서는 일반적, 보편적인 전략의 개념에 대한 원리적 논의와 여러 이슈에 대한 쟁점 논의를 바탕으로, 군사전략을 국가전략의 하위개념으로 두고, "정치적 목적과 전쟁의 목표를 달성하기 위해 가용한 군사적 역량을 동시화되고 통합된 방식으로 구상하여 운용하기 위한 사려 깊은 술과 과학"으로 군사전략의 정의와 위상을 재정립하여 제시하고 있다. 이같이 본서에서 재정립한 군사전략의 정의는 군사전략에 대한 논리를 더욱 명확히 하고, 군사전략의 정체성을 뚜렷하게 밝힐 수 있도록 하여 군사전략에 관심이 있는 독자들의 이해와 공감 그리고 학문적, 실천적 합의를 이끌어내기 위한 노력이다. 이는 저자뿐만 아니라 기존 여러 군사사상가, 군사학자 및 군사전문가들에 의한 노력 과정과 결실을 종합한 결과로 이해되어야 한다.

　이와 같은 정의는 다음과 같은 몇 가지 맥락적 상조섬을 가지고 있다. 첫째, 국가 수준의 정치와 정책 그리고 국방 및 군사 수준의 군사전략을 연계를 명확히 하고 있다. 이는 클라우제비츠의 정치와 군사의 연계 사상을 근저로 최근 국가전략과 군사전략의 위계를 강화해야 한다는 점을 강조하는 것이다. 둘째, 전쟁을 전제로 하고 있는 군사military affairs란 용어의 개념을 명백히 하여 개념 재정립에 적용하고 있다. 군사는 전쟁을 전제/대상으로 하며, 평시에는 가장 합리적인 군사력을 건설, 유지 및 관리하고, 유사시에는 준비된 군사력을 효율적으로 사용하여 당면한 국가의 위협을 배제하거나 정책 목적을 달성하려는 국가 위기관리 기능을 말한다. 셋째, 전략의 술arts적 측면을 강조하고 있다. 기존 군사전략의 정의에서 보이는 군사력의 개발 혹은 건설이란 의미는 현재 가용 군사력의 할당 등 운용을 조율하고, 미래 군사력을 합리적으로 건설하기 위한 방향성이나 방법을 선도하는 군사전략의 개념으로 이해되어야 하며, 결국, 군사전략은 군사적 역량을 운용하는 방법과 창의적 구상과 실천을 강조하는 즉 술의 측면이 핵심이다. 한편, 군사전략 원리, 군사력의 운용, 건설, 유지 등을 학문적으로 연구하는 군사학에서 이론을 기반한 연구 분야에서 과학적 측면은 여전히 존재한다. 넷째, 수단을 군사력으로 한정하기보다는 정치와 전쟁의 목표 달성을 위한 군사적 힘과 수단의 총합으로서 역량으로 확장하여 보편적 전략의 개념에 부합하도록 맥락을 조정하였다. 마지막으로, 군사전략이 추구하는 방향성의 제시를 위해 전략이 궁극적으로 추구하는 동시화와 통합적인 창의적 구상과 운용을 강조하고, 사려 깊은prudent이란 맥락의 추가를 통해 전략의 통찰을 강조하고 있다.

이러한 군사전략의 의의를 토대로 하여, 지금부터는 군사전략에 대한 전반적인 통찰을 탐구하기 위해 군사전략의 의의에 대해 좀 더 보완적인 논의를 하고자 한다. 군사전략의 핵심은 군사적으로 취하고자 하는 창의적 방법이라고 할 수 있다. 따라서 군사전략은 방법을 구현하고 실천하기 위한 역량competency 또는 힘power과 도구instrument가 중요하다. 그러나, 군사전략의 구상과 실천하는 데에는 '역량 또는 힘'만이 전부는 아니다. 군사전략은 그것을 통해 무엇을 달성하고자 하는가? 하는 목적문제, 그것으로 달성하고자 하는 상태는 무엇인가? 하는 목표문제, 그리고 그것을 언제(시간), 어디서(공간), 누가/누구에게(주체), 어떻게 사용할 것인가?(방법)에 대한 것 등 여러 요소를 포함한 사려 깊은 사고思考가 필요하다.

이와 같은 군사전략에 관한 사고의 주제에 대한 통찰을 얻기 위하여 주제에 관련된 군사전략의 활동 범위와 수준과 이에 대한 주요 군사사상가와 이론가들의 견해 등을 논의하면서 그 통찰의 목적 달성에 접근해 보고자 한다.

군사전략의 목적 측면

우선 첫째로, 군사전략의 '목적' 면에서 보면, 손자孫子의 정의를 인용하여 설명하는 것이 전반적인 전략의 개념에 가장 가깝게 접근하는 방법이 될 수 있을 것이다.

> 凡用兵之法 不戰而屈人之兵善之善者也
> 군사전략이란 싸우지 않고 적의 군대를 굴복시켜 승리를 획득하는 데 있다
> – 손자孫子, 모공편謀攻篇[52]

여기서 '범용병지법凡用兵之法'이라 함은 군사전략을 뜻하는 것이고, '인지병人之兵'은 적의 군대를 말하며 '선지선자야善之善者也'는 '범용병지법凡用兵之法'을 설명한 형용사로서 군사전략이 '최선의 개념'이라는 것을 비유해서 표현한 것이다. 다시 말하면 군사전략이란 싸움을 하지 않고 적의 군대를 굴복시켜 승리를 획득하는 것이 최선의 방법이라는 뜻이다. 또한, 손자는 전술이란 싸움을 전제로 하여 승리를 획득하는 술術이라고 했다. 범용병지법凡用兵之法 백전백승百戰百勝 비선지선자非善之善者也 즉, 백전백승하는 것도 좋은 방법이지만 싸우지 않고도 승리하는 것에 비해 차선의 방법이기 때문에 '비선지선자야非善之善者也'라는 말을 사용한 것이다. 따라서 전술은 '싸움을 통해서 승리를 추구하는 꾀'이기 때문에 싸우지 않고도 승리하는 최선의 꾀인 군사전략에서 추구하는 것보다는 차선의 꾀라고 할 수 있다.

이처럼 손자孫子의 논의를 목적상의 통찰 주제로 한 것은 군사전략이 추구하는 피를 흘리지 않는 승리 즉, 전승全勝을 이상적理想的으로 보기 때문이나. 원래 군사전략은 적극적이고, 창조적이고, 건설적이라는 점에서 항상 최선의 결과를 추구하고, 또 그 결과에 따라 성공 여부를 평가 받게 된다. 이런 점에서 목적상의 정의는 다른 모든 정의보다 중요시될 뿐만 아니라 군사전략의 기준이 되고, 가장 먼저 도달해야 할 귀착점이기도 하다. 인간이 피를 흘리지 않고 승리를 획득하고자 한 노력의 흔적은 얼마든지 찾아볼 수 있다.

> 非利不動 非得不用 非危不戰
> 이익이 없으면 군대를 움직이지 말고, 소득이 없으면 그것을 쓰지 말고, 위험하지 않으면 싸우지 말아야 한다
> – 손자孫子

고대 그리스의 스파르타Sparta에서는 설득이나 계략으로 목적을 달성한 장군은 소를 제물로 바치고, 전투로서 목적을 달성한 장군은 수탉을 제물로 바쳤다고 한다. 왜냐하면, 스파르타인이 지나칠 정도로 도전적이어서 현명한 협상을 통해 얻는 승리가 무력이나 용기로서 쟁취한 승리보다 이론적인 면에서 더 훌륭하다고 보았기 때문이다.[53] 결국, 목적 측면에서 본 군사전략은 피를 흘리지 않거나 가장 적게 흘리고 승리하는데 궁극적 전략의 방향성과 의도가 중요하다고 할 수 있다.

군사전략의 적용을 위한 수준 측면

군사전략의 적용을 위한 '수준' 측면에 대한 통찰은 현재에는 잘 사용되고 있지 않은 용어이지만 '군사전략단위'라는 용어의 설명이 필요하다. 군사전략단위란 전쟁 및 전역을 결정지을 수 있는 연합 및 합동작전능력을 구비하고 있는 제대를 의미하고 있는바, 과거 서양에서는 군단corps을 군사전략단위로 하였으며, 일부 국가에서는 사단급까지도 군사전략단위부대에 운용한 적이 있었다. 예를 들어, 제2차 세계대전 당시 일본은 실제로 사단을 군사전략단위로 간주하고 작전에 투입, 운용하였으며,[54] 한국전 당시 김일성도 사단을 군사전략단위로 하여 사단급 독립작전을 수행하도록 한 바가 있다. 그러나 이와 같은 사례에 대한 평가는 실제로 전술단위의 가치와 성과밖에 거두지 못했다는 것이 중론으로 받아들여지고 있다.

오늘날에는 일반적으로 전략적 수준, 작전적 수준 그리고 전술적 수준이라는 용어가 사용되고 있다. 여기에서 군사 전략적 수준이란 국방부/합참, 연합사, 각군본부 차원에서의 이루어지는 것이라 보는 것이 타당할 것이고, 전역戰役과 주요 작전作戰이 이루어지는 작전적 수준이란 군단(혹은 군단의 집합)의 일련의 작전 수행을 위한 수준이며, 전술적 수준은 대체로 군단 단위 이하의 제대에서 전투와 교전으로 이루어지는 수준이라고 한다면 타당성에는 과도한 어긋남이 없을 것으로 보인다.

따라서 수준 측면에서 국방부/합참, 각군을 군사전략 수준의 제대로, 그 이하 야전군 및 군단급[18]을 작전적 수준의 제대로, 군단급 이하 전술적 수준의 제대로 포괄적으로 구분하는 것이 바람직할 것이다.

이전에 논의한 두 가지 즉, 목적과 수준 측면의 통찰을 연계한다는 측면에서, 손자孫子와 클라우제비츠의 논의 주요 함의에 비추어 본 전략 등 술의 본원적 원리에 대해 요약 정리하면 [표 3-2]와 같다.[55]

[표 3-2] 전략의 기본원리

구분	손자병법	전쟁론
전략military strategy	全勝	현실전쟁 (합목적적 제한전)
작전술operational arts	制勝	중심지향 (전투의 선택)
전술tactics	優勝	상대적 우세

군사전략의 수단적 측면

어떠한 게임이든지 그의 수행과 성공적인 결과는 상호 관련된 특정한 행동의 연속적인 배열과 실천에 의존한다. 어떠한 일이든지 단일한 수단과 방법으로 완수할 수만 있다면 더 이상의 수단이나 방법을 구상하고 실천적 행동으로 세분화할 필요 없을 것이다. 그러나 대부분의 경우, 수단은 한정적이나 실천할 수 있는 다양한 방법들이 존재하기 때문에 조율이나 통합적 조정을 필요로 한다. 따라서 군사전략이란 '군사적 제諸수단을 조율, 조정하여 방법을 찾는 술'이라고 볼 수 있다. 클라우제비츠는 군사적 수단을 전투Battle라고 명백히 논의하였고,[19] 손자孫子와 풀러

---

18 현재 한국군 상부구조 하에서의 이에 대한 일반적인 견해는 합참의 작전본부 및 연합사, 각군의 작전사령부를 작전적 수준으로 보고, 군단급 제대가 직접 전략지침을 수령하여 군사전략목표를 추구할 경우에는 군단도 포함할 수 있다고 보고 있다.
19 클라우제비츠는 전략의 수단을 오직 전투하나라고 단정하였기 때문에 비록 전략이 수개의 전투를 운용하는 것이라고 할지라도 전투 그 자체가 유혈 수반하기 때문에 전략과 전술의 한계점을 모호하게 만들었다는 비판도 있다..

Fuller는 경계Readiness, 기동Maneuver, 전투Battle의 세 가지를 들었다.[56] 칭기즈칸과 나폴레옹은 전략의 실천과정에서만 기동이 중요한 전략의 수단이라는 것을 입증한 바 있다. 하지만 핵무기 등 대량살상무기, 사이버cyber, 우주space, 정보information 무기뿐만 아니라 전쟁에서 운용될 수 있는 다양한 비군사적 수단이 등장하고 있는 오늘날에는 이러한 군사전략의 수단에 관련한 여러 이론과 논의가 지속되고 있으며, 여전히 커다란 논쟁 이슈로 남아 있다.

주요 군사전략가의 군사전략에 대한 통찰

이미 앞에서 논의된 바와 같이 군사전략은 목표-수단-방법의 균형을 추구한다. 여기에서는 군사력 운용의 구상과 실행에 초점을 두고 실제 전쟁에서 사용되기도 하였던 주요 전략가들의 군사전략에 대한 논의를 개념적 관점에서 논의한다.[20]

클라우제비츠Clausewitz

우선 군사전략의 개념 정립에 많은 영향을 주었던 클라우제비츠Clausewitz이다. 사실 클라우제비츠의 전쟁에 대한 사고는 구체적인 실행전략으로 보기는 어렵기도 하다. 그러함에도 그의 군사전략에 대한 개념적 논의는 여전히 현재에도 실제적인 군사력의 운용방식으로 유효하게 적용되고 있다. 클라우제비츠는 국가 대전략을 강조하기는 하였으나, 주로 전쟁과 직접 연결된 전투에 집중하고 있다. 특히 그가 주장한 결정적 전투decisive battle는 적의 중심center of gravity을 공격하여 승리해야 한다는 개념으로 현대 군사전략에서도 유효한 개념으로 자리 잡고 있다. 클라우제비츠에 따르면 적의 중심은 아군의 모든 힘과 군사력이 집중되어야 하는 지점이며, 이를

---

20 여기에서 언급되는 주요 사상가, 이론가 실천가들의 통찰 내용은 이들이 관심을 두었던 당시에는 전략으로 표현되었을 수 있으나, 본서에서 관심을 두고 있는 군사 측면의 수준에 따른 용병술(군사전략, 작전술 및 전술) 개념에 비추어 볼 때, 군사전략 보다는 주로 작전술에 해당하는 논의로 볼 수 있을 것이다. 첨언하자면, 오늘날 군사전략에서 말하는 방법Way은 '군사력을 직접적으로 사용할 것인가, 아니면 간접적으로 사용할 것인가, 소모전을 추구할 것인가, 마비전을 추구할 것인가, 단계적으로 접근할 것인가, 동시적으로 접근할 것인가' 등 군사력 사용의 개념적 방향성을 의미하는 것이지 군사력을 실제적으로 사용 방법을 의미하지는 않을 것으로 보인다. 본서에서의 용병술의 개념과 논리 하에서 군사력의 실제적인 운용방법을 구상, 계획, 시행하는 것은 작전술의 영역으로 사료된다.

확보하기 위한 결정적인 전투 수행은 불가피한 것이다. 클라우제비츠의 이러한 직선적인 사고는 특히 미국과 같이 수단의 제약을 거의 받지 않는 초강대국의 군사전략에서 지속적으로 적용되고 있다. 적의 중심을 제압하고 나면 궁극적인 승리를 쟁취할 수 있으며, 이것이 바로 공격의 방향을 결정하는 최선의 군사력 운용방식이 되는 것이다. 대부분의 현대 전략가들이 적의 중심을 찾아내기 위해 노력하는 것은 클라우제비츠의 직접적인 접근법을 차용하고 있는 것이다.

조미니Jomini

조미니Jomini는 클라우제비츠보다 더욱 실행에 초점을 두고 있었다. 또한, 조미니는 전쟁을 과학으로 인식하고 있었다. 나폴레옹의 휘하에서 활동하기도 했던 조미니는 구체화된 실행계획으로의 전략을 중시했으며, 전구 차원에서의 결정적 지점을 식별하여 기지와 작전지역을 설정하였다. 또한, 그는 전구 차원보다 한 단계 아래에 있는 작전목표를 식별하는 것이 중요하다는 것을 파악하였으며, 작전선line of operations의 개념을 결정적 지점을 연결하여 작전목표에 이르는 개념으로 파악하였다. 그는 네 가지 중요한 전략적 개념을 다음과 같이 설명하고 있다. 먼저 전략적인 움직임은 결정적 지점에 있는 적의 대규모 군대와 이들의 연락망을 붕괴시키는 것이며, 분산된 적과 교전하기 위해 적극적으로 기동해야 하고, 전장에서는 전선에 닿아 있는 적의 군사력을 먼저 격파해야 하며, 결정적 지점을 확보하기 위해 적절한 공격 시점의 선택이 중요하다는 것이다. 조미니는 이러한 군사전략 개념을 통해 보다 규격화되고 체계적인 전략수행을 강조하였으나, 도상전투에 몰입되어 있다는 비판을 받기도 하였다.

풀러Fuller

마비전으로 유명한 풀러Fuller, 1918년는 소위 전차를 사용한 작전계획Plan 1919으로 알려진 '결정적 공격목표로서의 전략적 마비Strategic Paralysis as the Object of the Decisive Attack' 라는 보고서를 통해 전쟁에서 직접적 파괴보다는 와해disorganization가 효과적임을 주장하였다. 풀러의 마비개념에 따르면 전선에 위치한 대규모 적의 군사력을 공격하는 것보다는 적의 지휘부를 공격하여 상황을 고착시키는 것이 전략적 선택일 수 있다는 것이다. 이때 우군은 적의 약한 지역을 돌파하여 지휘부로 진격해야 하므로 종심으로 배열되어야 함을 주장하였다. 적의 핵심을 마비시키기 위해 기동성은 가장 강력한 무기체계의 특성이며, 기만과 신속성이 요구된다. 풀러의 마비개념은 이후 기계화 부대의 중요성을 보장하는 전략 개념으로 발전되었으며, 이는 제2차 세계대전에서 전격전Blitzkrieg의 개념으로 진화되었고, 현대전에서는 지상군의 기동과 비교하여 속도와 화력의 우위를 가진 공중 전력의 중요성을 강조하는 이론적 배경으로도 사용되고 있다.

리델 하트 Liddell Hart

클라우제비츠의 개념과는 상이한 '간접적 접근' 전략으로 유명해진 리델 하트Liddell Hart이다. 그는 그의 저서 「전략론」에서 전략이란 적의 저항을 극복하는 것이 아니라 적의 저항의 가능성을 감소시키는 것임을 역설하였다.[57] 또한 그는 군사적 수단을 사용하는 것은 국가 대전략의 한 가지 방식에 불과하며, 군사력을 사용한 전투는 전략의 방식 중 하나일 뿐이라는 점을 분명히 하였다. 하트는 직접적인 군사력 운용을 통해 적을 와해시키는 클라우제비츠의 전통적 군사력 운용방식과는 달리 아군의 전선을 변화시키거나, 통신수단의 무력화를 기도하는 등의 방식으로 충분히 적을 와해시킬 수 있음을 주장하였고, 특히 군사적 행위가 적의 군사력만을 직접 겨냥해서는 안 되며 적의 심리상태와 같은 간접적 혹은 비군사적 요소를 동시에 공략할 수 있는 방식을 강조하였다. 이와 같은 하트의 간접접근 사상은 흔히 손자병법의 싸우지 않고 승리하는 것이 최선이라는 부전승不戰勝 사상과 연결되어 해석될 수 있으며, 최근 하나의 작전개념으로서 존재하였던 효과기반작전EBO: Effect Based Operations 등과 같은 작전개념에도 적용되었던 개념이다.

현대 군사전략 발전을 위한 이론이나 담론들

OODAObservation, Orientation, Decision and Action 루프Loop로 잘 알려진 보이드Boyd의 이론이다. 한국전쟁에도 참전한 바 있는 보이드의 이론은 지금도 매우 유용한 전략개념으로 사용되고 있으며 현 미국의 군사전략에서 광범위하게 적용되고 있다. 보이드는 전투기 조종사였던 그의 경험을 토대로 전략가들은 적의 의도된 기동과 생각 밖에서 움직여야 함을 강조하였다. 적이 일단 결심하고 기동하기 시작했다면 우리의 전략적 대응은 적의 움직임에 대응하는 형태로만 나타나게 될 것이며, 성공적인 전략은 적의 사고체계 내에서 아군이 선제적인 행동을 취할 때 가능하다는 것이다. 보이드의 개념은 이른바 주도권initiative을 강조하고 있는 것으로 이해할 수 있다. 아군의 관찰과 상황판단, 결심과 행동이 적의 사고체계 내에서 보다 신속하게 이루어져야 하며, 상황이 연속적으로 변하게 될 때, 이러한 과정이 지속적으로 반복되어야 한다는 것이다. 최근 미국은 보이드의 이론을 활용하여 군사전략의 개념을 발전시키고 있는 경향이 있다. 먼저 보고 이해한 후, 선제적 행동을 취함으로 인해 전쟁을 종료한다는 것이다. 최근 한국군의 '전략적 타격' 개념도 보이드의 이론을 적용하고 있는 것으로 여겨진다.

이외에도 여기에 서술되지 못한 스태리Stary의 공지전투, 오가르코브Ogarkov의 정찰-타격 복합체, 셰브로스키Cebrowski의 네트워크 중심전NCW: Network Centric Warfare, 와든Warden의 5원 이론, 국제공역에서의 접근과 기동을 위한 합동개념JAMGC: Joint concept for Access and Maneuver in the Global Commons[21] 등 최근 주요 전쟁수행이론과 함께 군사전략의 개념은 지속 발전하고 있다.

군사전략의 기본 논리

앞선 논의를 토대로 하여 군사전략의 의의에 대하여 요약하면 다음과 같다. 첫째, 군사전략은 국가전략을 구성하는 부분전략으로서 국가가 의도하는 국가목표 또는 국가이익의 실현 수단임은 당연하다. 둘째, 정치적 목적달성을 위해 전·평시 상존하는 전략으로서 전쟁 준비, 억제, 전쟁 수행을 선도하는 역할을 하여야 한다. 셋째, 군사전략은 전쟁 수행의 중핵인 작전을 정치 목적에 연결하는 매개역할을 하

---

[21] JAM-GC는 공해전투를 보완하는 혹은 대체하는 미국의 작전 개념이며, 2012년 발간된 합동작전접근개념(JOAC: Joint Operations Access Concept)을 기초로 하고 있다

는 동시에 작전 구상과 실천적 행위를 규제하는 역할을 한다. 즉, 군사전략은 하위 용병에 관한 술로서 작전술과 전술에 지침을 제공하여 전쟁과 전역 또는 전투와 교전 등 모든 수준에서 싸우는 방법을 제공하는 동시에 상위로는 전쟁과 관련된 정치, 외교, 경제, 이념 등 전쟁 수행을 위한 동시적이고 통합적인 운용에 대한 군사의 전반에 관한 사고체계로 이해하여야 한다. 마지막으로, 군사전략은 전쟁 억제, 전쟁 준비, 특히 전쟁 수행에 관한 원리와 이론의 탐구로서 과학science이자,[22] 그것의 설정과 구현에 관한 실천적 행위와 행동의 방법으로서 실천적 구상이나 '행동이나 행위 그 자체'까지도 의미하는 술arts이라는 것을 능동적으로 이해하여야 한다.

군사전략의 가장 기본적인 원리는 본원적으로 창의적인 술, 논리, 그리고 과학적인 역할을 한다. 이와 같은 군사전략의 원리적 토대는 모든 전략이 반드시 구상에서부터 실천에 이를 수 있도록 원리적 연계가 정교해야 하는바, 이는 우선 철저하고 근원적인 역사적 함의를 근거해야 함이 마땅하고, 감내할 수 있는 가용한 자원의 엄격한 고려와 시·공간에 대한 명철한 지식 그리고 우군·중립·적대세력 및 적의 이익 및 의지에 대한 냉철한 분석에 기반해야 한다. 또한, 군사전략의 발전은 전략적 의사결정에 제공되는 사실과 가정에 대한 이해가 필요하다. 목표를 지향하여 의도된 행동에 지침을 주는 군사전략의 근원적인 논리는 연역적인 동시에 귀납적이다.

그러므로, 본서에서 정의하고 있는 바와 같이 군사전략을 국가전략의 하위개념으로써, 정치적 목적과 전쟁의 목표를 달성하기 위해 가용한 군사적 역량을 동시화되고 통합된 방식으로 구상하여 운용하기 위한 사려 깊은 술과 과학으로 정의하는 것이 타당할 것으로 보인다.

---

[22] 군사전략을 이론으로 보는 관점은 군사전략이 전쟁 억제, 전쟁 준비, 전쟁 수행에 관한 법칙 또는 법칙적 지식인 동시에 상황의 변화에도 불구하고 언제, 어디서나 공통적으로 적용할 수 있는 일반원칙을 대상으로 하고 있기 때문이다.

2 술arts과 과학science으로서의 군사전략

본서는 군사전략을 술術임과 동시에 과학이라고 정의하면서, 군사술 혹은 용병술 관점에서 군사전략의 술術, arts적 측면을 강조하고 있다. 그 이유는 전략 그 자체는 '과학으로 감당할 수 있는 측면이 없다'라고 할 수 있을지는 모르지만, 전략적 판단에는 어느 정도까지는 규칙적이고, 합리적이며, 객관적으로 분별력 또는 지각능력이 있어야 하며, 또한 전쟁을 지배하는 법칙을 발견하고 성공적인 전쟁수행을 위한 근원적 원리를 일정한 모델로 수립할 수 있기 때문에 과학이란 측면이 성립될 수 있을 것으로 보인다.

빌Hedley Büll은 '지금의 전략연구에 투입되고 있는 지적인 자원은 역사상 유례가 없는 일이며, 이것은 결국 과거에 존재했던 것보다 더 높은 과학적인 질을 가진 문헌과 더 높은 수준에 관한 토의의 결과'라고 말했다. 그의 논의에 따르면 군사전략은 과학성과 술적 특성에 의하여 지금과 같은 고도의 질을 유지할 수 있었다는 것이다. 따라서 군사전략의 술과 과학으로서의 특성을 이해하면 그 개념을 어느 정도 유추할 수 있을 것이다.

군사전략의 술術적 측면

군사전략의 술적인 특성의 근원은 일반적으로 군사전략은 작전 또는 전투의 지침을 다루게 된다는 것[58]이라는 데에 있다. 군사전략은 정치와 정책의 실천방법이기 때문에 대부분 국가전략으로부터 그 목적과 위상을 부여받고, 전술 및 작전술은 군사전략으로부터 그 목적과 위상을 부여받게 된다.

군사전략의 술적인 특성으로서 우선 첫째, 전략상의 중요한 결정은 전술 및 작전술 상의 결정보다 더 굳건한 의사결정자의 의지를 요구한다는 것이다. 즉, 전술 및 작전술에서는 상황의 변화가 많고 진행속도가 빨라 시간적 여지가 크지 않지만, 군사전략에서는 전술 및 작전보다 시·공간적 여유가 있다. 그래서 군사전략은 신념의 불확실성, 정보의 불확실성에 따라 지휘관의 의지가 위축될 개연성이 존재한다. 이러한 맥락에서 우선 전략상의 과오를 수정 또는 만회하는 것은 전술 및 작전 수준에서는 극히 곤란하기 때문에 전략적 수준의 의사결정자나 최고 지휘관은 술적 측면의 굳건한 의지가 무엇보다도 필요하다.

둘째, 전략상의 승리는 개개의 전술 및 작전에 의한 승리의 누적이 아니라, 전략의 목적에 기여하는 승리가 되어야 한다. 그러므로 의사결정자나 최고 지휘관은 이를 구체적으로 실천하기 위해 동시적·통합적 사고를 기반에 기반하여 끊임없는 창의적 구상과 실천이 이루어지도록 노력하는 군사전략의 술적 측면이 중요하다.

마지막으로, 군사전략은 특정한 상황이나 전쟁에 대해 그에 맞는 전략을 도출할 수 있으나, 그렇다고 해서 그러한 전략을 모든 상황과 전쟁에의 적용이 가능하게 일반화하는 데에는 한계가 있기 때문에 술적인 측면을 강조하지 않을 수 없다. 군사전략은 시·공간적, 상황적 범위가 다양하고 넓어 상황적 변화와 시·공간의 흐름에 따라 많은 변화를 수반하게 된다. 따라서 주어진 목적과 목표에 도달하기 위한 전략의 구상과 수행은 유연하게 적응적으로 대처하는 것이 중요하며, 이는 창의적 실행 측면의 술적 특성에서 나오는 것이다.

지금까지 논의한 군사전략의 술적 측면에 대한 논의에서 볼 수 있듯이 군사전략은 예기치 않은 많은 상황에 융통성을 가지고 적응적으로 대응해야 하는 최고 의사결정자나 지휘관의 실천적인 행동과 굳건한 의지에 기반한 것이기 때문에 창의적 방법의 구상과 구현이라는 술적 측면이 강하다고 할 수 있다. 용병술用兵術 혹은 군사술軍事術의 원리, 원칙에 대한 이론상 논의가 가능하다 할지라도 통일적으로 일반화하여 정립된 일련의 법칙이 여전히 미흡하고, 완전하게 논리적으로 정립되지 못하고 있다는 제한이 있다는 점에서 많은 군사사상가, 이론가 및 전문가는 군사전략의 술術적 측면을 더 강조하고 있다.[23]

---

[23] 예를 들어, 포소니Possony는 이와 같은 관점에서 "전쟁은 술Arts이며 엄밀한 의미에서 과학은 아니다. 전쟁에는 사실상 불확실성이 있으며, 그것은 지적인 적이 있기 때문일 뿐만 아니라 또한 단순하게 측정할 수 있는 통계적 불확실성 때문만은 아니다. 전쟁을 과학으로 보는 모든 시도는 결국 실패로 끝났다."고 주장하면서 군사전략의 과학적 측면을 비판하고 있다.(군사이론연구, 1987., 재인용)

군사전략의 과학적인 측면

군사전략은 술적 측면이 강조되고 있지만, 군사전략의 과학으로의 특성도 여전히 지니고 있다고 보아야 한다. 그래서 군사학, 정책전략학 등 주로 학문 분야에서는 전쟁이란 무력의 충돌에 대한 구조, 원리, 법칙 등을 과학적 방법으로 군사전략을 이론화하는 데에 관심을 많이 두고 있다.

고대 동양의 전쟁사상가이자 이론가 및 실천가인 손자孫子는 인간과 자연을 중심으로 병학兵學의 원리에 대해 6,600여 자로 정리하여 논의하고 있는바, 이 원리는 오늘날에도 시간과 공간, 상황적 변화 등을 넘는 보편타당한 전쟁에 관한 원리로 인식되고 있을 뿐만 아니라 전쟁 이외의 경쟁 등 응용 분야에서도 실천적으로 적용되고 있다. 이처럼 군사전략이 예견되는 미래의 전장 환경, 기술technology의 발전 등 변화에 적응할 수 있는 새로운 보편적인 원리와 일반 원칙을 보편타당한 전쟁의 이론으로 계발啓發할 수 있도록 한다면 과학으로의 역할을 진척시킬 수 있을 것이다. 군사전략이 과학으로 볼 수 있는 논의는 다음과 같은 몇 가지 사항을 토대로 하고 있다.

우선 첫째로, 군사전략은 실천적인 전쟁사戰爭史와 밀접한 관계를 지니고 있어 이에 대한 원리를 탐구하여 이론의 타당성을 증가시킬 수 있기 때문이다. 전략의 제 원리가 보편적인 이론으로 정착되고, 군사전략을 구상하고 실천하는 전략가들에게 공감과 확신을 갖게 하기 위해서, 전쟁의 역사인 전쟁사 연구를 통해 보편적이고 일반적인 전쟁의 원리를 탐구하여 이론에 대한 타당성을 높일 수 있을 것으로 보이기 때문이다.

> "어리석은 자는 경험에 의해서 배운다. 그러나 나는 타인의 경험에서 배운다"
> – 비스마르크Bismarck

둘째, 예측성이다. 예측Forecast이란 직관적 판단에 의존한 예언Prediction이다. 이는 예상Projection보다 더 구조적인 분석과정을 통하여 과학적 방법으로 해결책을 모색하는 과정에서 사용된다. 1946년 9월 영국의 로이터Reuter 통신 기자들이 리델 하트 앞에서 세계지도를 올려놓고 다음 전쟁이 일어날 지역에 대해 질문했을 때, 그는 서슴치 않고 '한국'이라고 예측한 바가 있다. 그리고 제2차 세계대전시, 일본 해군의 대미 진격도와 미국의 반격전략을 정확히 예측한 상륙작전 교리의 창안자 엘리스 중령 등은 확실히 군사전략에서의 과학으로서 예측성을 이해할 수 있도록 하는 좋은 예라 할 수 있다. 이러한 군사에 관한 예측능력은 군사전략이론에 명철한 사람만이 가능한 것으로서, 이들의 예측을 위한 판단 토대는 일반적이고 보편적인 군사전략의 원리와 당시 상황적 요소의 정교한 분석에 의거하고 있다.

이로 미루어 볼 때 군사전략이 가지고 있는 술과 과학이라는 두 가지 역할 혹은 기능은 이론과 실제로서 동전의 양면이며, 서로 분리하는 데에는 제한된다. 군대는 평시 전쟁을 억제하고, 유사시에는 전쟁, 전역, 전투에서 승리해야 하는 위기관리의 특수한 직업이다. 문제의 핵심은 무기 등 물리적 수단으로만 전쟁에서의 목적달성이 이루어지는 것이 아니라 '최고 의사결정자, 최고지휘관, 전략가 등 인간의 행위로 이루어진다'는 인식과 이해가 있어야 한다는 것이다. 그러므로 군사지도자/의사결정자, 최고지휘관, 전략가는 군사전략이 요구하는 술과 과학의 관계에 대한 이해를 바탕으로 군사전략의 과학적 이론은 물론 실천적 운용능력까지도 동시에 겸비하여야 할 것이다.

3 군사전략의 구분과 유형 및 특성

전쟁, 혹은 경쟁에서조차도, 무자비한 폭력만이 유일하게 존재하는 절대적 영역에서는 군사전략 혹은 경쟁전략은 필요 없을 수도 있다. 그러나 목적이나 목표가 분명한 정치와 정책의 연장선에서 전쟁은 사용 무기 등 수단이나 전쟁 혹은 작전의 수행방식, 적용 영역 등에 따라 모습과 내용이 차별화되는 군사전략이 필요하게 될 것이다. 이는 전쟁의 여러 가지 특성, 수단, 방식과 군사전략의 변화는 상호보완적으로 진화하기 때문이다. [표 3-3]은 역사적으로 나타났던 다양한 군사전략

을 어떠한 기준에 따라 구분하고 그에 대한 유형을 정리하여 제시하고 있다.[59]

[표 3-3] 군사전략 구분과 유형

구분	유형		
전쟁의 형태	핵 전략	재래식 전략	혁명 전략
접근 방법	직접전략		간접 전략
군사력 운용 방식	공세 전략		수세 전략
전쟁 수행 방식	섬멸 전략	소모 전략	마모(탈진)전략
상대에 대한 요구 형태	억제 전략	강압 전략	보장 전략
전장 영역	지상 전략	해양 전략	공중 전략 우주 등 •••
작전 수행 방법	연속 전략	동시 전략	누진 전략
전쟁 지연 / 기간	장기(전) 전략		단기(전) 전략

여기에 정리된 유형 이외에도 다양한 기준에 의해 군사전략의 유형이 분류될 수 있을 것이다. 이 같은 군사전략의 유형들은 일반적으로 각국의 시대적·상황적 배경에 따른 전쟁의 형태, 지리적 여건, 무기체계, 정치와 정책의 목표 및 가용 수단, 군사사상과 결부된 전쟁에 대한 접근이나 수행방법 등에 따라 적용이나 운용이 상이하며 다양하다.

전쟁의 형태에 의한 구분

전쟁의 형태에 따라 군사전략은 기본적으로 재래식 전략conventional strategy과 비재래식 전략의 대표적인 것으로 핵전략nuclear strategy으로 나눌 수 있다. 이러한 구분은 '국가들이 추구하는 정치적 목적이 제한되는가'의 여부에 따라 다시 전면적 혹은 제한적 핵전략, 그리고 전면적 혹은 제한적 재래식 전략으로 구분해볼 수 있다. 정치적 목적이 제한되지 않을 경우, 총력전 또는 전면전을 통해 상대에게 '무조건 항복'을 강요할 것이며, 정치적 목적을 제한하는 경우에는 궁극적으로 상대와의 정치적 협상을 통해 '더 나은 조건 하 평화'를 이루기 위한 평화 조약peace treaty을 추구하게 될 것이다.

한편, 현대 초기 시점에 마오쩌둥의 중국 혁명전쟁revolutionary warfare을 필두로 하여 본격적으로 혁명전략이라고 하는 새로운 전략이 등장했다. 앞의 두 전략이 국제전, 즉 국가와 국가의 전쟁이라면, 혁명전쟁은 한 국가 내에서 적대적인 세력이 등장하여 기존의 정부와 체제를 붕괴시키고 그 국가의 정치 권력을 탈취하기 위한 내전으로 볼 수 있다. 혁명전략은 상대와의 협상과 타협은 불가능하며, 오직 무조건 항복을 요구한다는 점에서 절대적인 목적을 추구하고 있는 것으로 보인다.[60]

이렇게 본다면 전쟁의 형태에 따른 전략의 구분은 재래식 전략, 핵전략(다시, 제한적 핵전략과 제한적 재래식 전략으로 재구분 가능), 그리고 혁명전략으로 유형을 구분할 수 있다. 이외에도 유격전 전략, 전복전 전략, 테러전 전략 등 소규모 전쟁 형태에 따라 다양한 전략의 유형이 있을 수 있으나, 이들은 비재래전쟁 형태와 관련된 군사전략의 일종 혹은 재래식 전략이나 혁명전략의 하위개념으로 간주하거나 별도로 분류할 수 있을 것이다.

전쟁의 접근방법에 따른 구분

군사전략은 전쟁에 대한 접근방법이나 방식에 따라 직접전략과 간접전략으로 분류할 수 있을 것이다. 직접전략은 적당한 수준의 목표를 추구하면서 충분한 자원을 보유하고 있을 때 추구할 수 있다. 이 경우 전략수행 주체는 보유한 힘power, 즉 군사력을 직접 사용함으로써 정치적 목적을 달성할 수 있다. 때로는 군사력을 사용하겠다는 위협만으로도 적에게 우리의 의지를 강요할 수 있으며, 적에게 현재 상태나 현상을 변경시키려는 노력을 아예 포기하도록 만들 수 있다. 군사력을 직접 사용하여 원하는 목표를 달성하는 직접전략은 주로 이를 사용하는 측의 힘의 우세를 확보하고 있으며 단기간에 사용에 대한 효과가 가시화될 수 있다고 판단할 경우 채

택하는 전략 형태로서 신속한 목표달성을 우선 기대하고 운용한다.[61]

직접전략은 힘을 운용하는 형태에 따라 직접접근전략direct approach strategy과 간접접근전략indirect approach strategy으로 나누어진다. 직접접근전략은 정면공격이나 돌파, 강요, 봉쇄 등과 같이 적의 군사력이 집중된 부분에 월등한 군사력을 집중하여 집중공격을 가한다. 반면, 간접접근전략은 포위나 우회 등의 기동으로 상대의 강점을 피하고 약한 부분에 군사력을 집중함으로써 적의 주력을 마비시킨 후에 결정적인 성과를 달성하는 전략이다.[62] 리델 하트가 주장한 '간접접근전략'이 대표적인 사례이나, 이는 기동 형태 면에서 '간접접근전략'일 뿐, 적에 대해 군사력을 직접 사용한다는 측면에서는 간접전략이 아닌 직접전략으로 구분됨을 유념해야 한다.

반면, 간접전략은 달성하려는 목표에 비해 가용한 수단이 충분하지 못할 경우 추구하는 전략이다. 이 전략은 군사적 수단을 직접 사용하는 직접전략과 달리 전략수행 주체가 다양한 형태와 수준의 힘을 다양한 방식으로 운용하여 목적을 달성한다. 간접전략은 상대를 자극하지 않는 수준의 힘을 점진적으로 사용하거나, 기동과 회피 등의 방식을 이용하여 상대의 힘을 약화시킴으로써 자신이 힘을 사용한 것과 같은 효과를 거두려 한다. 또한, 상대의 모습을 그대로 놓아둔 채 의도, 대응 등 변화를 유도하기 위해 그 내부에서 회유 및 협박, 그리고 테러 등 물리적·심리적 폭력을 구사하는 방식을 택할 수 있다. 필요하다면 나폴레옹 전쟁 시 러시아의 초토화焦土化 전략이나 중국혁명전쟁 시 마오쩌둥의 지구전持久戰 전략과 같이 적이 추구하는 결전을 회피하면서 전쟁 기간을 무기한으로 지연시킬 수도 있다. 일반적으로 직접전략은 강한 국가의 입장에서 신속결전의 행태로, 간접전략은 약한 국가의 입장에서 추구하는 지연전의 형태로 나타나게 된다.

직접전략이든 간접전략이든 신중하게 접근하지 않으면 곤경에 빠질 수 있다. 아돌프 히틀러는 1933년부터 1939년까지 외교, 심리전, 전복, 지정학, 그리고 군사력을 교묘하게 조합하여 유럽에서 전쟁과 평화를 구분하기 어렵게 만든 상태에서 독일의 영역을 확대하는 데 성공했다. 히틀러의 간접전략이 성공을 거둔 것이다. 그러나 그는 1940년 프랑스가 함락된 이후 군사력에 과도하게 의존하여 무모하게

직접전략을 밀어붙였고, 결국 경제적으로나 수적으로 우세한 미국, 소련, 영국에 패했다.[63]

군사력 운용방식에 의한 구분

군사전략은 본원적으로 전쟁의 수행과 직접 관련이 되어 왔기 때문에 예로부터 이에 대한 많은 이론적 논의가 이루어져 왔다. 전쟁에서 군사력의 운용방식의 관점에서 군사전략의 기본적 틀은 '수세적인 방어를 우선할 것인가 혹은 공세적인 전략을 우선할 것인가'가 군사사상가나 전략가들에 의해 많은 관심이 주어져 왔으며, 이론적 논의로서는 공세-수세 이론Offence-Defense Theory의[64] 토대가 되었다. 여기서 설명하는 공세-수세의 균형은 모두 방위전략의[24] 범위 내에서 이루어진다. 방위전략에 대한 고전적인 논의는 국가 안전보장을 위해 공세-수세 균형을 어떻게 설정할 것인가에 대해 집중되었으며, '영토 확보'와 주로 연결되어 있다. 전략폭격 이전 시기에는 수세 우위를 통해 영토를 유지하는 것이 국민의 생명과 재산을 보호할 수 있음을 의미하였으며, 영토 확보를 위해 기동이 강조되는 무기체계들이 대체로 공세적인 성격의 무기체계로 인정되었다.

그러나 [표 3-4]의[65] 내용과 같이 방어와 공격의 우위에는 각각 이점이 존재하고 있고, 이에 대한 전략적 우위 등 성과에 대한 논쟁은 예로부터 지금까지도 여전히 치열하게 진행되고 있다. 제1차 세계대전을 통해서 방어의 중요성이 강조되었고, 제2차 세계대전 이후 공격에 대한 중요성이 강조되고 있으나, 최근의 군사전략은 공격과 방어의 조화가 적절하게 이루진 형태를 주로 추구한다. 공격과 방어에 따라 군사전략을 구분하는 데는 많은 이론이 존재하나, 양극단의 관점에서 다음과 같이 구분할 수 있다.

24　방위防衛와 방어防禦라는 의미는 다음과 같이 요약할 수 있다. 한 국가를 수호하고 유지하기 위한 방위전략防衛戰略은 방어적인 전략과는 다른 차원의 개념이다. 방위는 국가체제의 보존 관점에서 외부 군사적 위협에 대한 포괄적인 군사적 대처방식 즉, 공격과 방어가 함께 이루어지는 것을 의미하며, 방어는 국가를 수호하기 위해 적의 공격을 막아내는 데에 주안을 두는 것을 의미한다.

[표 3-4] 공격우위와 방어우위

공격우위offensive advantage	방어우위defensive advantage
• 어떠한 국가가 공격우위를 확보하게 되면 전쟁의 가능성은 증가하나 전쟁의 기간은 단축이 가능 • 타국 영역 진입이 가능하여 정치적으로 군사력을 이용하기 수월해져 제국empire 건설이 가능하고 분리된 국가는 통일을 쉽게 달성	• 전쟁을 촉발하는 국가의 과다한 비용을 초래하여 전쟁의 발생 가능성이 감소 • 장기간의 전쟁을 수행할 수 있으므로 방어우위의 국가는 상대방 선제공격의 이점을 완화

우선, 수세적 방위defensive defense 전략이다. 수세적 방위는 방어역량에 중점을 두어 전력을 재구성하고 대치상태를 완화함과 동시에 상호 군사적 안정을 증진하는 군사전략으로 군사력 감축 등 평화문제와 연계한 군사전략으로 볼 수 있다. 이는 방어우위론에 기초하거나 혹은 국가 관계 등을 고려하여 비공세적 방식을 추구하는 군사전략이다.

다른 하나는 공세적 방위offensive defense 전략이다. 공세적 방위는 특정한 지역 혹은 이념을 적의 점령으로부터 반드시 지켜내기 위해 선제공격 및 제한적인 핵공격 등 공세적인 행동을 취하는 전략으로서, 종심 폭격을 강조하는 나토NATO의 방위전략 및 제2차 세계대전 이후 사회주의 체제를 방어하기 위해 적극적인 공격을 수행하는 소련 군사전략의 핵심개념이었다.

물론 실제에 있어서 공격과 방어, 이 두 가지의 전략이 극단적인 형태로 채택되는 것을 불가능에 가깝다. 왜냐하면, 국가의 안보 상황이나 전략환경 그리고 상정하는 전쟁목적 등에 따라, 군사전략에서는 공격과 방어의 개념을 균형적으로 운용하는 것이 일반적이기 때문이다. 공세적 전략의 경우, 적의 급박한 위협에 대처하기 위해 선제적 혹은 예방적 공격 개념과 연계되며, 방어 전략은 국제체제를 통한 공동안보common security 개념과 밀접하게 관련되는 특징이 빈번하게 나타나고 있다.[25]

---

25 이는 국제체제 속에서 규범과 제재를 통한 안보의 추구는 체제 내 국가들의 군사전략을 공격 위주의 전략으로 유지하기 어렵게 하기 때문으로 보인다.

전쟁 수행방식에 의한 구분

군사전략은 전쟁수행 방식에 따라, 섬멸殲滅, annihilation전략, 소모消耗, attrition전략, 마모磨耗, exhaustion전략으로 구분해 볼 수 있다. 19세기 후반 독일의 군사가 한스 델브뤼크Hans Delbruck는 전략을 섬멸전략과 소모전략으로 구분했다. 섬멸은 종종 한 전투 또는 짧은 전역에서 적 군사력의 완전한 파괴를 통해 정치적 승리를 추구한다. 나폴레옹 전쟁, 제1차 세계대전 당시 독일의 슐리펜 계획Schlieffen Plan, 제2차 세계대전 당시 독일의 전격전 전략, 그리고 한국전쟁 당시 초기 다섯 차례에 걸친 중국군의 공세가 여기에 해당한다. 반면, 소모는 비교적 긴 전역 또는 일련의 전역을 통해 점진적으로 적 전투력을 약화시켜 승리를 추구한다. 제1차 세계대전과 제2차 세계대전 당시 연합국의 전략, 한국전쟁 후반기 미국의 전략이 그러한 예이다.

그런데 이 두 전략 개념은 최근 마모磨耗(혹은 탈진, 혹은 고갈枯渴)전략이라는 개념에 의해 보완되고 있다. 마모전략은 적의 군대보다는 적 국가의 의지와 자원을 침식erosion해 나가는 것이다.[66] 고갈전략은 적의 물리적 잠재력과 심리적 혹은 정신적 요소를 공략함으로써 점진적으로 적의 저항의지를 약화시키는 데 주안을 둔다. 중국혁명전쟁 당시 마오쩌둥의 전략이나 베트남 전쟁 당시 북베트남의 전략이 이에 해당한다. 다만 학자들에 따라 마모전략은 소모전략의 한 부류로 간주되기도 한다.[67]

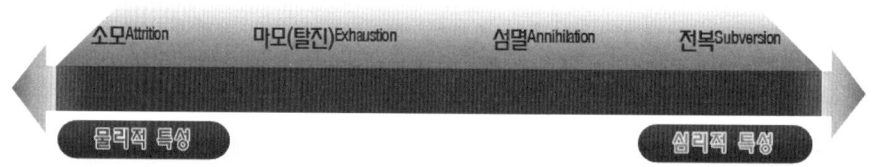

[그림 3-5] 전쟁 수행 방식에 의한 군사전략 유형

이 같은 논의는 [그림 3-5]에서 볼 수 있는 바와 같은 연속선상에서 서명될 수 있다.[68] 소모전략은 적의 전투력 자체를 물리적으로 소모케 하는 전략이다. 소모전과 관련된 가장 대표적인 사례는 제1차 세계대전 당시 베르덩 전투Battle of Verdun로 잘 알려져 있다. 독일과 프랑스의 전쟁에서 독일의 에리히 폰 팔켄하인Erich von Falkenhayn 장군은 프랑스가 마지막 병사까지 투입하지 않을 수 없는 지구전을 위한 공격지점을 선택하여 프랑스군을 완전히 소모되도록 만들어야 한다고 주장하였다. 그러나 지속적으로 진행된 양측의 소모적 전투에서 엄청난 인명과 물자손실로 결국 프랑스의 승리로 끝나게 되었다. 소모전은 제한전의 개념이 강조되는 현대전의 특성과는 어울리지 않는 구시대적 군사전략으로 인식될 수 있으나, 심리적 요인들이 결합될 경우와 대규모 국가총력전의 경우 여전히 적용 가능한 전략으로 볼 수 있다.

마모전략은 물리적 그리고 심리적 특성을 결합하여 적을 탈진시키는 전략이다. 적의 의지를 소진시켜 전쟁을 승리로 이끄는 방식은 클라우제비츠가 제시한 직접적인 군사적 행동을 추구하는 전략적 사고와는 다소 차이를 보인다. 이는 전쟁과 직접적 연관성이 없는 간접적 목표들을 끊임없이 공격하여 적의 의지를 완전히 무력화시키는 개념을 가지고 있다. 제2차 세계대전 시 독일의 U-보트는 일반상선들을 공격하여, 전쟁물자 수송을 저지하고 전쟁 의지를 소진시키는 전략을 수행한 바 있으며, 비교적 최근에는 중동의 전쟁에서 충격과 공포shock and awe를 통해 적의 전쟁 의지를 탈진시키는 전략이 등장하기도 하였다.

섬멸전략은 심리적 특성을 보다 강조하면서 근본적으로 적 군사력의 섬멸을 추구하는 전략이다. 적의 특정한 군사력을 제거하는 섬멸전략은 소모와 탈진의 개념을 대부분 수용하고, 물리적 측면뿐 아니라 적의 심리적 측면을 모두 붕괴시키는 것을 목표로 한다. 이론적으로 적에게 우리의 의지를 강요하기 위해서는 적의 방어능력을 완전히 괴멸시키거나, 적의 응집력을 파괴해야 한다. 그러나 섬멸전략은 적의 모든 군사력을 대상으로 하는 소모전과는 약간의 차이가 있다. 기본적으로 특정 목적을 가진 적의 군사력을 제거하는 관점에서 전략을 수립하기 때문이다. 예를 들어, 맞닿아 있는 적의 지상군을 섬멸하거나 적의 내공방어 능력을 선세적으로 무력화시키는 전략 개념 등이 이에 해당한다. 이 전략은 최근까지 한국을 비롯하여 대부분의 나라에서 전면전 수행의 기본적인 군사전략의 핵심개념으로 활용되고 있다.

한편, 전복전략은 물리적인 군사력 운용을 통해 전쟁의 승리를 추구하는 고전적인 군사전략과는 달리 전쟁을 통하지 않더라도 심리적 및 비물리적 방식을 통해 정치적 리더십 혹은 계급 간 충성도를 약화시켜 정치적 승리를 추구하는 군사전략으로 볼 수 있다. 물론 이러한 전략에서도 군사력의 운용은 필요하나, 전면전이 아닌 주로 게릴라전이나 무장 폭동 혹은 쿠데타와 같은 방식을 유도하는 전략으로 인식되며, 비교적 소규모 그룹에 의해 사용될 수 있고 비교적 낮은 비용으로 전략목표를 달성하려는 개념을 추구한다.

상대에 대한 요구 형태에 의한 구분

군사전략 상대에 대한 요구 형태에 따라서도 구분해볼 수 있다. 영국의 유명한 전쟁사학자 마이클 하워드Michael Howard는 전략을 억제抑制, deterrence전략, 강압强壓, compellence전략, 보장保障, reassurance전략으로 구분하여 논의하고 있다. 억제란 '적으로 하여금 현재의 행동으로 얻을 수 있는 이익보다 그것이 초래할 비용과 위험이 더 크다는 것을 인식하도록 설득하는 것'이다.[69] 즉, 억제전략이란 다른 국가에게 특정한 행위를 하지 못하도록 하는 전략이다. 또한, 강압전략이란 억제와 반대로 특정 행동을 하지 않으면 더 큰 비용과 위험이 초래될 것이라고 인식하게 만듦으로써 그러한 행동을 취하도록 강요하는 것이다. 마지막으로, 보장전략으로, 보장이란 '일반적으로 안전하다'라는 인식을 가질 수 있도록 해주는 것이다.[70] 팍스 브리태니카Pax Britannica가 대표적인 사례로, 영국 해군은 18세기와 19세기 바다를 통제함으로써 전 세계에 안보를 보장해주었다. '보장'은 보다 좁은 의미로 사용되기도 한다. 미국이 동맹국에 제공하는 공약은 일종의 '적극적 보장positive reassurance'로 간주되며, 심지어는 적성 국가에도 '소극적 보장negative reassurance'을 제공할 수 있다. 예를 들어, 2010년 미 국방부는 핵태세검토보고서Nuclear Posture Review Report에서 핵확산금지조약NPT 규범을 준수하는 비핵국가가 화학무기나 생물학무기로 미국을 공격할 경우 미국은 이들에 대해 핵무기로 보복하지 않겠다고 했던바, 이는 미국이 핵확산을 방지하기 위해 이러한 보장전략을 제시함으로써 비핵국가들의 핵 보유의 동기를 약화시키려 의도한 것이었다. 적에게 제공되는 이러한 유형의 보장을 '소극적 보장'이라 한다.

전장 영역에 의한 구분 [71]

군사전략의 유형을 구분하는 또 하나의 기준으로서 군사력의 운용 영역을 들 수 있으며, 이를 기준으로 하여 군사전략의 유형과 특성을 구분지을 수 있다. 여기에는 두 가지의 분류 방법이 있는바, 우선 '어느 전장영역에서 싸우는 형태인가?'와 또 다른 분류 방법으로 '각 전장 영역에 대한 관련 학파들의 군사전략의 개념적 형태'로 구분해 볼 수 있을 것이다.

우선 '어느 전장 영역에서 싸우는 형태로서의 군사전략인가?'를 기준으로 분류하는 방법으로, 대표적인 전장영역에 따라 지상land전략, 해양maritime전략, 공중air전략으로 구분할 수 있다. 이러한 전장영역에 의한 전략은 제각기 독자적으로 수행되는 것이 아니라 동시에 이루어짐으로써 궁극적인 군사전략 목표 달성에 기여하도록 노력하는 것이 추세이다. 상황에 따라서는 이 세 전략 가운데 어느 한 전략이 전쟁의 승패를 결정하고 정치적 목적을 달성하는 데 우세한 요소로 작용할 수 있다. 포클랜드 전쟁1982년의 경우 해전으로 전쟁의 승패가 결정되었으며, 코소보 전쟁1999년의 경우 공군력만으로 승리를 거둘 수 있었다. 나토의 리비아 작전2011년의 경우에는 시민군의 지상작전을 나토의 해군과 공군이 지원함으로써 승리할 수 있었.

지상전략은 지상전투를 통해 적의 지상전력을 무력화하거나 적 영토를 획득하기 위해, 또는 자국의 영토를 방어하기 위해 수행된다. 때에 따라 지상전략은 시간을 벌기 위해 자국의 수도와 같은 비군사적 목표를 포기할 수도 있다. 해양전략은 해외자산과 기업, 그리고 무역활동을 확대하고, 적의 해양공격 위협으로부터 방어하는 전략이다. 전쟁에서 승리하고 전과를 확대하기 위해서는 제해권을 장악하는 것이 필수적이다. 따라서 해군은 주로 함대결전을 통해 적의 해상전력을 무력화하거나 파괴하고, 적의 해양수송 수단 및 해상교통로를 공격하는 데 주안을 둔다. 고전적인 공중전략은 초기 적의 공군기지, 지상시설, 그리고 항공기 공장을 파괴함으로써 제공권을 장악한 후, 다음으로 적의 산업 중심지 및 인구밀집지역에 전략폭격을 가하는 것을 추구한다. 핵 시대 공군은 전략적 핵타격을 가할 수 있는 군종으로도 인정을 받고 있다.

현대의 전쟁에서는 지상·해양·공중전략 가운데 어느 한 전략만으로 임무를 수행할 수 없기 때문에, 이 같은 세 가지 전장 영역별로 전략을 구분하는 것은 적절하지 않다는 견해도 있다. 그러나 각 군이 가진 고유한 무기체계와 군의 특성으로 인해 미래에도 지상전략, 해양전략, 공중전략은 지금과 마찬가지로 각각의 독자적 영역에서 전략적 사고를 계속 발전시켜 나갈 것으로 보인다.[72]

전장 영역이란 같은 기준에 의한 또 다른 분류 방법으로 '각 전장 영역에 대한 관련 학파(예를 들어, 대륙학파, 해양학파 등) 군사전략의 개념적 특성'으로 유형을 구분할 수 있다.

첫째, 대륙학파Continental School의 군사전략 이론이다. 대륙학파의 이론은 우리가 일반적으로 알고 있고 다루어 온 군사전략들이며, 주로 클라우제비츠의 사상인 '직접적인 군사적 행동을 통한 승리'와 같은 큰 주제들을 중심으로 하였다. 학파의 이론들은 대개 세계를 몇 개의 전구로 구분하며, 지역의 책임구역을 설정하고 행동의 범위를 조정하는 것을 중시한다. 특히 군사력을 통해 적을 패배시키는 것이 궁극적인 지향점이며 군사력의 규모를 중시한다. 조미니Jomini, 몰트케Moltke, 풀러Fuller 등 고전적인 군사전략가 혹은 사상가들이 이에 해당한다. 이러한 학파에서는 전통적으로 해군과 공군은 병력이나 물자를 수송하고 지상군의 전쟁 수행을 지원하는 역할로 한정되며 전쟁의 승리는 적의 영토를 점령하는 것으로 종결된다고 주장한다.

둘째, 해양학파Maritime School의 군사전략 이론이다. 마한Mahan과 코벳Corbett과 같은 학자들에 의해 정립되었으며, 세계를 하나의 관점에서 파악하고 지표면의 약 75%가 해양임을 강조하여 해양을 통제할 수 있다면 해양을 통해 원하는 목표에 도달할 수 있다는 관점이다. 그러나 제해권은 해군력뿐 아니라 해양력이라는 종합적인 관점으로 접근하여 전략 개념의 전개가 필요함을 강조하고 있으며, 한 국가의 경제 또는 국가안보를 유지하는 데 필요한 만큼의 해양사용을 확보하고 적의 해양사용을 거부하는 것을 주요 골자로 한다. 해양학파는 군사전략의 개념에서 대륙학파의 영향을 받기는 했으나, 지상전과는 약간 다른 관점에서 공격과 방어의 개념을 제시하였다. 적의 해양 통항의 거부, 대상륙방어 및 해외원정작전 등 주로 해양에서의 전력 운용을 중시한다.

셋째, 항공학파Aeronautical School의 군사전략 이론이다. 항공학파는 1921년 두헤Douhet에 의해 시작되었다. 항공학파의 근본적인 믿음은 항공력이 독자적으로 사용될 수 있으며, 공중을 통제하고 항공력을 통해 적의 인구중심 지역이나 산업기반 및 전쟁 수행에 중요한 역할을 하는 전력들을 파괴하는 것이 전쟁 수행에 있어 가장 중요한 역할이라는 것이다. 단지 지상군을 지원하는 보조적인 역할은 우선순위가 낮다는 점도 강조하고 있다. 항공학파의 이론은 1991년 1차 걸프전을 수행하면서 주목을 받았다. 당시 와든Warden의 5개의 동심원 모형을 적용한 걸프전의 성공이 목격되면서 향후 전쟁은 첨단 기술의 항공력 중심으로 수행될 것임을 예고하였으며 이들의 이론이 다시 한번 주목을 받게 되었다.

넷째, 우주학파Astronautical School의 군사전략 이론이다.[73] 사실 우주학파의 이론은 일반적인 독자들에게 다소 생소한 전략이론이며, 여전히 실체가 모호하다는 비판도 존재한다. 그러나 최근 미국의 트럼프 대통령에 의하여 우주군 창설이 추진되고 있으며, 우주전략의 필요성에 따라 매킨더Mackinder의 근원적인 핵심부 이론Original Heartland Theory[26]이 다시 주목받고 있다. 우주학파는 핵심부 이론을 수정·적용하여 우주로부터의 군사력 투사 이론을 수립하였으며, 지구와 달의 궤적에서 요충지를 장악하게 되면 원하는 전략목표를 달성할 수 있다고 주장한다.

---

26 매킨더의 핵심부 이론은 1904년 발표된 이론으로 지정학적 핵심지역이 존재하며, 이를 확보하게 되면 해당 지역 혹은 세계의 헤게모니를 확보할 수 있다는 고전적인 지정학 이론이다. 우주학파는 이러한 핵심지역heartland or pivotarea의 개념을 받아들여, 지구와 달의 특정 위치가 전략적 핵심지역이 될것임을 주장하고 있다. (국방정책개론, 2020, 재인용)

작전수행방법에 의한 구분 [74]

작전수행방법에 따라 전략은 연속連續, sequential전략, 동시同時, simultaneous전략, 누진累進, cumulative전략으로 나누어볼 수 있다. 이 기준에 의한 군사전략 유형의 구분은 '적을 단계적으로 공격하는가, 동시에 공격하는가, 아니면 임의로 공격하는가'하는 작전수행방법이란 기준에 따른 것이다.

전형적인 연속전략은 제공권을 장악하고, 적의 야전군을 격퇴하며, 정치적 목적을 달성하는 것과 같이 일련의 작전의 전후로 연계성을 갖는다. 예를 들어, 마오쩌둥Mao의 지구전은 '전략적 퇴각-전략적 대치-전략적 반격'의 3단계로 이루어지는 바, 각 단계는 한 단계가 마무리되어야 다음 단계로 발전할 수 있다는 점에서 연속전략으로 볼 수 있다. 히틀러Hitler의 제2차 세계대전 전략도 서쪽의 프랑스를 먼저 함락시키고 난 다음 동쪽의 러시아를 공격한다는 측면에서 연속전략으로 볼 수 있다. 이 전략은 각 단계별로 이루어지는 각 행동 및 조치들을 분명하게 구분할 수 있다.

동시전략은 서로 다른 표적하는 상대에 대해 각각 거의 동시에 공격을 가하는 전략이다. 상대보다 강하다고 자신하는 경우 신속한 결전을 통해 승리를 거두고자 할 때 이러한 전략을 채택할 수 있다. 혹은 상대보다 강하지는 않더라도 기습 또는 작전의 효과를 극대화하기 위해 동시전략을 추구할 수도 있다. 북한이 노리는 '전후방 동시전투'가 그러한 예이다.

마지막으로 누진전략이란 일련의 행동에 의해서가 아니라 시간이 흐르면서 수많은 행동이 누진적으로 축적되는 효과에 의해 원하는 목적을 달성하는 전략이다. 가령 적의 함정을 공격할 때 특정한 순서대로 공격할 필요는 없다. 비록 유조선이 더 가치가 있는 목표일 수 있으나 어떠한 함정에 대한 공격도 누진적 차원에서 본다면 전체적인 승리에 직접 기여할 수 있다.[75] 또한, 마오쩌둥의 지구전 전략은 제2단계인 전략적 대치 단계에서 유격전을 추구하게 되는데, 이는 적의 보급로 혹은 후방 지휘소 등과 같이 취약한 부분을 겨냥하여 게릴라에 의한 타격을 반복적으로 가함으로써 적의 군사력을 약화시키는 것으로, 이는 대표적인 누진 전략으로 볼 수 있다.

전쟁의 기간 / 지연 여부에 따른 구분

전쟁의 적용 기간이나 지연 여부에 따라 단기전 전략과 장기전 전략으로 구분할 수 있다. 단기전 전략은 신속결전을 통해 전쟁 기간을 최소화하는 전략이다. 손자孫子가 지적한 바와 같이 전쟁은 국가 재정의 고갈과 함께 국민의 엄청난 고통을 수반하므로 가급적 신속하게 종결짓는 것이 바람직하다. 단기전 전략은 통상 군사력이 우세한 국가가 상대적으로 열세한 국가에 대해 취할 수 있는 전략으로, 미국의 걸프전1991년은 이 같은 전략의 대표적 사례였다.

장기전 전략은 '지연전' 전략과 유사한 전략이라고 할 수 있으며, 대부분 약한 국가가 선택하는 전략으로 보인다. 군사력이 약한 국가의 경우 초전에 적이 추구하는 신속한 결전에 임한다면 결정적인 패배로 이어질 가능성이 증가한다. 따라서 약한 국가는 가능한 강대국이 추구하는 불리한 결전을 피하면서 전쟁을 지연시키는 것이 유리하다. 마오쩌둥의 지구전 전략은 강한 적의 공격에 대해 우선 퇴각하고, 적의 공격이 정점에 도달했을 때 유격전을 통해 적을 약화시키며, 적의 군사력이 충분히 약화되었을 때 총반격에 나서는 전략이었다.

물론, 약한 국가도 단기전 전략을 추구할 수 있다. 강한 국가만 먼저 공격하는 것은 아니다. 약한 국가라도 강대국에 대해 정치적 메시지를 전달하거나, 그러한 공격을 통해 얻은 이익을 기정사실화할 수 있다고 생각한다면 강대국을 먼저 공격할 수 있다.[76]

예를 들어, 중소국경분쟁1969년에서 중국이 우수리강의 전바오다오珍寶島라는 작은 섬에서 소련군을 먼저 공격한 것은 '브레즈네프 독트린Brezhnev Doctrine'을 내세워 중국에 간섭하려는 소련 지도부에 대해 중국을 우습게 보지 말라는 경고의 메시지를 전달하기 위한 것이었다. 아르헨티나가 영국령 포클랜드Falkland를 공격1982년 한 것은 영국이 이에 간여하지 않을 것으로 판단하여 포클랜드 점령을 기정사실화하려는 의도에서 비롯된 것이었다. 약한 국가의 입장에서 이러한 분쟁이 장기화되고 강대국과의 전면전쟁으로 확대되는 것은 돌이킬 수 없는 재앙이 될 수 있는 것이기 때문에 약한 국가는 속전속결의 단기적 전략을 추구하게 된다.

적용의 수준에 따른 구분

군사전략 유형의 분류는 수준에 따라 국가군사전략NMS, national military strategy, 합동 혹은 통합 전투사령부의 군사전략Combatant Command Strategy, 각군 및 기관의 전략Service or Institutional Strategy으로 구분할 수 있다. 한편, 작전적 수준에는 작전술operational arts, 전술적 수준에서 전술tactics이 있다.

국가군사전략은 국가의 군사력이 국가목표를 어떻게 지원할 것인지에 대해 기술한다. 포괄적인 관점에서 합참의장 등 최고의사결정자는 상호중첩되는 여러 대상 기간(예를 들어, 장기, 중기 및 단기 등)의 연속선상에 걸쳐, 법·정책 및 국방 등 상위 수준의 전략적 요구에 부합시키기 위해, 군을 운용하고, 적응하도록 하며, 혁신시킬 것인지에 대해 어떻게 이들을 일치시킬지에 대한 책임이 있다. 또한, 국가군사전략은 '목표-방법-수단'의 구성개념 마지막 부분으로서 군사적 역량, 자원 등 적절한 관련 수단을 할당하며 이를 제공해야 한다.

합동 혹은 통합 전투사령부의 군사전략은 지역적geographic 또는 기능적functional 전투사령부의 군사력 운용과 관련된 전략이다. 이 수준에서의 군사전략은 국가전략의 맥락 내에서 국가정책목표를 달성하기 위해 해당 지역 및 기능에 한정하여 범세계적, 지역적, 기능적 목표의 추구를 명확히 반영해야 한다.

각군 및 기관 전략은, 군사력 운용과 관련된 전략들과 달리, 전략의 구현을 위해 내부적인 관점에서 바라본다. 이러한 전략은 부여된 각군 및 기관장의 책임과 권한에 부합되도록 현재의 책임과 권한을 일치시키는 한편 각군 및 기관장의 조직에 대한 비전을 미래 군사력의 발전방향성으로 전환될 수 있도록 지향성을 주어야 한다.

4 군사전략의 목표

군사전략 목표의 의미

군사전략 목표란 '적의 전쟁 의지를 굴복시키기 위하여 군사적 역량 및 힘, 자원 등 수단을 투입해야 할 구체적 지향방향'으로서 군사적 가용수단을 최대한 활용하여 상위 정책과 전략에 의해 설정된 목표를 달성하는데 기여하는 군사적 표적이라고 설명할 수 할 수 있다.

그러므로 군사전략 목표는 국가목표 달성에 기여할 수 있고, 정책과 상호 연관되어 주어진 목표이며, 군사전략을 구상하고 구현하는 과정에서 식별된 군사적 목표이다. 이는 국가안보적 차원에 그 근원을 두어야 하고, 창의적 구상과 실천적 구현을 위해 적의 약점을 최대한 이용하되 강점에 효과적으로 대응할 수 있어야 할 뿐만 아니라 모든 적의 위협에 적응적으로 대처할 수 있도록 가용가능의 범위 내에서 전략적으로 선택되어야 한다. 따라서 군사전략의 목표는 군사전략 운용개념과 군사자원을 결정해 주는 기본적으로 원천적인 내용으로서 모든 군사전략적 사고와 군사행동의 안내자임과 동시에 행동의 방향성을 주는 지침서 역할을 하게 된다.

군사전략의 목표에 대한 주요 이론가의 견해

고대로부터 현재에 이르기까지 여러 군사사상가와 군사이론가들은 다양한 관점에서 전략과 군사전략을 해석하고 논의하면서 군사전략의 목표에 대한 개념적 논의가 이어져 왔다. 본서에서는 현대 군사전략 형성에 토대를 만들어 주었던 주요 군사사상가와 이론가의 군사전략 목표에 대한 견해를 고찰해 봄으로써 이에 대한 통찰을 유추해 보기로 한다.

> 不戰而屈 人之兵 善之善者也
> 부전이굴 인지병 선지선자야
> - 손자孫子, 모공편

손자孫子는 모공편에서 싸우지 않고 승리하는 것이 최선의 방법이라 강조하였다. 또한, 그는 '全軍爲上 破軍次之 전군위상 파군차지'라 하여 최선의 전략목표는 적의 군사력을 온전히 두면서 자기의 의지를 실현하는데 있고, 적의 군사력을 파괴하는 것은 차선의 방법에 지나지 않는다고 논의하고 있다.[77] 손자는 군사전략의 목표로서 적의 물질적인 군사력의 파괴보다는 정신적 군사력의 마비 즉, 적의 전쟁의지를 파괴하여 적을 무력화하는 것이 최선의 군사전략 목표라고 보고 있음이다.

클라우제비츠는 "전쟁이란 적을 굴복시켜 자기의 의지를 실현하기 위해 사용되는 폭력 행위이다"라고 하여, 목적은 자기의지 실현에 두었고 목표는 적의 굴복에 두었으며 그리고 그 수단은 폭력행위라고 주장하고 있음은 이미 논의된 바와 같다. 결국, 그는 전쟁이란 국가의 자기 의지 실현이라는 정치적 목적달성의 수단이기 때문에, 정치가 의도하는 바로서의 목적을 최단 시간 내에 가장 유리한 조건으로 자국의 의지를 실현하는 데에 있다고 보고 있다. 따라서 그의 논의를 토대로 군사전략 목표를 유추해 보면, 군사전략 목표는 군사적 수단을 통하여 국가목표를 달성할 수 있도록 가장 유리한 상황을 조성하고, 그 방법으로써 적을 타도, 격멸하여 적의 의지를 분쇄함으로써 적에게 자기 의지를 따르게 하는데 있다고 보여진다.[78] 즉, 정치가가 결정한 정치목적을 달성할 수 있도록 군지휘관이 군사적 수단으로 가장 유리한 상황을 조성하고 적을 격멸하는 것이 군사전략 목표라는 것이다.

풀러 J. F. C. Fuller는 전격전 이론의 창시자이다. 그는 군사전략의 목표에 대하여, '적의 물질적 파괴가 아니라 정신적으로 굴복시키는 데 있다'고 논의하면서, 정신적 굴복이 중요한 이유는 물질적 파괴보다는 사기 저하를 통해 적의 조직을 와해시키는 것이 서로의 손실을 최소화할 수 있는 가장 빠른 길이기 때문이라고 주장하고 있다. 또한, 그는 전투 이외의 군사적 행동을 통해 우선 적의 전투 의지를 저하시킨 후, 적보다 상대적으로 유리한 상황에서 결전을 추구하는 것이 가장 바람직하다고 논의하고 있다.[79]

리델 하트 역시 풀러와 유사하게 적의 물리적 파괴 대신 정신적 의지를 굴복하여 가장 유리한 전략적 상황에서 결전을 추구하는 것이 군사전략 목표의 핵심이라고 논의하고 있다.[80] 가장 유리한 전략적 상황의 조성이 군사전략의 목표가 되는 이유로, 그는 군사전략이 작전술, 전술로 하여금 보다 큰 성공의 기회를 만들어 주고 저항의 가능성을 최소화 해주어야 하기 때문에 비록 결전이 목표일지라도 전략적 목표는 가장 유리한 상황을 조성하는 것이라는 것이다. 따라서 리델 하트는 군사전략 목표를 적에 대한 물리적, 심리적 교란을 달성함으로써 가장 유리한 전략적 상황을 조성하는 것으로 보고 있다.

리델 하트의 간접접근 전략을 훌륭하게 발전시킨 프랑스의 군사 이론가이자 실천가인 앙드레 보프르는 '군사전략의 목표는 가용한 군사자원을 가장 유효하게 활용하여 정책에 의해서 설정된 목표를 달성하는 것이다'[81]라고 하였다. 결국, 군사전략이 목표로 하는 바는 자기 요구를 적이 받아들이도록 강요하는 것이라고 규정짓고 '이러한 의지의 변증법적 대결에서 목표의 달성은 어떤 심리적인 효과가 적에게 나타났을 때 비로소 달성된다'라고 논의하고 있다. 여기서 말하는 심리적 효과란 상대방이 전쟁을 개시하거나 지속하는 것이 의미가 없거나 무용하다고 확신하는 상태를 의미한다. 따라서 앙드레 보프르는 적으로 하여금 조건을 받아들일 수 있도록 적의 정신적 붕괴상황을 창조하고 조성하는 것이 군사전략의 목표라고 논의 하고 있다.

지금까지 주요 군사사상가와 이론가들이 공통적으로 논의하고 있는 군사전략의 목표를 요약하면, '자기 의지를 적에게 강요하되 가능한 자기 피해를 최소화하는데 두고 있다'는 데에 특징이 있다. 이는 근본적으로 자기보존이라는 본능적 욕망이 적을 파괴하는 것보다 우선해야 한다는 데에 이론적 근거를 두고 있다.

이렇게 볼 때 군사전략의 목표는 '군사적 방법으로 국가목표를 달성할 수 있도록 가장 유리한 상황을 조성하는 것' 즉, '적의 정신적 저항력을 박탈하여 가장 유리한 상황에서 전쟁이 승리하는 것'이라고 할 수 있다.

국가목표와 군사전략목표와의 상호관계

지금까지의 논의를 토대로 볼 때, 국가목표와 군사전략목표와의 상호관계는 국가목표에서 군사전략 목표, 그리고 작전적 수준에서의 목표로 이어지는 상호 수직적 연관 관계를 이루며, 상부수준의 목표는 하부수준에서 목표의 개념과 범위를 결정해 주며, 하부목표는 상부목표 달성에 기여한다는 점을 강조하고 있다. 예를 들어, 국가목표에 따라서 군사전략의 목표와 방법이 결정되고, 군사전략 목표는 국가목표 달성의 수단으로 국가목표에 의해 연관되어 통제를 받는다.

전쟁은 전쟁 자체를 위해서 존재하는 것이 아니라 정책을 구현하기 위해서 존재하기 때문에, 정치 즉, 국가목표를 구현하기 위한 국가 수준의 정책과 전략은 아래로 군사적 수준에서의 군사적 목표를 분명히 제시하여야 하고, 이에 근거하여 군사전략 목표를 부여하여야 한다.

이와 같은 관계에 대하여, 현대 초기 제2차 세계대전 당시 독일의 사례를 들어보면 이해가 쉬울 것으로 보인다. 당시 독일은 국가목표를 '게르만인에 의한 세계제패'에 두었고 이를 달성하기 위한 군사전략 목표는 동쪽으로부터의 러시아(舊 소련)의 압력과 서쪽으로부터의 영·프 연합군을 각개격파하는 데에 두었다.

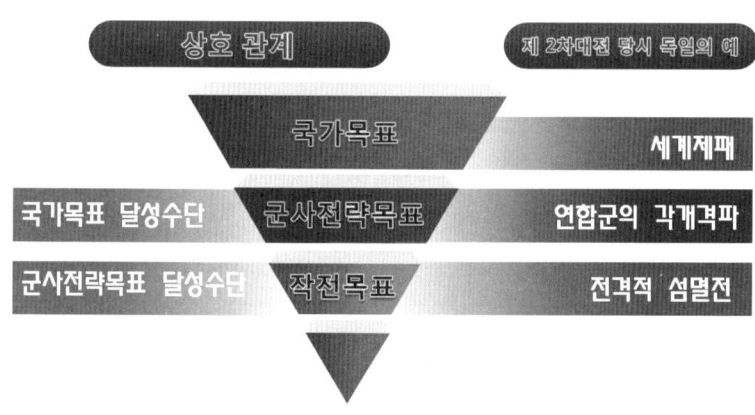

[그림 3-6] 현대 초기 독일의 사례로 본 국가목표와 군사전략 목표와의 상호관계

또한, 연합군의 각개격파라는 군사전략목표를 달성하기 위한 작전적 목표는 전격전에 의한 섬멸전에 두어 초기 전쟁에서 빛나는 승리를 거두었던 것은 잘 알려진 사실이다.

결론적으로 군사전략 목표는 국가목표 또는 국가전략과 같은 상위전략 내지는 정책에 의해서 포괄적으로 제시된 것으로 전략기획가는 주어진 목표를 달성하기 위해 가용한 군사적 수단과 전략적 환경의 분석을 토대로 구체적인 군사목표로 발전시켜야 하고, 이를 달성하기 위해 가용한 수단과 방법을 모색해 나가야 한다. 이같이 군사전략 목표는 현실적인 힘의 논리에 의존하는 것으로 모든 수단과 방법이 목표달성에 연계되어야 하고 가용범위 내에서 전략적으로 선택되어야 한다. 즉, 현재 가용한 능력의 동시적, 통합적인 전략적 노력으로 최선의 목표를 추구해 나가는 과정이라는 점에서 능력보다 작은 목표나 능력의 한계를 벗어나는 과소 혹은 과대한 목표는 군사전략 목표로는 의미가 작다. 따라서 군사전략 목표는 전략적 상황과 전략적 역량, 힘, 자원 등 가용 수단을 창의적으로 운용할 수 있어야 한다는 측면에서 매우 신중하게 전략적으로 선택, 선정되어 실천적으로 구현되어야 한다.

제4절
군사전략의 설정Formulation과 구현Implementation

어느 전략이든 그 궁극적인 목적이나 주어진 목표를 달성하거나 그것의 최종상태를 이루어내기 위해서는 전략을 설정하고 구현하기 위한 일련의 제도institution와 구조structure 및 프로세스process 그리고 기획planning이[27]이 있어야 한다. 목적 달성에 대해 가치가 있는 전략은 정교한 제도, 구조 및 프로세스가 갖추어진 틀framework 속에서 창의적 기획을 통해 발전시킬 수 있다.

이 절에서는, 군사전략을 중심으로 하여, 전략의 설정과 구현을 위한 일반적인 과정과 적용을 위한 틀과 그 원리 및 방법, 그리고 거시적 발전방향성에 대해 중점으로 논의하고자 한다.

1 군사전략의 설정과 구현 틀

오늘날 일반적인 전략의 개념이 수직적, 수평적으로 분화되고 그 외연 역시 확대됨에 따라 전략의 설정과 구현을 위한 과정 역시 발전되어 왔다. 하지만 이러한 과정을 이루는 보편적인 틀은 전략을 다루고자 하는 주체, 연구하는 학자, 이론가 등의 관심과 현상에 대한 해석과 견해에 따라 다양한 관점과 시각이 존재하고, 또한 이와 관련된 논거에 따른 주장의 결과들이 서로 상이하거나 독특하여 일반화하는 데에는 어려움이 존재하고 있다.

이에 대하여, 정치학이나 경영학, 행정학, 정책·전략학 등 사회과학 학문에서뿐만 아니라 군을 포함하여 국가, 사회 및 조직 등에서 효과적인 정치, 정책의 수행이나 경영을 위한 보편적인 틀로서 카우프만Kaufman, 1985년의 국가안보를 위한 정책 및 전략 설정 및 구현 틀framework에서[82] 이에 대한 보편적인 통찰을 찾아낼 수 있다.

---

27 기획planning이란 미래를 예측하고 구상하며, 목표를 설정하고 이를 구현하기 위한 최선의 대안을 탐색, 선택하며 자원을 배분하는 일련의 과정 혹은 국가 국가나 조직의 정책과 전략을 설정하고 구현하기 위한 기반이 되는 틀과 과정을 말한다.

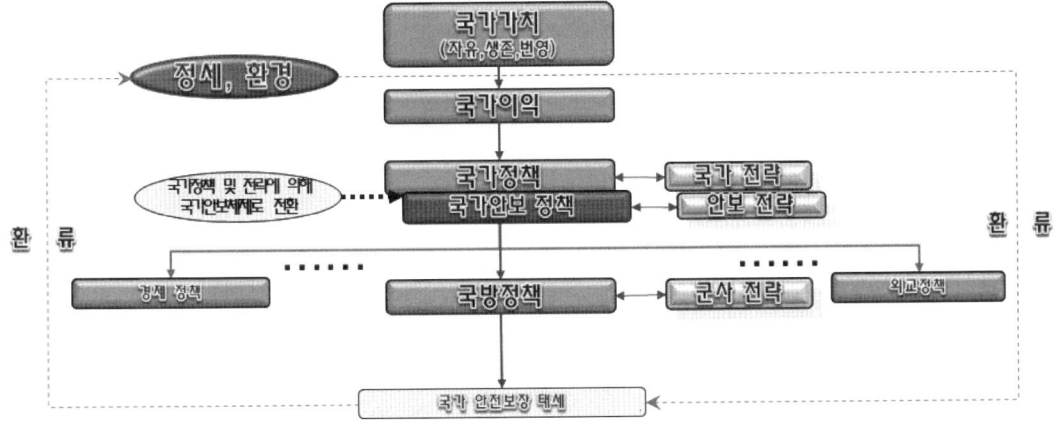

[그림 3-7] 국가 정책 및 전략 설정 및 구현 틀

자료: Daniel J. Kaufman(1985), A Conceptual Framework를 수정 인용.

국가가치, 국가이익, 국가목표 그리고 군사전략

카우프만이 제시하고 있는 국가 정책 및 전략 설정 및 구현 틀([그림 3-7] 참고)에서 볼 수 있는 바와 같이 국가의 전반적인 운용을 위한 군사전략을 포함한 모든 전략의 설정과 구현의 일반적인 과정은 궁극적으로 각 국가의 국가가치國家價値와 국가이익國家利益에서 출발한다. 국가가치란 한 국가의 자유, 생존, 번영을 위한 민주주의나 자유시장경제와 같이 국가가 지향하는 궁극적 가치를 표현한 것이다.[83]

국가이익이란 생존, 독립, 국가보전, 군사안보 그리고 경제적 복지와 같은 국가의 강력한 욕구를 구성하는 요소들을 일컫는 지극히 일반화된 개념이다.[84], [85] 및 28 이러한 국가이익의 원류는 국가이성Raison d'etat에서 찾을 수 있다. 국가이성이란 국

---

20 가장 기본적인 국가 이익은 동념직으로 시간이 지나도 변하지 않은 것으로 국가의 안보와 번영, 즉 국가 전체의 존립과 경제적 발전을 추구하는 것을 의미한다. 그러나 국가이익의 구체적인 내용은 그 국가가 처한 현실과 우선순위에 따라 상이할 수 있다. 예를 들어, 미국의 경우 국가이익은 국제적 영역에서의 개입과 깊은 관계가 있는 반면, 국제적으로 고립되어 있는 제3세계 국가들의 경우에는 그렇지 않다. 또한, 미국 내에서도 행정부의 교체에 따라 국가이익은 약간씩 다르게 표현되고 있는바, 오바마Barack Obama 행정부의 국가안보전략NSS의 경우 국가이익을 미국 및 동맹국과 우방국의 안전보장, 개방된 국제경제체제 하의 미국 경제 성장, 국내외 보편적 가치의 존중, 그리고 미국 리더십에 의해 주도되는 국제질서로 규정하고 있는 반면, 이전 부시George W. Bush 행정부의 국가안보전략은 자유, 민주주의, 그리고 자유로운 경제활동을 국가이익으로 언급하고 있었다.(Liotta, 2004., p.112)

가를 유지·강화하기 위해 지켜야 할 법칙 내지는 행동 기준을 의미하는 것으로, 본래의 의미는 '국가의 생존, 강화라는 목적을 위해서 국가 권력power은 법, 도덕, 종교의 규범에 우선되어야 한다'라는 것이다. 즉, 국가는 생존과 번영을 위해서라면 어떠한 요소보다도 우선하여 권력을 강화하는 것을 합리화할 수 있다.[29]

이러한 맥락에서 고전적 현실주의자인 독일 출신의 미국국제정치학자 한스 모겐소Hans Joachim Morgenthau는 국가이익을 권력power이라는 측면에서 정의하고, 국가이익이란 현상을 유지하는 것, 제국주의적 팽창을 추구하는 것, 국가의 권위prestige를 높이는 것, 이 세 가지로 정의했다. 즉, 그는 국가의 정책은 권력을 유지하거나, 권력을 강화하거나, 아니면 권력을 과시하는 것 중의 하나로 보았다.[86] 이러한 모겐소의 주장은 지나치게 권력을 중시한 면이 있지만, 무정부적 국제질서 속에서 국익을 수호하기 위해서는 그만큼 권력을 강화하는 것이 필요하다는 것을 가감없이 표현한 것으로 이해할 수 있다.

국가이익은 크게 생존이익survival interests, 핵심이익vital interests, 중요이익major interests 및 부차적이익peripheral interests으로 구분할 수 있다.[87] 및 30 생존이익과 핵심이익은 군사력을 사용해서라도 지켜야하는 이익인데 반해, 중요이익이나 부차적 이익은 국가에 불편을 주거나 손상을 주는 것이기는 하지만 참을 수 없는 것은 아니다. 즉, 핵심이익과 중요이익의 경계선에서 군사력의 사용여부가 결정된다. 그러나 두 영역의 경계를 구분하는 것은 모호하며, 상황에 따라 중요이익이 핵심이익으로 될 수 있고 반대로 핵심이익이 중요이익으로 낮춰질 수도 있다.[88] 그것은 이러한 이익에 대한 판단이 다분히 심리적이고 주관적일 뿐 아니라, 국내외 상황을 반영한 정부의

---

[29] 이러한 견해는 정치적인 경험에서 비롯된 것으로, 고대부터 존재해온 것이지만 이것이 정치적 규범으로 자리를 확고하게 잡은 것은 마키아벨리Niccolo Machiavelli부터이다.

[30] 생존이익survival interests이란 국가 존망에 관한 기본이익으로 적의 공격이나 공격위협으로부터 국가를 수호하는 이익을 말하며, 핵심이익vital interests은 국가가 양도할 수 없는 이익으로 국가에 중대한 위해를 초래할 경우 군사력을 사용해서라도 지켜야 하는 이익을 말한다(예를 들어, 영토보전 등). 중요이익major interests이란 확보하지 않을 경우 국가의 정치, 경제, 사회복지에 부정적 영향을 줄 수 있는 이익이나, 군사력을 사용할 정도는 아닌 국가이익이며, 부차적 이익peripheral interests은 국가이익에 해당하나, 전반적으로 국가에 미치는 영향이 미미한 국가이익을 말한다.

정책결정에 따라 그 경계를 넘나들 수 있기 때문이다.

  국가목표는 국가이익을 현실화하기 위해 이를 구체화 한 것으로 국가의 기본적이고 장기적인 의지이며, 안보, 번영, 국위를 달성하기 위한 지향점이다. 어떠한 전략이 수립되기 위해서는 그 목표가 분명하게 설정되어야 한다. 국가이익에 기초하여 결정된 국가목표는 그 목표를 달성하기 위한 국가의 전략적 기획, 기획, 계획program 그리고 실천적인 군사전략과 작전을 구현하는 출발점이 된다. 국가목표의 예로는 적의 공격으로부터 영토를 수호하는 것, 평화를 유지하는 것, 안정을 유지하는 것, 경제적 번영을 추구하는 것, 국내 안정을 기하는 것, 그리고 강한 군사력을 갖추는 것 등을 들 수 있다.[89] 그러므로 국가목표는 국가이익을 달성하기 위해 보다 구체적으로 설정한 것이다. 즉, 국가의 가치는 국가이익의 뿌리이며, 국가이익은 목표를 설정하는 지표가 된다. 국가목표가 설정되면 이를 달성하기 위해 국가의 '정책과 전략'을 수립, 설정하여 방향성을 가지고 노력함으로써 국가가치와 국가이익을 실천적으로 추구하게 된다.

  여기에서 국가전략은 국가목표를 달성하기 위한 최상위 수준의 전략으로서 이를 사용하는 국가나 학자에 따라 총체전략 혹은 대전략과 같은 개념으로 간주된다. 이와 같은 최상위 국가전략은 국가안전보장[31]과 관련된 국가안보전략이나 국가번영 추구를 위한 경제 등과 관련된 국가발전전략 등으로 국가전략을 보조할 수 있다.

  군사전략은 국가전략과 연계하여 하위수준에서 이루어지는 정치, 경제, 군사, 외교 등과 관련되는 국가의 제 분야별 정책과 전략이 이루어지게 되며,[32] 이 가운데 전쟁의 문제와 직접적으로 관련하여 군사 부문의 역량 운용을 위한 사려깊은 술과 과학이 군사전략이다.

---

31 일반적으로 국가안전보장, 즉 국가안보란 대내외로부터 오는 현재 혹은 잠재적 위협으로부터 국가 생존을 보장하고 국가이익을 보호 및 확장하며, 국가이익 실현을 위한 국내외 및 국제적 상황(조건)을 조성하기 위한 국가적인 정책과 전략 그리고 그것의 추구Pursuit를 의미힌다

32 이러한 하위수준에서의 전략들은 상위 수준의 전략인 국가전략의 목표달성에 기여하여야 한다. 외교전략은 국가안보전략뿐만 아니라 국가발전전략에도 기여할 수 있으며, 군사전략도 마찬가지로 안보 분야뿐만 아니라 국가발전전략에 기여할 수 있어야 한다. 해상교통로를 보호하는 것이 이 경우의 대표적인 예로 볼 수 있다.(박창희, 2021, p. 108. 인용)

정책과 전략

전략의 정의와 그 개념은 본서의 서두에서 이미 논의된 바와 같다. 전략과 같이 많이 사용되고 있는 용어 중의 하나는 정책policy이다. 정책이란 사전적 의미로서는 행위나 결정을 규제하는 일반 규칙general rules을 말하며, '부여된 목적을 수행하기 위한 행동을 규제하는 원리적 기준 또는 결정된 어떤 목표를 달성하는 데에 수반되는 일반적 지표'로 이해하고 있기도 하다. [표 3-5]에서는 정책과 전략의 일반적 어의에 대하여 간략하게 비교하여 설명하고 있다.[90] 전략과 정책의 일반개념으로써의 '정책'은 목표지향적인 일반 방침 및 지침으로 궁극적 혹은 상위의 목표달성을 위해 '무엇을 할 것인가'에 대한 것으로 상대를 의식하지 않은 행정 및 관리의 측면을 포괄하는 의미인 반면, '전략'은 창의적인 구상 및 구현방법에 관한 것으로 통상 상대를 염두에 둔 실전지향적 측면을 포괄하는 의미이다.

[표 3-5] 정책과 전략의 일반 의미

구분	정책政策	전략戰略
수준	정치적 차원	해당 수준의 실천적 운용 차원
목표	상위 정책 목표달성	정책에서 제시된 목표 구현
개념	v 무엇을 할 것인가 (목표지향적 일반 방침 및 지침)	v 어떻게 할 것인가 (실천지향적 시행 방법)
적용	상대를 의식하지 않은 행정 / 관리 측면 포괄	상대를 염두에 둔 실천적 행동

카우프만의 틀에서 볼 수 있는 바와 같이 각 수준에서 정책과 전략의 관계는 수직적 계서階序 관계가 아니라 교호적交互的이며 상호보완적인 관계에 있음을 유의하여야 한다. 수직적으로 국가수준의 정책과 전략, 즉 국가정책과 국가전략은 군사, 정치, 경제 등 각 부문에서 정책과 전략과는 계서적 연계 관계가 있지만, 각 수준과 부문 자체에서의 정책과 전략(예를 들어, 군사전략 등)의 관계는 양방향 화살표(↔) 의미와 같이 상호보완적 관계이다. 예를 들어, 군사정책과 군사전략의 경우 군사정책은 군사전략의 영향을 받고, 군사전략은 군사정책에 의해 제한을 받을 수

도 있는 상호 교호적 관계이다.

국방 및 군사 수준에서도 군사전략과 군사정책으로 국가정책과 국가전략을 지원한다. 군사정책Military policy과 군사전략Military strategy을 엄격히 구분하기는 매우 어렵다. 일반적인 의미로서 군사정책에 대하여 헌팅턴은 국가방위를 위한 군사 면에 있어서 목표달성을 위한 정부의 제 활동의 지침이며 의사결정[91]으로 설명하고 있기도 하다. 따라서 국가정책National policy은 '국가목표를 추구하는데 있어서 국가 수준에서 정부가 채택한 광범위한 국가적 방책 또는 표명된 지도방향'이라고 할 수 있으며, 군사정책Military policy이라 하면 '국가 및 국방 정책의 일부로서 국가의 평화와 독립을 유지, 조성, 운용하기 위한 군사적 지표'를 말한다. 일반적으로 군사정책에는 군사적 행동을 규제하기 위한 실천적인 정책Action policy의 의미와 함께 정치, 심리적 효과를 노리는 선언적인 정책Declaratory policy의 의미가 함께 포함되어 있는데 보통 '가장 바람직한 군사적 상황을 조성하기 위한 일반적 행동지침'으로 이해함이 바람직할 것으로 보인다.[92]

한편 군사정책이 상대를 고려하지 않고 '목표 지향적인 지침'인데 반해 군사전략은 상대를 의식한 '실천 지향적 방법에 관한 행동지침'이라고 할 수 있다. 예컨대 군사전략이라 하면 군사정책을 수행함에 있어서 적이나 경쟁상대, 특정 위협 등 상대가 전제한다. 우리 측의 군사행동에 대한 상대의 작용과 반작용적 방법 등이 내포되어 있지만, 군사정책은 상대가 누구인가를 의식하지 않고 군사적 목표와 군사 행동에 대한 일반 방침으로서 행정과 관리적 의미를 포함하는 것이다. 즉, 군사정책은 행위나 결정을 규제하는 일반적 규칙인 반면 군사전략은 군사적 제諸 수단이 목표완수를 위해 지향되어야 할 구체적 운용계획임을 알 수 있다. 그러므로 군사정책과 군사전략은 교호적이며 상호보완적이라 보는 것이 일반적일 것이다. 정책과 전략의 일반개념에 비추어 군사정책과 군사전략의 관계에 대해서는 다음 [표 3-6]에서 볼 수 있는 바와 같이 요약하여 설명할 수 있다.

[표 3-6] 군사정책과 군사전략의 일반 관계의 비교

구분	군 사 정 책	군 사 전 략
수준	정치적 차원	군사적 차원
목표	안보정책목표 등 상위 정책목표 달성	상위 전략과 군사정책에서 제시된 목표 달성

개념	· 무엇을 할 것인가?
	  (목표지향적 일반 방침 및 지침)
	· 일반적으로, 군사력 준비하고, 조성, 유지하며, 소요에 따른 군사력 건설 등
		· 어떻게 할 것인가?
		  (실천지향적 세부 시행 방법)
		· 일반적으로, 군사력 운용의 창의적 방법

적용	· 적을 의식하지 않은 행정/관리 측면 포괄	· 적과 상대를 의식한 군사적 책략

2 국가전략상 군사전략의 위상, 원리와 방법적 통찰

국가전략은 국가목표를 달성하기 위하여 국가가 보유한 모든 자원을 총체적으로 발전시키고 이를 효과적으로 운용하는 술과 과학이다. 즉, '국가목표를 달성하기 위하여 전·평시를 막론하고 군사력을 포함하여 정치, 경제, 사상 등 국가의 제諸역량을 동시적, 통합적으로 발전시키며 이를 운용할 수 있도록 하는 사려 깊은 술과 과학'이라고 할 수 있다.

국가목표 달성을 위한 국가 차원의 국가전략은 다음과 같이 구성될 수 있다. 미국의 경우와 같이 전지구적global 차원에서 해외 여러 지역에 막대한 전력을 전개하는 국가의 경우 가장 높은 수준으로부터 국가전략, 국가안보전략, 국가군사전략, 지역사령부 전략, 전구군사전략, 작전술, 전술로 구분할 수 있다. 그리고 한국을 비롯한 대부분 국가와 같이 국경선 내 혹은 관련된 제한적인 잠재 위협에 대해서 대부분의 군사력을 운용할 경우 국가전략, 국가안보전략과 국가군사전략, 그리고 군사전략, 작전술 및 전술로 구분할 수 있다.[93]

국가전략은 최고 수준에서 정부 관료들이 평시 및 전시에 국가이익과 국가목표 달성을 위해 가용한 국가자산을 어떻게 운용할 것인지에 대한 전략을 구상하고 실천적 구현을 위한 노력을 발전시키는 것이다. 이때 생존이익과 핵심이익과 같은 결코 양보할 수 없는 국가이익에 대해서는 군사력 사용도 배제하지 않는다. 국가전략은 국내 정치차원의 정치전략, 국제정치 영역을 포함하는 외교전략, 대내외 상업활동을 포함하는 경제전략, 전쟁과 무력과 관련되는 군사전략 등을 포괄하며, 구체적으로는 이를 포함하여 농업, 군사력, 상업, 경제, 범죄방지, 환경, 교육, 에너지, 재정, 보건, 정보, 건설, 국제관계, 사법, 노동, 공공복지, 교통 등 국가전반적인 문제를 다룬다.

국가전략은 국가안보전략과 국가발전전략으로 구분할 수도 있다.[94] 국가안보전략은 국가의 생존 혹은 존립에 관계되는 문제를 다루는 반면, 국가발전전략은 국가의 번영과 경제발전에 관계되는 문제를 다룬다. 국가안보전략은 최고 수준에서의 정치, 군사 전문가들이 전·평시를 막론하고 대내외의 위협을 고려하여 국가안보목표를 달성하기 위해 국력을 효과적으로 운용하기 위한 전략이다. 이는 외교적, 경제적, 심리적, 사이버, 기술적, 군사적 등의 관련된 수단을 동원하며, 이 가운데 군사적 수단은 가장 효과적일 수 있지만 때로는 가장 비효과적일수도 있다는 점을 이해하여야 한다. 국가안보전략이 성공적으로 추진된다면 군사력 사용 요구는 전혀 제기되지 않거나 크게 줄어들 수 있을 것이다.

일반적으로, 국가전략은 다음과 같은 함의와 특성을 가지게 된다.[95] 첫째, 국가전략은 광범위하게 설정된 국가이익을 다루며, 위협·자원과 정책을 식별해 낸다. 통상적으로 국가전략은 특정한 작전·전술적인 목표를 다루지 않으며, 국력의 다른 요소와 연계하여 고려한다. 국가전략은 전 국가의 전체적인 방향을 정하며, 모든 국력의 수단을 포함하고 있다. 즉, 국가전략은 국가 전체를 아우르는 '전략들의 전략'이라고 할 수 있다.

둘째, 국가전략은 오랜기간 동안 국가의 장기적이고 지속적인 핵심이익을 보장하고 증진시킬 수 있는 것이어야 한다. 국가전략과 관련된 가장 공통된 문서는 대통령의 국가안보전략서와 국가안전보장회의NSC, National Security Council에서 발행하는 정책 지침 등이다. 이러한 문신은 다른 국력 수단과 조화롭게 군사력을 운용하기 위한 광범위한 전략적 맥락을 제공해 준다. 목표-방법-수단의 구조에서 국가안보전략은 목표를 제공해 준다. 이러한 국가전략은 국가의 역할에 대한 전략적 비전vision

을 지원하는 국가이익에 기반을 두고 있으며, 사회적 역동성과 저변의 영속적인 가치 및 신념을 반영한다.

셋째, 전 영역 혹은 관련된 다수의 전장 영역에 걸쳐 여러 군종의 동시 운용이 필요한 도전요인이 동시적으로 발생되고 있어 국가전략의 중요성이 더욱 주목받게 된다. 국가정책 지시들은 각 영역 혹은 지역별로 상이한 전략목표들로 해석될 수 있지만, 전반적인 정책지침은 국가 차원의 전략목표에 대한 결심이 필요하게 된다.

마지막으로, 국가안보전략은 광범위하게 적용되거나 특정 상황에 국한되어 적용될 수 있다. 개념적으로, 국가안보는 다른 국가·다수의 국가군이나 비국가 행위자에 대해 이익을 추구하고, 유리한 외교관계를 수립하며 적대행위를 억제하는 것을 포함한다. 이 개념에서 무력 대응과 억제 실패 시, 적을 패배시키는 것도 또한 반드시 허용되어야 한다. 미국의 경우와 같이, 집권한 행정부에 따라 이와 같은 차별화된 개념이 정해지며, 선출된 관료들의 국가이익·목표·허용된 수단·할당된 자원에 대한 해석에 따라 국가안보전략은 다양하게 나타날 수 있다는 점은 유의하여야 한다.

한편 국가방위, 즉 국방national defense [33]과 군사military affair [34]는 많은 부문이 겹치기는 하지만 그에 대한 정의나 개념 및 수준상 약간의 차이가 존재하기 때문에, 보편적인 전략의 개념을 비추어 보아 그 수준 즉, 국방정책과 국방전략이란 측면도 고려할 수 있다. 국방정책 및 전략은 국가안보전략의 국가이익과 목표를 국방부 차원에서 우선순위가 정해진 국방목표들로 전환 시켜주며, 자국의 국가안보 이익을 보

---

[33] 국방national defense이란 협의로는 외부 군사적 위협이나 무력 침략으로부터 국가(주권, 국민과 영토 및 정부)를 군사적 수단으로 보호하는 것으로 말하며, 보다 넓은 의미로는 외부의 군사적 위협이나 무력 침략으로부터 안보역량을 총동원하여 국가를 방위하는 것으로 정의할 수 있다.(배달형, 국방연구원 전략아카데미 강연자료, 2022) 법적 의미로써 국방(국가방위)은 외부의 군사위협으로 부터 국가의 주권과 영토, 국민의 생명과 재산을 군사적 수단을 사용하여 보호하는 것으로 정의하고 있다. (Jordan, Taylor & Korb, 1989)

[34] 군사military affair는 주로 전쟁을 전제/대상으로 하며, 평시에는 가장 합리적인 군사력을 건설, 유지 및 관리하고, 유사시에는 준비된 군사력을 효율적으로 사용하여 당면한 국가의 위협을 배제하거나 정책 목적을 달성하려는 국가 위기관리 기능을 말한다. (배달형, 국방연구원 전략아카데미 강연자료, 2022) 한편 이종학은 전쟁戰爭, War의 본질과성격, 그리고 무력전의 준비, 수행, 억지에 관한 일체의 현상現象을 의미하며, 전쟁에서 승리하기 위한 확고한 의지와 의지를 실현할 수 있는 일체의 능력을 포함한다고 정의하고 있다. (이종학, 1980)

호 및 증진하기 위해 군사력과 국방자원을 건설 및 운용하기 위한 국방부의 접근ap-proach을 포함하여야 할 것이다.

일반적으로 국방정책과 전략에는 다음의 내용이 포함할 수 있을 것이다. 우선, ① 치명적이고 지속되는 위협을 포함하여, 상정하고 있는 전략환경과 위협에 대응하고 국가방위를 위한 국가군사전략의 구상과 적용 방향, ② 국방부의 임무 우선순위, ③ 군사력 기획 시나리오와 구조를 고려한 군사력의 역할과 임무, ④ 예산의 주요 투자처를 포함한 군의 규모와 형태, 태세, 국방 능력, 준비태세, 기반시설, 조직, 인력, 기술혁신 등과 관련된 주제 등일 것이다. 이외에도 국방정책 및 전략은 ⑤ 방위산업기지, 국가 차원의 군수, 주둔 기지, 조약, 조직 개혁과 같은 기타 기관 측면의 문제도 다루어야 할 것이다.

더욱이 국방정책 및 전략은 군사력 운용·군사력 기획·군사력 구상·태세·계획·기타 활동에 대한 지침을 제공하는 국방장관의 핵심적인 전략적 활동과 관계된다. 이것은 국방부의 모든 전략지침과 활동의 기틀과 우선순위를 제공하며, 국방부의 체계적인 전략 평가와 전략환경의 변화에 따른 전략의 실행과 수정에 대한 검토의 기준이 되어야 할 것이다. 이로써 볼 때, 국방부 수준에서는 국방전략보다는 국방정책적 주제와 이슈들이 더 우선일 것으로 보인다.

군사전략은 국방 및 군사 수준의 최고의사결정자나 최고지휘관이 국가군사목표를 달성하기 위해 가용한 군사력을 운용하는 전략이다. 군사전략의 궁극적인 목표는 전쟁에서 승리를 거두는 것으로 상위 국가전략 목표 또는 국가안보전략목표의 달성에 기여해야 한다.[96] 군사전략은 기본적으로 억제가 실패할 경우 군사력을 사용하는 전략이다. 따라서 군사전략은 평화를 유지하는 것도 중요하시만, 전쟁이 발발할 경우 정치적으로 유리한 조건하에 평화를 회복하도록 하는 것이 더 중요하다.[97]

물론 현대로 들어서면서 평시 군의 임무 영역이 점차 확대되고 있다. 그러나 군은 국가안보를 위한 최후의 보루여야 한다는 점을 고려할 때, 군사전략은 국가전략의 하위 전략으로서 정치전략, 경제전략, 외교전략 등 다른 영역의 전략과는 달리

본원적으로 평시보다는 전쟁을 대비하는 데에 주안을 두어야 함은 당연하다. 군사전략은 국방 및 군사 수준의 최고의사결정자나 최고지휘관이 국가군사목표를 달성하기 위해 가용한 군사력을 운용하는 것으로, 이것의 궁극적인 목표는 전쟁에서 승리하는 것이며 종국적으로 상위 국가전략 목표 또는 국가안보전략목표의 달성에 기여해야 한다. 이러한 군사전략의 위상과 정체성에 비추어 볼 때, 일반적으로 다음과 같은 함의와 특성을 가지게 된다.[98]

첫째, 군사전략은 상위전략과 정책의 목표를 달성하기 위해 국력의 군사적 수단을 조성, 창출하며, 이를 운용한다. 국가정책과 국가전략에 제시된 국가이익을 보호하는 특정 목표나 다수 목표를 달성하려면 방향성 있는 효과적인 군사전략이 필수적이다. 군사전략은 현실로부터 합리적 우선순위를 추정하게 함으로써 군의 행위를 합목적적으로 만든다. 전략이 부재한 가운데 이루어지는 군사행동은 임시방편적이고, 일관성이 없으며, 잠재적으로 역효과를 일으킬 수 있음을 유의하여야 한다.

둘째, 국가전략과 달리, 군사전략의 범주는 국력의 군사적 수단에 국한되지만, 군사전략이 효과적이려면 여전히 외교·정보·경제 등 관련되는 타수단과 통합되어 운용할 수 있도록 하는 포괄적 접근만이 효과적인 결과로 이어질 수 있다. 군사전략의 목표는 상위 전략적 목표의 일부이며, 군사전략의 방법과 수단은 향후 군이 국방전략을 어떻게 실행해 나갈 것인지를 담고 있다. 이와 같은 군사전략의 기틀은 하위의 전역 기획과 군사대비 기획을 위한 방향성 있는 창窓, lens을 제공하게 된다. 군사전략에서의 위험은 군사전략의 목표, 방법, 수단에 국한되며, 국방전략의 위험과 관련되어 있지만, 이와 상이할 수 있다.

셋째, 군사전략은 실천적이며 합목적적이다. 군사전략은 국가 지도자의 지시와 요구를 이행하려는 목표를 달성하기 위해서, 군사력 운용과 관련된 일관된 구상을 포함하고 있다. 모든 전략은 '목표-방법-수단과 위험관리'라는 기반 논리를 가지고 있으며, 그 형태는 전략이 수행되는 조직에 의해 좌우된다. 일반적으로 군사전략은 다양한 군사적 방법과 군사자원들을 통합하게 되며, 전략 수립과정에서 고려되는 세부 요소들은 각각의 전략이 가진 맥락·적용성·역량과 목적에 따라 결정된다.

넷째, 군사전략 수립·시행·평가의 인지적 과정은 한결같지만, 전략의 실제 구성요소는 당면한 상황에 따라 달라진다. 따라서 군사전략에 대한 순수한 교리적 접근과 고정된 시나리오 차원의 접근은 상황의 광범위한 변화와 이를 해결하기 위한 잠재적 해결책에서 배제되어야 한다.

다섯째, 최고의사결정자나 최고지휘관은 전략적 술과 과학의 적용하여 전략을 수립한다. 전략적 술의 요체는 국가이익-정책-전략목표 등 명확한 용어로 표현된 실제 적용 간의 복잡한 상호관계를 조직화하여 명료하게 귀납적으로 표현해내는 데 있다. 국가전략·국방전략, 전구에서의 군사전략 등과 같이 전략적 수준에서 이루어지는 군사 활동에서 전략적 술이 적용되고 있다. 전략적 술의 적용은 안보환경에서 경합되고 있는 이익 및 목표들과 실행할 때 수반되는 조직 차원의 고려사항들을 개념적으로 통합하는 사고를 필요로 한다.

여섯째, 전략은 대상 기간 내에서 현재와 미래를 연결하기 위해 경쟁적인 공간에서 벌어지는 맥락을 잘 설명해야 한다. 여기에는 공개되거나 비공개된 공간에 있는 우군·적·적대세력·동맹·파트너, 기타 관련 행위자가 포함되며, 이는 전역을 지원하기 위한 개념적 기초가 된다. 군사전략이 효과적이려면 명확하고, 간명하며, 쉽게 이해될 수 있어야 한다. 이것은 성공적으로 전략을 전역계획으로 전환 시킨다. 전역에 대한 작전구상은 관련 행위자의 인식과 종국적으로 그 행동이 전략적 성공을 지향하게 만든다. 전략의 성공이 어떻게 달성될 수 있으며, 군사적 수단이 전략의 성공을 어떻게 지원할 것인지 가시화하고 개념화하는 능력은 작전술과 작전구상을 적용하는 기초가 된다.

3 군사전략의 본원적 논리logic와 원리principle

첫째, 군사전략은 근본적으로 창의적인 술, 논리, 과학적인 역할을 하고 있지만, 그 저변에서 모든 전략은 반드시 정밀해야 하고, 역사적 근거, 가용자원의 산술적 고려, 시공간에 대한 명확한 인식, 우군·중립·적대세력과 적의 이익 및 의지에 대한 빈틈없는 분석에 기반해야 한다. 군사전략을 수립하기 위해서는 전략적 의사결정 시 제공되는 사실과 가정에 대한 이해가 필요하다. 목표를 지향한 의도된 행동을 이끌어가면서, 전략의 논리는 연역적이며, 동시에 귀납적이다.

둘째, 군사전략은 근본적으로 전략적 선택strategic choice에 관한 것이다. 군사전략은 일관되고 명확한 용어로 요망하는 미래의 상태나 조건에 도달하기 위한 최선의 방안을 제공함으로써 현재 사실을 요망하는 미래의 상태나 조건으로 연결시킨다. 이 과정에서 전략은 적·적대세력·동맹·기타 행위자를 명확히 하고, 엄격한 정책 결정을 위한 자원·위험·조직의 쟁점을 식별하여 합동 기획의 근거를 제공한다. 전략은 반드시 경합하는 우선순위 사이의 교환비용을 요구하는 자원을 기초로resource-informed 수립되어야 한다. 반대로, 잘 정립된 전략은 필요한 자원을 제시하여 정책 결정과 절충을 가능하게 해 준다.

셋째, 군사전략은 포괄적인 구성개념construct이다. 군사전략은 국력의 다른 요소들과 함께, 군사력이 국방목표 달성을 위한 범정부적 접근a whole of government approach에 어떻게 기여할 것인지를 고려한다. 결론적으로 군사전략은 단편적으로나 독립적으로 수립될 수 없다는 이유에서 전략은 누적적이기도 하다. 작전적·전술적 활동과 달리, 전략적 활동은 전략목표를 달성하기 위해 인내심을 가지고 안보환경을 조성해 나가기 위해 창의적으로 구상되어야 한다.

넷째, 군사전략은 다양한 시간대에 걸쳐 역동적으로 작동하여야 함을 인식하여야 한다. 군사전략은 단기적인 문제(예를 들어, 적의 패배시키기 위한 전시전략 등)나 장기목표(예를 들어, 경쟁자 대비 상대적인 군사력 향상 등)를 다룰 수 있다. 단기 목표가 장기 방안들에 영향을 미치게 되는 만큼, 전략가는 이들을 통합할 수 있어야 하며, 장기목표가 일시적 응급처치를 위해 간과되어서는 안 된다.

다섯째, 군사전략은 다른 행위자의 전략과 갈등상태에서 안보환경을 조성하기 위해 수립되고 실행되고 있고, 또한 동시에 다른 행위자가 그들의 목적에 부합되도록 환경에 영향력을 행사하려고 할 것이기 때문에 본질적으로 경쟁적이다. 다른 행위자가 만들어 낸 적대의 정도는 협력으로부터 적대에 이르는 강도로 분류되며, 이는 전략의 성격에 영향을 미치게 된다. 모든 군사전략은 필요 시 경쟁자나 적대세력의 비용을 부과하면서 우호세력의 이익을 창출하거나 보호하고자 한다.

여섯째, 다른 모든 전략과 같이, 군사전략은 환경에 질서를 부과하고자 노력한다. 결과적으로, 환경에 부적합하거나 그 조직의 역할에 부합하지 않는 전략은 실패하기 쉽다. 조직의 목표·방법·수단·위험은 그 조직만의 특이성을 가지고 있기 때문에 다른 조직의 전략으로 성공하기는 어렵다.

일곱째, 군사전략은 변질되기 쉬우며, 환경의 변화에 대처하기 위해서 충분히 유연해야 한다. 이들은 이전에 결정된 정책 지침, 전략적 선택과 주어진 기간 내 요망 목표에 종속되어 있다. 전략들은 전략의 범위 내 기대되는 시간과 사건을 포함해야 한다. 이와 유사하게, 전략가는 전략이 유효하지 않게 되는 시점이 언제인지에 대한 감각을 가지고 새로운 전략을 수립하거나 전환해야 하는 시기를 예측할 수 있어야 한다.

여덟째, 군사전략은 "왜"라는 질문에 답해 준다. 전략적 수준의 활동에는 범위, 불확실성과 모호성이 내재되어 있기 때문에 그 원인과 효과가 이미 결정되어 있다고 단정 짓는 전략은 배제되어야 한다.

아홉째, 정책은 전략이 아니다. 정책은 발표된 정부의 입장이며, 보통의 경우 정책결정자에게 달성하도록 지시된 목표의 형태로 제시된다. 또한, 정책은 진술된 가정, 가용자원, 군사전략에게 허용된 승인사항을 포함한다. 군사 전략가는 전략환경 내에서 정책목표를 창출하는 조건들을 식별해야 한다. 전술이 작전에 기여하는 것과 같이, 군사전략은 반드시 국가정책에 기여해야 하며, 정책목표 달성에 필요한 비용에 대한 통찰력 있는 분석을 제공해야 한다. 정책은 더 큰 전술적 위험을 초래할지라도 전략적 위험을 감소시키는 전략을 필요로 할 수 있다. 좋은 전술이 전략에 기여할 수는 있지만, 그것이 건전한 전략과 정책을 대체할 수는 없다.

마지막으로, 군사전략은 군사적 수단과 관련되는 국력의 동시적, 통합적 운용을 통해 정치적 목표를 달성하려는 사려 깊은 술과 과학이다. 군사전략은 기획이 아니다. 유사하게, 전략은 전역기획도 아니다. 전략이 지침과 지시를 줄 수 있겠지만,

군사전략은 전역계획의 산물 및 활동과 구분되어야 한다. 전역계획은 국가 목표를 달성하기 위한 합동군의 일상적 작전day-to-day operations을 조직한다. 또한, 전역계획은 미래 능력을 조직하고, 자원 투입 및 조성하고자 군사 조직을 이용하는 산물 및 활동들과도 분리되어야 한다.

한편으로, 작전술과 전술은 이에 해당하는 수준에서의 제대를 지휘하는 지휘관들이 전장에서 군사전략을 이행하는 술이다. 작전술은 전장에서의 행동에 관한 개념적 방법을 의미한다. 예를 들어, 전격전, 종심방어, 전략폭격, 함대결전, 다층공중방어 등이 작전술에 해당한다고 할 수 있다. 한편 전술은 전술적 수준의 부대에서 전투임무를 수행하기 위해 지형지물을 활용하고, 무기를 사용하며, 예하 부대를 운용하는 술로 볼 수 있다.[99] 예를 들어, 사단, 해군전함, 공군 전대 등을 지휘하는 지휘관들은 적의 움직임에 따라 전술적으로 예하부대를 배치하고 기동시키는 것과 같은 것들이 전술의 영역에 해당한다.

군사전략과 작전술에 해당하는 각 개념은 상황에 따라 상호 호환이 가능하다. 예를 들어, 전격전 그 자체는 작전적 개념임에 분명하지만, 제2차 세계대전 당시 독일군이 프랑스군의 마지노Maginot Line에 대해 취했던 전격전은 양면전쟁을 회피하기 위해 신속하게 프랑스를 점령한다는 군사목표를 달성하기 위한 것으로 상위 수준에서의 군사전략으로 간주할 수 있다. 반대로 전격전은 작전적 수준에서뿐만 아니라 전술적 수준에서도 예하 부대가 적에 대해 신속한 기동으로 결전을 추구하는 개념으로 사용될 수도 있다. 유격전의 경우도 그와 유사한 사례가 될 수 있다. 하급 제대에서 각 부대원들이 유격전을 전술적 운용으로 사용할 수 있는 반면 중국이나 베트남의 혁명전쟁에서 지도부가 채택한 유격전은 군사전략적 수준으로 운용된 것이라고도 할 수 있다.

그러므로, 서두에서도 기논의되었던 바와 같이 군사전략과 작전술, 그리고 전술은 상호 의존적 관계에 있기 때문에, 술적 맥락에서 어느 한 수준의 잘못된 운용은 전체의 균형을 깨트릴 수 있음을 항상 유의해야 한다.[100] 더욱 중요한 것은 전체의 목적달성 측면에서 전술의 실패보다는 전략의 실패가 전체적인 목적달성, 효과성 혹은 성과에 미치는 영향이 극적일 수 있기 때문에 전반적인 술의 운용에는 이 같은 측면을 충분하고 면밀하게 상고詳考할 필요가 있다.

4 군사전략 설정과 구현을 위한 융합적 원리와 방법

무엇을 융합[35]하여야 하나?

군사전략의 설정과 구현을 위해 구조적, 포괄적 대응을 위한 융합은 전술차원, 즉 국가적 정치적 수준, 전략적 수준, 작전적 수준 및 전술적 수준, 전술 개념, 방법 및 수단의 융합이 필요할 것이다. 그러므로 군사전략 개념과 관련되는 역량의 발전을 위한 융합적인 과업은 정치 + 정책 + 전략의 융합, 과학이 균형적으로 접목될 수 있는 술의 실천적 방책의 융합, 국가-군사 수준의 역량의 연계와 군사 + 비군사적 대응의 융합, 군사전략 + 작전술 + 전술적 방책과 Lethal + Non-Lethal 작전 활동 등 전역/작전 활동 및 운용의 융합 등의 융합 등의 측면에서 동시화, 상호 통합, 연계, 융화시켜 창조적인 융합으로 가치를 창출하여야 할 것이다.

어떻게 융합하여야 하나?: 동시적, 통합적인 설정과 구현을 위한 과정적 융합 방법

국가나 조직들의 전략 수립과 구현 및 실행이 융합되지 않아 목표한 전략개념이 창의적 구상과 효과적 구현이 되지 않고 나아가 성과나 효과성이 낮아지는 문제점은 군사 전문가나 전략학자들의 많은 관심의 대상이 되고 있다. 이것은 조직의 비탄력 관성이 주된 이유일 것인바, 오늘날과 같은 불확실하고 변화무쌍한 환경에서는 성태적인 전략적 접근방법은 제한될 수밖에 없다. 오늘날과 같이 속도와 적응적

---

[35] 융합融合, Convergence이란 2개 이상 상이한 요소들이 하나의 요소로 수렴되면서 시너지를 내는 경제/사회적 현상으로 이 같은 포괄적 의미의 용어를 융합이라 정의하고 있다. [생산기술연구원, 2011] 이에 대하여 김덕현은 독립적으로 존재하던 개체들(예:학문, 기술, 산업, 제품, 서비스, 문화 등)의 화학적 결합을 통해 가치가 더 커진 새로운 개체를 창조하는 활동을 말한다.라고 의미를 해석하고 있다[김덕현, 2010]

한편, 통합integration이란 여러개의 사물이나 개체를 물리적으로 결합하여 승수효과를 달성하려는 것을 말하며, 융합Convergence이란 다른 개념의 개체를 화학적으로 결합하여 새로운 가치를 창조하려는 것이라는 어의語義의 차이가 있다.

템포를 요구하는 불확실하고 확장된 위협하에서는 전략의 설정과 구현 방법 역시 유연한 접근방법론이 더욱 바람직할 것이다.

민쯔버그Minzberg, 2007년는[101] 체계적이고 장기적 과정을 거쳐 정교하게 다듬어지고 정밀한 전략적 분석을 통해 의도된 전략으로 선택된 전략은 많은 경우 본래 의도한 대로 구현, 실행되지 않을 수가 있음을 지적하고 있다. 또한 그는 전략이란 불확실한 위협이나 경쟁 사회에서는 어떠한 상황이나 조건에 부합하도록 수정, 보완되어지면서 전략이 실제적으로 구현되고 실행된다고 논의하면서, 의도한 전략과 실현된 전략을 구분하고 실현되는 전략으로 구상 및 구현되기 위해서는 그 과정적인 전략적 융합 노력이 중요하다는 것을 말하고 있다.[36]

한편, 미 육군전쟁대학US Army War College의 전략학 교수인 리케Arthur Lykke, 1989는[102] "전략이란 최종목적 또는 목표와 방법Ways, 수단Means 혹은 자원Resources으로 이루어진 틀"로 정의하고 있으며, 미 해군전쟁대학US Naval War College 전략학 교수인 바트렛Henry C. Bartlett, 2004은 전략의 구성요소는 최종목적Goals or Ends, 수단Means or Tools, 위험Risks 요소로 이루어져 있으며, 이들 요소 간의 지속적인 상호작용이라 논의하고 있다.

본서는 위 논의를 토대로 하여 민쯔버그의 전략의 과정적 모델로서 '의도된 전략intended or deliberate strategy + 창발적創發的(혹은 부상하는) 전략emergent strategy'의[37] 과정적 융합으로 실현된 전략realized strategy의 모델과 리케의 군사전략 구조 및 바트렛의 모델을 토대로 하여 적응적 전략 설정 및 구현을 위한 방법으로 [그림 3-8]과 같은 과정적 융합모델을 제시한다.

---

[36] 민쯔버그는 과정적 전략을 논의하면서, 전략이란 기획으로서 전략, 패턴(pattern)으로서 전략, 위치설정으로서 전략, 그리고 집합적 관점(perspective)으로서 전략을 모두 포함한다고 논의하고 있다.

[37] 창발적 혹은 부상하는 전략이란 예측하기 힘든 환경에서 만들어지는 계획되지 않은 전략으로 의사결정자의 자율적 활동에 의해 만들어지지도 하고, 뜻밖의 발견과 사건으로부터 만들어 지기도 하며, 혹은 변화된 환경에 대응하기 위하여 최고의사결정자가 기획이나 계획에 기초하지 않고 기존의 전략을 변경할 경우에 만들어지기도 한다.

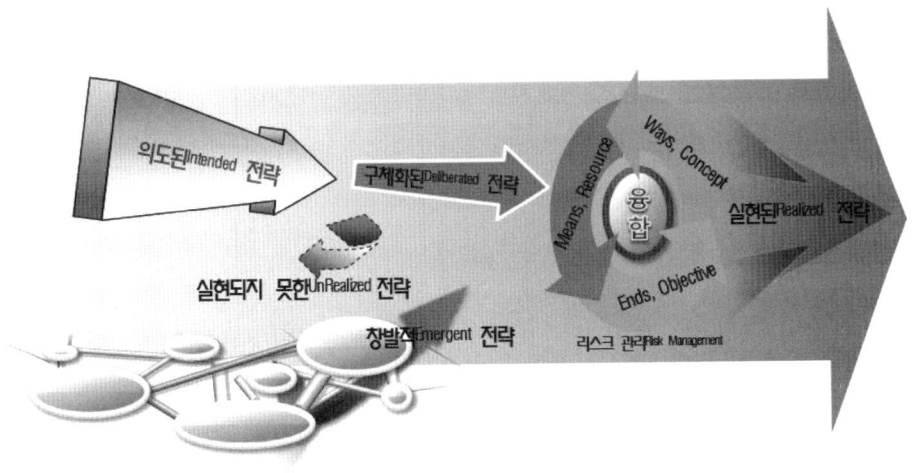

[그림 3-8] 동시적, 통합적 군사전략 설정과 구현을 위한 과정적 융합 모델model

5 동시적, 통합적 역량 구현을 위한 군사력변환transformation

효과적 역량의 개발과 활용에 관한 논의는 슘페터Schumpeter, 1934년, 홀랜드Holland, 1975년, 쿠란Kuran, 1988년 등 여러 학자가 조직의 효과적인 적응과정Effective Adaptive Process 을 연구하면서 주로 이루어져 왔다. 이들 학자들의 관심은 조직이 역량이나 자원을 개발하고 활용하는 방법을 찾는 데 있어서 이전의 확실한 어떤 것을 개선Improvement 하는 것에 주안을 두는 방향Exploitation과 새로운 가능성에 대한 탐색, 창조적 조합 및 혁신하는 것에 주안을 두는 방향Exploration 간의 관계를 논의하면서 이루어졌다.

이러한 논의 중 마치March, 1991는 조직 자원의 효과적인 활용에 관한 연구를 조직학습 관점에서 수행하고, 어느 한 조직이 그들의 자원 개발 및 활용 방향에서 Exploration보다는 Exploitation 과정을 더욱 중시함으로써 그 조직의 적응과정이 단기적으로는 효율적일 수 있으나 장기적으로는 자기 파괴적, 결국 비효과적이 되기 쉽다는 논의를 발전시키고 있다. 또한, 그는 조직이 자원 활용에 대한 Exploration과 Exploitation의 정책을 적절히 균형을 이루도록 함으로써 조직의 효과를 최대화할 수 있다고 논의하고 있다.[103]

Exploitation을 위주로 하는 조직 프로세스를 모두 배제시키고 exploration 위주로 하는 조직 프로세스에 더욱 중점을 두는 조직은 그러한 조직 프로세스가 가질 수 있는 많은 이점을 활성화시키고, 정책의 종국적인 효익을 발생시키기 위해서 많은 비용을 유발시킬 수 있으며, 반대로 Exploration 프로세스를 배제하고 Exploitation 프로세스에 더욱 중점을 두는 조직은 최고가 아닌 차선次善의 안정적 균형equilibrium이라는 함정에 빠질 가능성이 있다. 그러므로 Exploitation과 Exploration 간 적절한 균형을 유지하는 것이 조직의 생존과 성장 및 번영에 가장 중요한 요인 중의 하나이다.[38]

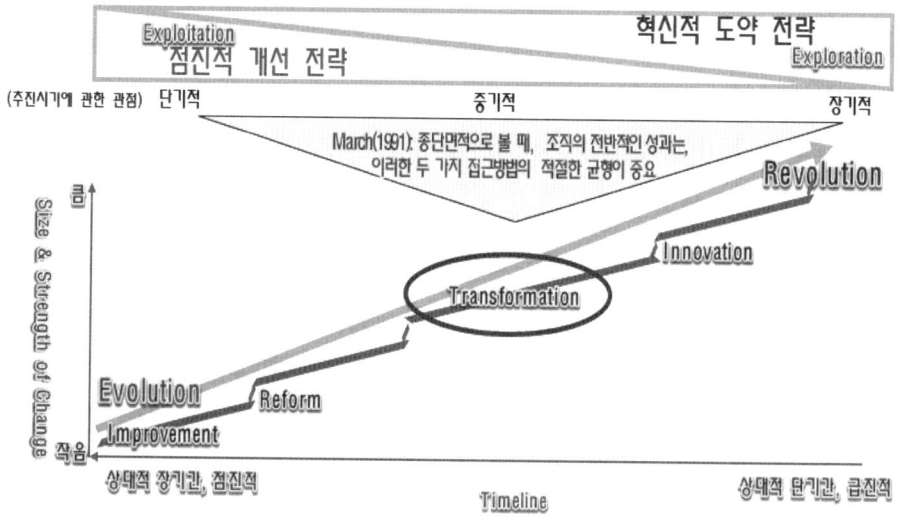

[그림 3-9] 전략의 설정과 구현 방법으로서 군사력변환transformation 개념 요약

[그림 3-9]에서 볼 수 있는 바와 같은 개선, 개혁, 혁신 혹은 군사부문에서의 혁신RMA, 군사부문의 혁명 등 군사력발전 개념의 연속선상에서 볼 때, 최근 한국군의 군사력발전 방향과 관련하여 지향되어야 할 방향은 개선과 혁신 간 균형을 추

---

[38] 세부적인 논의는 배달형, "미래 불확실성 시대의 국방자원 개발과 활용 방향", 주간국방논단, 2003 .4. 17. 을 참고하기 바란다.

구하는 군사력의 변환transformation이 보다 바람직할 것으로 보인다.[39] 및 [104] 본서 역시 군사전략의 설정과 구현을 위한 원리와 방법으로 군사력변환의 개념을 기반하여 방향성 있게 추진하는 것을 추천하는 바이다.

6 군사력 발전을 위한 포괄적 발전방향성 모색

미래에는 외교Diplomacy, 정보Information(과학·기술 포함), 군사Military, 경제Economy(사회·문화 포함) 등 DIME 요소 전반에 걸쳐, 급속하고, 복잡한 변화의 흐름이 사회와 인류의 삶의 본질뿐만 아니라 본서가 다루고 있는 주제로서 전쟁의 특성까지도 빠르게 변모시킬 수 있는 환경이 조성될 것이다. 이를 효과적으로 다루기 위해서는 서로 이질적이면서 관련되는 요소들이 다른 새로운 가치로 융합되는 가운데 진화Evolution와 혁신Revolution의 균형점을 모색하여 발전이 이루어질 것이다.

본서의 이번 소주제에 대한 핵심 화두는 '효과적인 군사전략의 설정과 구현을 위해 어떠한 지향성을 가지고 노력하여야 하는가?' 하는 것이다. 이는 거시환경과 안보정세변화 등 거시 전략적 요인의 분석을 통해 군사력 운용뿐만 아니라 군사력 건설에 대한 궁극적인 발전방향성을 규명하고 이를 다룰 수 있는 개념, 방법 및 수단의 융합을 선도해 나갈 수 있도록 함으로써 이번 핵심 화두에 대한 통찰을 찾을 수 있을 것이다.

본서는 기존 필자의 관련 연구와 저널에서[105] 제시된 모델을 토대로 군사전략의 설정과 구현을 위한 실천적 지향방향으로서 군사력 발전에 대한 포괄적 발전방향성을 제시한다. 이와 같은 논의의 이론적 토대는 조직 발전 모델과 효과성에 대한 나선형 모델에 대한 논의를 기반으로 하고 있다.[40] 모델의 핵심 주제와 내용을 요약하면, 결국 군사력 발전을 위한 포괄적 발전방향성은 기존에 발전되어 왔던 전문

---

39 세부적인 논의에 대해서는 배달형·김칠주 역, 「군 혁명과 군사혁신의 다이내믹스」, KIDA Press, 2014. 및 배달형, '국방의 이해', 전략기획아카데미 강연자료, 2022.을 참고하기 바란다.

40 배달형, "국방 제도와 조직론", 고려대학교 대학원 강의 자료, 2019. 1부를 참고하기 바란다.

성을 기반으로 창조적 기획을 통해 통합성[41]과 유연성[42]을 갖춘 적응성[43] 있는 방향으로 발전되어야 한다는 것이다.([그림 3-10] 참고)[106]

[그림 3-10] 가치 창출을 위한 융합의 방향성

출처: Bae, Dal Hyeoung, 2017, pp.123, 〈Figure 2〉

이러한 발전 방향성의 적용 및 구현 개념은 전반적으로 지속적 개선과 도약적 혁신 간 균형 관점의 군사력변환 개념 속에서 지금까지 성공적으로 구축되어온 전문화된 군사력에 대해서는 지속적 개선을 도모하고, 나아가 도약적 혁신을 통해 전반적인 통합성과 유연성을 도모하여 성과(혹은 효과성)로서 적응성을 달성할 수 있는 능력을 추구하는 것이다.

---

[41] 사전적 의미의 통합성Integrity은 여러 개의 사물이 굳게 뭉쳐 하나의 사물로 기능하는 특성 혹은 구성요소들을 의미 있게 서로 연결하여 상호 보조적 정도를 높이는 것을 말한다.

[42] 사전적 의미의 유연성Flexibility은 부드럽고 연한 성질 또는 그러한 정도를 말하며, 조직학에서는 상황에 따라 쉽게 변화하거나 변화되는 능력으로 정의할 수 있다.

[43] 사전적 의미의 적응성Adaptability이란 일정한 조건이나 환경 따위에 맞추어 알맞게 변화하는 성질 혹은 생물의 행태나 습성이 환경의 변화에 적합하게 변화하는 능력이나 성질을 말하며, 조직학에서는 '개인, 집단, 사회체계가 체계와 환경의 변화에 적합하게 대응해 나갈 수 있는 정도'로 정의하고 있다.

이 같은 전략적 발전방향성은 다음과 같은 실천적 함의를 가지고 있다. 우선 첫째, 성과로서 효율성Efficiency [44]보다는 적응성 등 효과성Effectiveness을[45] 강조한다는 것이다. 드러커Peter Drucker, 2002년가 논의하고 있듯이 효율성은 일을 올바로 하는 것이고, 효과성이란 올바른 일을 하는 것이다. 둘째, 예측에 기반을 둔 기획된 통제Control보다는 회복탄성 등 유연성을 중시하고 있다. 이때, 회복탄성Resilience이란[46] 예측하지 못한 위협들을 필연적으로 만날 것이라는 사고思考 하, 이에 대한 충격을 줄이며 충격을 유연한 방법과 수단에 의해 더 나은 방향으로 이끌어낼 수 있도록 하는 것을 말한다. 이는 복잡한 세계에서는 동요가 불가피하기 때문에 충격을 흡수하는 능력을 기르는 것이 매우 중요해 진다. 그러므로 예측하지 못한 위협들은 필연적으로 만날 것이라는 점을 받아들이고 이에 대한 충격을 줄이며 나아가 그 충격에서 이익을 보는 방향으로 시스템을 설계하여 구축해야 한다. 회복탄성을 가진 시스템은 뜻밖의 위협들을 만날 수도 있지만 필요한 경우 자기 스스로 다시 제자리에 돌아갈 수 있는 시스템이다.[47]

---

[44] 효율성效率性, Efficiency의 사전적 의미는 투입 대비 산출의 의미로 최소한의 투입(변수 x)으로 원하는 산출(변수 y)을 최대한 얻는다(효용의 극대화)는 개념이다. 이는 사전에 충분히 예측하고 파악하여 이를 근거로 x와 y를 바꿀 수 있는 구조나 시스템을 구축할 경우 효율성을 위한 최적화가 이루어진다는 것을 말한다. 즉, 효율성 중심의 체제(구조, 조직, 체계)는 예측될 수 있는 환경에서는 견고하나, 동시, 급박, 동태적으로 변화하는 환경에서는 너무 느리고 정적이며, 예측되지 못한 환경에서 탄력적이지 못하다.

[45] 효과성效果率性, Effectiveness의 사전적 의미는 학자마다 다양하게 정의되고 있지만, 일반적으로 '의도한 혹은 기대하는 결과를 달성하는 것'이란 개념임. 효과성은 어떤 목적을 지닌 조직의 행위에 대해 드러나는 보람이나 좋은 결과를 말하며, 목표의 달성 정도를 의미한다. '비용 대 효익' 중심이 아니라 '의도하는 목표를 얼마나 달성하는가'의 문제로서 구조와 프로세스의 탄력성, 다능성, 혁신과 환경에의 적응성과 대응능력을 중시하고 있다. 즉, 대부분 조직 이론학자들은 '조직이 효과적인가'하는 것은 가치판단의 문제이며, 모든 조직에 적용할 수 있는 보편적인 기준은 없다는 것에 합의와 공간을 가지고 있다.

[46] 어떤 시스템이 동요를 흡수하고 자신의 기본 기능과 구조를 지속적으로 유지하는 능력으로 정의하기도 한다(Salt and Walker, 2006).

[47] 이에 대하여 나심 탈레브Nassim Taleb는 비슷한 개념을 포착하고 Anti-Fragile System(충격을 받으면 더 강해지는 시스템)이란 용어를 사용하고 있는바, 이는 fragile 시스템은 충격에 손해를 보는 시스템이고 Robust 시스템은 충격을 견디는 시스템이라면 Anti-Fragile System은 마치 면역 체계처럼 충격으로 인해 이익을 볼 수 있는 시스템을 말한다고 논의하고 있다. 인간은 훌륭히 최적화하는 존재이지만, 특정한 목표를 위해 인간이 자연의 복잡계 요소들을 더 최적화하려고 할수록 시스템의 회복탄성은 감소하며, 효율적인 최적으로 상태를 얻기 위한 추진은 전체 시스템을 충격과 동요에 더 취약하게 만드는 것이라고 논의하고 있다.

셋째, 환원주의Reductionism 및 테일러리즘Tailorism 개념을 탈피하여 유연성과 통합성을 강조하고 있다. 부분을 알면 전체를 알 수 있다는 환원주의는 복잡한 현상이나 높은 단계의 사상이나 개념을 하위단계의 요소로 세분화하여 명확하게 정의할 수 있다고 주장하는 이론적 견해로서 근대 과학이 태동한 이후 철학과 과학계의 주류 입장이었다. 기존 근대조직과 마찬가지로, 규율과 수직 및 수평으로 확장된 군대계층으로 이루어진 군구조와 조직, 군대 문화 역시 이러한 환원주의 이론과 테일러리즘Taylorism, 과학적 관리를 기반으로 발전되어 왔다. 환원주의와 과학적 관리의 핵심은 안정적 환경에서 반복 가능하고, 예측 가능하며, 기계획된 프로세스를 수직, 수평적으로 극적으로 분화된 하부기능 부분에 맞추어 실행함으로써 효율성을 추구하는 것이다. 본서에서 주장하는 바는 이와 같은 경직된 환원주의와 테일러리즘적 사고思考를 탈피하여 유연성과 통합성을 토대로 한 적응적 사고를 중시하고 있다는 것이다.

마지막으로, 복잡함[48]에서 복잡성[49]에 대한 대응을 중시하며, 카오스chaos 관리 등 잘 통일된 대통합이론 모색하고 있다는 것이다. 기존 환원적 관점, 계획과 예측, 효율성에의 의존은 최근 변화하는 복잡성의 환경과 상황에 탄력적으로 적응하는 데에는 더 이상 적합하지 않기 때문에 지속적 개선 및 도약적 혁신의 균형으로 융합을 도모하여 한국군의 군사력 변환Transformation개념을 구현할 수 있어야 한다.

7 적응적 융합을 위한 전략적 기획strategic planning

정책과 전략의 설정 및 구현의 노력과 시행은 기획의 과정을 통해서 발현되며, 이러한 기획은 국가에서 국방 수준에 이르기까지 연계되고 일관되어야 하며 가치

---

[48] 복잡함이란 환원주의 관점에서 지속적 분화에 의거, 그 구성이 여러 부분으로 되어 있어 복잡하더라도 각 부분은 다음 부분과 비교적 단순한 방법으로 결합되어 궁극적으로 정돈된 일련의 결정관계로 분해될 수 있는 정도의 사회/조직적 모습을 말한다.

[49] 복잡성Complexity은 복잡함을 넘어 구성요소 간의 상호작용 수가 극적으로 증가할 때 발생될 수 있는 현상으로, 자연 혹은 사회 현상이 단지 선형성, 기계적인 특성을 넘어 비예측성과 불안정성 증대, 비선형적이며 동태적, 유기적인 과정과 결과에 의한 불확실성이 극적으로 증가한다.

융합중심으로 이루어져야한다. 이를 위해서는 수준에 따른 전략적기획strategic planning 과정은 필수적이다. 현재 전략을 구상하고 구현 및 실행하는 과정은 최고의사결정자를 지원하기 위한 기능부문의 일반기획에 함몰되어 포괄적인 지향방향이나 구심을 제시하지 못하고 있어 지금까지 논의한 가치의 창조적 융합이나 방향성 있는 창의적 실천이 제한되고 있다. 이를 다루기 위해서는 전략적 기획이 무엇보다도 필요하다.

전략적 기획이란 우리의 조직이 무엇이며, 무엇을 해야 하고, 왜 그것을 해야 하는가 등과 같은 조직의 생존과 성장에 관련된 근본적인 결정과 행동을 만들어내는 활동을 결정하기 위한 체계적인 노력 과정을 말한다. 다음 [표 3-7] 및 [그림 3-11]은 전략적기획과 일반기획의 차이를 비교, 요약하여 보여주고 있다.

[표 3-7] 전략적 기획과 일반기획의 차이점

구분	전략적 기획	일반기획
내용	• 중요 이슈 확인과 해결에 중점 • 상황 적응과 대응 과정 평가 중시 • 미래 목표, 비전, 총체전략에 비중 • 전략적 사고와 실천 지향적	• 현 계획, 예산, 집행 PROGRAM 반영 • 현재 상황이 지속된다는 가정 • 구현/실행전략에 관심 • 개연적 미래 대상, 필요행동 강구

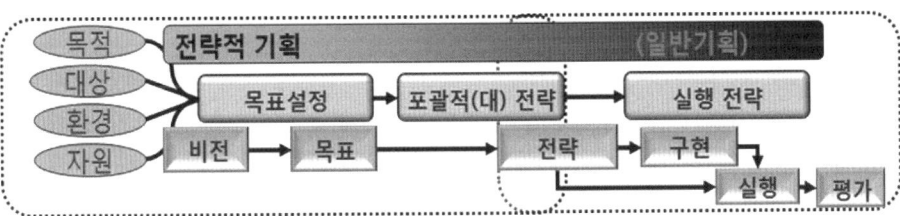

[그림 3-11] 전략적 기획과 일반기획의 위상

예를 들어, 합동참모본부 수준에서 군사전략 설정 및 구현을 위한 전략적 기획이란 합참의장(혹은 전구사령관)이 합동군사 정책 및 전략기획 수행 시 사용하는 주된 수단으로 합동작전기획, 안보협력기획 및 전력기획 등 하부 기획 및 예하 작전부대 사령부에 의해 수행되는 군사기획에 전략지침과 지시를 제공하기 위한 포괄적 기획과정으로 정의할 수 있다.

전략적 기획에서는 우선 군의 비전을 구상하여 제시하고, 역량의 개발과 이를 적용하여 운용할 수 있는 군사전략을 창의적으로 구상한다. 또한, 그와 관련된 핵심이슈에 대해 지속적 전략판단을 통해 수정 보완하여 발전시키고, 의도적, 창발적 정책 및 전략의 융합적 과정을 지속하며, 국가 및 국방 수준의 상위 정책 및 전략 지시와 지침을 군사 전략목표와 개념으로 전환하는 방향성과 그에 대한 지침을 제공하여야 한다.

이와 같은 전략적 기획의 프로세스는 [그림 3-12]에서 그 관련 요소와 프로세스를 요약하여 보여주고 있으며, 세부 논의 내용은 저자의 관련 주제에 대해 상세히 논하고 있는 여러 논단, 저서, 보고서 등을 참고하기 바란다.[107]

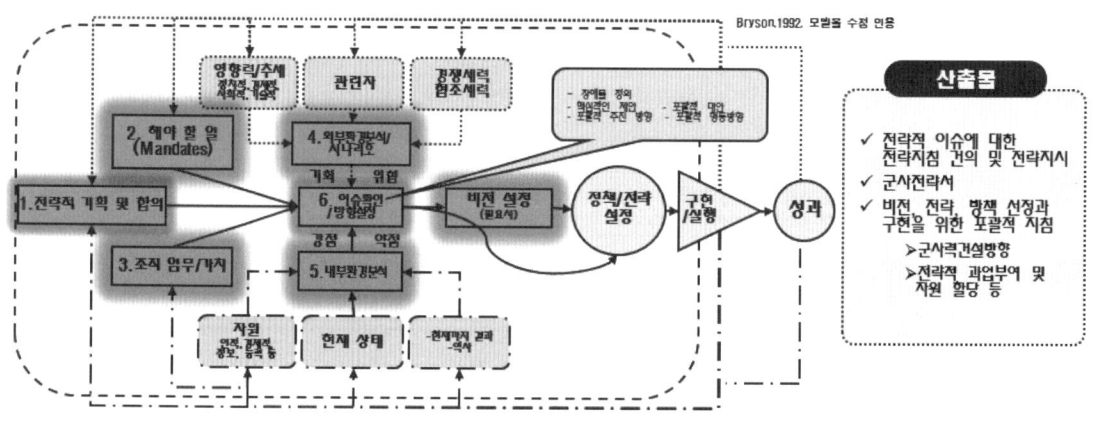

[그림 3-12] 전략적 기획 프로세스 발전 구상

또한, 한국군의 군사력 발전을 위한 전략적 기획을 포함하여 전반적인 제도, 구조, 프로세스의 연계와 융합적 구현 그리고 이를 통해 발현될 수 있는 효과적인 조직organization과 체계systems에 대한 세부적인 논의에 대해서는 저자의 「한국군 군사력 발전을 위한 제도, 구조 및 프로세스, 그리고 기획 」2022년을 참고하기 바란다.[108]

Note

[1] 육군교육사 교리부, 「軍事理論硏究」, 군사발전지 부록 제44호, 1987. 10. 30., p. 145. 및 신정도, 「전략학 원론」, 동서병학연구소, 1970., p.15.를 참고하여 요약 인용

[2] 국대원, 「안전보장이론」, 1984., P.386.(재인용)

[3] 박창희, 「군사전략론」, 플래닛미디어, 2021., p.67. 및 신정도, 상게서, 1970., P.17.를 참고,요약 인용.

[4] 국대원, 상게서, p.387.(재인용)

[5] 앙드레 보프르, 국대원 역, 「전략론(An introduction to strategy)」, 1975., p.12.

[6] John. M. Collins, 국대원 역. Grand strategy, p.62, 1979.

[7] JP 1-02, *Department of Defense Dictionary of Military and Associated Terms*, 2021.

[8] 육군교육사 교리부, 「軍事理論硏究」, 군사발전지 부록 제44호, 1987. 10. 30., p. 149~150 및 Soviet Military Strategy, Sokolovskii(Eenglewood cliffs 역, 1963., p.88.을 참고하여 의견을 피력한 이종학, 「현대전략론」, 박영사, 1983., p.50.을 재인용.

[9] 국대원, 상게서, pp.409~410.(재인용)

[10] 육군교육사령부, 상게서, pp.33~34.(재인용)

[11] 육군교육사 교리부, 「軍事理論硏究」, 군사발전지 부록 제44호, 1987. 10. 30., p. 149~150 및 모여택동 군사논문선, 마오쩌둥, 외교출판사, 1969,. p.104.(재인용), 을 참고하여 내용을 인용

[12] 박창희, 「군사전략론」, 플래닛미디어, 2021., p.91~93.의 내용 요약 인용 ; Julian Lider, *Military Theory: Concept, Structure, Problems*, Aldershot:Gower Publishing Company, 1983., pp.193~194.(재인용)

[13] John Garnett, "Strategic Studies and its Assumptions", John Baylis et al., *Contemporary Strategy: Theories and Concepts*, NY: Homes & Meier, 1987, pp.3~4.

[14] 국대원, 상게서, 1985., p.395(재인용)

[15] Dennis M. Drew and Donald M. Snow, *Making 21st Century Strategy: An Introduction to Modern National Security Process and Ploblems*, Maxwell AFB: Air University Press, 2006

[16] 박창희, 「군사전략론」, 플래닛미디어, 2021., pp.94~101.을 요약/수정하여 인용

[17] 온창일, 「전략론」, 파주: 집문당, 2007., p.43.(재인용)

[18] 국대원, 상게서, 1985., p.399(재인용)

[19] 박창희, 「군사전략론」, 플래닛미디어, 2021., p.97. 인용 및 Tim Ripley, "War of Words: Social Media as a Weapon in Libia's Conflict", Janc's Intelligence Review, 2011, www.janes.com/(재인용)

[20] 박창희, 상게서, 2021., p.99. 인용 및 온창일, 상게서, 2007., p.45.(재인용)

[21] 박창희, 상게서, 2021., pp.99~100.의 내용을 수정/요약, 인용하고, 온창일, 상게서, 2007., p.45.(재인용)

[22] 박창희, 상게서, 2021., p.100.의 내용을 수정/요약하여 인용하고, 온창일, 상게서, 2007., p.45~46.(재인용)

[23] 박창희, 상게서, 2021., pp.100~101.의 내용을 수정/요약하여 인용

[24] 박창희, 상게서, 2021., p.101.의 내용을 수정/요약하여 인용

[25] 군사학연구회, 「군사학개론」, 플래닛미디어, 2014., P. 37.

[26] ko.m.wikipedia, 2022. 2. 22., 탐색 인용

[27] 민중서림, 「에센스 국어사전」, 6판, 2013.

[28] 박창희, 상게서, 2021., pp.139~143.의 대부분의 내용을 수정/요약하여 인용 및 Thomas G. Mahnken and Joseph A. Maiolo, *Strategic Studies: A reader*, New York: Routledge, 2008., pp. 5-6.(재인용)

[29] Jilian Lider, *Military Theory*, p.218, p.250.(재인용)

[30] Jilian Lider, Ibid., pp. 217~218.(재인용)

[31] 박창희, 상게서, 2021., pp.140~141.의 내용을 수정/요약하여 인용

[32] Karl von Clausewitz, *Vom Kriegr(1832)*, 김만수 역, 「전쟁론」, 도서출판 갈무리, 2009.

[33] Thomas G. Mahnken and Joseph A. Maiolo, *Strategic Studies: A reader*, New York: Routledge, 2008., pp. 5-6.(재인용)

[34] Dennis M. Drew and Donald M. Snow, Ibid, 2006., p.13 및 p.17.

[35] J. C. Wylie, *Military Strategy: A General Theory of Power Control*, ed., John B. Hattendorf, Annapolis: MD, 1989., p.14.

[36] Williamson Murry and Mark Grimsley, "Introduction on Strategy", Williamson Murry and Mark Grimsley et al., eds., *The Making of Strategy: Rulers, States and War*, Cambridge: Cambridge University Press, 1994, p.1.

[37] J. Boone Bartholomees, Jr., "A survey of the Theory of Strategy", *US Army War College Guide to National Security Issues, Vol. 1: Theory of War and Strategy*, Carlisle: SSI, 2010., p.15.

[38] Joint Publication 1-02, *DOD Dictionary of Military and Associated Terms*, 2021.

[39] David Jablonsky, "Why is Strategy Difficult?," J. Broone Bartholomees, Jr., *US Army War College guide to National Security Issues, Vol. 1: Theory of War and Strategy*, Carlisle: SSI, 2010., p.3.

[40] Arthur F. Lykke, Jr., "Toward an understanding of military strategy," in *Military Strategy: Theory and Application*, Carlisle Barracks, PA: U.S. Army War College. 1989., p.179.

[41] Robert R. Leonhard, *Dialectic Strategy*, Monograph, School of Advanced Military Studies, US Army Command and General Staff College, 1993., pp.7~8.

[42] 임길섭, 배달형, 안광수 외 공저, 「국방정책개론」, 한국국방연구원, 2020., p.115.

[43] 임길섭, 배달형, 안광수 외 공저, 상게서, 2020. 및 Lykke, "Toward an understanding of military strategy," Ibid, p.116, p.179.(재인용)

[44] Lykke, "Toward an understanding of military strategy," Ibid, p. 183.(재인용)

[45] 임길섭, 배달형, 안광수 외 공저, 상게서, 2020. pp.116~117.의 내용을 요약/수정 인용하고 필자의 의견을 부가함.

[46] Carl H. Builder, *The Masks of War:: American Military Styles in Strategy and Analysis*, Baltimore: The Johns Hopkins University Press, 1989., p.49. 및 David Jablonsky, "Why is Strategy Difficult?," J. Broone Bartholomees, Jr., *US Army War College guide to National Security Issues, Vol. 1: Theory of War and Strategy*, Carlisle: SSI, 2010., p.3.

[47] Carl H. Builder, Ibid, 1989., p. 50.

[48] 박창희, 상게서, 2021., p.145.의 내용을 수정/요약하여 인용

[49] Michael Howard, "The Dimensions of Strategy", Lawrence Freedman, ed., *War*, Oxford: Oxford University Press, 1991., p.197.(재인용)

[50] 국대원, 「안전보장이론」, 1985., p.396. 및 한용운, 「군사발전론」, 1975., p.46.(재인용)

[51] 육군교육사 교리부, 「軍事理論研究」, 군사발전지 부록 제44호, 1987. 10. 30., p.160. 인용 및 군사전략

(이론과 적용), 미 Army war college (국대원 역), 1984., p.103,(재인용)

[52] Karl von Clausewitz, *Vom Kriegr(1832)*, 김만수 역, 「전쟁론」, 도서출판 갈무리, 2009. 및 이종학 역, 「손자병법孫子兵法」, 박영사, p.73, 1984.(재인용)

[53] 신정도, 「전략학 원론」, 1970. p.57,(재인용)

[54] 大橋武夫, 강창구 역, 「통수강령」, 병학사, p.97, 1980.

[55] 전덕종, "용병술에 대한 새로운 관점", 육군대학 전략학처 교육자료, 2022. 및 예병익, "용병술에 대한 새로운 관점과 용병술의 기본원리", 군사평론, 2022.

[56] 육군교육사 교리부, 상게서 1987., p.174~175. 인용

[57] 리델 하트, 주은식 옮김, 「전략론」, 서울: 책세상, 2018.

[58] Julian Lider, 국대원역, 「군사이론」, 1985., p.243.

[59] 임길섭, 배달형, 안광수 외 공저, 상게서, 2020. pp.114.의 〈그림3-2〉와 박창희, 상게서, 2021., p.115.의 전략 유형의 구분에 대한 표의 내용을 참고, 인용하고 요약/정리하여 재작성

[60] 박창희, 상게서, 2021., p.116.의 내용을 수정/요약하여 인용 및 Julian Lider, 상게서.(재인용)

[61] 박창희, 상게서, 2021., pp.123~125.의 내용을 수정/요약하여 인용 및 온창일, 상게서, 2007., p.81.(재인용)

[62] 온창일, 상게서, 2007., pp.81~82.(재인용)

[63] 박창희, 상게서, 2021., p.116.의 내용을 수정/요약하여 인용 및 John M. Collins, *Military Strategy*, p.63.(재인용)

[64] 임길섭, 배달형, 안광수 외 공저, 상게서, 2020. pp.122~123.을 요약/정리하여 인용하였으며, 공격-방어(본서에서는 공세-수세로 수정하여 인용) 대해서는 이근욱, 「왈츠 이후, 국제정치이론의 변화와 발전」, 파주: 한울아카데미, 2009., pp.51~70의 내용을 재구성한 내용을 재인용

[65] 임길섭, 배달형, 안광수 외 공저, 상게서, 2020. pp.123.의 〈표 3-3〉을 요약/정리하여 인용

[66] J. Boone Bartholomees, Jr., "A Survey of the Theory of Strategy", *U.S. Army War College Guide to National Security Issues, Volume 1: Theory of War and Strategy*, 2010., p.17.

[67] Julian Lider, Ibid, p.209.

[68] 군사전략의 컨티뉴엄continum은 다양한 문헌에서 제시되고 있으나, 본서는 임길섭, 배달형, 안광수 외 공저, 상게서, 2020. pp.117.의 〈그림3-4〉을 인용하고, Randall Gregory Bowdish, *Military Strategy: Theory and Concept*, Ph.D. Dissertation, University of Nebraska, 2013., p.213 및 Robert Bateman, "There are three types of military strategy," Esquire, Internet Version Article, 2015.의 내용을 참고 및 보완하여 작성.(재인용)

[69] Alexander L.George and Richard Smoke, *Deterrence in American Foreign Policy: Theory and Practice*, New York:Colombia University Press, 1974., p.11.

[70] J. Boone Bartholomess, Jr., Ibid, p.18.

[71] 박창희, 상세서, 2021., p.116.의 내용을 인용하고, John Collinse, *Military Strategy: Principles, Practices and Historical Perspectives*, Potomac Books, 2002., pp.61~62.(재인용)

[72] Julian Lider, Ibid, pp.211~212.

[73] 임길섭, 배달형, 안광수 외 공저, 상게서, 2020. pp.120.의 관련 내용을 인용

[74] 박창희, 상게서, 2021., p.119~120.의 내용을 인용하고, J. Boone Bartholomees, Jr., "A Survey of the Theory of Strategy", *U.S. Army War College Guide to National Security Issues, Volume 1: Theory of War and Strategy*, 2010., p.17.(재인용)

[75] J. Boone Bartholomees, Jr., Ibid, p.17.

[76] T. V. Paul, *Asymmetric Conflicts: War Initiation by Weaker Powers*, Cambridge: Cambridge

University Press, 1994., 제1, 2장 참조하여 작성

[77] 육군교육사 교리부, 상게서., p.197. 요약/수정 인용 및 이종학 역, 「孫子兵法」, 1984., p.72.(재인용)

[78] 육군교육사 교리부, 상게서., p.197. 요약/수정 인용 및 Clausewitz, 육대 역, 「군사론」, 1982., pp.27~29.(재인용)

[79] 육군교육사 교리부, 상게서., p.198. 요약/수정 인용 및 육군본부, 「군사전략의 대국화 추진방향」, 1983., p.75(재인용)

[80] 육군교육사 교리부, 상게서., p.198. 요약/수정 인용 및 Liddell Hart, 우당 역, 「전략론」, 1982., p.440.(재인용)

[81] 육군교육사 교리부, 상게서., p.199. 요약/수정 인용 및 앙드레 보프르, 국대원 역, 「전략론」, 1975., pp.298~27.

[82] Kaufman, Daniel J(ed.), *A Conceptual Framework, U.S. National Security Policy*, Lexington: Lexington Books, 1985.

[83] 김열수, 「국가안보: 위협과 취약성의 딜레마」, 파주: 법문사. 2011., p.19.

[84] Douglas J. Murry and Paul R.Viotti, *The Defense Policies of Nations: A Comparative Study*, Baltimore: John Hopkins University Press, 1982., p.499.

[85] P. H. Liotta, "To Die for: National Interests and Nature of Strategy", Naval War College, ed.,, *Strategy and Force Planning*, Newport: Naval War College, 2004., p.112.

[86] James E. Dougherty and Robert L. Pfaltzgraff, Jr., *Contending Theories of International Relations: A Comprehensive Survey*, NY: Harper & Row, 1981., p.81.

[87] Dennis M. Drew and Donald M. Snow, Making 21st Century Strategy: An Introduction to Modern National Strategy Processes and Problems, Maxwell AFB: Air University Press, 2006., pp.31~34.

[88] Dennis M. Drew and Donald M. Snow, Ibid, pp.31~34.

[89] John M. Collins, *Military Strategy: Principles, Practices, and Historical Perspectives*, Washington DC: Brassey's Ins., 2002., pp.36~37.

[90] 배달형, "국방의 이해," 한국국방연구원 전략기획아카데미 강연 자료, 2022.

[91] S.P. Huntington, *Military policy*, vol 10, p.319.

[92] 육군교육사 교리부, 상게서., p.178~179. 내용을 본서의 정책과 전략 개념, 관계를 수용하여 요약/대폭 수정하여 인용

[93] 박창희, 상게서, 2021., p.112~115.의 내용을 수정하여 인용

[94] Dennis M. Drew and Donald M. Snow, Ibid., p.3.

[95] Joint Doctrine Note 2-19, *Strategy*, JCS, 2019. 12., pp.I-1~3. 인용

[96] B. H. Liddell Hart, "national Object and Military Aim", George Edward Thibault, ed., *Dimensions of Military Strategy*, Washington DC: NDU Press, 1987., p.25.

[97] Jeffery Record, "Revising US Military Strategy: Ends and Means", George Edward Thibault, ed., Ibid, P.55.

[98] Joint Doctrine Note 2-19, *Strategy*, JCS, 2019. 12., pp.I-1~3. 인용

[99] Edward N. Luttwak, *Strategy: The Logic of War and Peace*, Cambridge: Harvard University Press, 1987., p.81, 93.

[100] John M. Collins, Ibid, p.5.

[101] Henry Minzberg, *Tracking Strategies: toward a General Theory of Strategy Formulation*, Oxford University Press, 2007.

[102] Arthur F. Lykke, "Defining Military Strategy," Military Review 69, No, 5, May 1989.

[103] March, James G., "Exploration and Exploitation in Organizational Learning," Organization Science, Vol. 2, No. 1, 1991, p. 71.

[104] MacGregor Knox and Williamson Murry, 배달형·김칠주 역,「군 혁명과 군사혁신의 다이내믹스」, KIDA Press, 2014. 및 배달형,"국방의 이해', 전략기획아카데미 강연자료, 2022.

[105] Bae, Dal Hyeoung, "The Hybrid Threat in the Korean Peninsula Theater and a Comprehensive Developmental Direction for the Korean Armed Forces," KJDA, Vol. 29, No. 1, March 2017, 113－129.

[106] Bae, Dal Hyeoung, Ibid, pp.112~126.

[107] Bae, Dal Hyeoung, Ibid, 2017. ; 배달형, "미래 불확실성 시대의 국방자원 개발과 활용 방향", 주간국방논단, 2003. 4. 17. ; 배달형 외,「군사부문 혁명과 군사혁신의 다이내믹스」, 서울: KIDA Press, 2014. ; 배달형,「한반도 전쟁양상변화에 대비한 00개념 발전방향 연구; Hybrid Wafare를 중심으로」, 한국국방연구원 연구보고서, 2016. 등 ; 배달형,「한국군의 군사력발전을 위한 국방 기획과 관리의 구조 및 프로세스 발전 연구」, 한국국방연구원 연구보고서, 2021. 등

[108] 배달형, 윤동환,「How to make Defense & Military Affairs」, KIDA press, Processing book(발간예정), 2022.

04
CHAPTER

작전술 作戰術

Operational Art

제1절 작전술 개관
제2절 작전술의 정의 및 개념
제3절 작전술의 실제적 적용

CHAPTER 4

작전술 作戰術

"전략이 전쟁의 술art of war, 전술이 전투의 술art of battle이라면
작전술은 전역수행의 술art of campaigning이다."

– 존 잉글리쉬John English

제1절
작전술 개관

작전술作戰術, operational arts은 용병술用兵術[1]의 한 부분이며, 주로 전역戰役[2]에서 군사력을 효과적으로 운용하는 것과 관련된 제반 지식과 그러한 지식을 실제 상황에 창의적으로 적용할 수 있는 술術적인 능력을 의미한다. 이러한 작전술의 의미와 기본원리를 이해하고 실제 전장에 적용할 수 있는 능력을 배양하기 위해서는 작전술이 등장하게 된 배경과 발전과정을 이해하는 것이 필요하다. 어떤 이론의 등장 배경과 발전과정에는 그 이론이 추구하는 목적, 범위와 한계, 타 영역과의 관계 등 기본적이고 본질적인 문제들이 내포되어 있기 때문이다.

전쟁과 관련된 인류의 지식과 경험, 그중에서도 군사력의 실제적 운용과 관련된 전략戰略과 전술戰術은 전쟁 양상의 변화에 따라 오랜 기간에 걸쳐 축적되고 발진되어 왔지만, 작전술은 비교적 최근에 와서야 그 필요성이 인식되고 발진되었다. 물론 로마시대의 전쟁이나 고대 동양에서의 전쟁도 오늘날의 관점에서 전략, 작전술,

---

[1] 용병술에 대한 세부적인 내용은 본서의 1장, 4절 '관련 주요 용어의 정의와 개념'을 참조한다.
[2] 전략적 또는 작전적 목표를 달성하기 위해 주어진 시간과 공간 내에서 수행하는 일련의 연관된 주요작전 (본서 p.80.)

전술로 구분하여 설명할 수는 있겠지만 당시에는 작전술과 관련된 체계적인 연구나 이론이 존재하지 않았다는 것은 분명해 보인다.

작전술 등장 배경과 발전과정에 대한 군사학자들의 일반적인 견해에 의하면 작전술은 18세기 후반에 들어 전쟁의 양상이 급격히 변화하면서 전통적인 전략과 전술만으로는 전쟁을 이해하고 설명하는 것이 불가능해짐에 따라 무엇인가 새로운 이론체계가 필요해졌음을 인식하기 시작했으며, 이후 개별적인 전투가 아니라 전역戰役의 관점에서 전쟁 현상을 바라보는 다양한 이론들이 발전되었고, 2차 세계대전 이후 대부분의 국가들이 이를 군사교리에 반영하면서 일반화되었다.

1 등장 배경[3]

중세 유럽 봉건국가들 간의 전쟁은 대부분 제한된 목표를 위해 소규모의 군대에 의한 몇 차례의 전투를 통해 수행되었다.[1] 우선 전쟁의 목적이 봉토의 분할이나 왕위 계승권 등과 같이 주로 왕가의 이익과 관련되어 있었으며 이러한 전쟁은 국민들과는 관련이 없었고 전쟁에서 목숨을 바쳐야 할 이유도 되지 못했다. 또한, 병력의 심대한 손실은 승자조차도 왕의 권력 유지를 위태롭게 했기 때문에 한두 차례의 전투를 통해 승부를 결정지었다.

군대의 규모 면에서도 식량 생산 수준을 벗어나지 못한 봉건사회의 원시적인 경제력으로는 대규모의 군대를 유지하는 것이 불가능했으며 전쟁을 치르기 위해서는 용병傭兵과 영주들의 병력지원에 의존할 수밖에 없었다. 그러나 국적과 무관하게 돈으로 고용된 용병은 충성심을 기대할 수 없었을 뿐만 아니라 용병을 유지하기 위해서는 많은 비용이 소요되었다.

영주들의 병력지원 또한 경제활동을 위한 노동력과 최소한의 경계 병력을 제외한 소규모의 인원을 한정된 기간에만 제공할 수 있었으며, 그들 대부분은 훈련된

---

3   전쟁 양상의 변화에 대한 전체적인 내용은 본서의 2장, 2절, 2항 '전쟁의 진화와 시대별 특성'을 참조하며, 여기서는 작전술의 등장과 관련된 내용 위주로 기술하였다.

병사들이 아니라 강제적으로 동원된 농민들이었다. 결국 전쟁에 동원된 군대의 규모는 수만 명을 넘지 않았으며, 그들을 동원할 수 있는 기간도 연중 40일에 불과[2]했다.

　이렇게 충성심도 없고 훈련도 되지 않은 군대는 도망병을 차단하기 위해 항상 엄격하게 감시해야 했기에 전투는 한정된 공간에서 한정된 기간에만 가능했다. 이와 같은 요인으로 인해 중세 봉건시대의 전쟁은 전쟁을 결심하고 준비하여 전장으로 이동하기 위한 전략과 전장에서의 전투를 위한 전술만으로도 전쟁을 이해하고 수행할 수 있었다. 그러나 이러한 전쟁 양상은 애국심이 충만한 국민군의 출현과 산업혁명으로 인해 그 규모와 범위가 크게 확대되고 군사분야가 전문화되면서 완전히 달라졌다.

전쟁 규모의 확대

> "프랑스 대혁명과 산업혁명 이후 전쟁의 양상은
> 그 규모와 범위 면에서 근본적으로 변화되었다."
> – 존 잉글리쉬John English

　18세기 전쟁 양상의 변화는 미국에서부터 시작되었다. 미국의 독립전쟁1775년은 미국이 영국으로부터 독립을 쟁취한 역사적인 사건이었을 뿐만 아니라 군사적으로도 매우 큰 의미를 지닌다. 미국 독립전쟁의 외형적인 모습은 유럽의 전통적인 전쟁 양상과 크게 다르지 않았지만, 미국의 군대가 용병이 아닌 독립을 열망하는 지원병으로 구성되었다는 점은 계약에 의한 용병의 시대가 끝나고 애국심에 기초한 국민군國民軍의 시대가 시작되었음을 의미하였다.

　미국의 독립전쟁에 이어 발생한 프랑스 대혁명1789년은 서구 사회 전체에 혁명적인 변화를 초래하였으며, 국가의 주인이 왕이 아니라 국민이라는 인식은 군대의 형태와 전쟁의 양상 역시 근본적으로 바꾸어 놓았다. 프랑스 혁명정부가 프랑스를 왕정王政 체제로 복원시키려는 주변 나라들의 위협으로부터 공화정共和政을 지키기 위해서는 대규모의 군대가 필요했다.

그러나 혁명 이후 프랑스 상비군이 해체되어 단기간에 대규모의 군대를 모집할 수 없었던 프랑스 혁명 정부는 국민 모두에게 병역의 의무를 부과하는 국민총동원령國民總動員令을 선포함으로써 애국심과 열정에 가득 찬 대규모의 국민군을 탄생시켰다. 대규모 국민군은 이전과는 전혀 다른 형태의 군사력을 정부에게 제공하였으며, 군 자체의 편성과 제도에도 많은 변화를 초래하였다. 특히 수십만 명에 달하는 국민군을 한 명의 장군이 지휘하는 것은 불가능했기 때문에 표준화되고 독립작전이 가능한 사단師團과 군단軍團이 편성되었으며, 각각의 사단과 군단들은 광범위한 지역에 분산되어 서로 연계된 전투를 동시에 수행할 수 있게 되었다.

국민군의 등장과 더불어 18세기 이후의 급격한 전쟁 양상 변화에는 산업혁명이 지대한 영향을 미쳤다. 산업혁명으로 인한 전쟁 양상의 극적인 변화는 소화기, 화포 등 표준화된 화약 무기들이 대량 생산되면서 시작되었다. 증기기관을 이용하여 대량 생산된 화약무기들은 대규모의 국민군을 짧은 기간 내에 무장시키고 유지할 수 있게 했으며, 표준화된 무기들의 사용은 훈련기간을 단축시켜 전장에서 손실된 병력을 신속하게 보충할 수 있게 하였다. 또한, 증기기관에 이은 내연기관의 등장은 화약 무기로 무장한 대규모의 군대를 신속히 이동시킬 수 있는 수단을 제공했을 뿐만 아니라 전쟁에 필요한 물자를 지속적으로 보급할 수 있게 하였다. 이로 인해 전쟁의 공간적 범위가 쌍방의 영토 전체로 확대되고 시간적 범위 역시 수년에 이르기까지 크게 확장되었다.

국민군의 등장과 산업혁명으로 인해 전쟁의 규모가 크게 확대됨에 따라 전쟁의 목적을 달성하기 위해서는 일련의 연속적인 전투가 필요해졌다. 이에 따라 개별적인 전투에서의 승패보다는 광범위한 지역에서 동시적으로 수행되는 사단과 군단들의 전투를 서로 연계시키고 그러한 전투의 결과를 확대하여 전쟁의 목적을 달성할 수 있는 유리한 상황을 조성해 나가는 것이 더욱 중요해졌으며, 이러한 문제를 해결할 수 있는 무엇인가 새로운 논리와 방법이 필요해졌다.

군사분야 전문화

> "프러시아 일반참모제도의 발전은 19세기 가장 위대한 군사적 혁명이었다."
> – 미첼 하워드Michael Howard

국민군의 등장으로 전쟁의 규모가 크게 확대되면서 전쟁기간에만 장군으로 임명되는 왕족과 귀족에 의한 전쟁 수행은 한계를 보이기 시작하였다. 대규모의 상비군常備軍을 유지하고 예비군豫備軍을 준비시키기 위해서는 전문적인 지식이 필요했으며, 전쟁의 목적에 맞게 군사작전을 계획하고 지도하기 위해서는 전문적인 지식뿐만 아니라 오랜 경험이 요구되었다.

국가급 수준의 일반참모부一般參謀部를 설치함으로써 군사분야 전문화를 처음으로 시도한 나라는 나폴레옹 전쟁1803~1815에서 참담한 굴욕을 경험했던 프러시아였다. 프러시아 일반참모부는 평시부터 미래에 수행해야 할 전쟁을 예측 및 연구하고 전쟁의 목적을 달성할 수 있는 군사작전을 계획 및 준비하였다. 또한, 전쟁 기간 중에는 상황 변화에 따라 계획을 보완하고 야전사령관들에게 명령을 하달하여 전체적인 작전을 조정·통제함으로써 독일 통일전쟁1866~1871을 성공적으로 수행하였다.

독일 통일전쟁 기간 중 프러시아 일반참모부가 보여준 효율성과 전문성은 주변 국가들을 놀라게 했으며 독일 통일전쟁 이후 대부분의 국가들이 프러시아 일반참모본부와 유사한 국가급 수준의 군사기구를 설치함으로써 군사분야가 전문화되었으며, 정치지도자의 고유 권한이었던 전쟁을 계획하고 지도하던 권한이 군사지휘관에게 위임되었다.

이후, 1차 세계대전과 2차 세계대전을 통해 일반화된 합동작전合同作戰은 군사분야의 전문화를 필수적인 요소로 만들었다. 과학기술의 발달로 인해 각 군의 무기체계가 기계화되고 다양해졌으며 육군, 해군, 공군이 분리되었다. 이에 따라 각 군의 활동을 공동의 정치적 목적에 기여할 수 있도록 통합하는 것이 필요해졌으며 이는 군사분야에 대한 고도의 지식과 전문성을 요구하였다.

이와 같이 군사분야가 전문화되는 과정을 거치면서 정치지도자와 군사지도자가 분리되었으며, 정치지도자가 제시한 전쟁의 목적을 달성하기 위해서는 전쟁의 원인이 되는 정치·사회적 환경과 정치적 목적에 대해 정치지도자와 군사지도자의 견해를 일치시키고, 고도로 전문화된 각 군의 활동을 통합하기 위한 지식과 방법이 필요해졌다.

전략의 범위 확대와 중점의 변화

> "군사전략의 주된 관심이 전쟁의 정치·사회적 맥락을 고려하여
> 군사전략목표를 제시하고 군사력 운용에 대한 일반적인 지침을 제공하여
> 전체적인 군사작전을 지도하는 것으로 변화하였다."

전략의 기원은 '전장에서 부대를 지휘하는 장군의 술'을 의미하였으나 근대와 현대를 거치면서 전략의 범위가 군사적인 문제뿐만 아니라 국가적 수준의 제 문제로 확대되었으며, 전략의 주된 관심이 전쟁을 어떻게 수행하느냐 하는 문제 보다는 군사력의 건설을 포함한 전쟁의 준비와 억제로 변화하였다.[4]

근대에 이르기까지는 군사적 행동 그 자체가 전쟁이었으며, 전략의 관심사는 전쟁의 목적을 달성하기 위해 준비된 무력을 어떻게 사용하느냐 하는 것이었다. 그러나 근대 이후 전쟁의 규모가 확대되고 국가의 경제적, 외교적, 군사적 모든 능력이 동원되는 총력전 개념이 등장하면서 전략은 국가의 정치적 목적 달성을 위해 국가의 제 국력 요소를 준비하고 운용하는 국가전략과 국가의 정치적 목적 달성에 기여할 수 있도록 군사적 수단을 준비하고 운용하는 군사전략으로 분화되었다.

전략의 범위가 국가적, 정치적인 분야로 확대되고 분화되었을 뿐만 아니라 군사전략의 관심도 전쟁 수행으로부터 전쟁의 준비와 억제에 이르기까지 전·평시의 제반 군사적 문제로 확대되었다. 두 차례의 세계대전 이후 군사적 수단들이 기계화되

---

[4] 전략의 개념적 분화 및 변화에 대해서는 본서 3장 '군사전략'을 참조한다.

고 고도로 발전된 과학기술이 적용되면서 군사적 수단들의 질적인 수준이 전쟁의 결과에 지대한 영향을 미치게 되었다. 그러나 현대화된 군사적 수단을 개발하고 준비하는 데에는 막대한 예산과 장기간의 노력이 요구되었으며, 국가의 경제적 능력 범위 내에서 적정 수준의 군사력을 건설하고 유지하는 문제가 군사전략의 주요 문제로 대두되었다. 이에 더하여 현대 무기체계의 파괴력이 날로 증가하면서 원하지 않는 전쟁을 억제하는 것이 전쟁에서 승리하는 것만큼이나 중요해지면서 전략의 관심이 전시뿐만 아니라 평시의 군사적 대비와 위기의 관리 및 대응으로까지 확대되었다.

또한 군사적인 승리가 곧 전쟁의 승리를 의미하는 것은 아니라는 것이 분명해지면서 전쟁수행 간에도 국가전략과 연계성을 유지하고 경제, 외교 등 타 국력요소와의 협력 및 노력의 통일이 군사전략의 핵심적인 문제가 되었다. 이에 따라 군사전략의 주된 관심이 실제적인 군사력의 운용 보다는 전쟁의 정치·사회적 맥락을 고려하여 군사전략목표를 제시하고 군사력 운용에 대한 일반적인 지침을 제공하여 전체적인 군사작전을 지도하는 것으로 변화하였으며, 군사전략의 범위 내에서 실제적인 군사작전을 계획하고 시행하는 문제는 작전술의 영역으로 인식하게 되었다.

2 초기 발전과정

나폴레옹 Napoleone di Buonaparte 과 클라우제비츠 Karl von Clausewitz

> "나폴레옹은 다수의 군단을 대규모로 능숙하게 기동 maneuver 시킴으로써 작전술 영역에 대한 아버지가 되었다."
> – 존 인글리쉬 John English

나폴레옹은 비록 작전술과 관련된 자신의 생각을 체계적으로 정리하여 후대에 남기지는 않았지만, 다수의 군단들을 능숙하게 기동시킴으로써 전쟁에 관한 제3의 영역, 즉 작전술의 아버지가 되었다.[3]

나폴레옹은 전체 작전에 기여할 수 있도록 각각의 군단들에게 개별적인 임무를 부여하고, 그러한 임무 수행의 결과가 결정적 시간과 장소에 집중될 수 있도록 연계시킴으로써 나폴레옹 전쟁에서 승리하였다. 결정적인 시간과 장소에 모든 노력을 집중하고 달성된 성과를 확대하기 위한 나폴레옹의 기동방식, 즉 정면압박을 통한 고착, 우회기동을 통한 포위, 전투성과의 지속적인 확대, 패퇴하는 적 부대 추격 섬멸 등은 현재까지도 전술부대의 기본적인 기동방식이 되었다. 또한, 나폴레옹은 다양한 전술부대 활동이 연계된 대규모의 작전들을 연속적으로 조직하여 적이 대응하기 이전에 승리할 수밖에 없는 상황을 조성함으로써 적을 완전히 섬멸하지 않고도 정치적 목적을 달성하는 능력과 가능성도 보여 주었다.

나폴레옹이 작전술의 아버지라 불리게 된 데에는 클라우제비츠의 역할이 컸다. 나폴레옹 전쟁 당시 나폴레옹에게 패배했던 프로이센 장군이자 군사이론가였던 클라우제비츠는 프랑스 혁명 이후 변화된 전쟁 양상과 나폴레옹의 전쟁수행 방식에 대한 연구를 바탕으로 「전쟁론」이라는 불후의 명작을 남겼다.

「전쟁론」에서 클라우제비츠는 전쟁은 그 자체로 목적을 갖지 않으며 정치적 목적을 달성하기 위한 수단일 뿐이라고 주장하고, 전쟁의 목적을 결정하는 정치적 과정과 전쟁의 목적을 달성하기 위한 군사적 행동이나 사건을 구분하였다. 그에 따르면 '전쟁의 목적을 달성하기 위한 군사적 행동이나 사건들' 전체가 전역戰役, campaign이며, 프랑스 혁명전쟁 이후의 전역은 한두 차례의 전투로 전쟁의 목적을 달성하는 것이 불가능해졌다. 따라서 나폴레옹 전쟁 이후의 전역은 일련의 연속적인 전투를 필요로 하게 되었으며 이러한 전투들을 어떻게 선택하고 연계시키느냐가 중요한 문제로 대두되었다.

이러한 인식에 기초하여 클라우제비츠는 전략이란 '전쟁 목적을 구현하기 위한 전투의 운용'이며, 전쟁 목적에 부합하는 전역의 목표를 설정하고 그러한 목표를 달성하기 위한 일체의 군사적 행동을 결정하는 것이라고 정의하였다.[4] 클라우제비츠가 비록 전략이라는 용어를 사용하였지만, 전역과 관련된 그의 설명 대부분은 오늘날의 작전술에 관한 것이었으며, 현재까지도 작전술과 관련된 가장 기본적인 이론적 기초를 제공하고 있다.

몰트케Helmuth Karl Barnhard Moltke와 독일 통일전쟁

독일 통일전쟁1866~1871을 이끌었던 몰트케는 '작전적operative'이라는 용어를 처음으로 빈번하게 사용한 인물이었으며,[5] 나폴레옹과 클라우제비츠를 통해 인식되기 시작한 작전술을 실제 전장에 적용한 실천가實踐家였다.

몰트케가 사용한 작전적이라는 용어는 전쟁 목적을 달성하기 위한 전역의 구상design 및 준비, 대규모 부대의 이동 및 배치, 국가자원의 동원 등 개별적인 전투가 아니라 전체적인 전쟁 또는 전역의 수행과 관련된 것이었다. 이론이나 교리보다는 실제 상황에서의 군사력 운용을 강조했던 몰트케는 '작전적'이라는 용어를 빈번하게 사용하면서도 그러한 용어를 명확하게 정의하거나 전략 및 전술과 구분하여 설명하지는 않았다.

그러나 몰트케가 독일 통일전쟁 과정에서 '작전적'이라는 용어와 함께 강조했던 전역의 목표를 명확하게 규정하고 일관성 유지해야 하며, 전역의 목표와 연계된 구체적인 작전적 목표 선정하고, 그러한 작전적 목표들을 달성할 수 있도록 각각의 군사적 행동들을 배열 및 연계해야 한다는 가르침은 작전술이 무엇을 위해 필요하며 그 핵심이 무엇인지를 잘 설명해주고 있다. 몰트케에게 있어 '작전적'이라는 의미는 클라우제비츠의 전략과 마찬가지로 전투에서 이기는 것이 아니라 전역에서 승리하기 위한 것이며, 전투 이전에 전장으로의 기동과 부대의 배비配備를 통해 전쟁의 중요한 목표를 달성하거나 유리한 여건을 조성하는 것이었다.

몰트케가 초기 작전술 발전에 기여한 것은 분명하지만, 정치와 전쟁 간의 관계에 대한 그의 인식은 이후 독일의 운명에 부정적인 영향을 미쳤다. 몰트케는 전쟁이 만족할만한 정치적 결과를 얻기 위한 것이라는 클라우제비츠의 가르침은 받아들이면서도 전쟁 준비와 그 진행 과정은 오로지 군에 의해 통제되어야 한다고 믿음으로서 전쟁은 정치적 수단일 뿐이며 정치에 종속되어야 한다는 클라우제비츠의 가르침을 단호히 거부하였다. 더 나아가 몰트케는 군사작전에 대한 전략을 정치 및 외교적 요소를 배제하는 방향으로 인식하기 시작하였으며 심지어는 평시에도 군사 분야에 대한 어떠한 정치, 외교적 영향도 거부하였다.[6] 이러한 몰트케의 사고방식은 독일 군대에 지대한 영향을 미쳤으며, 이후 독일군의 뛰어난 작전적, 전술적 능력에도 불구하고 전쟁에서는 패배하는 결정적인 요인으로 작용하게 된다.

1차 세계대전과 풀러 J. F. C. Fuller

프랑스에 대한 독일군의 공격으로 시작된 1차 세계대전은 인류 역사상 가장 참혹한 전쟁으로 기록되고 있다. 독일군은 프랑스와 러시아를 동시에 상대해야 하는 양면전쟁이 불가피해졌음에도 불구하고 전쟁을 강행하였으며, 약화된 프랑스 방면의 전력으로는 6주 만에 프랑스를 먼저 석권하겠다는 그들의 목표를 달성할 수 없었다. 결국, 북쪽 해안의 뉴포트 항구로부터 스위스 국경까지 이어지는 긴 참호선을 따라 전선이 고착되면서 몰트케의 '작전적 기동'은 사라지고 단편적이고 소모적인 전투만이 전장을 지배하였다.

그러나 참혹한 전투가 지속되는 상황 속에서도 교착된 전선을 타개하기 위한 여러 가지 새로운 시도와 무기체계가 등장하였다. 특히 새롭게 등장한 전차, 항공기 등은 전장을 3차원의 입체공간으로 확장하고 교착된 전선 너머로 기동할 수 있는 가능성을 보여주었으며 1차 세계대전 후반부에는 상당한 규모로 운용되기 시작했다. 그러나 그 가능성이 구체적인 모습을 드러내기 전에 전쟁이 끝나 버렸다.

전쟁이 끝나고 영국 기갑부대의 참모장을 경험했던 풀러는 그의 저서 「기계화전 Armord Warfare」을 통해 1차 세계대전 후반부에 나타난 새로운 가능성이 무엇을 의미하는지를 제시하였다. '마비전麻痺戰'으로 대표되는 그의 생각은 전차와 항공기를 이용하여 적의 중추 신경조직을 공격하면 1차 세계대전과 같은 참혹한 전투 없이도 적의 의지를 파괴하고 마비시킬 수 있다는 것이었다. 결국, 그의 생각은 치열한 전투의 누적累積을 통한 승리가 아닌 적의 중추 신경조직을 향한 작전적 기동을 통해 전쟁에서 승리할 수 있다는 것이었다.

또한 풀러는 마비전 개념과 함께 '대전술Grand Tactics'[5]이라는 이름으로 전통적인 전략, 전술과는 구분되는 용병술의 새로운 영역을 제시하였다. 그에 의하면 '정치적 목표와 전쟁을 위한 군사력의 상관관계를 다루는 것이 대전략가의 주요 임무라면 군사력을 조직하고 전역에서 그 군사력을 운용하는 것은 대전술가의 임무'다. 그는 '대전략은 전쟁에서 승리하기 위해 모든 정신적, 물리적, 물질적 자원을 통제하여 정치적 목표를 달성하는 것이고 대전술은 대전략의 결심사항을 달성할 수 있도록 모든 가용수단을 운용하는 군사적 행동'으로 보았다.[7]

이러한 대전술과 관련된 풀러의 생각 중에서 가장 흥미로운 것은 대전술의 목표는 '적의 계획을 파괴하는 것'이며, 적의 계획을 파괴하면 저항의지를 약화시키고 항복 또는 평화 협상을 강요할 수 있다는 주장이다. 풀러는 물리적 파괴만을 고려하는 것은 대전술가에 있어 가장 중대한 실수라고 생각하였다. 기동을 통한 마비를 추구해야 한다는 풀러의 주장은 나폴레옹 이래 적 부대 격멸을 중요시했던 전통적인 사고방식에 의문을 제기하였다.

2차 세계대전과 전격전電擊戰

1차 세계대전에서 패배한 독일은 불리한 상황을 극복하기 위한 방법으로 풀러의 '마비전' 이론을 적극적으로 수용하였다. 독일군은 1939년 폴란드 전역에서 마비전 이론에 기초한 그들의 새로운 작전수행 방식을 선보였으며, 2차 세계대전 초기 프랑스와의 전쟁에서는 전사 27,000명, 실종 18,000명이라는 적은 손실만으로 불과 5주 만에 프랑스를 굴복시킴으로써 마비전 이론을 실제 전장에 적용 가능하다는 것을 입증하였다.

후에 '전격전'으로 알려진 독일군의 새로운 작전수행 방식은 침투부대를 이용하여 적 후방을 교란하고, 항공기는 적의 지휘통신시설을 파괴하여 지상군의 공격을 지원하며, 전차부대는 보병 및 지원부대와 함께 전선의 좁은 지역을 돌파하여 적의 종심으로 신속히 기동하여 적을 심리적으로 마비시킴으로써 적 부대를 격멸하지

---
5   클라우제비츠의 '전략'과 마찬가지로 풀러의 '대전술'은 오늘날의 작전술에 해당한다.

않고도 적의 항복을 이끌어내는 것이었다. 이러한 독일군의 새로운 작전수행 방식은 전통적인 사고방식에 물들어 있던 유럽 국가들에게 커다란 충격을 안겨 주었으며, 전장에서 사라졌던 기동을 다시 부활시켰다.

그러나 전격전을 통한 화려한 군사적 승리에도 불구하고 독일군은 전쟁에서 패배하였다. 군사적 승리가 모든 문제를 해결할 수 있으며 군사적 승리를 위해서는 정치의 간섭을 배제해야 한다는 몰트케의 사고방식을 이어받은 독일군은 소련과의 불가침 조약을 파기하고 미국의 참전을 허용함으로써 전략적으로는 패배할 수밖에 없었다. 독일군의 탁월한 작전적, 전술적 능력도 전쟁에서의 패배를 막지는 못했던 것이다.

두 차례의 세계대전으로 인해 독일뿐만 아니라 유럽사회 전체가 후퇴하고 미국이 새로운 강대국으로 등장하였으며, 동유럽에서 미국과 소련의 대치가 본격화되면서 유럽 중심으로 발전되어 왔던 작전술은 새로운 국면을 맞이하게 된다.

3 러시아의 작전술 발전과정

작전술 개념의 형성과 스베친^{Aleksandr A. Svechin}

작전술 영역에 대한 러시아 군사학자들의 관심은 러일 전쟁과 1차 세계대전의 경험을 통해 '하나의 결정적인 작전을 통해 전쟁의 목적을 달성할 수 있다'는 당시의 견해에 의문을 제기하면서 시작되었으며, 1914년에는 제정 러시아의 독일 유학파 장교들에 의해 독일의 '작전적'이라는 용어가 러시아군에 소개되었다.

독일에서 유학한 러시아 참모장교들은 단 한 번의 결정적인 타격으로 적을 격멸하는 것은 불가능하며, 전선에 배치된 적 부대를 격멸하더라도 전쟁에서 승리할 수 있는 것은 아니라고 주장하였다. 그들은 전쟁의 정치적 목적이 군사적 행동을 결정해야 하며, 정치적 목적을 달성하기 위해서는 일련의 연속적인 군사적 행동이 필요하다고 생각하였다.

작전술에 대한 러시아군의 논의를 이론적으로 정립하는 데에는 러시아 군사대학의 교수였던 스베친의 영향이 컸다. 스베친은 1927년 그의 저서 「전략」을 통해 처음으로 작전술을 용병술의 새로운 영역으로 정의하였다. 스베친은 작전술이란 "전략목표를 달성하기 위한 작전을 준비하고 수행하는 이론理論과 실제實際"라고 정의하고 "작전술이란 전략의 목표를 달성하기 위하여 작전을 조합하는 활동이며, 전체적인 전쟁 준비를 통합하는 술術로서 군대는 바로 작전을 지배하는 작전술에 의해 전쟁에서 힘을 발휘하게 된다. 사단급 이하 제대의 전투가 성공적으로 수행된다고 해서 모든 기대가 충족될 수 있는 것은 아니며, 오히려 전투는 작전을 구성하는 기본적인 요소로서의 의미를 지닌다."라고 설명함으로써 작전술의 기본적인 개념을 제시하였다.[8]

스베친은 작전술을 전역의 전략적 목표와 전술적 행동들을 연계시키는 교량橋梁으로 묘사하면서도 전쟁에 영향을 미치는 정치적인 요소에 대한 이해와 중요성을 강조하였다. 스베친은 1920년에 있었던 폴란드와의 전쟁에서 러시아가 실패한 원인을 분석하면서 전쟁의 정치적 목적과 전략적 목표는 군사 지휘관이 아닌 정치가들에 의해 결정되어야 하며, 군사적 행동은 그러한 전략 목표를 달성하는 데 적합해야 한다고 주장했다. 이러한 그의 주장은 작전술의 영역을 전술과의 관계뿐만 아니라 전략과의 관계까지로 확대하는 계기가 되었다.

교리적 발전과 2차 세계대전

러시아의 작전술은 이론적 논쟁과 더불어 실제적인 적용 방법에 대한 다양한 시도가 병행되면서 발전하였다. 특히 2차 대전의 어두운 그림자가 유럽 대륙에 드리우기 시작하면서 이론적 논의보다는 전역을 어떻게 수행할 것인가에 대한 실제적인 적용 분야, 즉 교리적 발전이 작전술 발전의 핵심적인 주제가 되었다.

트리안다필로프Vladimir Kiriakovitch Triandafillov는 동시대의 스베친과 달리 이론적인 문제보다는 전역 수행을 위한 부대의 편성과 운용 방법 등 실제적인 문제에 집중했다. 트리안다필로프는 전략목표 달성을 위해서는 적 종심을 향한 연속적인 작전이 필요하다는 것에 동의하면서 이를 위해서는 강력한 공격력과 기동력을 갖춘 부대가 필요하다고 주장하였다. 그는 기병을 중심으로 제 병과부대를 통합한 '충격군'의 편성을 제안하였다. 그러나 당시 기병의 빈약한 공격력과 기동력을 고려할 때 그가 제안한 충격군의 종심작전 수행능력에 의문이 제기되었고 실제로 그러한 부대가 만들어지지도 않았지만, 연속적인 작전을 위한 공격력과 기동력이 강력한 부대가 필요하다는 그의 생각은 이후 투하체프스키의 '종심전투이론'으로 이어지면서 러시아 교리의 기반을 제공하였다.[6]

투하체프스키Mikhail Nikolaevich Tukhachevskii는 내전과 1920년 폴란드와의 전쟁 경험을 바탕으로 "광정면廣正面에서 이루어지는 현대전에서 적을 단 일격으로 격멸하는 것은 불가능하기 때문에 일련의 연속적인 작전을 통해 승리를 추구해야 한다."[9]고 주장하였으며, 적 종심을 향한 일련의 연속적인 작전을 위해서는 가급적 넓은 지역에서 적을 고착하고 좁은 지역에 병력을 집중시켜 적의 방어선을 돌파한 후에 적 종심을 향해 연속적으로 진출한다는 '종심전투이론'을 제시하였다.

투하체프스키의 종심전투이론이 실제 전장에 적용되기 위해서는 종심을 향해 연속적으로 진출할 수 있는 강력한 부대, 즉 트리안다필로프가 제안했던 충격군이 필요했으며 1930년대에 들어 러시아군의 현대화가 추진되고 1932년부터 대규모의 기계화부대가 창설[7]됨으로서 그의 이론을 현실화할 수 있게 되었다.

그러나 1937년 스탈린의 권력을 강화하기 위한 피의 숙청이 단행되면서 투하체프스키가 제거되고 종심전투이론이 전면 부정되었으며, 기계화군단의 창설이 중단되고 기계화군단에 속했던 부대들은 여단 단위로 분산 배치되었다. 그리고 그 결과는 2차 세계대전 초기의 참담한 패배로 이어졌다. 결국, 러시아군은 종심전투이론을 다시 부활시켰으며, 1942년부터 전차 생산이 급격히 증가하면서 대규모 기갑부대를 창설할 수 있는 여건이 조성되었다.

러시아군은 이렇게 창설된 대규모 기갑 및 기계화부대를 이용하여 독일군의 공

---

[6] 트리안다필로프는 그의 충격군 이론을 보다 완전하게 정립하지 못하고 1931년 항공기 사고로 사망하였다.
[7] 1932년 '칼리노브스키' 기계화군단이 첫 번째로 창설되었다. 이 군단은 전차부대와 기계화부대가 2:1로 편성되었다. 이후 1936년까지 추진 중이거나 실재했던 기계화군단은 모두 21개였을 것으로 추정된다. 박기련, 「기동전이란 무엇인가?」, 일조각, 1998. p.165.

격을 저지할 수 있었으며, 반격으로 전환한 이후에는 '기동군機動軍, Mobile Group' 개념이 도입되었다. 기동군은 전차부대를 중심으로 편성된 군단 또는 사단 규모의 종심 침투부대를 말한다. 이러한 기동군은 전선 돌파 초기 단계에 적 종심으로 진출하여 적 부대를 섬멸하고 적의 재집결을 방해하며 주력부대가 도착할 때까지 중요 목표를 점령하거나 적 부대를 고착시키는 역할을 수행하였다.

미국과의 교리적 경쟁

2차 세계대전이 종료된 이후 1960년대 중반까지 러시아의 모든 관심은 미국에 비해 열세한 핵 능력을 어떻게 확보하고 운용할 것인가에 집중되었다. 그러나 1970년대에 들어 점차 미국과의 핵 균형이 이루어지면서 전술 핵무기가 사용될 수도 있는 미래 전장에서 서방국가들에 비해 상대적으로 우세한 재래식 전력을 어떻게 운용할 것인가? 즉, 작전술과 종심전투이론에 대한 관심이 다시 부활하게 된다.

그러나 이스라엘과 아랍국가 간의 4차 중동전쟁에서 확인된 현대식 대공화기 및 대전차무기의 위력, NATO North Atlantic Treaty Organization군의 중첩된 방어선과 전술 핵무기 등으로 인해 전통적인 방식으로는 방어선을 돌파하고 적 종심을 향해 연속적으로 진출하는 것이 어려워졌다. 이러한 전장 상황의 변화로 인해 무엇인가 새로운 접근방법이 필요했으며, '대담한 돌진 전법'과 '작전기동군 OMG: Operational Maneuver Group'으로 알려진 교리적 개념이 발전되었다.

'대담한 돌진 전법'은 가능한 조기에 피·아가 혼재된 상황을 조성함으로써 NATO군의 전술 핵무기 사용을 거부하는 것에 초점이 맞춰졌다. 이를 위한 부대 운용 개념은 공격부대를 여러 축선에 분산하여 적 방어선으로 접근하고, 분산된 공격부대는 가능한 동시에 적 방어선으로 돌입하여 피·아가 혼재된 상황을 조성하며, 최초 진입 후 돌파에 성공한 축선을 이용하여 종심작전 부대를 투입한다는 것이었다.

'작전기동군'은 NATO군이 전술 핵무기를 사용할 수도 있는 상황 하에서 적 종심을 향해 고속으로 기동할 수 있는 수개의 기갑 및 기계화 여단으로 편성된 군단급 부대를 말한다. 이러한 작전기동군의 운용 개념은 전선이 돌파되면 신속하게 적 후방으로 깊숙이 침투하여 전술 핵무기를 사용할 수 기회를 박탈하고, 후방에 위치한 적의 통신시설, 미사일 기지, 지휘시설 등을 타격함으로써 방어체계를 마비시키는 것에 중점을 두었다.[8]

4 미국의 작전술 발전과정

베트남전과 해리 서머스 Harry G. Summers, Jr

미국과 영국 등 서구사회가 작전술에 관해 관심을 갖기 시작한 것은 베트남전 1960~1975 이후이다.[10] 미국의 군사학자 해리 서머스 대령은 그의 저서 「베트남전 전략」에서 미국이 대부분의 전투에서 승리하고도 전쟁에서 패배한 이유를 정치적 목적과 이를 달성하기 위한 군사적 행동 간의 연계성 부족, 즉 작전술 영역에 대한 이해가 부족했기 때문이라고 지적하였다.

서머스에 의하면 미국은 '전쟁을 준비하는 것'과 '전쟁 그 자체를 수행하는 것'을 혼동하였으며, 미국은 전쟁 수행 그 자체, 즉 전쟁 준비를 통해 만들어진 군사적 수단들을 전쟁 목적을 위해 어떻게 사용하느냐에 관한 전쟁 이론의 다른 반쪽에서 실패한 것[11]이라고 주장하였다. 클라우제비츠의 말을 빌리자면 '칼을 만드는 대장장이의 기술'과 '그 칼을 사용하는 무사의 기술'은 전혀 다른 문제다. 칼을 만드는 대장장이의 기술이 전략의 영역이라면 실제 전장에서 칼을 사용하는 무사의 기술은 작전술의 영역이며, 미국은 작전술 영역에서의 무능으로 인해 전쟁에서 패배했다.

서머스가 그의 저서에서 신랄하게 비판했던 국민의 지지를 받지 못할 뿐만 아니라 군사적으로 달성할 수 없는 정치적 목적의 문제, 개별적인 전투에서의 성과에만

---

[8] 전통적인 '기동군'이 종심 상의 적 부대를 격멸하는 것에 중점을 두었다면 '작전기동군'은 적 방어체계의 마비에 중점을 두었다.

집중하고 그러한 성과를 어떻게 정치적 목적에 연계시킬 것인가에 대한 인식 부족 문제, 고도로 전문화되고 분화된 각 군의 활동을 협조시키고 공동의 목적에 통합해야 하는 합동성 문제 등은 베트남전 이후 미국뿐만 아니라 서구사회와 미국의 동맹국들이 작전술에 관심을 갖게 만들었으며 현재까지도 작전술의 핵심적인 주제가 되었다.

교리적 개념 발전

베트남전에서의 실패를 교훈 삼아 미군을 질적으로 향상시키기 위한 정치적, 전략적 노력과 더불어 미 육군은 육군교육사령부를 창설하고 전역에서의 부대 운용 방법, 즉 작전술과 작전적 수준의 교리에 관심을 기울이기 시작하였다.

미군의 교범에 '작전술' 또는 '작전적 수준'이라는 용어가 등장하기 시작한 것은 1982년에 발간된 미 육군의 FM 100-5, 「작전Operations」이었다. 이 교범은 1976년의 교범에 포함된 '적극 방어Active Defense' 개념이 지나치게 전술적이고 수세적이라는 비판[9]을 수용하면서 전역 전체를 포괄하는 작전적 수준의 교리적 개념을 정립하고자 시도하였다.

'적극 방어' 개념을 비판하는 이유는 분명했다. 미 육군이 필요로 하는 교리적 개념은 단순히 적 공격을 방어하기 위한 것이 아니라 공격과 방어를 모두 포함해야 하며, 적의 1제대뿐만 아니라 2제대와의 전투에도 적용할 수 있는 보다 포괄적인 개념이 필요하다는 것이었다. 또한, 유럽에서 러시아의 위협에 대처할 뿐만 아니라 전 세계의 다양한 작전환경에서도 적용할 수 있는 보다 포괄적이고 융통성 있는 교리가 필요하며, 전체적인 관점에서 모든 전술적 행동들을 통합할 수 있어야 한다는 것이었다.

---

9 '적극 방어'는 중동전쟁에서 입증된 대공화기 및 대전차화기를 최대한 활용하여 방어선 전방에서 적 공격을 격퇴한다는 개념이었다. 이를 위한 부대 운용은 주방어선 전방에 엄호부대를 배치하여 적의 공격을 지연하고 주공방향을 탐지하며, 확인된 적 주공방향에 방어부대를 집중시켜 적 공격을 저지하면서 역습을 통해 방어선을 회복하는 것이었다. 그러나 이러한 개념은 여단 및 사단급 부대의 개별적인 작전에 적용할 수 있는 개념으로서 지나치게 전술적이고 수세적이라는 비판을 받았다.

이러한 교리적 논쟁은 작전술 또는 작전적 수준에 대한 미군의 인식을 크게 확장시켰다. 특히 1977년 육군교육사령관으로 부임한 스태리Donn A. Starry장군은 사단급 이하 부대가 적과의 근접전투를 수행하고 있는 동안에 군단은 간접화력과 공중자산 등을 이용하여 적 2제대와의 종심전투에 중점을 두는 '확장된 전투Extended Battle'라는 개념을 제시하였으며, 이후 미 육군이 공식적으로 채택한 '공지전투Air-Land Battle' 교리 발전에 영향을 미쳤다. 1982년 교범에서 처음 채택된 이후 지금까지도 미 육군의 교리적 근간이 된 '공지전투' 개념은 작전적 및 전술적 수준에서 미 육군의 전투력을 창출하고 이를 운용하는 방법이며, 주도권 확보 및 유지와 공세적인 활용을 강조하고 있다.

미 육군의 교리적 개념이 정립되어 가던 시기에 이론적 수준에서도 중요한 발전이 있었다. 작전술과 함께 '전쟁의 작전적 수준Operational Level of War'이라는 용어가 사용되기 시작했으며, 작전술이 개인적인 경험과 교육 등을 통해 습득한 지식을 실제 전장에 창의적으로 적용하는 술術적인 능력이라면, 작전적 수준은 전략목표를 달성하기 위한 전역 및 주요작전을 계획하고 수행하는 실제적인 과업이나 행동을 의미하였다.

이러한 작전적 수준에서는 전장의 모든 영역을 통합하는 합동작전을 기본으로 하며, 작전적 수준에서는 전략목표를 달성하기 위해서는 전역수행 결과 어떠한 군사적 상태가 조성되어야 하는가? 그러한 상태에 도달하기 위해서는 어떤 군사적 행동들이 필요하고 어떻게 진행되어야 하는가? 연속적인 군사적 행동에 필요한 부대 및 자원은 무엇이고 어떻게 제공할 것인가에 답해야 한다고 설명하고 있다. 10여 년에 걸친 노력을 통해 미군은 작전술과 관련된 유럽과 러시아의 경험을 수용하고 '공지전투'라는 교리적 기본개념을 정립함으로써 1991년 걸프전에서 화려하게 승리할 수 있었다.

미군의 작전술과 작전적 수준에 대한 교리적 개념 발전은 한국군의 작전술 인식 및 발전에도 많은 영향을 미쳤다. 한국군은 1980년대에 들어 작전술과 관련된 해외 군사학자들의 연구와 논의에 관심을 기울이기 시작했으며, 특히 미 육군의 공지

전투 개념을 수용하면서 전략, 작전술, 전술로 3분화된 용병술을 받아들였다. 1984년 육군본부는 「전략전술용어집」을 발간하면서 처음으로 작전술을 반영하였으며, 1987년에는 「군사이론연구」를 통해 작전술의 개념을 세부적으로 소개하였다. 이후 1989년에 발간된 육군 교범 「작전요무령」을 통해 3분화된 용병술이 공식적인 교리로 채택되었으며, 1994년에 발간된 합동교범 「군사기본교리」에 3분화된 용병술과 전쟁의 수준과 관련된 내용이 반영되면서 한국군 전체에 공식화되었다.

5 소결론

앞에서 알아본 바와 같이 작전술은 프랑스 대혁명 이후 전쟁 양상이 크게 변화함에 따라 새롭게 등장한 문제를 규정하고 그러한 문제와 관련된 제반 원리를 전략 및 전술과의 내적 관계를 기초로 규명하려는 이론적 수준의 다양한 노력과 그러한 이론에 기초하여 전역 수준에서의 일반적이고 포괄적인 군사력 운용 방법[10]을 규범화하려는 교리적 노력이 서로 영향을 주고받으면서 발전해 왔다.

이론적 수준의 노력은 18세기 후반 클라우제비츠 및 조미니Antoine-Henri Jomini 등으로부터 19세기 초반 스베친에 이르기까지 다양한 군사이론가들에 의해 작전술의 의미와 작전술이 다루어야 할 핵심주제 및 영역 등 가장 기본적인 논리들이 정립되었으며, 그 이후에도 초기 군사이론가들에 의해 일반화된 논리의 일부를 비판하거나 전쟁 사례 분석을 통해 입증 및 보완하려는 노력이 지속되어 왔지만 전체적인 관점에서의 변화는 거의 없었다.

특히 1991년 구소련이 붕괴하고 냉전이 종식된 이후에는 대부분의 이론적 관심이 분란전, 테러 등 비대칭적 전쟁양상에 집중되면서 전통적인 전역에서의 작전술

---

10 일반적으로 '전법戰法', 또는 '작전수행개념Operational Concept'이라 하며 독일의 전격전, 소련의 OMG전법, 미국의 공지전투 등과 같이 특정한 시대에 특정한 국가의 일반적인 군사력 운용 방법 또는 작전수행을 위한 기본개념 등을 의미한다.

에 대한 논의는 많지 않았다. 또한 21세기에 들어서는 군사적 수단이 전통적인 파괴적 수단뿐만 아니라 정보통신기술에 기반한 비파괴적 수단들이 대거 등장하면서 정보전, 우주전, 전자전, 심리전, 여론전 등이 전체적인 전쟁 또는 전역에 미치는 영향과 그러한 수단들의 효과적인 운용방법 등에 대한 관심이 크게 증가하였다.[11]

그러나 분란전 및 테러 등 비대칭적 전쟁에서도 정치적 목적을 달성하기 위해 필요한 제반 행동과 수단들을 선택하고 목적 달성에 기여할 수 있도록 조직해야 한다는 기본원리는 변함이 없으며, 비폭력적이고 비물리적 수단들의 등장은 군사적 수단이 새로운 수단으로 대체된 것이 아니라 추가된 것이기 때문에 가용한 수단들을 효과적으로 운용하는 것이 좀 더 복잡해지고 고려해야 할 것이 많아졌다는 것을 의미할 뿐이다. 다시 말해 작전술의 기본원리를 제대로 이해하고 실제적인 상황에 적용할 수 있는 안목과 능력을 기른다면 어떠한 전쟁 양상에서도 이용 가능한 모든 수단들을 효과적으로 사용하여 정치적 목적 달성에 기여할 수 있는 군사작전을 계획하고 시행할 수 있을 것이다.[12]

교리적 수준에서는 독일의 전격전, 소련의 OMG전법, 미국의 공지전투 등과 같이 당면한 전쟁 및 전역에서 승리할 수 있는 일반적이고 포괄적인 군사력 운용 방법을 정립하는 것에 대부분의 노력이 집중되었다. 그러나 이러한 교리적 노력은 당시의 정치·사회적 배경에 따른 정치적 목적, 전역이 수행될 지역의 독특한 작전환경, 그리고 상대해야 할 적 등을 고려한 개별적이고 주관적인 것으로 모든 상황에 적용할 수 있는 일반적이고 객관적인 군사력 운용 방법은 아니었다.

예를 들어 독일의 전격전은 프랑스와의 전역에서는 성공적으로 작동하였으나 소련과의 전역에서는 작전환경의 차이로 인해 성공적으로 작동하지 않았으며 오히려 전략적, 작전적 수준의 실패를 초래하였다. 또한 미국의 공지전투 역시 걸프전과

---

[11] 이러한 사항들은 본서의 집필 목적과 연구 범위를 초과하기 때문에 세부적인 논의는 하지 않았지만, 앞으로의 전역에서는 이러한 수단과 기능의 운용이 필수적이기 때문에 관련 도서를 이용하여 세부적인 연구를 권한다.
[12] 이러한 이유로 본서는 이론적 수준의 기본원리Principle와 그러한 기본원리를 실제 상황에 적용하기 위한 일반적인 방법Method에 중점을 두었다.

이라크전 초기의 전통적인 재래식 전역에서는 성공적으로 작동하였지만, 전쟁의 양상이 게릴라전으로 전개된 이라크전 후반부나 아프간전에서는 많은 문제점을 드러냈다.

결국 교리적 수준의 전법 또는 작전수행개념은 모든 상황에서 승리를 보장하는 객관적인 군사력 운용 방법을 의미하는 것도 아니고, 반드시 따라야 할 규범적인 절차나 방법을 의미하는 것도 아니다. 이는 전역 수행 간 모든 구성원의 사고와 행동을 일치시키고 노력을 통일하기 위한 기본적인 방향과 개념을 의미하며 실제적 상황에서는 작전환경에 맞게 창의적으로 적용되어야 한다.

그리고 교리적 개념을 실제 전역에서 창의적으로 적용하기 위해서는 여전히 정치와 군사의 관계, 전략-작전술-전술의 내적 연계성, 군사적 행동 및 수단을 선택하고 연계시키는 일반적인 방법과 방법론 등 작전술의 기본원리에 대한 이해와 경험, 교육, 연구 등을 통해 축적된 술術적인 능력이 요구된다. 다시 말해 교리적 개념, 절차나 방법 등을 제대로 적용하지 못하는 이유는 그러한 절차나 방법을 몰라서가 아니고 교리적 절차와 방법을 실제 상황에 적용하는데 필요한 지식과 안목眼目이 부족하기 때문일 것이다.[13]

13　교리적 개념이나 절차와 방법론은 작전환경의 변화에 따라 지속적으로 변화한다. 그러나 교리의 기초를 제공하는 이론적 기반은 비교적 장기간 동안, 전쟁 양상이 본질적으로 변하지 않는 한 크게 변하지 않는다. 이것이 우리가 교리적 절차나 방법론을 암기하고 기계적으로 따르는 것보다 관련 지식을 폭넓게 습득하고 이론적 수준의 기본원리를 이해해야 하는 이유이다.

제2절
작전술의 정의 및 개념

1. 정의

> "작전술이란 전략목표 달성을 위해 필요한 군사적 행동과 수단을 조직하고 운용하는 이론과 실제, 또는 과학에 기반한 술術이다."

제1절 '작전술 개관'에서 알아보았듯이 작전술은 전쟁 양상의 변화에 따라 새롭게 등장한 문제를 규정하고 그러한 문제와 관련된 제반 원리를 전략과 전술과의 내적 관계를 기초로 규명하려는 이론적 수준의 다양한 노력을 통해 발전해 왔으며, [표 4-1]에서 보는 바와 같이 작전술의 정의定義 및 개념도 군사이론가 마다 다르고 시대별로도 조금씩 변해왔을 뿐만 아니라[14] 각 국가의 공식적인 교리적 정의도 서로 다르다.[15]

그러나 대부분의 정의에서 발견되는 작전술의 기본적이고 공통적인 관념觀念은 정치적 목적과 관련된 전략목표 달성을 추구하며, 전략목표 달성을 위한 일련의 군사적 행동과 수단을 조직하고 운용하는 것과 관련되며, 그와 관련된 지식과 경험을 개별적인 상황에 맞게 창의적으로 적용할 수 있어야 한다는 것이다. 따라서 작전술

---

[14] 작전술이라는 용어를 사용하지는 않았으나 오늘날의 작전술에 해당하는 클라우제비츠의 전략, 몰트케의 작전적, 풀러의 대전술 등을 포함하였다.

[15] [표 4-1]에서 보는 바와 같이 이론적 수준에서는 인식認識과 행위를 구분하지 않고 '작전술이란 무엇인가'의 포괄적인 관점에서 정의하고 있으나, 교리적 수준에서는 행위와 관련된 문제를 전쟁의 수준으로 구분함으로서 작전술은 주로 인식의 문제 또는 실제 상황에 적용하는 술術의 관점에서 정의하고 있다. 현재 교리에서는 작전술을 인식의 문제만으로 이해함에 따라 작전술이 작전적 수준뿐만 아니라 전략적 수준, 전술적 수준 등 모든 수준에 적용된다고 설명하고 있으나 이는 오히려 혼란을 초래한다는 의견이 대두되고 있다. 즉 전략적, 전술적 수준의 문제를 해결하기 위해(행위의 문제) 작전술을 이해하고 활용할 수 있어야 하는 것은 맞지만(인식의 문제) 그렇다고 작전술이 전략적, 전술적 행위를 목적으로 하는 이론체계나 지식체계는 아니라는 주장이다. 본 서에서는 인식과 행위를 구분하지 않고 포괄적인 관점에서 작전술을 정의하고 관련 내용을 설명하였다.

[표 4-1] 작전술 관련 정의 및 개념

이론가/교리	정의 및 개념
클라우제비츠	(전략이란) 전쟁 목적을 구현하기 위한 전투의 운용이며, 전쟁 목적에 부합하는 전역의 목표를 설정하고 그러한 목표를 달성하기 위한 일체의 군사적 행동을 결정하는 것
몰트케	(작전적이라는 용어의 의미는) 전쟁 목적을 달성하기 위한 전역의 구상 및 준비, 대규모 부대의 이동 및 배치, 국가자원의 동원 등 개별적인 전투가 아니라 전체적인 전쟁 또는 전역의 수행과 관련된 것
풀러	(대전술은) 대전략의 결심사항을 달성할 수 있도록 모든 가용 수단을 운용하는 군사적 행동이며, (대전술가의 임무는) 군사력을 조직하고 전역에서 그 군사력을 운용하는 것
스베친	작전술이란 전략의 목표를 달성하기 위하여 작전을 조합하는 활동이며, 전체적인 전쟁 준비를 통합하는 술術
한국군 교리 (2014년)	군사전략목표를 달성할 수 있도록 전역 또는 주요작전을 구상하고, 군사력을 조직하여 운용하기 위해 숙련된 능력, 지식, 경험을 창의적으로 적용하는 것 (합동교범 10-2, 합동·연합작전 군사용어사전)
한국군 교리 (2020년)	목표, 방법, 수단, 위험을 통합하여 전역 또는 작전을 구상하고 군사력을 조직 및 운용하기 위해 지휘관과 참모들이 숙달된 능력, 지식, 경험, 창의력, 판단력을 활용하는 인지적 접근 (합동교범 10-2, 합동·연합작전 군사용어사전)

이란 '전략목표 달성을 위해 필요한 군사적 행동과 수단을 조직하고 운용하는 이론과 실제, 또는 과학에 기반한 술術'이라고 간단히 정의할 수 있으며, 이러한 작전술은 주로 전역을 구상 및 계획하고 시행하는 데 적용된다.

전략목표 달성

작전술은 본질적으로 국가의 정치적 목적과 관련된 군사적인 목표, 즉 군사전략목표 달성을 그 목적으로 한다. 군사전략목표가 무엇인가는 군사전략의 문제이며,

군사전략목표는 작전술 또는 작전적 수준에 주어지는 외적인 요소이다. 다시 말해 작전술은 전쟁 또는 전역의 목적을 결정하는 논리나 원리를 포함하지 않으며, 단지 주어진 군사전략목표를 달성할 수 있는 합목적적合目的的인 방법에 관한 것으로 작전술의 제반 원리는 국가의 정치적 목적과 군사전략목표를 이해하는 것[16]으로부터 시작된다.

군사적 행동과 수단을 조직하고 운용

작전술은 주로 군사전략목표를 달성할 수 있는 합목적적인 방법에 관한 것이며 그 재료는 군사적 행동과 수단이다. 전역에서 가장 기본적인 군사적 행동은 전투이며, 전투는 적의 역량과 의지에 가장 직접적인 영향을 미친다. 그러나 전역이 전투만으로 이루어지는 것은 아니며 전투만으로 이루어질 수도 없다. 전역은 전투 외에도 기동, 견제, 침투, 제압 등의 다양한 행동이 포함되며 경우에 따라서는 직접적인 전투 없이도 목적을 달성할 수 있다. 더욱이 현대에 들어서는 정보전, 사이버전, 심리전, 여론전, 우주전 등 비폭력적이고 비물리적인 수단에 의한 군사적 행동이 전역의 결과에 지대한 영향을 미친다. 작전술은 이러한 군사적 행동과 수단을 선택하고 연계시켜 군사전략목표 달성에 기여할 수 있도록 합목적적으로 조직하고 운용하는 것과 관련된다.

이론과 실제, 과학에 기반한 술術

전역의 성격과 범위, 전쟁에 투입될 자원과 노력의 정도를 규정하는 국가의 정치적 목적은 매우 다양할 수 있으며, 매 전쟁마다 독특하다. 이러한 사실은 군사전략목표를 달성하기 위해 채택 가능한 군사적 행동과 수단, 이용 가능한 자원과 노

---

[16] 정치적 목적과 군사전략목표를 이해하는 것이 단지 알고 숙지한다는 것을 의미하는 것은 아니다. 정치·사회적 맥락과 전략환경을 통해 그 배경과 이유를 파악하고 명시적, 암묵적 의미를 이해할 수 있어야 한다.

력의 정도 역시 매 전역마다 독특할 수밖에 없다는 것을 의미한다. 이로 인해 과거의 경험에 기초한 이론이나 학문적 연구가 개별적이고 독특한 각각의 전역에서 최적의 군사력 운용 방법을 제시해 줄 수 없다는 것은 분명하다.

그러나 이론이나 학문적 연구가 제공하는 전역 수행에 영향을 미치는 공통적이고 핵심적인 요소와 그들 간의 내적 관계, 군사적 행동과 수단을 선택하고 조직할 때 필히 고려해야 할 사항들, 군사전략목표로부터 세부적인 군사적 행동과 수단을 조직화하는 일반적인 절차와 방법 등에 대한 폭넓은 지식과 심층적 이해 없이 성공적으로 전역을 구상 및 계획하고 시행하기 어렵다는 것 역시 분명하다. 이러한 이유로 작전술은 본질적으로 술(術)적인 것이지만, 건전한 이론과 과학에 기초한 술이어야 한다.[17]

2 작전술의 기본원리 및 개념

작전술은 전략에서 제시한 전략목표를 달성하기 위해 다양한 군사적 행동과 수단을 조직하고 운용하는 것과 관련된 것이며, 전략목표는 전략으로부터 주어지는 것이고 작전술에 의해 조직화된 군사적 행동은 전술을 통해 표현된다. 따라서 작전술은 전략 및 전술과 긴밀하게 연계될 수밖에 없으며, 작전술의 기본원리 및 개념은 전략 및 전술과의 내적 연계성을 통해서만 설명되고 이해될 수 있다. 작전술을 이해하고 실제 상황에 적용하기 위해서는 전략과 작전술, 작전술과 전술 간의 내적 연계성을 전체적인 틀에서 통합적으로 이해할 수 있어야 한다.

---

17 우리가 이론적 수준의 지식을 탐구하는 이유는 이론이 어떤 현상을 설명할 수 있을 뿐만 아니라 결과를 예측할 수 있는 힘을 제공해 주기 때문이다. 예를 들면 뉴튼이 만류인력 법칙을 제시하기 전에도 사과는 떨어지고 있었으며, 지금도 같은 모습으로 떨어지고 있다. 그러나 만류인력 법칙으로 인해 우리는 사과뿐만 아니라 떨어지는 모든 현상을 설명할 수 있을 뿐만 아니라 깃털이 사과보다 늦게 떨어지는 이유도 설명할 수 있어졌으며, 더 나아가 지구와 달의 운행까지도 설명하고 예측할 수 있게 되었다.

전략과 작전술

> "뛰어난 작전적, 전술적 수준의 능력도
> 적절하지 못한 전략을 대신할 수는 없으며.
> 단지 예정된 패배를 지연시킬 뿐이다."

전략은 군사력의 사용을 결정하는 것과 관련이 있으며 국가적 수준의 전쟁 준비, 실시, 후속조치 등의 제 분야와 관련된다면 작전술은 주어진 군사력을 사용하는 것과 관련되며 전쟁에서의 군사적 행동 그 자체를 다룬다.

전략은 국가가 추구하는 이익이 무엇이며, 다양한 이익들의 우선순위는 무엇이고, 어떤 국력 수단들이 국가이익 달성에 이용 가능하고 적절한가를 결정하는 과정이다.[12] 따라서 전략은 필연적으로 정치적인 영역이며 전략의 제 문제들은 전적으로 군사적인 측면에서만 평가하거나 순수한 군사적 대안만으로 해결할 수는 없다. 그러나 전쟁이란 군사적 수단을 주 수단으로 하는 정치적 행위이기 때문에 군사력이 할 수 있는 것과 할 수 없는 것을 분명하게 구분해야 한다.

클라우제비츠는 전쟁의 원천적 동기는 정치적 목적이라고 하였으며, 전쟁이라는 폭력 행위는 이성적이고 실용적인 방식으로 정치적 목적을 달성할 수 있도록 통제되고 제한되어야지 정치적 목적에 부정적인 영향을 미쳐서는 안 된다고 하였다. 따라서 정치지도자들이 군사적으로 달성 불가능한 것을 군에 요구하거나 군의 전문적인 능력과 조언을 무시해서도 안 되겠지만 전쟁 수행은 기본적으로 전략에 의해 통제되어야 한다. 다시 말해 작전술은 언제나 전략에 봉사해야 한다. 전략이 설정한 범위와 한계를 벗어난 군사적 행동은 정치적 목적 달성을 불가능하게 하거나 위험하게 할 수 있다.

전략은 목표, 수단, 방법 간의 균형을 유지해야 한다. 2차 세계대전에서의 독일과 일본, 6·25 전쟁 시 북한은 가용자원을 초과하는 목표를 추구함으로써 전쟁에서 패배하였으며, 베트남전에서 미국은 군사적으로 달성할 수 없는 목표를 설정하고 군사적 노력을 통합 및 집중할 수 없는 모순된 전략으로 인해 패배하였다. 아무리 열심히 일을 하더라도 그 일 자체가 목적 달성에 도움이 되지 못한다면 아무런 의미가 없다. 따라서 뛰어난 작전적, 전술적 수준의 능력도 적절하지 못한 전략을 대신할 수는 없으며 단지 예정된 패배를 지연시킬 뿐이다.[13] 따라서 전략은 항상 작전술과 전술을 올바르게 지도해야 하며, 어떠한 군사적 행동도 전략에서 부여한 범위 내에서 궁극적인 정치적 목적을 달성할 수 있도록 통제되어야 한다.

전쟁의 정치적 목적과 전략목표를 결정하고 그에 적합한 자원과 노력의 정도를 결정하는 것은 전략의 가장 기본적인 책무다. 그러나 전쟁의 정치적 목적 달성을 위해 할당된 자원을 실제로 운용하는 것은 작전술의 영역이며, 작전술은 기본적으로 자원 소모와 물리적 피해를 최소화하면서 정치적 목적 달성을 추구한다. 전쟁은 대단히 파괴적이고 소모적인 인간 활동이다. 전쟁을 통해 달성하고자 하는 정치적 목적은 매우 다양할 수 있지만, 전쟁 수행 과정에서의 과도한 자원 소모와 물리적 피해는 전쟁에서의 승리조차도 무의미하게 만들 수 있기 때문이다.

손자孫子는 "전쟁을 오래 끌어 국가에 이로운 적은 이제까지 없었으며兵久而國利者 未之有也, 전쟁의 해로움을 알지 못하는 자는 전쟁의 이로움도 알지 못한다.不盡知用兵之害者 則不能盡知用兵之利也 그러므로 전쟁에서는 승리가 귀한 것이지 오래 끄는 것이 귀한 것은 아니다."兵貴勝 不貴久라고 하였다.[18] 전쟁은 본질적으로 현재 보다 나은 미래를 위한 노력이며, 전역을 수행함에 있어서도 항상 전역 이후의 정치·사회적 상황을 예측하고 고려할 수 있어야 한다.

클라우제비츠 또한 "전쟁의 정치적 목적을 달성하기 위해 항상 적을 완전히 타도하거나 적의 영토 전체를 점령해야 하는 것은 아니며, 적에게 가해져야 하는 폭력의 강도는 우리와 적의 정치적 요구의 크기에 따라 결정된다. 전쟁 당사자들은 전쟁의 정치적 목적을 달성하기에 충분한 수준 이상으로 전투력을 운용하지도 않고 군사적 목표를 설정하지도 않는다."[19]고 설명함으로써 정치적 목적에 맞는 폭력의 강도와 합리적인 수단의 운용을 강조하였다.

---

18 손자병법 제2 작전편作戰篇을 참조한다.
19 전쟁론 제8편 3장, 군사적 목적과 노력의 크기를 참조한다.

작전술과 전술

> "어떠한 전술적 승리도 작전적 무능을 극복할 수는 없다.
> 작전적 수준에서의 무능은 전술적 승리를 무의미하게 만들며
> 시간과 자원을 낭비하게 한다."

작전술이 전략목표를 실제적인 군사적 활동을 통해 달성할 수 있도록 전체적인 전역을 구상 및 계획하고 개별적인 전술 활동을 지도하는 것과 관련된다면, 전술은 전역계획에 의해 결정된 개별적인 전술 활동을 목적에 맞게 수행하는 것과 관련된다.

전역을 구성하는 개별적인 군사적 활동들은 그 규모와 관계없이 지정된 공간 내에서 특정 기간 동안 독립적으로 수행된다. 그러나 각각의 군사적 활동들은 전역의 일부이며 개별적인 활동의 의미와 가치는 전역의 전체적인 맥락에 따라 효율적으로 조직되고 통합되어 작전목표 달성에 기여할 수 있을 때만 유용하다. 따라서 전역을 구성하는 모든 전술 활동은 작전술에 의해 조직되어야 한다.

작전술은 전투를 전역의 목표 달성을 위한 수단으로 인식하는 반면, 전술은 전투에서의 승리 그 자체를 목적으로 한다. 작전술은 누가, 언제, 어디서, 무엇을 위해 전투를 할 것인가, 또는 전투를 회피할 것인가와 관련된다. 다시 말해 전역의 작전목표 달성을 위한 전투의 운용을 결정한다. 전투 및 교전은 항상 인원, 장비, 물자의 피해 등 그에 따른 대가를 요구한다. 단지 전술적으로 유리하다거나 승리할 가능성이 있다고 해서 전투를 하는 것은 마구잡이 싸움에 불과하다. 전투는 그 자체의 의미 보다는 전역의 목표 달성을 위한 필요성이나 전투의 결과가 제공하는 작전적, 전략적 이점이 더욱 중요하다. 즉 전투를 통해 작전적, 전략적으로 얻는 것이 있거나 전투를 회피함으로써 잃는 것이 있을 때만 의미를 가진다.

손자는 '승리하는 군대는 먼저 이겨놓고 싸움을 구하고, 패배하는 군대는 먼저 싸움을 시작한 후에 승리를 구하려 한다.' 勝兵 先勝以後求戰 敗兵 先戰以後求勝고 하였으며, 승리하는 군대는 이길 수밖에 없는 상황을 조성하여 치열한 전투 없이 승리하기 때문에 '진정으로 잘 싸우는 자의 승리는 지혜롭다는 이름도 나타남이 없고 용맹스

럽다는 무공도 나타남이 없으며,'善戰者之勝也 無智名 無勇功[20] '사람들은 내가 어떻게 승리했는지 그 마지막 형태는 알아도 내가 승리할 수밖에 없도록 어떻게 상황을 만들어 갔는지는 알지 못한다.人皆知我所以勝之形 而莫知吾所以制勝之形[21]고 하였다. 이와 같이 전쟁에서의 군사력 운용, 즉 작전술에 관한 손자의 생각은 치열한 전투를 통한 화려한 승리가 아니라 '제승'制勝, 즉 승리할 수밖에 없는 상황을 조성하고 통제함으로써 최소의 자원 소모와 물리적 피해로 목적을 달성하는 것이었다.

클라우제비츠는 전쟁에서의 '중심'center of gravity이라는 개념을 통해 어떤 전투가 필요한 전투인지를 설명하였으며, 오늘날까지도 중심을 식별하고 식별된 중심에 모든 노력을 지향하는 것은 작전술의 요체要諦로 인정되고 있다. 클라우제비츠는 전쟁의 정치적 목적 달성을 위한 모든 노력은 적의 힘의 원천, 즉 중심을 지향해야 하며, '중심을 식별하고 그 영향 범위를 인식하는 것은 전략현재의 작전술 판단의 핵심'이라고 강조하였다.[22] 클라우제비츠에 의하면 개별적인 전투에서의 승리가 전체적인 전쟁에 미치는 영향 범위는 한계가 있으며, 적 중심을 타격하는 전투에서의 승리는 적의 군대뿐만 아니라 적의 정부와 국민에게까지 정신적 쇼크를 야기하고 저항의지를 박탈함으로써 적의 군대를 완전히 파괴하지 않고서도 전쟁의 목적을 달성할 수 있게 한다.

전투에서의 승리가 전쟁에서의 승리를 보장하는 것은 아니지만 전쟁에서 나의 의지를 적에게 강요하기 위한 가장 기본적인 수단은 전투이며 전술적인 성공 없이 전쟁의 정치적 목적을 달성할 수 있는 것도 아니다. 그러나 전쟁은 궁극적으로 국가이익과 관련된 정치적 목적의 달성, 즉 전략적 성공을 추구한다.

현대전에서는 개별적인 전투에서의 승리가 전략적 승리를 보장하지 못하며, 심지어는 베트남 전쟁에서와 같이 연속적인 전술적 성공조차 전략적 승리를 보장하지 못할 수도 있다. 따라서 작전술에 의해 전략 목표 달성에 기여할 수 있도록 조

---

20   손자병법 제4 군형편軍形篇을 참조한다.
21   손자병법 제6 허실편虛實篇을 참조한다.
22   전쟁론 제6편 전구방어를 참조한다.

직화된 전술적 성과만이 의미가 있다. 높은 수준의 전술적 능력은 작전목표 달성을 위해 절대적으로 필요하지만 어떠한 전술적 승리도 작전적 무능을 극복할 수는 없다. 작전적 수준에서의 무능은 전술적 승리를 무의미하게 만들며 시간과 자원을 낭비하게 한다.

3 작전적 사고

작전술은 본질적으로 전쟁의 정치적 목적과 관련된 전략목표 달성을 추구하며, 개별적인 상황에 맞게 창의적으로 적용되어야 한다. 그러나 전쟁의 정치적 목적과 작전환경은 각각의 전쟁마다 상이하며, 상이한 작전환경에서 상이한 정치적 목적을 달성하기 위한 전역은 나름대로의 독특한 성격과 특성을 지닌다. 따라서 과거의 전쟁 사례나 전쟁 경험에 기초한 전쟁이론들은 수행해야 할 전역의 성격이나 특성을 이해하는 데 도움이 될지는 모르지만, 구체적인 수행방안을 제시해 주지는 못한다.

클라우제비츠는 전쟁은 카멜레온과 같이 각각의 전쟁마다 그 색을 바꾸기 때문에 용병술은 학學이기 보다는 술術이라고 생각했으며 전쟁에 관한 연구를 미술 연구에 비교하였다. 미술을 연구하면 그림의 종류를 구분하고 그리고자 하는 그림에 따라 적절한 도구를 갖출 수는 있지만 그렇다고 누구나 훌륭한 그림을 그릴 수 있는 것은 아니다. 또한, 훌륭한 그림은 동일한 방법을 적용하여 기계적으로 그려낼 수도 없고 누구나 쉽게 모방할 수 있는 것도 아니다. 술術적인 문제는 특정 기법을 암기하거나 반복적으로 숙달하는 것만으로는 해결할 수 없으며, 개인적인 연구와 경험을 통해 해당 분야에 대한 사고 능력을 향상시키고 이를 실제 상황에 적용할 수 있어야 한다. 다시 말해 작전술을 실제 상황에 적용하기 위해서는 작전적으로 생각할 수 있어야 한다.

작전적으로 생각한다는 것이 무엇을 의미하는 지는 많은 이론가와 명망 있는 지휘관들에 의해 규명되어 왔다. 예를 들어 프러시아의 샤른호르스트 장군은 "부분을 보기 전에 전체를 보아야 한다. 이것이 진정으로 첫 번째 규칙이다."라고 하였다.

클라우제비츠는 "사소한 것은 보다 큰 것에 의존하며, 중요하지 않은 것은 중요한 것에 의존하고, 우발적인 것은 본질적인 것에 의존한다. 이러한 사고가 우리의 접근방법을 안내해야만 한다."고 하였다. 프러시아의 몰트케는 "전장에서 각 부대의 용기로 성취한 모든 개별적인 성공은 보다 큰 개념에 의해 지도되고 전체적인 전역 및 전쟁의 목적에 의해 통제되지 않는다면 아무 소용도 없다"고 하였다. 또한, 그는 "상급 지휘관들은 특정 방법으로 수행되는 구체적인 것보다 전체 상황에 대한 명확한 관점을 유지하는 것이 더욱 중요하다."고 믿었다.[14]

그러나 작전적 수준의 직위에 있다고 해서 작전적으로 생각할 수 있는 것은 아니며 작전적 수준에 필요한 지식을 단순히 많이 아는 것만으로도 충분하지 않다. 작전적 수준의 책임 있는 자리에 있는 지휘관 중에서도 전술적 사고에 사로잡혀 있는 경우가 있다. 전술적으로 생각하는 것이 작전적으로 생각하는 것보다 쉽고 오랜 기간 동안 전술적 사고에 익숙해져 있기 때문이다. 따라서 작전적으로 생각할 수 있는 능력, 또는 독일군 용어로 작전적 수준의 사고력은 작전적 수준의 직위에 오를 때까지 오랜 기간에 걸친 학습 및 연구, 전쟁 경험 또는 평시 전쟁연습을 통한 획득되고 양성되는 자신만의 통찰력을 요구하며 무엇보다도 작전적으로 생각하려는 의식적인 노력이 필요하다.

전쟁 이론 및 교리는 공통의 개념을 제공하고 작전술을 학습할 수 있는 수단을 제공하지만, 실제 전역에서의 작전술은 개인의 지식, 경험, 판단 등이 종합적으로 표현되는 창조적인 술術적 영역이기 때문이다. 따라서 작전적으로 생각한다는 것은 상황을 이해하고 문제 해결방법을 모색하며 실제적 행동을 통해 문제를 해결하는 전체적인 과정에서 이래와 같은 작전적 수준의 관점을 유지하는 것이 필요하다.

대관

무엇보다도 나무가 아니라 숲을 바라보는 전체적인 관점을 유지하는 것이 중요하다. 공간적으로는 전역이 수행되는 지리적 영역, 즉 전구戰區와 전역수행에 영향을 미치거나 관심을 가져야 할 지역을 포괄해야 하며, 시간적으로는 전역의 목표를 달성할 때까지의 전체적인 기간을 염두에 두어야 한다. 수단 면에서는 직접적으로 이용 가능한 군사적 수단뿐만 아니라 비군사적 수단의 운용과 비군사적 요소가 전역에 미치는 영향까지를 고려할 수 있어야 한다.

또한, 작전적으로 생각하기 위해서는 전략, 작전술, 전술 간의 상호관계와 내적 연관성을 전체적인 관점에서 이해해야 한다. 손자의 말을 빌리자면 치열하게 싸워 이기는 것이 중요한 것이 아니라 싸우기 전에 이길 수밖에 없는 상황을 조성하는 것이 중요하다. 만일 작전적 수준의 지휘관이 전체적인 관점에서 전역을 바라보지 못하면 방향성을 상실하여 전술적 성과를 전략적 성과로 확대할 수 없다. 작전적 수준에서는 군사적, 비군사적 능력의 연속적 및 동시적 사용과 관련하여 '큰 그림big picture'에 집중해야 하며 사소하거나 관련 없는 사건으로 인해 주의가 산만해지는 것을 경계해야 한다.

예측

작전적으로 생각하기 위해서는 현재를 통해 미래를 내다볼 수 있어야 한다. 전역은 일련의 연속적인 군사적 활동으로 구성되며, 개별적인 전투 및 군사적 활동들은 그 다음의 활동으로 연계되고 궁극적으로는 전략목표 달성에 기여해야 한다.

따라서 작전적으로 생각하기 위해서는 현재의 상황 그 너머를 상상할 수 있어야 한다. 이러한 예측에는 나폴레옹이 '산의 반대편에 대한 이해'라고 예기했던 적의 입장에서 적이 어떻게 행동할 것인가에 대한 예측뿐만 아니라 아측의 행동이 적의 행동과 작전환경을 어떻게 변화시킬 것인가에 대한 예측까지도 포함되어야 한다.

작전적 수준에서는 어떻게 부대를 운용하여 기회를 조성하면서 동시에 적의 차후 선택 가능한 행동 방안을 감소시킬 것인가를 생각해야 한다. 현재 진행 중인 상황에 대한 냉철한 평가와 상상력에 기초한 예측은 적보다 빠른 판단과 결심으로 전장의 주도권을 유지하고 확대해 나갈 수 있는 결정적 요인이다.

어떠한 군사작전도 정치적 이유 없이 개시될 수 없지만, 역으로 군사적 행동의 결과는 정치·사회적 환경에 영향을 미친다. 따라서 작전적 수준에서는 군사적 행동이 작전환경에 미치는 영향뿐만 아니라 국제정치적 환경이나 여론, 국민의 전쟁 의지에 미치는 영향까지도 예측하고 부정적인 영향을 회피할 수 있어야 한다. 과도한 피해를 유발하거나 국제법에 위반되는 군사적 행동은 전략 목표 달성을 불가능하게 할 수 있다.

균형

작전적 수준에서는 공간, 시간, 자원 간의 적절한 균형을 유지하는 것이 중요하다. 전역은 광범위한 지역에서 장기간에 걸쳐 수행되며, 국가가 제공할 수 있는 자원에는 한계가 있다. 또한, 일반적으로 국가는 최소한의 군사적 자원만을 전쟁 개시 이전에 준비하며, 전쟁이 개시된 이후에 동원을 통해 추가적인 자원을 제공한다. 따라서 작전적 수준에서는 통제해야 할 공간의 크기, 작전에 결정적인 영향을 미치는 기후 및 작전의 지속기간, 현재 이용 가능한 자원의 규모와 추가적으로 제공될 자원의 가용 시기와 규모 등 공간, 시간, 자원 간에 적절한 균형을 유지해야 한다.

작전적 수준에서는 일반적으로 자원의 가용성이 작전의 범위를 제한한다. 전역을 구상 및 계획할 때는 가용한 자원의 규모와 지속기간을 기본적으로 고려해야 한다. 군수지원의 가능성을 고려하지 않은 작전지역의 확대는 작전의 기세를 유지할 수 없을 뿐만 아니라 부대를 위험하게 만든다. 2차 세계대전 당시 독일의 대소 전역은 공간, 시간, 자원 간의 불균형으로 인해 패배한 대표적인 사례이다.

통합

작전적 수준의 통합은 전역의 다양한 군사적·비군사적 수단과 활동들을 단순하게 합하는 것이 아니라 각각의 장점은 극대화하면서 약점은 서로 보완하는 시너지의 관점이 요구된다.

오늘날의 전역은 기본적으로 합동작전으로 수행된다. 현대에 들어 각 군의 구조는 고도로 전문화되고 분화되었으며 군사적인 영역도 심리, 전자, 우주 등 눈에 보이지 않는 영역으로까지 확대되었다. 이로 인해 오늘날의 전역은 특정 군의 작전만으로 전장의 모든 영역을 장악할 수 없게 되었다. 따라서 각 군은 더 이상 단독으로 작전하지 않으며 공동의 목적인 전역의 전략적, 작전적 목표 달성을 위해 합동군의 일부로 합동작전을 수행한다.

그러나 각 군은 독특한 문화와 전통, 고유한 능력과 특성으로 인해 작전의 우선순위와 접근방법이 다를 수 있다. 따라서 합동작전은 고유한 능력은 극대화하면서 약점은 타 군의 능력에 의존할 수 있도록 각 군의 활동과 노력을 효과적으로 통합함으로써 최소의 자원과 노력, 희생으로 전역의 전략적, 작전적 목표를 달성할 수 있어야 한다.

전쟁을 통해 정치적 목적을 달성하기 위해서는 합동작전을 통한 군사적 성과가 대단히 중요하기는 하지만, 군사적 성과만으로 정치적 목적이 달성되는 것은 아니며 전역 수행 과정에서도 국력 제 요소와 지대한 영향을 주고받는다. 따라서 전역의 전략적, 작전적 목표 달성을 위해서는 비군사적 요소를 반드시 고려해야 하며, 국력 제 요소의 노력을 효과적으로 통합할 수 있어야 한다.

4 전쟁 원칙

일반적으로 전쟁 원칙은 전쟁에서 승리하기 위한 지배적인 원리들을 의미하며, 과거의 전쟁 경험에서 공통적으로 발견되는 승리의 요인들을 정리한 것이다. 전쟁 원칙은 대단히 개념적이고 포괄적인 것으로 구체적인 행동을 위한 규범적이고 규율적인 것이 아니라, 생각을 용이하게 하거나 자극하는 사고를 위한 지침이며 판단의 기준이다.

실제 전장에서 의도적으로 전쟁 원칙을 상기하면서 결심하거나 부대를 지휘하는 지휘관은 없다. 그러나 원칙은 지휘관들이 상황을 판단하고 전장의 보이지 않는 부분까지 가시화하며 다양한 대안들을 모색하는 사고과정에 영향을 미친다. 다시 말해 전쟁 원칙에 기술된 내용을 암기하거나 기억하여 의사결정을 하는 것은 아니지만 원칙에 대한 이해의 깊이가 그들의 판단과 결심, 부대 지휘에 영향을 미친다. 다시 말해 전쟁 원칙은 어떻게 행동해야 하는가를 설명하는 것이 아니라 전쟁에서 승리하기 위해서는 일반적으로 무엇이 중요하며 그 의미가 무엇인지를 제시해 주는 것이다. 따라서 전쟁 원칙은 깊이 이해하여 체득한다면 상황을 제대로 판단하고 건전한 결심을 수립하여 효과적으로 부대를 지휘함으로써 승리할 수 있다고 생각되는 일반적인 원리를 말한다.

원칙이라는 용어 그 자체에서도 알 수 있듯이 전쟁 원칙은 거의 모든 성격의 전쟁과 전략적, 작전적, 전술적 수준에 공통적으로 적용될 수 있다. 그러나 전쟁 원칙의 적용은 술術적인 영역이며, 전쟁 원칙을 적용해야 할 실제 상황, 해결해야 할 문제의 수준 등에 따라 이해의 관점이 다를 수 있다. 작전적 수준에서는 전역 수행의 관점에서 아래와 같은 사항들에 특별한 관심을 기울일 필요가 있다.[23]

목표의 원칙

> "모든 군사적 목표는 상위 목표 달성에 기여해야 하며,
> 모든 군사적 활동은 명확하고 결정적이며
> 달성 가능한 목표에 지향되어야 한다."

어떠한 군사적 행동도 정치적 목적이 없이 개시될 수는 없다. 전쟁을 통해 무엇을 얻을 것인가 하는 것이 정치적 목적이며, 정치적 목적을 달성하기 위해서는 군사적으로 무엇을 해야 하는가에 해당하는 것이 군사적 목표다. 따라서 군사적 목표는 근본적인 동기가 되는 정치적 목적으로부터 출발하여 하위 수준으로 갈수록 구체화되어야 하며, 명확하고 결정적이며 달성 가능해야 한다.

군사전략목표는 그 범위와 복잡성으로 인하여 단일의 행동으로 달성될 수 없으며 수개의 중간 과정, 즉 작전적 목표를 통해 달성된다. 작전적 수준의 목표는 전

---

[23] 여기서는 전쟁 원칙의 세부적인 내용은 다루지 않았으며, 작전술 또는 작전적 수준에서 고려해야 할 핵심적인 내용만을 기술하였다. 전술적 수준에서의 전쟁 원칙 적용은 제 5장 전술을 참조한다.

역의 군사적 상황을 극적이며 근본적으로 변화시킬 수 있어야 한다. 작전적 목표는 피·아의 전투력 수준, 물리적 환경의 특성, 기타 작전 진행에 영향을 미치는 요인이나 양상에 따라 동시적 또는 연속적으로 달성된다.

전술적 목표가 지형을 확보하고 적 부대를 격파하는 것과 관련된다면 작전적 목표는 나의 의지를 적에게 강요할 수 있는 상황의 조성과 관련된다. 따라서 전술적 목표는 확보 또는 격파해야 할 구체적인 지형이나 적 부대를 의미하는 반면, 작전적 목표는 현재의 상태에서 전역의 전략목표 달성에 이르기까지 군사력 운용을 통해 조성해야 할 군사적 상황을 의미하며, 전략 목표 달성에 직접적으로 기여해야 한다.

작전적 목표는 전략목표 달성을 위해 조성되어야 할 군사적 상황을 의미하기 때문에 군사적 행동의 대상뿐만 아니라 그 대상의 결과적 모습이 어떠해야 하는 지를 명확하게 설명할 수 있어야 한다. 예를 들어 '평양'이라는 행동의 대상 자체로는 그 결과적 모습이 어떠해야 하는 지를 이해할 수 없으며, 결과적 모습이 불분명하면 어떻게 이를 달성할 것인지를 구체화할 수 없다. 그러나 '평양 확보'라는 작전적 목표는 결과적 모습이 분명하게 제시됨으로써 전략목표 달성에 어떻게 기여할 것인지가 명확해 질뿐만 아니라 그러한 목표를 달성하기 위해 어떠한 군사적 행동이 필요한지를 구체화할 수 있다.

공세의 원칙

"적극적 공세를 통해 주도권을 확보, 유지, 확대한다."

공세란 적으로 하여금 나의 행동에 대응하도록 강요하는 적극적이고 능동적이며 주도적인 사고와 행동이다. 공세적인 사고와 행동은 적의 행동의 자유를 거부하고 취약성을 확대시키며 급변하는 상황 속에서도 호기를 포착하는 데 필수적이다.

작전적 수준에서의 공세는 특정한 작전의 형태, 즉 공격을 의미하는 것이 아니라 일반적인 태세 또는 작전의 성격을 의미한다. 작전적 수준의 공세는 전술적 수준의 공격 행동과 방어 행동을 모두 포함하며, 얼마나 많은 부대가 공격 행동을 취하고 있는가에 따라 결정되는 것이 아니라 궁극적으로 무엇을 추구하느냐에 따라 결정된다. 작전적으로는 수세적인 상황에서도 전술적 수준의 공격 행동이 필요할 수 있으며, 작전적 공세를 위해서도 전술적 수준의 방어 행동이 필요하다.

정치적 목적 달성에 기여하는 결정적인 성과는 작전적 공세에 의해 달성된다. 작전적 수세와 전술적 방어의 조합은 주도권이 완전히 결여되어 결정적 성과를 달성하는 것이 거의 불가능하다. 작전적 수세와 전술적 공격의 조합은 개별 전투에서는 승리할 수 있으나 나의 의지를 적에게 강요할 수 없어 궁극적인 정치적 목적 달성이 어렵다. 또한, 작전적 공세와 전술적 방어의 조합은 주도권을 획득하고 전반적인 상황을 유리하게 조성할 수는 있으나 적의 저항 능력과 의지를 제거하기 어렵다. 작전적 공세와 전술적 공격의 조합이 적의 저항 능력을 제거하고 나의 의지를 적에게 강요함으로써 정치적 목적 달성을 가능하게 한다.

실제 전장에서 공세적인 태세를 유지한다는 것은 주도권을 확보하고 있다는 것을 의미한다. 주도권의 확보는 작전의 성격, 범위, 작전템포를 결정할 수 있다는 것을 의미하며, 이를 통해 적으로 하여금 나의 행동에 대응하도록 강요할 수 있다. 공세적 태세를 통한 주도권 확보, 유지, 확대는 나의 의지를 적에게 강요하거나 상황을 통제함으로써 적의 취약점을 이용할 수 있는 행동의 자유를 보장한다.

전역의 전체적인 과정 중에서 일시적으로 수세를 취할 수 있다. 또한, 작전적 수준에서 공세를 취하더라도 일부 전술적 수준의 부대들은 전술적 방어와 관련된 과업이 부여될 수 있다. 그러나 작전적 수세, 또는 전술적 방어는 전반적인 공세에 기여할 수 있을 때에만 의미를 갖는다.

정보의 원칙

"작전환경을 이해하고, 적의 중심을 식별하여 마비시킨다."

전쟁에서 승리하기 위해서는 적과 나를 포함하여 작전에 영향을 미치는 작전환경에 대한 이해가 필수적이며, 작전환경을 이해하기 위해서는 정보에 기초한 광범위한 지식이 필요하다. 작전적 수준에서는 단순한 군사적 승리가 아니라 궁극적인 정치적 목적을 달성할 수 있는 상황을 조성해야 하며 이를 위해서는 군사분야에 대한 정보뿐만 아니라 정치, 사회, 경제, 문화, 지리 등 국가 제 분야에 대한 적과 나에 대한 정보도 필요하다.

작전술의 진수는 적의 중심을 약화, 무력화, 파괴할 수 있도록 가용수단을 시간, 공간, 목적 면에서 최선의 방법으로 운용할 수 있는 능력에 달려 있다. 따라서 작전적 수준의 정보는 피·아의 중심을 식별하고, 식별된 아 중심을 보호하고 적 중심을 마비시키는데 필요한 정보를 제공할 수 있어야 한다.

중심은 정신적 의지와 물리적 힘이 서로 충돌하는 적대적 상황 하에서 존재하며, 피·아의 의도가 무엇이냐에 따라 달라질 수 있다. 따라서 작전적 수준의 정보는 현재 진행되고 있는 전장에 대한 정보보다는 향후 예상되는 적의 의도와 행동을 예측할 수 있는 정보가 더욱 중요하다. 이러한 정보에는 적의 의도와 행동에 영향을 미칠 수 있는 국제적, 지역적 전략상황의 변화와 피·아의 국내적 상황의 변화, 적의 전체적인 군사적 대비태세 및 아측의 행동에 대한 예상되는 대응방향 등의 정보가 포함된다.

정보는 분석과 판단을 위한 기초자료를 제공할 뿐 판단을 대신해 주지는 않으며, 작전환경은 본질적으로 불확실하다. 작전적 수준에서는 과도한 정보의 유입으로 인해 오히려 판단과 결심이 지연될 수 있다. 따라서 완전하고 충분한 정보가 수집될 때까지 기다리기보다는 현재 가용한 정보에 기초하여 적시적으로 결심하고 행동할 수 있어야 한다.

지휘통일의 원칙

"유관기관 및 각 군의 노력을 통합하여 공동의 목표를 달성한다."

부대를 지휘하는 데 필요한 권한을 단일 지휘관에게 부여하는 것이 지휘통일을 위한 가장 효과적인 방법이다. 그러나 오늘날의 전역은 합동작전으로 수행되며, 합동작전은 전역 전체를 지휘하는 단일의 지휘관 지휘 하에 각 군 및 유관기관 간의 자발적이고 적극적인 협조와 협력을 필요로 한다.

작전적 수준의 지상, 해상, 항공·우주작전은 각각의 고유한 능력과 특성을 보유하고 있으며, 합동작전을 통해 전역의 전략목표를 달성하기 위해서는 노력의 통합이 요구된다. 이러한 노력의 통합은 전통적인 지휘관계 설정만으로는 달성될 수 없으며, 각 군이 합동성에 기초하여 자발적으로 협조하고 협력해야만 달성될 수 있다.

각 군간 노력의 통합이 공동의 목표를 달성하기 위한 지휘통일에 기여하지만, 역으로 공동의 목표가 없이는 협조된 활동이나 노력의 통합이 이루어질 수 없다. 따라서 각 군간 노력의 통합을 위해서는 전역의 전략적 목표와 작전적 목표에 대한 명확하고 공통된 이해가 필요하다.

기동의 원칙

"융통성 있는 전력 운용을 통해 적을 불리한 입장에 처하게 한다."

기동은 작전준비와 시행에 있어서 기민성機敏性과 즉응성卽應性, 다재다능성多才多能性을 의미하며 역동적이고 융통성 있는 사고와 계획을 요구한다. 전술적 수준의 기동은 전투에 유리한 상황을 조성하기 위해 실시되는 반면, 작전적 수준의 기동은 하나 또는 그 이상의 작전적 목표 달성을 위한 유리한 상황을 조성하기 위해 실시된다. 6·25 전쟁 시 인천상륙작전과 같이 작전적 수준에서 적의 종심을 지향하는 기동은 적으로 하여금 나의 행동에 대응하도록 강요함으로써 주도권을 탈취하고 달성된 전술적 성과를 확대할 수 있도록 하며 전체적인 상황을 결정적으로 변화시킬 수 있다.

작전적 수준의 기동은 적의 중심에 접근하거나, 적 중심과 관련된 취약점을 노출시키거나, 적 중심의 일부를 파괴 또는 와해시키는 등 항상 적 중심을 지향해야 한다. 작전적 수준의 기동은 대체로 속도에 의존하지만, 그 속도는 절대적인 속도라기보다는 적과의 상대적인 속도, 즉 템포를 의미한다. 적의 중심 깊숙이 기동하면서 적이 대응하기 이전에 빠른 템포로 다음 행동으로 전환하면 적은 우군의 기동에 효과적으로 대응할 수 없다. 이러한 현상이 누적되면 전투를 통해 적 부대를 격멸하지 않고도 적의 조직을 마비 및 와해시켜 작전적 수준의 저항이 불가능해지게 만들 수 있다.

집중의 원칙

"결정적인 시간과 장소에 모든 활동의 효과를 집중한다."

작전적 수준의 집중은 물리적 집중을 의미하기보다는 분산된 지역에서 이루어지는 다양한 활동들에 의해 나타나는 효과의 집중을 의미한다.

작전적 수준에서 특정 공간에 부대를 물리적으로 집중하는 것은 한계가 있으며, 과도한 물리적 집중은 오히려 적의 화력에 취약해진다. 따라서 광범위한 공간에 분산되고 상이한 시간에 이루어지는 개별적인 활동일지라도 그러한 활동에 의해 나타나는 결과가 결정적인 시간과 장소에 집중되도록 전역 전체의 관점에서 모든 활동을 조직하고 지도해야 한다.

결정적인 시간과 장소에 효과를 집중하기 위해서는 불필요하거나 중요하지 않은 활동에 대한 자원과 전투력의 절약을 전제로 하며, 이는 대부분 모험의 감수를 요구한다. 따라서 작전적 수준의 집중을 위해서는 작전목표와 수행해야 할 과업의 우선순위에 기초하여 가용자원과 전력을 분별력 있게 배분하고 운용해야 한다.

효과의 집중은 적의 분산을 강요하거나 적의 적시적인 집중을 방해함으로써 상대적인 집중을 달성할 수도 있다. 그러나 이 역시 공간적인 분산을 의미하는 것이 아니라 적의 관심을 결정적인 장소 이외의 지역으로 분산 및 전환시키거나, 동시다발적인 상황에 대응하도록 강요하거나, 전술적 노력들이 축차적으로 투입되도록 강요함으로써 달성될 수 있다.

기습의 원칙

"적이 준비되지 않은 시간, 장소, 방법으로 공격한다."

작전적 수준의 기습은 적이 알지 못하도록 하는 것 보다는 알더라도 효과적으로 대응하기에는 너무 늦도록 하는 것이 더욱 중요하다. 기습은 피·아의 역량과 자원의 균형을 아군에게 유리하게 전환시킴으로써 큰 노력 없이도 결정적인 성과를 달성하게 한다. 그러나 기습의 효과는 기습에 성공한 초기에는 지대할 수 있으나 적이 아군의 행동에 대응함에 따라서 지속적으로 감소한다. 따라서 전술적 수준에서는 기습의 효과가 사라지기 전에 목표를 달성하는 것이 중요하나 작전적 수준에서는 기습으로 달성된 성과를 신속하게 확대하여 작전적, 전략적 성과로 연계시키는 것이 중요하다.

기습은 일반적으로 공세적인 행동을 통해 달성되며, 작전적 수준의 공세는 최소한의 물리적 집중을 위한 시간과 노력을 필요로 한다. 전장 감시능력과 지휘통제수단이 획기적으로 발전된 오늘날의 작전환경에서 상당한 수준의 물리적 집중을 은폐하는 것은 거의 불가능하다. 따라서 작전적 수준의 기습은 적보다 빠른 결심과 행동, 정보의 우세, 비대칭적 무기체계의 사용, 부대운용 방법의 변화 등을 통해 달성될 수 있다.

방호의 원칙

"아 중심을 보호하고, 핵심 부대 및 기능을 보존한다."

중심은 적에게 나의 의지를 강요하기 위한 힘의 원천이며 모든 기동과 작전 활동의 기준이다. 중심이 제 기능을 발휘하지 못하면 작전의 기세를 유지하면서 아측의 의지를 적에게 강요하는 것도 어려울 뿐만 아니라 적의 의지를 거부하기도 어렵다. 따라서 작전적 수준의 방호는 아 중심을 보호하는 것에 집중되어야 하며, 중심과 관련된 부대와 기능을 보존할 수 있어야 한다.

전역 수행 전 기간에 걸쳐 중심이 제 기능을 유지하기 위해서는 국가적 수준의 전쟁지속 능력과 군사적 수준의 작전지속 능력의 유지가 필수적이며 이를 위해 국가 및 군사 지휘통제시설, 병참시설 및 주요 보급로, 주요 비행장 및 항만 등에 대한 방호 대책이 강구되어야 한다.

작전적 수준에서는 소산, 은폐 및 엄폐, 방호를 위한 부대의 배치 등 소극적인 방호대책만으로는 아 중심을 보호하고 중심과 관련된 부대 및 기능을 보존하기 어렵다. 따라서 중심과 관련된 부대 및 기능을 위협하는 적의 능력을 식별하여 사전에 제거할 수 있는 적극적인 방호 대책이 동시적으로 강구되어야 한다.

사기의 원칙

"유리한 상황 조성을 통해 전투의지를 고양한다."

사기는 어떠한 악조건 하에서도 개인 또는 부대가 임무를 완수하고자 하는 내재적 정신 상태이며, 승리할 수 있다는 믿음에 기초한다. 이러한 사기는 통상 개인과 부대의 임무가 정당하고 상위의 목표 달성에 결정적으로 기여할 수 있으며 적에 비해 유리한 상황에 처해 있다고 확신할 때 고양된다.

그러나 모든 개인과 부대가 항상 유리한 상황에서만 임무를 수행할 수는 없다. 전역의 전체적인 맥락 하에서 전투력이 절약된 지역이나 모험을 감수해야 할 지역, 적을 유인하거나 관심을 전환시켜야 할 경우에는 불리한 상황에서 임무를 수행해야 할 수도 있다. 따라서 작전적 수준에서는 능력과 상황을 고려하여 과업을 부여해야 하며, 악조건 하에서 임무를 수행해야 하는 경우에도 그러한 임무가 전체적인 작전 상황에 어떻게 기여할 수 있는 지를 명확하게 제시하여 사기를 유지할 수 있어야 한다.

작전적 수준에서의 사기는 국내외 정치·사회적 환경에 크게 의존한다. 전쟁 자체와 군사적 상황에 대한 국민의 지지는 사기 고양에 기여하나 전쟁을 반대하는 여론의 조성은 전쟁의 정당성에 의문을 제기함으로써 군의 사기를 크게 저하시킨다. 전략적 수준에서는 전쟁의 이유와 목적에 대해 국민에게 명확하게 설명하고 공감대를 형성할 수 있어야 하며, 작전적 수준에서는 군사적 상황을 정확하게 전달함으로써 승리와 패배를 국민들과 함께 할 수 있어야 한다. 특히 작전 수행 간 부주의로 인해 발생할 수 있는 사소한 비인도적 행위나 불법적 행위조차도 여론에 지대한 영향을 미친다는 점을 명심해야 한다.

제3절
작전술의 실제적 적용

작전술은 전역을 계획하고 시행할 때 실질적으로 적용 및 활용된다. 작전술은 전역 수행 전 과정에 걸쳐 정치적 목적을 달성하기 위해서는 군사적으로 무엇이 필요하며, 어떤 수단을, 어떻게 운용할 것인지, 어떤 위험을 감수 또는 회피할 것인가를 생각하고 결정할 수 있도록 한다. 작전적 수준에서는 작전술을 적용하여 전략적 수준의 요구사항을 실제적인 군사적 행동으로 전환하고, 전술적 수준의 활동을 조직 및 지도함으로써 전술적 성과를 전략적 승리로 연결시킨다.

1 전략지침 이해

전역의 계획 및 시행은 전략지침에 대한 이해를 기초로 하며, 전략지침의 범위 내에서 계획되고 시행되어야 한다. 전략적 수준에서는 전략지침을 통해 전쟁의 정치적 목적 및 군사전략목표, 군사전략개념을 제시하고 군사전략목표 달성을 위해 이용 가능한 자원을 할당하며 정치적 제한사항을 부여함으로써 전역을 수행하는 이유와 상대해야 할 적, 전역의 성격과 범위를 규정한다.

따라서 정치적 목적 달성에 기여할 수 있는 전역을 계획하고 시행하기 위해서는 우선 전쟁의 이유와 배경인 전략 환경에 대한 이해를 기초로 군사전략목표와 군사전략개념이 의미하는 바가 무엇인지를 파악해야 하며, 군사전략개념의 범위 내에서 부여된 자원으로 군사전략목표를 달성할 수 있는지를 검토하고 정치적 제한사항이 군사적 행동에 미치는 영향을 확인하여 전략적 수준의 결심권자 및 참모들과 견해를 일치시켜야 한다.

군사전략적 목표, 개념, 자원 간의 균형을 유지하는 것은 기본적으로 전략의 핵심적인 문제이다. 그러나 작전적 수준에서는 전략적 수준에서 제시된 목표, 개념, 자원 간의 균형을 검토하고 문제를 제기할 의무가 있다. 나폴레옹은 "무조건적인 복종이란 오직 전투 현장에 있는 상관에 의해 내려진 부대 지휘에 관한 것이다. 전투 현장에서 멀리 떨어진 고급 지휘관에게는 군주나 관계 장관의 지시라는 이유로 자신의 실책을 변명할 권리가 없다."고 하였다. 더 나아가 "지시나 계획을 수정해야 할 이유를 보고했다는 핑계로 잘못된 계획을 그대로 실천에 옮김으로써 군대를 망치는 꼭두각시가 되느니 차라리 사임해 버리는 것이 도리일 것이다."[15]라고 하였다.

작전적 수준에서는 전략 환경, 목표, 개념, 자원에 대한 명확한 검토와 이해를 통해 군사적으로 가능한 것과 불가능한 것을 구분하고 진실을 말할 수 있는 직책에 대한 책임과 도덕적 용기를 갖추어야 한다.

가. 전략 환경

전략 환경은 국가의 핵심적인 이익과 관련된 주변국 및 이해당사국의 태도와 의도를 의미하며, 국가가 군사력을 이용하여 대응할 수밖에 없는 정치·사회적 이유이자 배경이다. 작전적 수준에서는 전략 환경의 전체적인 맥락을 고려하면서 군사전략목표와 군사전략개념의 의미를 파악하고 목표, 개념, 자원 간의 균형을 검토할 수 있어야 한다.

나. 군사전략목표

군사전략목표는 전쟁의 정치적 목적을 달성하기 위하여 군사적으로 달성하고자 하는 것이 무엇인지를 간단명료하게 제시한 것으로 군사작전을 실시하는 이유이자 목적이다. 따라서 전역의 모든 군사적, 비군사적 활동은 군사전략목표 달성에 기여할 수 있어야 하며 전역을 구상 및 계획하기 전에 군사전략목표의 의미를 명확하게 이해해야 한다. 그러나 군사전략목표는 대단히 포괄적이고 경우에 따라서는 정치적인 의미도 포함되어 있을 수 있으므로 반드시 전략적 수준의 결심권자와 견해를 일치시켜야 한다. 전략적 수준과 작전적 수준의 주요 직위사들이 군사전략목표에 대한 견해를 일치시키지 못하면 노력의 초점을 흐리게 하여 전역의 구상과 계획을 위한 시간과 자원을 낭비할 뿐만 아니라 전역 시행 간 일관된 방향으로 노력을 지향할 수 없게 만든다.

군사전략목표는 군사적으로 무엇을 달성해야 하는지 분명해야 하며 능력 범위 내에서 달성 가능해야 한다. 그러나 전쟁 사례를 보면 2차 세계대전 시 독일의 전략목표와 같이 가용 자원과 군사적 능력을 초과하는 과도한 전략목표가 제시되거나 코소보 전쟁에서 나토군의 전략목표와 같이 그 의미가 모호하여 다양하게 해석할 수 있는 전략목표가 제시된 예도 있다. 또한, 이라크 전쟁에서 미국의 전략목표는 그 성격상 군사적으로 달성할 수 있는 것이 아니었다.

명확하고 달성 가능한 군사전략목표를 설정하는 것은 전략적 수준의 문제다. 그러나 작전적 수준에서 군사전략목표를 명확하게 이해하기 어렵거나 달성 가능성이 의심스러움에도 불구하고 전략적 수준에서 주어졌기 때문에 따라야 한다고 생각한다면 공통된 시각으로 전역을 수행하는 것이 불가능할 뿐만 아니라 그러한 군사전략목표를 달성한다고 하더라도 전쟁의 궁극적인 정치적 목적을 달성하는 데에는 아무런 도움이 되지 못할 수 있다. 따라서 작전적 수준에서는 군사전략목표가 모호하거나 달성 가능성에 의문이 제기된다면 전략적 수준과의 논의를 통해 견해를 일치시켜야 하며, 보다 분명하고 달성 가능한 군사전략목표가 부여될 수 있도록 요구해야 한다.

다. 군사전략개념

군사전략개념은 군사전략목표를 구현하기 위한 군사적 행동방안으로서 외부의 위협에 대응하기 위한 전략적 수준의 군사력 운용개념이자 군사작전에 대한 일반적인 지침이다. 군사전략개념에는 전략적 맥락에서 군사적 노력의 지향 방향과 우선순위, 군사적 활동의 시·공간적 범위와 한계 등에 대한 지침이 포함된다. 작전적 수준에서는 군사전략개념의 내용뿐만 아니라 그 이유와 배경까지를 이해하고 군사전략개념에 부합되게 전역을 계획 및 시행할 수 있어야 한다.

군사전략개념에는 전역을 계획 및 시행할 때 필수적으로 고려해야 할 정치적 제한사항이 포함되어 있을 수 있다. 정치적 제한사항은 외교 협정이나 주변국 및 동맹국, 국내의 정치·사회, 외교, 경제 상황 등의 이유로 '해서는 안 되는 금지사항'과 '반드시 지켜야 할 준수사항'으로 구분된다.

금지사항은 군사적으로는 필요하거나 유리할 수 있지만, 정치적 목적 달성에 부정적인 영향을 미치거나 전쟁의 진행 과정에 악영향을 미칠 수 있는 특정 군사적 행동을 제한하기 위한 것이다. 6·25 전쟁 시 유엔군에 지시되었던 '압록강 이북에 대한 폭격 금지'나 이라크 전쟁 시 미군에게 지시되었던 '유프라테스 강 이북에서의 군사작전 금지' 등이 그 예이다.

준수사항은 군사적으로는 불필요하거나 불리할 수 있지만, 국민의 전쟁의지를 고양하고 국내·외적으로 유리한 전략적 환경을 조성하기 위해 특정 군사적 행동을 강제하기 위한 것이다. 2차 세계대전 당시 패튼 장군으로 하여금 '후퇴하는 독일군 추격하는 대신 파리 해방을 위해 부대를 전환'하도록 요구한 사례에서와 같이 군사적으로는 그다지 중요하지 않거나 시급하지 않지만, 정치적, 심리적인 이유로 특정 지역을 확보해야 할 수도 있다.

전역을 계획 및 시행할 때는 기본적으로 군사전략개념에 포함된 또는 별도로 제시된 정치적 제한사항을 따라야 한다. 그러나 정치적 제한사항은 그 성격상 시간, 공간, 전투력 운용 면에서 행동의 자유를 제한하며, 경우에 따라서는 정치적 제한사항으로 인해 군사전략목표, 더 나아가 궁극적인 정치적 목적 달성 자체를 어렵게 하거나 해결할 수 없는 문제를 야기할 수도 있다. 작전적 수준에서는 정치적 제한사항이 과도하다고 판단될 경우 정치적 제한사항을 완화하거나 정치적 제한사항이 꼭 필요하다면 그러한 제한사항 범위 내에서 달성 가능한 전략목표가 제시될 수 있도록 전략적 수준에 요구하고 견해를 일치시켜야 한다.

라. 할당된 자원

할당된 자원은 군사전략목표 달성에 직접 및 간접적으로 이용되는 모든 인적, 물적 자원을 말한다. 이러한 자원에는 부대, 인력, 물자, 예산 등 군사적, 비군사적 수단들을 포함하며 전쟁을 위해 평시에 준비해둔 자원뿐만 아니라 동원을 통해 추가적으로 제공되는 예비전력 및 자원을 포함하며 상황에 따라서는 동맹국의 지원전력이 포함된다.

전략지침을 통해 작전적 수준에 할당된 자원은 기본적으로 군사전략개념을 따르면서 군사전략목표를 달성할 수 있을 만큼 충분해야 한다. 그러나 군사적으로 이용 가능한 국가의 자원에는 한계가 있으며 일반적으로 군이 충분하다고 생각할 만큼의 자원이 제공되는 경우는 거의 없다. 따라서 작전적 수준에서는 할당된 자원 내에서 군사전략목표를 달성할 수 있는 최선의 방법을 모색해야 하지만 만약 할당된 자원으로는 군사전략목표 달성이 어렵다고 판단될 경우에는 국가동원의 범위 확대, 동맹국 증원전력이나 외부지원 등을 통해 추가적인 자원이 제공될 수 있도록 전략적 수준에 요구해야 하며 정치적으로 허용될 경우에는 군사전략목표를 가용자원의 범위 내로 수정하도록 건의해야 한다.

2 전역 구상 Designing

디자인은 다양한 분야에서 사용될 수 있으나 본질적으로 달성해야 할 목적이 분명하고, 그 목적을 달성하기 위한 구조가 언어와 그림 등을 통해 표현될 수 있어야 하며, 그 산물은 관련된 사람들에게 전파되어 공동의 목표를 향해 모두가 협력할 수 있도록 하는 힘이 있어야 한다.[16] 그런 의미에서 전역 구상은 군사전략목표를 달성하기 위한 전역의 전체적인 구조, 큰 그림을 그리는 사고 과정과 그 산물을 말한다. 다시 말해 어떻게 행동할 것인가를 구체적으로 계획하기 전에 군사전략목표를 달성하기 위해 해결해야 할 핵심적인 문제가 무엇이며 어떤 순서와 방법으로 문제를 해결할 것인지 전역의 기본 틀을 형성하는 것이다.

군사전략목표 달성을 위한 구체적인 행동을 계획하기 전에 먼저 전역의 기본 틀을 형성하는 것이 필요하고도 중요한 이유는 전역 수행 간에 고려해야 할 요소들이 대단히 많고 복잡하기 때문이다. 구조적으로 복잡한 문제는 문제 자체가 명확하지 않으며 문제를 해결하기 위해서는 먼저 문제가 무엇인지를 이해해야 한다. 즉,

문제를 잘 풀기 전에 어떤 문제를 풀어야 하는지를 파악해야 한다.

통상 복잡한 문제는 각각 고유한 특성을 가지고 있어 과거의 경험이나 습관을 그대로 적용하기 어렵다. 손자는 전승불복全勝不復이라 하였으며 챈들러는 "전쟁에서 똑 같은 상황이 반복되는 일은 없으며, 각 사건은 어떤 경우에도 유일한 것"[17]이라고 하였다. 각각의 전쟁마다 정치적 목적이 다르고 전역이 수행되는 전략환경과 작전환경이 상이하다. 따라서 전역의 구상은 달성해야 할 정치적 목적과 군사전략목표, 전략환경 및 작전환경을 고려한 체계적이고 창의적인 사고를 요구한다. 전역을 구상하는 지휘관과 참모들은 해당 직위에 오를 때까지의 경험과 전문적인 교육, 개인적인 연구를 통해 습득된 작전술 관련 지식을 실제 상황에 맞게 실천적으로 적용할 수 있어야 한다.

전역 구상은 일반적인 디자인 방법론을 따른다. 디자인을 위한 일반적인 방법론은 목적 달성에 영향을 미치는 제반 환경을 이해하고, 그러한 환경을 목적에 맞게 변화시키기 위해 해결해야 할 문제는 무엇이며, 식별된 문제를 해결하기 위한 행동방안과 순서를 탐색한다.[24]

전역 구상은 일반적으로 환경 이해, 문제 규정, 접근방법 발전 순으로 설명될 수 있지만, 반드시 지켜야 할 순서나 단계를 의미하는 것은 아니다. 예를 들어 문제를 규정하는 것은 환경에 영향을 미쳐 변화시키고, 변화된 환경은 또 다른 문제를 만들어 낼 수 있다. 따라서 전역 구상은 환경과 문제, 문제와 해결 방안 간의 상호작용을 고려할 수 있도록 전체적이고 체계적인 관점을 유지해야 한다.

가. 작전환경 이해

작전환경은 전역 수행에 직·간접적으로 영향을 미치는 요인들을 말한다. 작전적 수준에서는 작전지역의 물리적 환경과 피·아의 군사적 수단 및 의도뿐만 아니라 이해 당사국들의 정치·사회, 정보, 경제, 문화 및 종교 등의 구조와 특성 등을 이해해야 한다. 전역은 궁극적으로 정치적 목적을 달성하기 위한 것이며, 정치적 목

---

24 현재 우리 군 교리에서는 이를 '작전구상의 기본틀'이라고 설명하고 있다.

적을 달성하기 위해서는 단순히 적의 군사적 능력에 영향을 미치는 것만으로는 충분하지 않으며 적 국가 체계 전체에 영향을 미침으로써 그들의 의지와 태도를 변화시켜야 하기 때문이다. 또한, 포괄적인 관점에서 작전환경을 이해하면 적의 군사적 능력을 완전히 파괴하지 않고도 최소의 노력으로 군사전략목표를 달성할 수 있는 방법을 모색할 수 있게 한다.

작전적 수준에서는 작전환경을 파악하고 이해함으로써 군사적 노력을 통해 조성해야 할 작전환경의 '최종적인 모습', 즉 최종상태가 어떠해야 하는지를 규정할 수 있다. 전역의 최종상태는 모든 군사적 노력이 지향되어야 할 종착점이자 무엇이 올바르고 중요한지를 판단할 수 있는 기준이다. 최종상태 도달에 기여하지 못하는 모든 노력은 무가치하며, 투입된 자원은 낭비일 뿐이다.

나. 문제 규정

문제 규정은 국가의 이익이 위협받고 있는 현재의 상태를 요망하는 전역의 최종상태로 변화시키기 위해 해결해야 할 문제가 무엇인지를 식별하는 것이다. 전쟁은 본질적으로 적대적 의지의 충돌 현상이다. 적과 이해 당사국들은 그들이 원하는 방향으로 작전환경을 변화시키기 위해 노력하며 이러한 노력들이 문제를 야기한다. 따라서 문제를 규정하기 위해서는 먼저 전쟁의 근본적인 원인을 이해하고 문제의 핵심이 무엇인지를 파악할 수 있어야 한다. 예를 들어 이라크 전쟁에서 미군은 문제의 핵심을 '문화와 종교적 적대감'이 아니라 '후세인과 공화국수비대'로 잘 못 이해함으로써 많은 어려움을 겪었으며 정치적 목적을 달성하지도 못했다.

전쟁의 근본적인 원인과 문제의 핵심을 이해하면 전역의 최종상태에 도달하기 위해 반드시 조성해야 할 '일련의 군사적 조건', 즉 작전목표를 규정할 수 있다. 이러한 작전목표는 최종상태에 도달하는 것을 방해하는 위험 요인을 제거하는 것뿐만 아니라 최종상태에 달성에 결정적으로 기여할 수 있는 기회의 활용도 포함되며, 전역의 최종상태에 도달하기 위해서는 반드시 해결해야 할 중요한 문제들이다. 전역의 최종상태는 통상 단기간에 수차례의 노력만으로 달성되기 어렵다. 또한, 군사적 노력만으로 달성될 수 있는 것도 아니다. 전역의 최종상태는 문제와 관련된 일련의 군사적 조건들, 즉 작전목표들을 동시적, 연속적으로 달성해 나감으로써 도달할 수 있다.

다. 접근방법 발전

접근방법은 핵심적인 문제를 해결하고 전체적인 작전환경을 우리가 요망하는 최종적인 모습으로 변화시키기 위해서는 우리의 자원과 노력을 어디에 어떤 순서로 집중할 것인가, 즉 작전목표들을 달성하고 최종상태에 도달하기 위한 방법의 전체적인 논리와 구조를 가시화하는 것이다. 접근방법의 발전은 본질적으로 창의적인 정신 활동이며 작전술의 실질적인 표현이다.

동일한 작전목표들을 달성하고 최종상태에 도달하는 방법은 무수히 많을 수 있다. 그러나 접근방법은 군사적 행동 계획을 구체화하기 위한 논리 틀이자 밑그림이기 때문에 계획과 관련된 모든 인원들이 의견을 교환하고 공감대를 형성하는 것이 필요하며, 이를 위해 교리적으로 명확하게 정의된 개념적 도구[25]를 사용하여 접근방법을 묘사한다.

작전적 수준에서 접근방법 발전을 위한 가장 중요한 개념적 도구는 나의 의지를 적에게 강요함과 동시에 적의 의지는 거부하기 위한 '힘의 원천', 즉 중심이다. 중심이 핵심적인 개념적 도구인 이유는 작전목표만으로는 최종상태에 도달하기 위해 어떤 행동이 요구되는 지를 구체화하기 어렵기 때문이다. 작전목표는 전역의 최종상태에 도달해 가는 과정에서 무엇이 핵심적이고 반드시 해결해야 할 문제인지를 제시해 주기는 하지만 위험의 제거와 기회의 활용, 순수하게 군사적인 것과 사회적·심리적 요소가 포함된 것 등 그 성격이 매우 다양할 뿐만 아니라 서로 깊이 연계될 수밖에 없다. 따라서 각각의 작전목표에 별도의 자원과 노력을 투입하는 것은 비효율적이며 하나의 작전목표 달성을 위한 노력이 오히려 다른 작전목표 달성을

---

[25] 교리적으로는 '작전구상요소'라 한다. 작전구상요소는 계속해서 추가되거나 삭제되어 왔지만 최종상태, 작전목표, 중심, 결정적 지점, 작전선 등은 변함없이 활용되고 있다.

방해할 수 있다.

따라서 전체적인 작전목표 달성에 가장 유리한 상황을 조성할 수 있는 중심을 선정하고[26] 선정된 적 중심에 모든 노력과 자원을 집중함으로써 효율적으로 최종상태에 도달할 수 있다. 적 중심을 마비시키거나 무력화하는 것이 곧 모든 작전목표의 달성을 의미하는 것은 아니지만, 모든 작전목표들을 달성할 수 있는 가장 유리한 환경을 조성한다.

접근방법은 어떤 방식으로라도 글과 그림으로 표현되어 전역 계획과 관련된 모든 인원이 이해하고 활용할 수 있어야 한다. 작전적 수준에서 가시화된 접근방법의 산물에는 최소한 최종상태와 작전목표, 중심, 그리고 적의 중심은 마비 또는 무력화하고 아 중심은 보호하는 데 있어 '결정적인 것들', 즉 결정적 지점과 결정적 지점들을 어떤 순서와 논리로 시·공간상에 배열할 것인가 하는 작전선이 표현되어야 한다.

3 전역 계획 Planning

전역 계획은 전역 구상을 통해 가시화된 접근방법에 기초하여 작전목표들을 달성하고 최종상태에 도달하기 위한 구체적인 군사적 행동들과 통제 방책이다. 전역 계획은 포괄적으로 표현된 접근방법을 각각의 부대 및 조직이 수행할 수 있는 크기의 과업으로 분해함으로써 작전목표를 전술적 활동과 연계시킨다. 그러나 계획은 미래에 대한 예언이 아니며 반드시 따라야 할 설계도 아니다.[18] 모든 계획은 상황 변화에 따라 지속적으로 수정되고 보완되어야 한다.

전역 계획은 전역 구상을 통해 형성된 공통된 인식에 기초하며, 전역 구상의 포괄적인 접근방법을 시행 가능한 실천계획으로 전환한다. 전역 구상과 전역 계획은

---

[26] 중심을 선정하는 방법론은 매우 다양할 수 있다. 중심 선정 방법론에 대한 자세한 내용은 (홍재욱, "작전적 수준의 중심 이해와 적용", 군사평론 473호), (Eikmeier, 이동찬 역, "중심 개념을 바로 잡거나 타파하자", 군사평론 447호), 박정도, "합동작전계획수립을 위한 중심 식별 및 분석의 과학적 접근", 군사평론 461호) 등을 참조한다.

둘 다 문제 해결 방법을 모색한다는 점에서는 같지만, 작전술을 적용하는 관점에서는 서로 다르다. 전역 구상은 문제를 식별하고 그러한 문제를 해결하기 위한 포괄적인 접근방법을 모색한다는 점에서 주로 전략과 관련된다. 즉, 전역 구상은 전략을 군사적 행동으로 전환하는 전체적이고 합목적적인 관점에서 작전술을 적용한다. 반면에 전역 계획은 문제를 해결하기 위한 최적의 수단을 선택하고 가장 효율적인 행동 방법을 모색한다는 점에서 주로 전술과 관련된다. 전역 계획은 구체적인 군사적 행동을 선택하고 조직화하기 위해 시행 가능성과 효율성에 중점을 두고 작전술을 적용한다.

작전적 수준에서 해결해야 할 문제, 즉 작전목표를 달성할 수 있는 수단과 방법은 무수히 많을 수 있다. 그러나 그중에서 최적의 수단과 최선의 방법을 선택하는 것은 고도의 창의적인 정신 활동을 요구하며 군사적, 비군사적 수단에 대한 광범위한 지식과 적용 능력, 즉 작전술을 필요로 한다. 전역의 성격 및 작전환경에 따라 구체적인 내용은 다를 수 있겠지만, 일반적으로 전역 계획은 전투를 포함한 다양한 개별적 행동들을 전략목표 달성에 기여할 수 있도록 동시적·연속적으로 조직하고, 전투를 위한 유리한 여건을 조성하며, 전투를 통해 달성된 전술적 성과를 전략적 성과로 확대할 수 있어야 한다.

가. 동시적·연속적 조직

전투를 포함한 개별적 행동들을 조직한다는 것은 작전목표 달성을 위해 군사적 행동 및 수단들을 '어떻게 이용할 것인가?'를 체계화하는 것이다. 즉, 작전목표 달성을 위한 군사적, 비군사적 활동의 선택과 연결을 의미한다. 전역은 시·공간적으로 광범위하여 한두 차례의 군사적 행동만으로는 작전목표들을 달성하고 최종상태에 도달하기 어렵다. 따라서 전역 계획은 일련의 군사적, 비군사적 행동을 실시하는 순서 또는 절차를 포함하며, 군사적 수단과 비군사적 수단의 동시적이고 연속적인 운용을 필요로 한다.

동시적 조직은 결정적 지점에서 시너지가 발휘될 수 있도록 제반 활동을 조직화하는 것이다. 그러나 동시적 조직의 핵심은 시간 또는 장소에 있는 것이 아니라 각각의 행동이 만들어내는 효과에 있다. 즉, 각각의 행동이 동일한 시간에 동일한 장소에서 이루어져야 한다는 의미가 아니라 시간 및 공간적으로 분산된 행동들에 의해 나타나는 결과가 결정적 지점에 대한 요망효과를 만들어 낼 수 있어야 한다.

또한, 시너지는 최선의 수단을 선택하는 것과 관련된다. 오늘날 군사적 수단들은 고도로 전문화되었으며 국가의 비군사적 수단들도 매우 다양하다. 이러한 군사적, 비군사적 수단들은 서로 대체할 수 없는 독특한 능력과 한계를 가지고 있다. 따라서 작전적 수준에서는 각각의 능력은 극대화하면서 약점은 최소화할 수 있도록 수단과 활동을 조직해야 한다.

연속적 조직은 동시적으로 조직된 활동들을 전역 구상의 접근방법에 따라 연속적으로 배열하고 긴밀히 연계시키는 것이다. 일반적으로 작전적 수준에서는 모든 결정적 지점을 동시에 처리하는 것이 어렵기 때문에 시간, 공간, 자원을 고려하여 수개의 결정적 지점에 연속적으로 접근한다. 연속적 조직의 핵심은 동시적으로 조직된 행동들을 최종상태에 도달할 때까지 일관된 논리에 따라 연계시키는 것이다.

시간적으로 선행된 우군 행동은 다음 행동에 영향을 미친다. 선행된 행동은 다음 행동을 위한 유리한 여건을 조성할 수 있어야 하며, 다음 행동은 선행된 행동이 조성한 성과를 이용하고 확대할 수 있어야 한다. 이러한 방식으로 결정적 지점들을 연속적으로 처리함으로써 아 중심은 보호하면서 적 중심을 무력화하여 최소의 자원과 노력으로 작전목표를 달성하고 최종상태에 도달할 수 있다.

나. 전투를 위한 여건 조성

작전술은 전투에서 이기는 것에 관한 것이 아니라 전투를 위한 상황 조성에 관한 것이다.[19] 전투는 전역을 구성하는 다양한 군사적 행동 중에서도 가장 중심적인 행동이다. 전역의 최종상태에 도달하기 위해서는 전투가 필요하지만, 인원, 장비, 물자의 피해 등 그에 따른 대가를 요구한다.

작전적 수준에서는 불필요하거나 불리한 전투는 회피하고 작전목표를 달성하고 최종상태에 도달하기 위해 꼭 필요한 전투만을 선택하여 유리한 상황에서 전투를 하도록 여건을 조성해야 한다. 전술적으로 유리하거나 이점이 있다고 하여 전투를 하는 것은 의미가 없으며 전역의 최종상태 도달하기 위한 필요성이나 전략적, 작전적 이점이 더 중요하다. 즉, 전투를 함으로써 전략적, 작전적으로 얻는 것이 있거나 실시하지 않음으로써 잃는 것이 있을 때 전투를 해야 한다.

이상적으로는 오직 원하는 시간과 장소에서 유리한 전투만을 실시하도록 전역을 계획해야 하지만 전략적, 작전적 필요성이나 적에 의한 강요 등에 의해 그럴 수만은 없다. 그러나 어떤 경우라도 전투의 결과를 최대한 이용하여 전역의 최종상태 도달에 기여할 수 있도록 통제되고 계획되어야 한다.

작전적 수준에서는 전투를 선택하고 선택된 전투를 통해 원하는 결과가 만들어질 수 있도록 여건을 조성하는 것에 집중해야 한다. 다시 말해 전투에서 승리하기를 기대하는 것이 아니라 승리할 수밖에 없는 상황을 조성하는 것이 작전술의 요체이며, 치열한 전투와 희생을 통해 요망하는 결과를 얻는 것보다는 전투 없이 또는 최소의 비용으로 목적을 달성하는 것이 바람직하다.

전통적으로 전투에 유리한 여건의 조성은 전략적, 작전적 기동과 배비를 통해 달성되었다. 적의 측후방이나 예상하지 못한 방향으로 기동함으로써 준비되지 않은 적과 전투를 하도록 하거나 적 보다 빨리 결심하고 행동하여 적이 효과적으로 대응하지 못하도록 만들 수 있다. 6·25 전쟁 시 인천상륙작전은 작전적 기동을 통해 전체 국면을 결정적으로 유리한 상황으로 전환하고 전술적 수준의 부대들이 심리적으로 와해된 적과 전투를 하도록 유리한 여건을 조성한 대표적인 예이다.

적과의 직접적인 전투가 필요한 경우에는 상대적으로 우세한 전투력으로 전투를 할 수 있도록 여건을 조성해야 한다. 상대적인 전투력의 우세를 달성하는 가장 일반적인 방법은 중요하지 않은 지역의 적을 고착 및 견제하여 전투력을 절약하고 절약된 전투력을 결정적인 시간과 장소에 집중하는 것이다. 또한, 공중 화력이나 사거리가 긴 지상화력을 이용하여 적의 증원전력이 주요 전투 국면에 투입되지 못하도록 차단하거나 파괴함으로써 유리한 여건을 조성할 수 있다. 그러나 전투력 절약이나 전환에는 항상 위험이 따른다. 어떤 위험을 감수할 것인가는 술術적인 문제이며 전역의 전체적인 국면을 고려해야 한다.

전술적 수준의 부대들이 작전을 지속할 수 있도록 여건을 조성하는 것 역시 대단히 중요하다. 전술적 수준의 부대들이 자체의 능력으로 작전을 지속할 수 있는 기간은 통상 하루에서 수일에 불과하며 일주일을 넘지 않는다. 따라서 전역을 계획할 때는 반드시 군수지원의 가능성을 고려해야 한다. 군수지원이 따르지 않는 전역 계획은 계획이 아니라 단지 환상일 뿐이다. 작전적 수준에서는 최종상태에 도달할 때까지 자원의 소요를 예측하고, 필요한 자원의 확보 및 관리를 위한 계획이 구체화되어야 하며, 필요한 부대들에게 적시에 적량을 제공할 수 있도록 준비되어야 한다.

다. 전술적 성과 확대

전투에서의 승리가 전쟁에서의 승리를 보장하는 것은 아니지만, 개별적인 전투의 결과는 그것이 승리이든 패배이든 전역 전체에 영향을 미친다. 작전적 수준에서는 전투에서의 승리뿐만 아니라 패배까지도 작전적 성과로 확대하고 더 나아가 전략적 승리로 귀결시켜야 한다.

전술적 성과를 작전적, 전략적 성과로 확대하는 것은 전장에서 우연히 찾아오는 것이 아니라 면밀하게 고려되고 계획되어야 한다. 즉 전역 구상을 통한 접근방법에 기초하여 전역의 전체적인 관점에서 전투를 통해 달성하고자 하는 성과가 무엇이며, 그러한 성과를 어떤 방법으로 확대할 것인지가 계획에 반영되어야 한다. 일반적으로 전투를 통해 달성된 전술적 성과는 적의 대응으로 인해 시간이 경과할수록 그 효과가 감소한다. 따라서 획득된 전술적 성과는 신속하고 단호하게 작전적, 전략적 성과로 확대될 수 있도록 계획되어야 한다. 예를 들면 어디를 돌파할 것이며, 어떤 상황에서 전과확대 및 추격으로 전환할 것인가는 전역 계획의 핵심적인 요소이다.

전술적인 성공은 일반적으로 전략적 승리에 기여한다. 그러나 전술적 성과는 다른 전술적 활동 또는 후속하는 전술적 활동에 의해 그 의미가 달라질 수 있다. 심지어는 전술적 성공을 적시에 확대하지 못하면 작전적, 전략적으로 크게 불리해질 수도 있다. 6·25 전쟁 시 김일성은 낙동강 방어선 이전까지의 전투에서 많은 전술적 성과를 달성했으나 그러한 전술적 성과를 최종적인 전략적 성과로 확대하지 못하고 시간과 전투력을 소모함으로써 작전적으로 치명적인 약점을 노출시켰다.

상황에 따라서는 작전적 수준에서의 성과조차도 전략적 수준에 대단히 부정적인 결과를 초래할 수 있다. 2차 세계대전 시 일본의 진주만 기습공격이 대표적인 예이다. 일본이 전략적으로 원했던 것은 미국의 간섭을 제거하고 아시아에서 일본의 지위를 공고히 하는 것이었으며 이러한 전략적 요구를 관철하기 위한 수단이 진주만 기습공격이었다. 그러나 일본의 군사적 행동에 따른 전략적 효과는 정반대로 나타났다. 일본의 진주만 공격은 그동안 전쟁에 소극적이었던 미국 정부를 자극하였고 미국 국민의 적개심만 고취시켰다. 결국, 진주만 공격을 통해 획득된 작전적 성과는 오히려 일본의 전략적 패배를 초래하였다.

반대로 일련의 전술적 패배, 심지어 작전적 패배까지도 전략적으로 유리하게 이용될 수 있다. 베트남전에서 1968년 1월 월맹의 구정 공세가 그 예이다. 70,000명의 월맹군이 전면적인 공세를 취했으나 미군과 월남군에게 심각한 타격을 입히는 데에는 실패했으며 약 40,000명의 월맹군이 전사하였다. 그러나 구정 공세로 인한 심리적, 전략적 효과는 막대한 것이었다. 미국 국민 대부분에게 월맹은 결코 포기하지 않을 것이며 베트남전은 본질적으로 승리할 수 없는 전쟁이라는 확신을 심어 주었다. 구정 공세 이후 급격히 증가한 미국 국민의 반전 여론은 미국의 전략에 지대한 영향을 미쳤고 결국 월맹은 전술적, 작전적으로 실패하였지만, 전략적으로는 승리하였다.

4 전역 시행 Conducting

전역의 시행은 자유의지에 따라 행동하며 주어진 환경에 빠르게 적응하는 적과의 지속적인 상호작용이다. 일단 전쟁이 개시되면 모든 상황이 빠르게 변화한다.

아군의 행동은 적의 반응을 야기하며 적은 아군이 원하는 방향이 아니라 그들이 원하는 방향으로 행동한다. 따라서 전역 시행 간 작전술의 핵심은 지속적으로 변화하는 작전환경 속에서 전역 전체의 주도권을 장악, 유지, 확대하는 것이다.

작전적 수준에서는 발생 가능한 사태를 예측하고 적에게 우군 행동에 대응하도록 강요함으로써 주도권을 장악할 수 있다. 주도권의 확보는 적이 선호하는 행동방안을 포기하고 중대한 실수를 범하도록 압박할 수 있으며, 적의 실수를 포착하여 작전적, 전략적 성과로 확대할 수 있는 기회를 만든다.

주도권이 확보된 이후에는 주도권을 유지하는데 관심과 노력을 집중해야 한다. 주도권의 유지는 행동의 자유를 유지하면서 적으로 하여금 우군의 템포와 행동에 대응하도록 지속적으로 강요할 수 있어야 하며, 이를 위해서는 지휘관들에게 재량권을 부여하고 계산된 위험을 감수할 수 있어야 한다.

몰트케는 전쟁의 첫 포성과 함께 모든 계획은 쓸모없어진다고 하였으며 클라우제비츠는 전쟁은 본질적으로 우연과 불확실성의 영역이라고 하였다. 어느 누구도 우군의 행동에 대한 적의 대응을 정확하게 예측할 수는 없으며, 아주 사소한 사건이 전역 전체에 미치는 영향까지를 고려하여 계획을 수립할 수는 없다. 따라서 전역 시행 간에도 작전적 수준의 관점을 유지하면서 주도권을 장악하고 유지할 수 있도록 전역을 재구상하고 계획을 보완해야 하며, 상황의 변화에 따라 전술 활동을 조정 및 통제해야 한다.

가. 전역 재구상 및 계획 보완

일단 전쟁이 개시되면 전투는 전술적 수준의 지휘관에 의해 통제된다. 전술적 수준에서는 전투 그 자체를 준비하고 시행하는 것에 주목해야 하지만, 작전적 수준에서는 개별적인 전투에 관심을 갖기 보다는 전역 전체를 대관할 수 있어야 한다. 즉, 현재 진행 중인 전투의 결과와 작전환경의 변화를 예측하여 전역을 재구상하고 변경된 접근방법에 따라 계획을 수정하고 보완함으로써 전체적인 작전이 주도권을 유지하면서 전역의 최종상태 달성에 기여하는 방향으로 진행될 수 있도록 지도해야 한다. 만약 전략상황이 변화하여 군사전략목표나 군사전략개념 자체가 변경된 다면 전술적 수준의 활동들을 일시적으로 정지시키고 전역을 재구상하여 새로운 계획을 수립해야 할 수도 있다.

전역의 재구상과 계획의 수정은 전술부대들이 반응시간을 필히 고려해야 한다. 전역 계획이 변경되면 전술적 수준의 부대들이 순차적으로 계획을 수립하고 준비하여 지시된 행동에 착수할 때까지는 최소한 수일, 길게는 수주 이상의 시간이 필요할 수도 있다. 따라서 현행작전의 진행 상태를 아는 것이 중요한 것이 아니라 그러한 상황을 기초로 적의 의도와 이후의 계획이 무엇인가를 예측하는 능력이 중요하다. 그러한 예측을 기초로 적의 의도와 계획을 파괴하고 아군의 행동에 단순 대응하도록 강요할 수 있어야 한다. 이는 적에 대한 정보뿐만 아니라 적의 관점에서 전장을 바라볼 수 있는 고도의 통찰력, 창조적인 작전술의 적용을 요구한다. 작전적 수준에서는 적의 의도와 계획에 대한 예측을 기초로 전체적인 전역의 구조는 유지하면서 부대운용방법을 부분적으로 변경하거나,[27] 또는 전역의 구조를 재구상하고 이를 기초로 다음 단계의 계획을 전체적으로 변경할 수도 있다.[28]

나. 전술 활동 조정 및 통제

전역 시행 간 적절한 템포의 유지는 주도권 확보를 위한 핵심적인 요소이다. 작전적 수준에서의 템포는 일련의 전투 및 군사적 행동을 연속적으로 연결해 나가는 속도와 리듬감이라 할 수 있다. 템포가 느리면 적에게 실패를 만회하거나 새로운 기회를 모색할 수 있는 기회를 부여하게 되며, 너무 빠르면 부대뿐만 아니라 전역 전체를 위험에 빠뜨리거나 작전목표 달성을 방해할 수도 있다.

적절한 템포를 유지하기 위해서는 적으로 하여금 아군 행동에 대응하도록 강요하고, 불필요한 전투는 회피하도록 전술 활동을 조정 및 통제하는 것이 중요하다. 전투는 시간을 필요로 하며, 불필요한 전투는 작전적 수준의 템포를 방해한다. 역

---

[27] 교리적으로는 '보조계획'이라 한다.
[28] 교리적으로는 '후속계획'이라 한다.

으로 적절한 템포의 유지는 필요한 전투를 감소시킨다. 2차 세계대전 시 독일의 전격전은 방어 정면에서의 전투를 회피하고 적의 작전적 종심으로 기동함으로써 프랑스군의 재편성 및 조직적인 저항을 거부하고 독일군이 원하는 방식대로 싸울 수밖에 없도록 강요하였으며 프랑스군은 준비된 방어계획이 무산되었을 때 독일군의 작전적 템포에 압도당하고 말았다.

작전적 수준에서 템포는 첫째, 여러 개의 독립적인 전술 활동을 동시에 취함으로써 적으로 하여금 어느 것에도 효과적으로 대응하지 못하도록 강요하며, 둘째, 전투의 결과를 예측하고 그 결과를 즉시 확대할 수 있도록 다양한 수단과 방법을 사전에 준비하며, 셋째, 현장의 지휘관이 포착된 기회를 적시에 활용할 수 있도록 의사결정 권한을 분권화하고, 넷째, 불필요한 전투는 회피함으로써 유지할 수 있다.

전역 시행 간 작전적 수준에서는 계획되지 않은 전술적 성과까지도 적극적으로 이용하여 작전적, 전략적 성과로 확대할 수 있어야 한다. 전역의 유동적이고 복잡한 상황 속에서 어떤 것이 이용 가능한 성과인지를 식별하고 호기를 포착하여 작전적, 전략적으로 확대할 수 있도록 전술 활동을 조정 및 통제한다는 것은 작전술적인 안목과 사고의 융통성뿐만 아니라 무엇이 목적(작전목표와 최종상태)이며 무엇이 수단(전투를 포함한 전술 활동 및 성과)인지를 명확하게 이해하는 것이 중요하다.[20]

전술적 성과는 적의 대응으로 인하여 시간이 지날수록 그 이용 가치가 감소한다. 따라서 작전적 수준에서는 적시에 전술 활동을 조정함으로써 전술적 성과를 신속하고 단호하게 확대할 수 있어야 한다. 그러나 전술적 성과의 확대가 전술적으로 성공한 지역에 새로운 부대의 투입만을 의미하는 것은 아니다. 무엇이 목적이고 무엇이 수단인지를 명확하게 이해한다면 전혀 다른 공간에서 전혀 다른 수단으로 전술적 성과를 작전적, 전략적 성과로 확대할 수 있다. 반대로 의도하지 않은 전술적 실패는 실패 그 자체를 만회하려 노력하기보다는 전역 전체의 관점에서 새로운 기회를 모색하고 작전적 이점으로 활용할 수 있는 방법을 찾는 것이 바람직하다. 전술적 실패를 만회하는 데 집중하게 되면 적의 행동에 수동적으로 대응하여 원하지 않는 전투를 강요받게 되고 주도권을 상실하게 된다. 따라서 전술적 실패를 적절히 관리하면서 적이 대응할 수밖에 없는 새로운 국면을 조성함으로써 적의 전술적 성과를 무의미하게 만들거나 포기하도록 강요하는 것이 중요하다.

Note

[1] Dennis M. Drew & Donald M. Snow, 권영근 역, 「21세기 전략기획」, 서울: 한국국방연구원, 2010, p.39.
[2] Alvin and Heidi Toffler, 김원호 역, 「전쟁 반전쟁」, 서울: 청림출판, 2011, p.58.
[3] Wallace P. Franz, "Grand Tactics", *Military Review* 12호
[4] Carl von. Clausewitz, 류재승 역, 「전쟁론」, 서울: 책세상, 2007, p.151.
[5] M. A Hennessy & B.J.C McKercher 편, *The operational Art: Development in the Theories of War*, Royal Military College of Canada, 1996, p.8.
[6] 상게서, p.10.
[7] 상게서, p.13
[8] 2021년 육군대학 지상작전 보충교재, p.56.
[9] David M. Glantz, "Soviet Operational Formation for Battle: A Perspective", *Military Review*(1983), p.4. 재인용
[10] M. A Hennessy & B.J.C McKercher 편, 전게서, p.16.
[11] Harry G. Summers. Jr. 민평식 역, 「미국의 베트남전 전략」, 서울: 병학사, 1983, p.3.
[12] Dennis M. Drew & Donald M. Snow, 김진항 역, 「전략은 어떻게 만들어지나?」, 서울: 연경문화사, p.34.
[13] 미 해군, 전술교범 20-1, *On Operational Art*, 2002, p.18.
[14] Milan N. Vego, 전덕종 역, "군사작전의 체계적 접근대 전통적 접근방법", *JFQ* 2009/1분기, pp.11-12.
[15] 데이비드 G. 첸들러 편, 원태재 역, 「나폴레옹의 전쟁금언」, 서울: 책세상, 1998, p.242.
[16] 이동필·김태형, 「생각의 무기: 작전술의 본질」, 아산: 밀아카데미, 2018, p.222.
[17] 상게서, p.18.
[18] US JFSC, 전덕종 역, 「Primer AY 08: 작전술 및 전역계획수립」, 군사평론 제 397호 부록, p.131.
[19] Michael D. Krause, "Moltke and Origins of Operational art", *Military Review* 1990년 9월호, p.41.
[20] 지종상, "작전술 논의에 있어서 망각된 차원", 「군사평론」300호, p.90.

05
CHAPTER

전술 戰術

Tactics

제1절 전술 개관
제2절 전술 제대
제3절 전투의 기본원리
제4절 승리의 핵심요소
제5절 전투력의 조직 및 운용

CHAPTER 5

전술 戰術

"군대는 십 년마다 전술을 변경하지 않는 한 우수한 군대가 될 수 없다"
— 나폴레옹Napoleon[1]

제1절
전술 개관

1 개요

　전술은 전투에 관한 기본원리와 준칙 또는 법칙을 제시하여 전투를 이해하고 통찰하며 전투 수행에 필요한 지침을 제공하여 결과적으로 올바른 전투사고를 일깨움으로써 전투승리에 이바지한다. 따라서, 전술 이론에 의해 전투를 배우려고 하는 이들에게 전장에서 적용할 여러 가지 원리와 법칙, 가능성을 제시하는 것은 전술 이론의 의무이자 책임이다.[1]

　대부분 신임장교와 신병들이 최초로 전장에 투입되었을 때는 마치 캄캄한 밤중을 헤매는 것과 같이 모든 것이 불확실이 안개 속에 잠겨있을 것이다. 따라서 이들이 당장 필요로 하는 것은 적의 사격 방향이나 총성·포성의 구별, 그리고 평소 주입식으로 숙지 된 전술 원칙, 주의사항 등에 그칠 것이다. 이들에게 당장 전술 이

1　나폴레옹의 명언에 대한 개인적인 의견으로는 과거와 똑같은 전술은 다시 승리할 수 없다는 뜻으로 풀이된다. 왜냐하면, 상대가 이미 알고 있는 전술은 이미 전술이 아니기 때문이다. 특히, 현대전에 있어서 상대방의 전술을 분석하고, 그들의 특성을 파악하여 강점은 피하고, 취약점을 공격할 수 있는 새롭고 창의적인 전술을 개발할 필요가 있다는 것이다.

론이 필요하지는 않으며 오히려 교범에 수록된 교리를 익히고 행하면 충분하다고 생각될지 모른다.

그러나 적어도 중대급 이상을 지휘해야 하는 장교들은 교범상의 원리와 원칙 이외에 그러한 원리와 원칙이 정해진 과정이나 그렇게 되어야 하는 배경을 알고 있지 않으면 안 된다. 그럴 때 비로소 군사이론은 군사교리의 밑바탕이 될 수 있고, 전술 이론은 전투 행동을 지배하는 확고한 사상적 기조가 될 것이며, 전투현장에서 필요로 하는 모든 전투 행동상의 지침이 될 수 있을 것이다.

군사이론에 의해 전투를 이해하고자 하는 사람에게 군사이론이 얼마나 가치 있는 도움을 제공할 것인가는 전적으로 이를 필요로 하는 사람들의 노력 여하에 달려있다. 따라서 전술 이론을 발전시켜야 할 의무와 책임을 부여받고 있다. 이러한 요구에 조금이나마 보탬이 될 수 있도록 전투사례와 군사이론가들이 강조한 내용을 반영하였고, 축구경기를 예를 들어 설명하였다.

먼저, 전술개념의 등장 및 확장, 전술의 정의를 제시하였고, 본론에 들어가서 전술 제대와 전투의 기본원리, 승리의 핵심요소인 주도권 획득의 원리와 방법을 제시하였으며, 전쟁원칙과 작전 수행과정 적용, 전장 및 전술 집단편성, 전투 수행기능의 통합 운용, 그리고 공격과 방어작전 등 전투력의 조직 및 운용을 중심으로 제시하였다.

2 전술개념의 등장 및 확장

가. 전술개념의 등장

전술Tactics이란 용어의 어원은 '배열하다. 정돈하다'라는 뜻의 Taktikos라는 그리스어에서 유래[2]된 것으로, 군사적으로 전술은 "군대를 어떻게 배치하고 이동시켜

---

[2] 전술은 라틴어를 거쳐 개별 전투를 위해 병력을 배치하는 방법이라는 의미를 지니면서 17세기경에 영어로 유입되어 tact(붙다)와 ics(기술)의 단어로 만들어졌으며, 전장에서 적과 붙는(tact) 상황에서 어떻게 부대를 운용하는지를 기술(ics)적으로 연구하는 것이 바로 전술의 개념이다.

전투력을 최대한 발휘할 것인가를 다루는 기술"이라고 풀이된다.[2]

전술의 사전적 의미는 "전투에서 병력을 운영하는 기술과 작전목적을 달성하는 데 있어 부대나 개인을 가장 효율적으로 사용하는 방법으로, 병력이나 부대의 배치, 기동, 그리고 이를 운영하는 방법과 기술"로 정의하고 있다.[3]

전술의 개념을 유추하기 위해서는 역사적으로 뛰어났던 주요 군사이론가들의 전술에 대한 견해와 주요국가의 공식견해를 비교, 분석해 보았다.

주요 군사이론가들의 견해에 의하면, 클라우제비츠Clausewitz는 "전투에서 부대를 사용하는 기술"이라 하였고, 조미니Jomini는 "전투 전 및 전투 중 병력 운용의 술"이라 하였으며, 몰트케Moltke는 "공격으로 적을 타격하는 기술"이라 하였다. 또한, 리델 하트Liddell Hart는 "직접 전투행위를 위해 병력을 배치 및 운용하는 기술"이라 하였고, 본델 골츠Vondel Goltz는 "부대 운용의 과학"이라 하였으며, 에드워드 얼Edward Earle은 "전투에서 병력을 운용하는 술"이라 하였다.

이처럼 본델 골츠Vondel Goltz 이외에는 전술이 인과법칙에 지배되는 과학이라기보다는 반복행동으로 숙련되고, 상황에 따라 임기응변할 수 있는 기술 분야임을 강조하고 있다. 또한, 대부분 이론가가 전술의 목적은 전투에서 승리를 획득하기 위해 부대를 배치하고 운용하는 데 있다고 하여 전술이 전투의 실행 방법 또는 수단임을 암시하고 있다.[4]

주요국가의 공식견해를 보면 다음과 같다.
- 미국은 전술이란 "가용 전투력을 사용하여 교전 또는 전투에서 승리할 수 있는 특정 방법"이라고 규정짓고 있다.[5]
- 소련은 "전투승리를 위해 부대 행동을 계획, 준비, 수행하는 방법과 기술"이라고 풀이하고 있다.[6]
- 일본은 국방용어사전에서 전술이란 "작전 및 전투를 가장 효과적으로 진행하기 위한 술"이라고 정의하고 있다.
- 한국은 전술이란 "전투에서 상황에 따라 임무달성에 유리하도록 부대를 운영하는 술"로 정의하고 있다.[7]

주요 군사이론가의 견해나 주요국가의 공식견해를 종합해 보면, 전술이란 통상 지휘관이나 부대가 그들의 전투 임무를 수행하기 위해서 일반적으로 구체적인 수단과 방법을 사용하는 기술로서 아군 상호 간 또는 부대의 질서 있는 배치나 기동이라고 할 수 있다. 즉, 전투 전과 전투 간에서의 전투계획 및 수행이며 전장에 있어서 전투력의 사용을 의미한다. 이러한 맥락에서 한 국가나 부대가 전쟁을 수행하기 위한 광범위한 구상인 전략과 상이하며 부대의 비전투 활동인 행정과도 구별된다.

이런 측면으로 볼 때 전술이란 전투부대가 아군 및 적과 관련하여 전투력을 운용, 최고의 능력을 발휘하여 전투 효과를 달성할 수 있도록 적용하는 전투기술이라고 할 수 있다.

나. 전술개념의 확장

전술의 현대적 의미는 상급부대의 작전목표 달성에 기여하기 위해 수행되는 전투와 교전[3]에서 전투력을 조직하고 운용하는 과학과 술을 의미하는데, 이러한 전술은 고대로부터 현대에 이르기까지 전쟁목적 및 전략개념, 그리고 전투 수행양상의 변화에 적절히 대처할 수 있도록 전술의 개념도 변화되었다.

고대BC 6C~AD 4C로부터 제한전쟁시대16~18C[4]까지 사용된 전술은 전투를 의미하였고, 전투는 곧 결전[5]을 의미하였으며, 결전은 전략목표 달성 여부와 직결되었다.[8] 따라서, 이 시대에 전투 편성된 제대들은 로마의 레기온 legion, 구스타브스 아돌프스 Gustavus Adolphus 또는 프레드릭 Frederick 대왕의 군대와 같이 강력한 지휘 통일과 병력 통제의 용이성을 보장하기 위하여 소규모단위로 제대가 구분 편성되었다. 그러나 이러한 제대 편성이 제대별 구분된 전술을 사용하기 위하여 편성된 것이 아니라 단지 '로이텐Leuthen 전투1759년'에서와 같이 군주가 결전을 수행하기 위해 좁은 정면

---

[3] 나폴레옹이 1796년의 사단과 1805년의 군단을 전술제대로 조직 및 운용할 당시에는 전투수행을 위해서 전술을 사용하였다. 전투에 추가하여 교전을 위해서도 전술이 사용된 것은 제2차 세계대전 때부터이다.

[4] 제한전쟁시대는 절대 군주들이 상비용병군(常備傭兵軍)을 운용하여 전쟁을 수행하였기 때문에 결전 회피 위주의 전투행위로 제한전쟁이 수행되었던 시대이다.

[5] 결전은 18세기 이전에 전쟁을 수행하는 피·아의 주력군이 상호 대치한 상태에서 모든 전투력을 집중하고, 전쟁의 승패를 결정짓는데 지대한 영향을 미치는 전투행위를 의미하는 용어로 사용하였다.

의 제한된 지역에서 용병 통제의 용이성을 보장하고 전투력을 적에게 집중하기 위해서였다.

그 이후 나폴레옹Napoleon 전쟁시대1796~1815년부터의 전술은 다양하게 변화되는 전장 환경에서 가장 적합하게 적용할 수 있도록 새로운 전투수행방법의 발전과 확대된 전장에서 장기간에 걸친 연속적 전투를 요구하게 되었다. 그리고 이때부터 전략목표를 달성하기 위해서는 전술과 전술의 결합 및 연계, 그리고 연속적·동시적 전투수행이 중요하게 인식되었다.

전역Campaign[6]과 전투에서 전술을 사용하기 위해 처음으로 조직된 전술 제대는 나폴레옹에 의해 편성되고 조직된 사단과 군단이다. 사단과 군단은 독립된 전술적 수준[7]의 전투수행이 가능하도록 편성된 제대이다. 이러한 전술제대는 초기 이탈리아 전역에서 프랑스군 37,000여 명을 6개 사단으로 편성하여 2개 사단으로 오스트리아Austria군과 피에드몬트Piedmont군의 중앙을 돌파 후, 1개 사단은 오스트리아군을 견제하고, 나머지 사단은 피에드몬트군에 집중하여 전투를 수행함으로써 전역 초기에 주도권을 완전히 장악할 수 있었다.

또한, 1805년의 울름Ulm 전역에서는 수 개의 사단과 기병부대, 포병을 편조시킨 군단을 편성[8]하였다. 뮤라Mula의 기병 예비대로 마크Mac군 견제牽制[9] 및 주공군단들의 기동방향을 기만하였고, 주공군단들은 대우회 포위 기동하였으며, 일부 군단은 적의 퇴로를 차단시키는 임무를 수행하였다. 따라서 이와 같은 전술개념의 발전은 전장환경과 상황의 변화에 따라 적절하게 전술제대를 조직 및 연계시킬 수 있게 하였고, 이를 통하여 제 전투를 연속적, 동시적으로 수행할 수 있는 여건을 조성하였다.

---

[6] 전역은 전략적, 작전적 목표를 달성하기 위해 실시하는 주요작전들로 수행된다.
[7] 전술적 수준은 전투와 교전을 수행하는 수준이며, 일반적으로 군단 이하의 제대에서 수행된다. 주요 활동은 작전적 목표 달성을 지원하기 위하여 전투를 계획하고 수행하는 것이다. 전술적 수준의 활동은 제병협동작전이 그 본질을 이루고 있다.
[8] 군단은 각 군단별 임무와 특성에 따라 수 개의 사단과 전투근무지원부대로 편조되어 이전의 편성된 사단에 비해 보다 확대된 역할과 전술적 과업을 독립적으로 수행할 수 있었다.
[9] 견제는 적 부대를 아군이 요망하는 지역으로 고착시키거나 포위하는 전술행동이다.

국민전쟁시대[10] 19C에는 전술과 전술 즉, 수 개의 전술제대를 결합하여 전역의 중요한 한 부분을 담당하는 작전적 수준[11]의 규모를 갖춘 군Army[12]이 운용되었으며, 보·오 전쟁1866년과 보·불 전쟁1870~1871년에서 프러시아Preussen 참모총장 몰트케는 프러시아군을 3개 야전군으로 편성하였다.

보·오, 보·불 전쟁에서 야전군은 수 개의 전술제대 즉, 수 개의 군단을 하나로 결합하여 전역에서 주요작전[13]을 담당하였다. 보·불 전쟁 시 전선의 야전군 작전과 연계되어 독립적으로 운용된 후방의 3개 군단의 경우에는 야전군들의 유리한 작전 여건조성을 보장하기 위해 오스트리아군의 개입을 방지하기 위한 목적으로 운용되었다.

이렇듯 국민전쟁시대에 적용된 전술개념은 그 이전보다 발전된 다양한 형태의 개념으로 확장되어 전쟁 수행을 위해 전술 제대들이 결합된 작전적 수준의 제대와 별도의 전술 제대를 연계시켜 전투의 연속성과 동시성을 보장할 수 있도록 발전 및 운용되었다. 또한, 이러한 발전은 몰트케라는 작전적 수준의 군사지휘관에게 전술의 결합과 연계를 통한 전역계획 수립 및 실시를 가능하게 하였다.

제1차 세계대전에서 프랑스 육군은 집단군[14]을 편성하여 전술제대를 결합하고 대규모의 군사작전[15]을 수행하게 된다. 독일군은 슐리펜 계획[16]Schlieffen Plan을 시행하

---

[10] 국민전쟁시대는 혁명을 통해 국민이 국가의 중심이 되어 전쟁을 수행한 시대로써, 전쟁수행을 위해 총력전 개념이 태동되기 시작되었다.
[11] 작전적 수준은 군사전략목표 달성에 직접적으로 기여하기 위하여 전략적 수준과 전술적 수준을 연계시켜 주는 군사활동을 의미하는 전쟁의 수준이다.
[12] 작전적 수준의 제대는 전술제대를 결합 및 연계하여 작전목표 달성에 직접적으로 기여하고, 전략목표 달성에 직간접적으로 기여하는 제대이다.
[13] 주요작전은 단일 군 또는 2개 군 이상의 전투부대가 부여된 작전지역안에서 전략적, 작전적 목표 달성을 위해 실시하는 일련의 전투 및 교전이다.
[14] 프랑스 육군의 편제는 집단군 예하에 수 개의 야전군이 편성되었는데, 이는 효율적인 병력관리를 위해 1914년 10월 4일 북부 집단군과 중앙 집단군으로 나누어 졌으며, 1915년 1월 5일에는 동부 집단군이 분할 및 편성된다. 1917년에는 일부 호주군을 포함한 예비부대 성격의 예비 집단군이 편성되고, 1918년 연합군 총사령부가 설치되면서 프랑스군, 벨기에군, 안작군이 포함된 플랑드르 집단군이 창설되었다.
[15] 군사작전이란 전쟁, 분쟁 또는 평시에 국가 및 군사 전략적 목적을 달성하기 위하여 전장 또는 그 이외의 특정지역에서 군사적 수단을 사용하는 제반 군사활동을 말한다.
[16] 슐리펜 계획은 제1차 세계대전 벽두인 1914년 8월 프랑스와 벨기에를 침공한 배경이 된 독일의 전쟁계획

여 제8군의 탄넨베르크Tannenberg 전투[17] 등과 같이 야전군 단위의 군사작전을 보편적으로 수행하였으며, 야전군급 이상의 작전적 제대에서는 전술의 핵심인 군단들을 운영하여 주요 전역 또는 전투를 수행하였다.[18] 그러나 제1차 세계대전에서는 장기간 지루하게 전쟁을 수행하였고, 전술 제대의 역할은 단순히 공격 아니면 방어만을 하였으며, 다양한 역할이 필요하지는 않았다.

제2차 세계대전에서는 다양한 무기체계를 운용하는 육·해·공군의 임무와 군 편성 등이 명확하게 구분되었고, 다양한 유형의 전술 제대가 편성되어 현대적 개념의 합동 및 연합작전 수행을 가능하게 하였다.[19]

전략 및 작전목표 달성에 기여하기 위한 제2차 세계대전에서의 전술개념은 그 이전, 단순히 전투에서 전투력을 적에게 집중시키는 전술개념을 탈피하여 육·해·공군의 다양한 전술 제대 편성 및 역할에 따라 다양한 전술적 과업[20]을 수행하도록 개념이 확장되었다.

예를 들어, 제1차 세계대전에서 독일이 패망 후 군사력 증강과 구데리안Guderian[21] 등에 의한 교리발전으로 독일군의 구조는 보병, 포병, 기갑군단과 사단 등 40여 개 병과로 구분된 사단과 공군의 비행대, 공정사단과 공군 지상부대, 해군의 함대, 해병대 및 지상부대 등으로 전술 제대가 구분되었다.[22]

이다.

17 탄넨베르크 전투는 제1차 세계대전 초에 독일이 소련을 공격하여 일어난 전투로 독일군의 힌덴부르크 장군과 참모장 루덴도르프가 소련군의 삼소노프 장군과 렌넨캄프 장군의 불화를 잘 이용하여 소련군을 섬멸한 전투이다.

18 제1차 세계대전 당시 독일군은 8개 야전군과 예비군단을 포함 50여 개 군단으로 편성되어 있었으며, 프랑스군의 경우에도 주 작전제대는 야전군이었으며, 영·불연합군을 포함 6개 야전군으로 편성되어 있었다.

19 제2차 세계대전 당시의 대표적인 합동작전은 독일군의 만슈타인 계획에 의한 프랑스 전역(1940.5.10.)을 대표적 전례로 들 수 있고, 연합작전은 오버로드(Overlord)작전 즉, 노르망디 상륙작전(1944.6.6.)이 대표적인 전례이다.

20 전술적 과업이란 전투 시 임무를 완수하기 위해 전투력을 운용하여 수행해야 할 일이다.

21 구데리안은 제1, 2차 세계대전 사이에 기갑전과 전격전을 고안한 주요인물 중의 한사람으로 제2차 세계대전 초기에 독일이 폴란드, 프랑스, 소련에게 승리하는 데 결정적으로 이바지했다.

22 구데리안의 기갑군단이 주축이 되어 침공한 1939년 9월의 폴란드 전역에서는 무서운 속도와 성과를 바탕으로 단시 내에 최소의 희생으로 대성공을 거둠으로써 '세기의 전격전'을 유감없이 발휘하였으며, 이후 1940년 5월 대프랑스 전역에서는 만슈타인 계획에 의거 기계화부대와 보병부대, 공정부대, 공군전력, 그

또한, 이러한 전술 제대를 조직적으로 결합 및 연계시키고, 전역과 전투에서 다양한 목적과 개념으로 전술을 사용하기 위해서 명확히 구분 편성된 육·해·공군 참모본부들의 역할은 매우 중요시되었다.

이렇듯 제2차 세계대전에서 다양한 임무와 역할수행이 가능하도록 개념이 확장된 전술은 완전한 작전적 수준의 영역에서의 군사적 활동을 보장하였다.

3 전술의 정의 및 개념

> "죽기를 다하여 싸우면 살 것이요, 살려고 노력한다면 죽을 것이다.
> 또한, 한 사람이 길목을 지키면 천명도 두렵게 할 수 있다
> 必死則生 必生則死 又曰 一夫當逕 足懼千夫"
> – 이순신 장군 난중일기亂中日記

전술戰術이란 문자 그대로 '싸우는 재주 또는 기술'이다. 전술은 군사적인 분야 이외에도 매우 일반적으로 사용되는 용어로서 운동경기에서 가장 많이 사용한다. 특히, 축구경기를 할 때도 선수들과 감독들은 상대방을 이기기 위해 다양한 방법 즉, 여러 가지 전술을 구사하게 된다. 따라서 군사적인 분야나 이외 분야에서 공히 전술이란 '싸워서 이기는 방법'이라고 표현할 수 있다.

군사적인 전술을 정의하기에 앞서 축구경기에 대한 규칙과 다양한 전술에 대하여 알아볼 필요가 있다. 축구는 경기 규칙에 따라 진행되며, 양 팀 선수 열한 명이 상대 팀의 골대 안으로 축구공을 넣어 득점을 올리기 위해 경쟁하는 경기이다. 한 팀은 골 키퍼goal keeper 1명과 10명의 필드field 선수로 구성하고 필드 선수 10명은 다시 크게 수비, 미드필더mid field, 공격수로 나뉘며, 각각의 포지션Position도 전술적인 역할에 따라 다시 여러 종류로 나뉠 수 있으며, 선수들에게 각기 다른 역할을 요구하게 된다.

축구는 전 세계적으로 많은 사람이 너무 좋아하고, 열광하는 경기이며, 필드에서

리고 기타 병종 등을 통합하여 속도를 바탕으로 하는 전격전이 현대적 개념의 합동작전으로 수행되어져 조기에 연합군을 마비시키고 전역에서 승리하게 되었다.

22명의 선수가 골을 넣기 위해 치고, 박고 싸우는 전투현장이다. 아마도 축구를 안 해본 사람은 있어도, 모르는 사람은 없을 것이다. 필드 안에서 치열하게 싸워본 사람이라면 누구나 축구가 쉬운 운동이 아니라는 걸 알 것이다. 따라서 '축구는 전투다'라고 은유적으로 외치는 것이 아닌가 싶다.

축구는 상대 팀의 전력과 주어진 시간 및 공간 여건을 고려하여 상대방의 약점에 송곳처럼 날카로운 킬 패스Kill Pass로 한 번에 적진을 무너뜨리는 한편 중원의 볼 점유율을 높여 경기의 주도권을 장악하여 많은 득점을 올린다.

축구경기에서 이기기 위해서는 우선 축구경기에 대한 규칙 즉, 선수의 수와 장비, 심판, 경기장 규격, 경기 시간과 동점 시 처리 방법, 반칙, 기권, 징계 등 다양하고 복잡한 규정들을 알아야 한다. 그리고 이러한 규칙들만을 안다고 해서 축구경기에서 승리하는 것이 아니라 각 선수가 축구기술 즉, 드리블dribble, 패스pass, 킥kick, 슛shoot 등을 숙달해야 한다. 또한, 축구기술을 숙달하였다고 해서 승리가 보장되는 것도 아니다. 11명의 선수가 팀워크teamwork를 유지하여 감독의 작전대로 경기해야 승리할 확률이 높아지는 것이다.

이러한 축구에서 필요한 기술 또는 능력은 객관적인 판단기준에 의해서 우열을 가릴 수 있는 분야와 그렇지 않은 분야가 있다는 것을 알 수 있다. 즉, 규칙의 습득이라든지 패스 및 킥의 능력 등은 객관적 기준에 의해서 우열을 판단할 수 있지만, 팀워크라든지 감독의 선수 운용, 직진 등은 객관적 판단이 곤란한 분야인 것이다. 이렇듯 축구경기에서도 객관적 판단과 증명을 할 수 있는 분야를 과학적 분야라고 할 수 있으며, 객관적 판단과 증명을 할 수 없는 분야를 술術적 분야라고 할 수 있다.

군사적으로 정립된 전술의 정의는 전술의 주체, 목적, 수단과 방법, 그리고 실체에 대하여 구체적으로 명시되어 있다. 따라서 전술이란 "군단급 이하의 전술제대가 전투에서 승리하기 위하여 전투력을 조직하고 운용하는 술과 과학이다."[9]

전술제대戰術梯隊란 전술적 임무를 수행하기 위한 부대로서 일반적으로 군단급 이하의 모든 부대를 의미하며, 전술적 수준에서 이루어지는 전투에서 승리하기 위해 전투력을 효과적으로 조직하고 운용할 수 있어야 한다. 또한, 상급제대는 예하부대의 능력과 특성을 고려하여 전술집단을 구성하고, 제 병과가 통합된 능력을 발휘할 수 있도록 전투력을 조직하여 운용한다.

전투戰鬪, Combat란 전술적 수준[23]의 목표를 달성하기 위하여 실시되는 통상 군단급 이하 제대의 협조 된 활동이다. 이는 주어진 시간과 공간 내에서 상호 대립하는 전투력이 직접 충돌하는 군사행동으로서 피·아 전투력, 시간, 공간이라는 전투의 3요소 간의 상호 작용을 통해 이루어진다. 전투는 교전[24]을 포함하는 의미로서, 하나의 전투는 수 개의 전투 및 교전으로 이루어진다. 따라서, 하나의 전투를 구성하고 있는 수 개의 전투와 교전은 임무달성에 직·간접적으로 기여할 수 있도록 상호 연계성을 유지하여야 한다.

승리勝利[25]란 전장에서 겨루거나 싸워서 이기는 것으로, 전투에서 주도권[26] 장악은 승리를 위한 전제조건이다. 모든 전술제대가 전투에서 승리를 달성하기 위한 전승의 요체는 부단한 전장관찰로 적의 강점과 약점을 발견하여 강점을 피하고 약점을 치는 피실격허避實擊虛[27]의 전투적 운용술 발휘이다. 그러나 적의 약점이 없을 때는 이를 인위적으로 조성하거나, 적의 강점이 약점으로 바뀌도록 유도하여야 한다.

전투력戰鬪力을 조직組織[28]하고 운용運用[29]한다는 것은 전투에서 승리하기 위하여 가용한 전투력으로 전술 집단을 편성하고 제병협동작전이 가능하도록 전투부대, 전

---

[23] 전술적 수준은 전투와 교전을 수행하는 수준이며, 일반적으로 군단 이하의 제대에서 수행된다. 주요 활동은 작전적 목표 달성을 지원하기 위하여 전투를 계획하고 수행하는 것이다. 전술적 수준의 활동은 제병협동작전이 그 본질을 이루고 있다.

[24] 교전은 전술적 목표를 달성해 나가는 과정에서 발생하는 조우전 성격의 소규모 충돌행위이다.

[25] 승리(勝利)의 의미(意味) 및 원리(原理)는 과업완수 및 우승열패(優勝劣敗)를 말한다. 우승열패는 전투력이 우세하면 승리하고, 열세하면 패배한다는 뜻이다.

[26] 주도권이란 능동적이며 적극적인 행동으로써 적을 수동적인 위치로 유도하며, 아군 행동의 자유를 확보하여 아군의 의지대로 전세를 지배하는 것이다.

[27] 피실격허(避實擊虛)는 손자병법 허실편(虛實扁)에 제시된 '兵形象水, 水之形, 避高而趨下, 兵之形, 避實而擊虛'에서 '避實擊虛'를 인용한 것이다. 그 뜻은 전투력이 운용되는 모습은 물의 모습과 같다. 물이 높은 곳을 피하고 낮은 곳으로 흐르듯이, 전투력의 운용도 적의 강점을 피하고 약점을 치는 것이다.

[28] 조직(組織)의 의미(意味) 및 원리(原理)는 과업 배열(동시·통합성, 종심, 효율성), 부대지정 및 전투력을 할당하여 임무수행에 최적화함을 말한다.

[29] 운용(運用)의 원리(原理)는 공간(空間) 측면에서는 집산동정(集散動靜)의 원리를 이해하여야 하며, 시간(時間) 측면에서는 작전 템포(민첩성), 선견(先見) – 선결(先決) – 선타(先打)하여 주도권을 확보하는 것이다.

투지원부대, 전투근무 지원부대를 구성하여 운용하는 것을 말한다. 전투력을 효율적으로 조직 및 운용하기 위해서는 적의 전투력과 주어진 시간 및 공간적인 여건을 고려해야 한다. 즉 적의 편성, 교리, 기도 등에 대응이 가능하고 시간 및 공간의 유리점을 최대한 활용하면서 불리점을 최소화할 수 있는 방향으로 아 전투력을 조직하고 운용할 수 있어야 한다.

전술의 술術과 과학科學은 작전을 수행하면서 지휘관과 참모가 전투력을 운용하는 기술이나 꾀, 체계적인 지식과 기법을 말한다. 지휘관과 참모는 군사적 단일체로서 전장에서 직면하게 될 다양한 전술적 문제[30]들을 해결하기 위해 명백히 다르지만 분리할 수 없는 과학과 술을 이해하고 조화롭게 발휘해야 한다.

전술의 술術은 전투력을 운용하는 데 있어 높은 경지에 오른 숙련된 기술이나 꾀이다. 이는 지휘관과 참모의 군사적인 지식과 경험을 토대로 한 직관력[31]과 통찰력[32]에 의해 발휘되는 인간적 기술이며, 고도의 전투 감각이 지배하는 영역으로 이는 창의력과 직결된다. 창의력은 과학적인 능력에 부가하여 교육, 훈련, 연습, 실전 경험 등을 통해 얻을 수 있는 발전된 능력이다.

전술의 과학科學[33]은 전투와 전투사례 등을 대상으로 관찰과 연구, 실험을 통해 입증된 전술의 객관적인 원리·원칙, 방법, 기술 및 절차, 또는 각종 제원 등을 말하며, 이는 논리적이고 체계적인 경험 지식을 말한다.

전투가 가지고 있는 불확실성과 마찰의 특성으로 인해 과학적 측면만으로 다양한

---

[30] 전술적 문제는 통상 전술적 고려요소(METT+TC)들이 상호 영향을 주어 전장 상황이 수시로 변화함에 따라 유망하는 상황과 실제 상황이 다르게 나타날 때 발생한다.

[31] 직관력은 전장에서 발생하는 단편적인 사실이나 현상을 기초로 일정한 사고과정을 거치지 않고 지적 능력과 풍부한 경험을 바탕으로 짧은 시간에 전반적인 상황을 이해하고 본질을 파악하는 능력이다. (야교 기준 1-1 『지휘통제』 2017.12.)

[32] 통찰력은 전체의 흐름과 핵심을 예리하게 꿰뚫어 보는 능력이다. 직관력을 통해 이해된 상황을 기초로 전반적인 전상 상황의 현재와 미래를 꿰뚫어 보고 중요한 것과 중요하지 않은 것, 긴급한 것과 긴급하지 않은 것 등 경중 완급과 우선순위를 분별하는 것, 적의 약점과 강점을 직감으로 분별해내는 능력 등을 의미한다. (야교 기준 1-1 『지휘통제』 2017.12.)

[33] 과학은 어떠한 현상이나 사물에 대한 탐구를 통해 보편적인 진리나 법칙의 발견을 목적으로 한 체계적인 지식이나 기법이다.

전투상황에 대처하기 어렵다. 또한, 동일한 상황에 대한 보편적인 판단은 피·아 공히 비슷하므로 적군도 아군의 행동에 대한 예측이 가능하다는 사실을 고려할 때 전술은 과학적인 영역에서만 발휘되어서는 안 된다. 따라서 전술 제대 지휘관은 과학적인 판단과 창의력을 동시에 발휘함으로써 전투를 주도해 나갈 수 있어야 한다.

과학적인 판단과 술적인 감각을 잘 조화시켜 전투를 승리로 이끈 사례는 임진왜란 시 이순신 장군의 명량해전과 6·25전쟁 시 맥아더 장군의 인천상륙작전을 들 수 있다.

제2절
전술 제대

전술 제대란 전술적 임무를 수행하기 위한 부대로서, 전술적 수준에서 이루어지는 전투에서 승리하기 위해 전투력을 효과적으로 조직하고 운용할 수 있어야 한다.

전술 제대는 일반적으로 군단, 사단, 여단, 연대, 대대, 중대, 소대, 분대 등으로 편성되어 있다.

1 전술 제대의 역할 및 과업

가. 군단

군단은 통상 야전군의 일부로서 기본 전술제대인 사(여)단의 전투를 조직하고 운용하는 최고의 전술제대로서 군단의 임무는 통상 부여된 작전지대 내에서 적 부대를 격멸하고 책임지역을 확보하며, 주민 및 자원을 통제하는 것이다.

군단이 수행하는 주요 과업은 사(여)단에 과업부여 및 전투력 할당, 적지종심지역작전을 통하여 사(여)단 전투에 유리한 여건 조성, 후방지역작전을 통하여 보급로 확보와 전투력 보존 및 안정 유지, 사(여)단 근접지원의 보장을 통한 전투력 지속 유지, 합동작전군의 일부로서 지·해·공 작전체계와 연계된 활동, 지상 및 공중 엄호, 경계부대 운용으로 전·후, 좌·우 측방 방호, 정보작전과 대화력전 등을 계획하고 준비하여 실시하며, 현행작전을 고려한 장차작전을 계획하고 준비하여 실시하는 것이다.

나. 사단

사단은 상급부대에서 부여한 전술적 과업을 달성하기 위해 제 병과의 기능을 통합 조직하고 운용하는 기본 전술제대이며 제병협동부대로 사단의 임무는 어떠한 지형 및 기상조건에서도 제병협동전투로 부여된 작전지대 내에서 적 부대를 격멸하고 중요지역을 확보하는 것이다.

사단 유형에는 보병사단과 기계화보병사단이 있으며, 전투력 운용 중점은 예하 연대 또는 여단의 근접전투에 유리한 여건을 조성하기 위한 적지종심지역과 후방지역작전에 주안을 둔다.

사단이 수행하는 주요 과업은 연대(여단)에 과업 부여 및 전투력 할당, 적지종심지역작전을 통하여 연대(여단) 전투에 유리한 여건 조성, 근접지역작전을 통하여 적 부대 격멸 또는 중요지역 확보, 후방지역작전을 통하여 보급로 확보와 전투력 보존 및 안정 유지, 연대(여단) 근접지원의 보장을 통한 전투력 지속 유지, 합동작전군의 일부로서 지·해·공 작전체계와 연계된 활동, 지상 및 공중 경계부대와 정찰부대 운용으로 전·후, 좌·우 측방 방호, 제한된 정보작전과 대화력전 등을 계획하고 준비하여 실시하는 것이다.

다. 여단

여단은 규모 면에서 사단보다 작고 연대급보다는 큰 전술제대로 여단의 임무는 통상 부여된 지대 내에서 적 부대를 격멸하고 중요지역을 확보하는 것이다.

여단 유형에는 보병여단, 특공여단, 기갑여단, 기계화보병여단, 포병여단, 공병여단, 항공여단, 방공여단 등이 있다.

라. 연대

보병연대는 제 전투수행기능을 통합하여 제한된 능력 범위 내에서 제병협동전투를 하는 제대로 임무는 적 부대를 격멸하고 중요지역을 확보하는 것이다.

보병연대는 편성 상 전투지원 및 전투근무지원부대가 제한되므로 통상 사단으로부터 전투지원 및 전투근무지원부대를 지원받아 연대 전투단을 편성하여 주로 근접전투에 중점을 두고 제한된 범위 내에서 제병협동작전을 수행할 수 있다.

보병연대는 보병대대에 과업 부여 및 전투력 할당, 적지종심지역작전을 통하여 대대전투에 유리한 여건 조성, 근접지역작전을 통하여 적 부대 격멸 및 중요지역 확보, 후방지역작전을 통하여 전투력 보존 및 보급로 유지, 대대 근접지원의 보장을 통한 전투력 지속 유지, 지상 경계부대와 정찰부대 운용으로 전·후, 좌·우 측방 방호 등과 같은 과업을 수행한다.

기타 연대급 제대는 특공연대, 경비연대, 포병연대, 포병단, 야전공병단, 항공단, 정보통신단 등이 있다.

마. 대대

보병대대는 근접전투를 수행하는 기본 전술 단위부대로서, 통상 보병대대의 임무는 적 부대를 격멸하고 중요지역을 확보하는 것이다.

보병대대는 임무 및 상황에 따라 전차, 포병, 공병, 화생방 등 전투 및 전투지원부대, 전투근무지원부대 등으로 제병협동 특수임무부대를 편성할 수 있다.

보병대대는 보병중대에 과업 부여 및 전투력 할당, 기동 및 대기동 작전 실시, 보병중대를 화력으로 지원, 대전차 공격, 공중강습, 수색, 침투 등과 같은 과업을 수행한다.

기타 대대급 전투부대는 수색대대, 특공대대, 기계화보병대대, 전차대대 등이 있으며, 전투지원부대는 포병대대, 관측대대, 공병대대, 항공대대, 방공대대, 정보통신대대, 정보대대, 화생방대대 등이 있고, 전투근무지원부대로는 보급대대, 수송대대, 정비대대, 의무근무대 등이 있다.

바. 중대

보병중대는 전투의 기본단위로서 보병중대의 임무는 사격과 기동으로 적에 접근하여 적을 격퇴 및 격멸하거나 중요지형을 확보한다.

보병중대는 소대별 과업 부여 및 전투력 할당, 소대를 화력으로 지원, 타 병과와 제병협동전투 수행, 상급부대에서 지원되는 각종 기동수단을 이용하여 특수임무 수행, 정찰 및 습격, 연결 및 적진잔류작전 등과 같은 과업을 수행한다.

기타 중대급 전술제대로서 전투부대는 수색중대, 기계화보병중대, 전차중대, 토우중대, 기갑수색중대, 항공중대, 특공지역대 등이 있으며, 전투지원부대는 포대, 방공중대, 공병중대, 통신중대, 정보중대 등이 있고, 전투근무지원부대로는 보급중대, 수송중대, 정비중대, 의무중대 등이 있다.

사. 소대

보병소대는 보병중대의 일부이며 전투의 최소 단위로서 보병소대의 임무는 전투대형을 유지하고 사격과 기동으로 적을 격퇴 및 격멸하거나 중요지형을 확보하는 것이다. 보병소대는 특별한 상황을 제외하고는 분리해서 운용하지 않는다. 보병소대는 분대별 임무 부여, 분대별 약진 및 기동, 소대 사격집중 및 분배, 적 조우시 돌격과 같은 과업을 수행한다. 기타 소대급 전술제대로는 수색소대, 기계화보병소대, 전차소대, 공병소대, 방공소대, 화생방소대, 통신소대, 의무소대 등이 있다.

아. 분대

분대는 전투를 수행할 수 있는 최소의 단위부대이다. 보병분대는 소대 일부로서 전투대형을 유지하고, 사격과 기동으로 근접전투를 한다. 보병분대는 분대원에게 경계구역 및 사격구역 임무 부여, 조별 사격과 기동, 수색, 정찰, 경계, 연락유지, 매복, 그리고 포탄 낙하, 화생방, 장애물 개척 등 상황 조치와 같은 과업을 수행한다. 기타 분대급 전술제대로는 수색분대, 기계화보병분대, 공병분대 등이 있다.

2 전술 제대의 구비요건

전술 제대의 구비요건이란 군단급 이하의 전술 제대가 전투에서 승리하기 위해서 기본적으로 갖춰야 할 능력과 특성을 말한다. 전술 제대가 구비해야 할 요건은 주도성, 대담성, 통합성, 민첩성, 창의성 등 5가지이며 이는 승리의 핵심요소인 주도권 장악과 직결된다.

전술 제대 지휘관과 참모는 물론 각개 병사들까지 평시부터 교육, 훈련, 연습 등을 통해 5가지의 요건이 내면화되도록 부단히 노력함으로써 유사시 작전을 수행하는 과정에서 전투력으로 발현될 수 있어야 한다.

가. 주도성

주도성은 주도권을 장악한 상태를 의미하는 것이 아니라 작전을 주도적으로 이끌어나가고자 하는 의지와 성향을 말한다.

전투는 피·아 간의 의지와 기세의 싸움이다. 전장에서 한번 적의 의지와 기세에 압도되면 단시간 내에 이를 회복하기가 제한되며, 이러한 상황이 연속된다면 점차 선택의 폭이 감소하면서 상황조정 능력을 상실하게 되고 급기야는 적의 의도에 따라가는 수동적인 작전이 불가피해진다.

전술제대 지휘관은 주도성을 견지하여 어떠한 전장상황에 처하더라도 물리적·심리적으로 적보다 유리한 형세를 조성해 나가기 위해 노력해야 한다. 주도성은 적극적이고 공세적이며 능동적인 작전 수행을 가능케 함으로써 결국에는 주도권 장악으로 연결될 수 있다.

나. 대담성

대담성은 어려운 전장상황을 극복하고자 하는 담력과 적극적인 실천능력을 의미한다. 전장상황의 불확실성과 마찰, 위험, 육체적·심리적 고통 등은 피·아에게 공히 작용한다. 그러나 동일한 전장상황 속에서도 전투에서 승리하게 될 확률은 대담성을 발휘하는 부대에 기울게 마련이다.

만일 작전 실패에 대한 두려움으로 인해 과도할 정도로 신중하게 상황을 판단하고 결심을 하는데 우유부단하며, 호기 또는 위기에 소극적으로 대응한다면 작전 성공을 보장할 수 없다. 또한, 적의 행동에도 지나치게 과민한 반응을 한다면 적의 기만 및 기습에 취약하게 되어 작전을 그르칠 수 있다.

반면에 사소한 전장 상황의 변화에 집착하지 않으며, 더 큰 이익을 위해서는 다소의 위험을 감수하겠다는 용기와 과감한 결단력을 발휘하고 적의 약점과 과오에 대해 단호하게 대응한다면 어려운 전장상황을 극복하고 전투에서 승리할 수 있다. 이는 전술제대가 치밀한 계산을 바탕으로 대담성을 발휘한 결과로써 무모한 모험과는 다른 것이다.

다. 통합성

통합성은 작전을 위한 모든 수단과 활동을 협조·조정·통제하여 결정적인 시간과 장소에서 전투력이 동시적이고 통합적으로 운용되어 상승효과를 발휘하도록 하는 능력과 특성을 의미한다. 만일 제반 수단과 활동이 통합되지 않고 개별적으로 운용된다면 전투력 발휘 효과는 단순한 합산결과와 같을 뿐이다. 통합성을 달성하기 위해서는 전투수행기능의 통합, 제대별 노력의 통합, 작전효과의 통합이 이루어져야 한다.

전투수행기능의 통합이란 임무에 기초를 두고 지휘통제 기능을 중심으로 제 전투수행기능별 활동을 유기적으로 결합하여 결정적인 시간과 장소에서 전투력 발휘를 극대화하는 것이다.

제대별 노력의 통합이란 임무를 달성하기 위한 상·하제대 간의 노력이 전반적인 작전목적에 부합되도록 상호 일치시키는 것으로 상급부대는 예하 부대에 명확한 임무를 부여하고 유리한 상황을 조성해 주어야 하며, 예하 부대는 상급지휘관의 의도를 구현하는 방향으로 임무를 수행해야 한다.

작전효과의 통합이란 제반 작전을 통해 나타나는 효과를 시간·공간·목적 측면에서 동시화하고 조직화함으로써 최대한의 성과를 획득하는 것이다. 즉 작전유형별·전장구분별·전술집단별·전투수행기능별로 수행한 작전의 효과가 전반적인 작전목적 달성에 기여할 수 있도록 상호 협조 및 연계시키는 것이다.

라. 민첩성

민첩성은 적보다 신속하게 사고하고 행동할 수 있는 능력과 특성으로 적보다 빠른 작전속도를 유지함으로써 주도권을 장악하는 데 있어 핵심적인 요건이다. 민첩성은 적절한 전투편성, 신속한 정보처리, 지속적인 상황판단과 적시적인 결심, 임무형 지휘 등에 의해 향상될 수 있다.

전술 제대 지휘관과 참모는 민첩성을 발휘하여 상황판단-결심-대응 주기를 신속히 적용함으로써 작전속도의 우위를 달성하고, 적의 약점에 아군의 전투력을 신속하게 집중하여 치명적인 타격을 가한 후 적이 이에 대응하고자 할 때는 이미 다른 작전을 취함으로써 적이 조직적인 전투를 수행하지 못하도록 하여야 한다.

민첩성은 기동속도뿐만 아니라 화력의 집중 및 전환, 작전형태의 변환, 명령에 대한 이해 및 준비에 걸리는 시간을 단축함으로써 적의 대응속도를 상대적으로 감소시키고 부적절한 조치를 유발하게 시켜 아군이 전장을 지배할 수 있도록 한다.

마. 창의성

창의성은 전장상황에 따라 새롭고 적절한 전투수행 방법을 찾아내고 부대가 처한 위기를 신속하고 효과적으로 극복할 수 있는 능력과 특성이다. 보편적이고 상식적인 전투수행방법은 피·아 공히 예측과 대응을 할 수 있다. 더구나 전투는 동일한 양상으로 반복되지 않는다. 따라서 전술제대는 항상 새로운 전투양상을 예측하여 창의적인 방책을 마련하여야 한다.

전술교리는 과거의 전투사례를 통해 전장에서 적용되는 지배적인 원리를 체계화한 것으로 전투 간 보편적인 사고의 기준을 제시해 준다. 그러나 보편적이고 상식적인 전투수행방법은 누구나 예측과 대응을 할 수 있으므로 승리를 보장해 줄 수 없다. 따라서 전장에서 승리하기 위해서 지휘관은 전장상황에 적합하도록 적절히 판단하여 창의적으로 적용해야 한다.

용병의 진수는 기정奇正과 허실虛實의 적절한 조화에 있다. 전술 제대 지휘관은 통상적이고 모방한 방법을 지양하고 적이 예측하기 어려운 독창적인 전술을 구사하여 주도권을 장악해 나가야 한다. 또한, 예하 지휘관이 창의성을 발휘할 수 있도록 권한을 적절히 위임해야 한다.

3 전술 제대의 작전수행 범위

전술 제대는 전면전 시 지상작전 유형인 공격작전, 방어작전, 후방지역작전, 안정화 작전을 수행하는 것이며, 작전의 성공을 보장하기 위한 전투보장활동을 병행하여 실시해야 한다. 또한, 전술 제대는 전투력 운용 측면에서 제병협동작전을 기본으로 한다.[10] 여기에서는 공격과 방어작전, 전투보장활동, 그리고 제병협동작전의 개념만을 기술하였다.

가. 공격작전

공격작전이란 적의 전투 의지를 파괴하고 적 부대를 격멸하기 위해 가용한 수단과 방법을 사용하여 전투를 적 방향으로 이끌어나가는 작전으로, 적 부대 격멸, 중요지역 확보, 적 자원의 탈취 및 파괴, 적을 기만 및 전환, 적 고착 및 교란 중 하나 또는 그 이상의 목적을 달성하기 위해 실시한다.

공격작전의 준칙은 공격작전의 목적을 달성하기 위해 작전수행과정에서 적용해야 할 구체적인 지침으로 적의 강·약점 탐지, 적 방어체계의 균형 와해, 기습달성, 전투력 집중, 공격기세 유지, 종심 깊은 적 후방공격 등과 같은 준칙을 적용하여야 한다.

나. 방어작전

방어작전이란 공세 이전의 여건을 조성하기 위하여 가용한 모든 수단과 방법으로 공격하는 적 부대를 지연[34], 저지[35], 격퇴[36], 격멸[37]하는 작전으로, 적 부대 격멸, 중요지역 확보, 시간 획득 중 하나 또는 그 이상의 목적을 달성하기 위해 실시한다.

방어작전의 준칙은 방어작전의 목적을 달성하기 위해 작전수행과정에서 적용해야 할 구체적인 지침으로 조기 적기도 파악, 방어의 이점 최대 이용, 전투력 집중, 종심 깊은 전투력 운용, 방어수단의 통합 및 협조, 적극적인 공세행동, 융통성 등과 같은 준칙을 적용하여야 한다.

---

[34] 지연은 적의 공격을 방해하여 지체시키는 것으로 공격하는 적에 대하여 포병화력 등을 이용한 전투행동 등을 통하여 적의 공격을 둔화시키는 전투행동이다.
[35] 저지는 일정한 선에서 적의 공격을 멈추게 한 후에 적을 타격하는 것으로 적의 예상 접근로 상에 장애물을 설치하여 장애물 전방에서 적을 정지시켜 타격에 유리하게 여건을 조성하는 등의 전투행동이다.
[36] 격퇴는 공격하는 적이 현행 임무를 포기하고 퇴각하게 만드는 전투행동이다.
[37] 격멸은 적이 어떠한 전술적 임무도 수행하기 어렵게 된 상태로 만드는 전투행동이다.

다. 전투보장활동

전투보장활동은 공격 및 방어작전 등 작전유형과 관계없이 작전의 성공을 보장하기 위해 실시해야 하는 제반 작전활동으로 경계작전, 감시 및 정찰, 부대이동, 집결지작전[38], 진지교대, 초월작전, 연결작전 등이 있다.

전투보장활동은 그 자체만으로 승리를 보장할 수는 없지만 이를 소홀히 하면 작전에 심대한 차질을 초래하여 작전 실패로 연결될 수도 있다. 따라서 전술제대 지휘관과 참모는 전투보장활동의 중요성을 깊이 인식하고, 필요한 시간과 장소에서 요구되는 전투보장활동이 이루어지도록 노력하여야 한다.

라. 제병협동작전

제병협동작전은 전투부대, 전투지원부대 및 전투근무지원부대 등 2개 이상의 병과 부대를 통합하여 운용하는 작전을 말하며, 제병협동작전을 성공적으로 수행하기 위해서 필수적으로 협동성을 갖추어야 한다. 협동성은 전술제대의 모든 구성요소가 지휘관 의도에 부합되도록 팀워크를 통해 전투력 승수효과를 발휘하고자 하는 의지와 능력으로서, 협동성을 증진시키는 요소는 편성, 무기체계, 상호신뢰, 운용술 등을 고려할 수 있다.

편성 면에서 협동성은 전투부대, 전투지원부대, 전투근무지원부대를 목표 달성에 적합하도록 통합하여 제병협동부대를 편성하고 지휘체계를 단일화함으로써 조직적인 전투력 발휘가 가능하도록 해야 한다.

무기체계 면에서 협동성은 개별 무기체계의 능력과 강점을 충분히 활용하는 동시에, 이들을 적절하게 결합하여 운용함으로써 개별 무기체계의 취약점을 보완하거나 무기효과를 더욱 증대시킨다.

상호신뢰는 협동성 발휘를 위한 기본정신이다. 비록 편성 면에서 증강되고 무기

---

[38] 집결지는 부대가 차후 행동을 준비하기 위하여 점령하는 장소로 단순히 점령만 하는 것이 아니라 차후 작전을 준비하는 장소로 정확한 의미 전달을 위해 개선되어 집결지 점령을 집결지 작전으로 명칭을 변경하였다. (야교 3-1 『전술』 2017.12.30.)

체계 간의 조직적인 결합을 추구하더라도 제 병과의 지휘관 및 참모, 상·하 및 인접 제대 간의 상호신뢰를 바탕으로 형성된 팀워크가 발휘되지 못하면 승수효과를 기대할 수 없다.

운용술 면에서의 협동성은 임무 수행에 적합한 전술집단을 편성하여 이들이 수행하는 일련의 작전활동을 작전목적에 부합되도록 연계시킴은 물론 제 전투수행기능을 동시·통합할 수 있어야 한다.

전술제대 지휘관은 제병협동작전을 수행하기 위해 전투수행기능을 중심으로 제 병과의 능력과 특성을 효과적으로 결합함으로써 전투력 상승효과를 창출할 수 있어야 한다.

제3절
전투의 기본원리

1 전투의 특성

> "전쟁에서 유일하고 효과적인 수단은 오직 전투뿐이다. 전투라는 수단을 통하여 우리는 적 전투력 격멸이라는 전쟁목적을 달성할 수 있다. 전투만이 본래의 군사행동이며, 여타의 모든 것은 다만 전투를 성립시키는 요소에 불과하다."
> – 클라우제비츠Clausewitz

전쟁이 적을 굴복시켜 자국의 의지를 실현하기 위해 사용하는 무력행위라면 전투는 본래의 군사적 행동으로서 적대하는 양 세력 간의 힘의 충돌이자 투쟁이며, 전쟁목적을 달성하기 위한 유일한 직접적 무력 수단이다. 이처럼 전투가 무력행위를 전제로 하는 한, 전투가 행해지는 장소인 전장은 힘의 우위가 지배하는 약육강식의 터전이요, 적자생존의 원칙이 철저하게 적용되는 생존경쟁의 치열한 각축장이다.

전장에는 상대 즉, 적이 있고, 피·아 모두 자유의지를 가지고 있으며, 자기 의지를 강요하는 힘인 무력이 존재한다. 이처럼 전장은 불꽃 튀는 자유의지의 대결장이기 때문에 상대방에 대한 타도감정으로 충만 되어 있어, 우월한 인간 의지가 지배하는 장이며, 힘이 난무하는 장소이기 때문에 철저한 적의 전투력 파괴를 시도하게 되어 우승열패優勝劣敗[39]의 원칙이 적용되고 물리적 힘이 지배하는 영역이다. 이로 인해 전투는 끝없이 인간의 생명을 위협하고 간단없이 인간 의지를 시험하기 때문에 비참과 노고가 그 속에 있다. 여기에 자연조건, 적의 의도와 활동, 그리고 아군 내의 요인 등 각종 전투환경이 빚어내는 역기능이 가세하여 상황을 더욱 복잡하게 만든다.[11]

---

[39] 우승열패는 전투력이 우세하면 승리하고, 열세하면 패배한다.

일반적으로 전투의 특성은 격렬한 마찰, 육체적 노고, 불확실성, 우연성의 4가지로 요약된다. [12] 전장에서는 마찰 때문에 병력과 장비가 파괴되고 계획과 의지가 좌절되게 된다. 전장 마찰에는 기동 마찰과 화력 마찰 이외에 기상조건, 지형 등에 의한 저항 마찰 등이 있다.

기동 마찰은 적을 공격하기 위해서 이동 또는 기동하는 부대가 겪게 되는 적의 사격, 장애물, 공중공격 등을 말한다. 기동 마찰은 어느 정도로 최소화할 수 있었냐 하는 것을 목적하는 시간과 장소에서 전투력을 보존, 발휘하는 것이 최대의 관건이다. 이를 위해 위장, 방호, 소산, 지형지물의 이용으로 적의 사격효과를 최대한 줄여 목적을 달성할 수 있는 사격과 기동을 연결하게 된다.

화력 마찰은 적의 각종 화포에 의한 마찰을 말한다. 적 1개 사단이 아 1개 연대의 방어 정면을 공격할 경우 적의 가용화력은 사단 편제 화력과 군단 화력 2/3를 합하여 약 310문의 화력 밀도를 유지할 수 있다. 여기에 적의 방사포, 예비사단과 포병사단이 가세할 경우 400문의 밀도 유지가 가능한바, 연대 방어 정면을 4km 내외로 편성했을 때 km당 100문을 초과하며 다시 여기에 적의 공중공격까지 고려할 경우 화력 마찰은 더욱 늘어나게 될 것이다.

저항 마찰은 주로 공격 측이 부대 이동이나 기동 시에 받게 되는 마찰을 말한다. 군장과 탄약의 무게, 지형과 기상, 지뢰지대, 돌진으로 인한 체력소모, 식량 보급의 두절, 심리적 압박감 등이 이에 속한다. 저항 마찰이 단기간 내에 해소되지 못할 때는 부대의 기동 지연이나 방해를 받게 되어 패배의 원인이 되기도 한다. 통상 경험이 부족하거나 성급한 지휘관은 지금의 임무에 급급하여 저항 마찰 정도는 무시하기 쉽다. 나폴레옹의 모스크바 원정 실패 원인 중에는 저항 마찰이 큰 비중을 차지하고 있었다.

45만의 프랑스 대군은 보무도 당당하게 개선문을 출발했지만, 작전 초기부터 낙오병과 일사병 환자가 속출하고, 복통으로 인하여 군량 수송용 군마의 거의 전부를 상실(1/3)하였으며, 설한 동토에서 굶주림과 혹한으로 죽어가는 수많은 아사자와 동사자들 앞에서는 역전의 영웅 나폴레옹도 어쩔 수 없이 두 손을 들어야 했다.

육체적 노고는 전투에 임하는 모든 인원이 받게 되는 고통을 말하는바, 장기간의 행군과 경계, 식량과 물자의 결핍, 수면 부족, 긴장, 죽음에 대한 심리적 압박감으로 조성되는데 이 육체적 노고를 얼마나 상대적으로 줄일 수 있느냐 또는 감내할 수 있느냐에 따라 전투의 향방이 좌우된다.

　불확실성과 우연성은 밀접히 관계된다. 불확실성을 해소하지 못한 전투 집단은 우연과 만날 수 있기 때문이다. 이 요소들은 지휘관들이 시급히 해결 또는 조치해야 할 주된 고충 중의 하나이다.

　적의 작전 기도와 전투력, 전투지대 등의 불확실성은 우선으로 해결을 해야 하는 문제점들이며, 언제, 어떤 장소에서 어떠한 적과 맞부딪칠 것인가 하는 우연성은 지휘관의 탁월한 지혜의 발휘와 기선을 제압하는 행동을 통해서만 해결할 수 있는 난제들이다.

　전장에서 마찰로 인한 피해와 피로를 적게 하고, 육체적 노고를 적게 하거나 끈질기게 고통을 감내하며 상대적으로 불확실성을 먼저 최소화하여 우연성을 명쾌하게 극복하는 측에 전투승리는 보장된다. 따라서 우리는 전장 환경 및 전투의 실상에 대한 깊은 통찰과 이해로 언제나 강인한 정신, 태산 같은 침착성, 단호한 결단력을 가지고 전투를 수행할 수 있어야 할 것이다.

2 전투의 3요소

> "승자에게는 전투시간이 짧을수록 좋고, 패자에게는 길수록 좋다"
> – 클라우제비츠Clausewitz

　전투는 주어진 시간과 공간 내에서 상호 대립하는 전투력이 직접 충돌하는 군사행동을 말한다. 축구경기에서도 선수와 능력을 갖춘 상대 팀이 필요하고, 축구 경기장이 필요하며, 경기 시간이 필요하듯이 전투도 축구경기와 마찬가지로 전투를 하려는 상대부대가 있어야 하며 전투를 할 수 있는 공간과 시간이 필요하다. 즉, 전투력, 시간, 공간은 전투를 성립시키는 기본적인 요소라 할 수 있는데 이를 전투의 3요소라고 한다.

전투의 3요소 간 상호관계를 통해 피·아 전투력의 우열 정도와 시간 및 공간이 제공하는 조건이 피·아 작전에 미치는 영향을 판단해봄으로써 전투의 양상을 어느 정도 예측할 수 있다. 이러한 예측은 시간과 공간을 적시 적절하게 이용할 수 있는 전투력 운용의 원리와 원칙, 방법 등을 염출하는 토대가 된다. 전투의 3요소는 [그림 5-1]과 같다.

이들 3요소를 어떻게 상호 결합하고 분리하느냐에 따라 전투의 본질인 "힘"이 증대되기도 하고 약화하기도 하는데 이들의 상호 작용을 이해하여 전투능력을 최대화하는 길이야말로 전술 이론을 연구하는 학자들의 지상과제라 할 수 있다.[13]

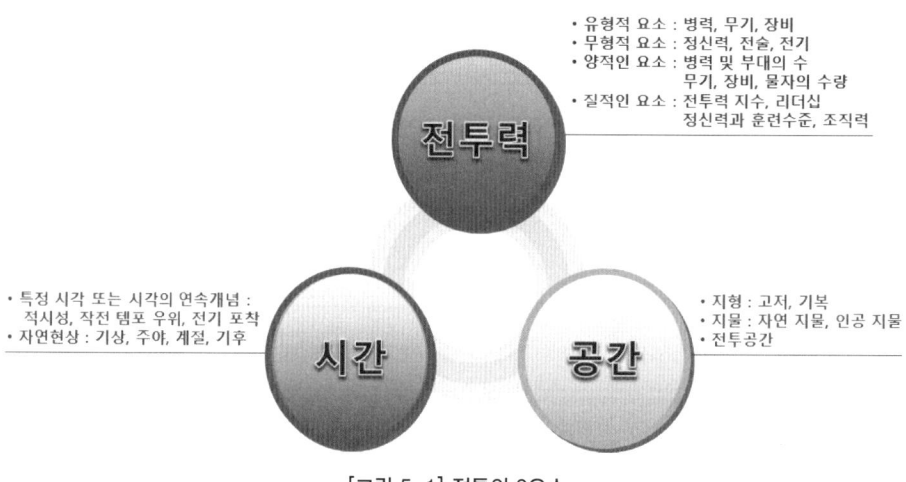

[그림 5-1] 전투의 3요소

가. 전투력

"전투력은 유형적 요소보다도 무형적 요소인 정신력이 훨씬 중요하다."
– 클라우제비츠Clausewitz

전투력이란 전투 시에 발휘할 힘의 요소들을 말한다. 전투력은 유형적 요소와 무형적 요소, 그리고 양적인 요소와 질적인 요소가 유기적으로 결합됨으로써 승수

효과를 발휘할 수 있다.

　유형적 요소는 병력이나 무기, 장비 등의 물리적인 힘을 말하고, 무형적 요소는 전투원의 정신력과 전술, 전기 등을 말하며, 무형적 요소는 유형적 요소를 활성화하고 효율성을 높여주는 근원이 된다.

　양적인 요소는 유형적 요소 측면에서 병력 및 부대의 수, 그리고 무기, 장비, 물자의 수량 등과 관련된 것으로 계량화된 표현이 가능하다.

　질적인 요소는 유형적 요소 측면에서는 무기 및 장비의 전투효율성과 관련되어 있어 전투력지수로서 계량화된 표현이 가능하다. 무형적 요소 측면에서는 지휘관의 통솔력, 전투원의 정신력과 훈련수준, 부대의 조직력 등과 관련되어 산술적으로 계량화하기가 제한된다.

　축구경기에서도 각 팀이 경기장에서 발휘하는 경기력은 각 선수 자신의 축구기술 등 객관적으로 측정할 수 있는 요소뿐만 아니라 선수들의 팀워크teamwork와 감독의 지도력 등 객관적으로 산출할 수 없는 정신적 요소가 결합하여 발휘된다는 것을 알 수 있다. 군에서의 전투력도 축구경기와 마찬가지로 객관적으로 측정할 수 있는 요소와 객관적으로 측정할 수 없는 정신적 요소가 결합하여 나타나는 것이다.

　전투력의 본질은 집산동정集散動靜이라는 4가지의 원리를 가지고 있다. 집산集散의 원리는 합치면 강해지고 분산되면 약해진다는 것이며, 동정動靜의 원리는 움직이면 강해지고 정지하면 약해진다는 것이다. 따라서 전투력은 집중과 신속한 운용으로 그 힘을 크게 해야 하며, 방어 시에도 공세적인 전투행동으로 이의 원리가 구현되도록 전투를 수행하여 주도권을 장악해야 한다.

　전투력은 한계성과 상대성이라는 특징을 가지고 있다. 먼저, 전투력은 무한정으로 발휘될 수 없으며, 마찰이라는 특성으로 인하여 일정한 시간이 지나면 소모될 수밖에 없는 한계성이 있으므로 전투력을 운용하면서 그 한계점을 명확히 인식하여 전투를 지속할 수 있는 대책을 마련해야 한다.

　또한, 전투는 대립하는 쌍방 간의 충돌행위이므로 전투력은 상대성을 전제로 운용하여야 한다. 우승열패는 불변의 이치이지만 모든 전투에서 적보다 압도적인 전투력을 보유할 수는 없으므로 전투력은 시간과 공간상의 결정적인 지점에서 상대적인 우위를 달성할 수 있도록 운용하여야 한다.

전투력은 전투의 3요소 중의 하나이지만 상대성이 전제되므로 실제로는 피·아 전투력을 모두 의미한다. 따라서, 전투의 3요소의 상호관계를 고려할 때에는 아 전투력과 시간 및 공간과의 관계뿐만 아니라 적 전투력과의 관계를 반드시 포함하여야 한다.

나. 시간

> "시간을 낭비하지 말라. 전쟁에서의 시간은 인간의 생명보다 더 중요하다."
> – 풀러Fuller

시간은 특정 시각 또는 시각의 연속개념으로서의 시간과 시간의 연속적인 흐름 속에서 나타나는 자연현상으로서의 시간(주·야, 계절, 기상, 기후 등)을 모두 망라한다.

특정 시각 또는 시각의 연속개념으로서의 시간은 우리가 보편적으로 인식하고 있는 시간의 개념으로 적시성과 직결된다.[14] 적시에 결정적인 장소에 있는 대대는 시기를 상실한 채로 결정적인 장소에 위치하게 된 연대보다 더욱 효과적이다. 또한, 한 시간에 20km를 이동할 수 있는 차량화 보병부대는 한 시간에 4km를 이동할 수 있는 일반 보병부대보다 5배 빠른 이동속도를 유지하므로 보다 많은 임무를 수행할 수 있으며, 결정적인 시간과 장소에서 적시 적절하게 운용될 수 있다.

이처럼 전투에 있어서 적시성은 부대 자체가 가지고 있는 전투력 이상의 효과를 발휘할 수 있다. 전투수행 간 지휘관과 참모가 상황판단-결심-대응하는데 걸리는 시간이 적보다 짧다면 작전속도의 우위를 달성할 수 있다. 작전속도를 상실한 적은 하나의 상황에 대한 결심과 대응이 끝나기도 전에 또 다른 상황에 직면하게 되고 이러한 상황이 계속 누적된다면 아군은 주도권을 완전히 확보한 상태에서 자신의 의지대로 적을 움직일 수 있다.

축구경기에서도 90분 내 골 게터goal getter가 슈팅할 수 있는 순간의 기회를 만들고, 기회를 포착하면 정확하게 슈팅을 하여 상대 팀보다 많은 골을 넣어야만 승리할 수 있다. 또한, 양 팀의 선수들이 최선을 다하여 경기에 임하기 때문에 슈팅할 호기를 포착하기가 대단히 어렵지만 일단 포착하기만 하면 골을 넣을 수 있는 확률은 대단히 높아진다.

전장에서도 동일하다. 전장은 인간의 자유의지가 교차하며 힘이 난무하는 장소로서 전장상황은 불명확하고 우연이 지배하는 곳이다. 이러한 전장의 불확실성 속에서 결정적인 승리의 기회는 자주 있지도 않고, 설사 있다 하더라고 그것을 교묘하게 포착하는 능력이 있어야 한다. 이러한 전기戰機[40]의 이용은 상대적 전투력의 우세를 확보하기 위한 가장 중요한 술책이며, 전기는 부대의 대소에 따라 상이하여 한순간에 지나쳐 버리는 것도 있고, 오랫동안 머무는 것도 있다. 따라서 주어진 호기를 어떻게 포착하여 이용하느냐, 또는 어떻게 승기를 스스로 창출해 내느냐 하는 것이 중요하다.

전기를 포착하여 이를 놓치지 않고 활용하는 능력도 적시성과 관련된다. 전투를 수행하는 과정에 있어서 필연적이든 우연적이든 전기가 나타날 수 있다.

필연적인 기회는 인위적으로 유리한 상황을 조성함으로써 나타나는 호기이며, 우연적인 기회는 적의 과오로 인해 발생하는 호기이다. 그러나 상황의 변화와 계속되는 적의 위협 속에서 전기를 포착하기는 대단히 어려우며 전기가 찾아와도 이를 모르고 지나치는 경우가 허다하다. 예를 들어 방어지역 전단의 중앙이 돌파되고 있는 경우에 이를 위기로만 인식한다면 적의 과오가 발생했더라도 수세적인 대응에 급급할 수 있다. 그러나 적의 과오를 예의주시하다가 이를 발견하였다면 역으로 돌파구 내의 적을 포위해서 격멸하거나 강력하게 역습할 호기로 인식하여 적에게 결정적인 타격을 가할 수도 있을 것이다.

자연현상으로서의 시간은 기상, 주야, 계절, 기후 등을 말하며 이는 피·아 전투력 운용에 많은 영향을 미친다. 아무리 우세한 전투력을 보유한다고 하더라도 자연

---

[40] 전기란 전투에서 적에게 결정적 타격을 가하여 전승을 달성할 수 있는 호기를 말한다.

현상과 군사작전의 상관관계를 이해하지 못하면 전투력을 효율적으로 발휘할 수 없다.

기상은 대기 중에 일어나는 모든 물리적 현상인 기온, 적설, 결빙, 강우, 바람, 안개, 구름, 광명, 습도 등의 전장환경을 조성하는 주요인이다. 이러한 기상은 관측, 기동, 사격의 효과, 병력의 건강과 활동, 장비의 운용 및 성능 발휘, 식수 및 식량의 관리 등에 중대한 영향을 미친다. 특히 동계와 하계에는 춘계와 추계보다 기상이 작전을 제한하는 현상이 두드러지기 때문에 작전 소요가 증대된다는 특징이 있다.

주·야는 시간의 진행에 따른 명明과 암暗의 교대 현상으로 전술적 의미에서 주·야간은 해상박명종EENT, End of Evening Nautical Twilight과 해상박명초BMNT, Beginning Morning Nautical Twilight[41]를 기준으로 구분한다. 야간은 시도조건, 전투원 심리상태, 방향유지, 지휘 통제, 기만과 기습의 효과 등에 많은 영향을 미친다.

이처럼 자연현상은 전투력의 운용과 효과에 지대한 영향을 미치기 때문에 자연현상이 피·아에게 제공하는 유리점과 불리점이 무엇인지를 명확하게 인식하고 사전에 충분한 대책을 강구하는 것이 무엇보다 중요하다.

다. 공간

> "지형적 요소의 영향을 받지 않는 전투란 생각할 수 없다."
> – 클라우제비츠Clausewitz

공간은 시간 요소와 함께 전투력이 운용되는 범위와 환경을 조성하는 기본요소이다. 이러한 공간은 지형과 지물, 그리고 지형과 지물이 어우러진 전투공간Battlefield을 말한다.[15] 여기에서 지형이란 고저나 기복 등 지표면의 상태를 말하며, 지물이란 지표면에 존재하는 모든 물체를 총칭하는 것으로 하천, 삼림 등의 자연지물과 도로, 교량, 건물, 낙석 등과 같은 인공지물을 포함한다. 또한, 전투공간은 지형이

---

[41] 박명薄明이란 일출 전 혹은 일몰 후에 빛이 남아있는 상태를 말한다. 따라서 해상박명초는 해가 수평선 위로 뜨기 전의 박명시각을, 해상박명종은 해가 진 이후의 박명시각을 의미한다.

정면과 종심의 크기, 모양, 형세와 관련되어 전투력 운용에 직접적인 영향을 미치는 공간이다.

축구경기에서도 볼 수 있듯이 승리를 위해서는 공간을 활용한 패스가 절대적으로 필요하다. 공간 패스란 선수가 나아갈 방향의 공간에 공을 미리 넣어 주는 패스로 상대 팀보다 먼저 신속하게 기동하여 유리한 위치를 확보함으로써 득점할 수 있는 확률이 높아진다.

전투공간은 지형과 지물로 형성되어 있으며 오늘날에는 입체 및 사이버공간까지 범위가 확장되어 있다. 전투공간을 구성하고 있는 지형과 지물의 형태를 고려하여 개활지역, 산악지역, 하천지역, 도시지역 등으로 전투공간의 전반 또는 일부의 성격을 구분할 수 있다. 이러한 전투공간의 성격은 각기 다른 전투력 운용방법을 요구한다. 왜냐하면, 전투공간을 이루고 있는 지형과 지물의 전술적 가치가 다르기 때문이다.

지형과 지물의 전술적 가치는 일반적으로 관측과 사계, 은폐 및 엄폐, 장애물, 중요지형지물, 접근로 등 지형평가 5개 요소를 기준으로 판단한다. 이러한 전술적 가치는 공자와 방자의 관점에서 서로 다르게 평가되며, 동일한 지형과 지물일지라도 이를 어떻게 활용하느냐에 따라서 그 가치는 달라질 수 있다. 그러므로 지휘관과 참모는 지형평가 5개 요소에 근거하여 지형과 지물이 전투에 미치는 유·불리점을 분석할 수 있는 지형 안을 갖추고 전투력 운용 시에는 이를 효과적으로 활용할 수 있어야 한다.

3 전투의 원리

가. 전투의 3요소 간 상호관계

우승열패는 전투력의 우열과 관련된 개념으로 전투에서의 필연적인 이치이다. 그러나 실제로는 어느 일방의 전투력이 모든 시간과 장소에서 상대방을 압도할 수 있을 정도로 우세한 경우는 극히 제한된다. 따라서 현실적인 전투에서는 가용 전투력을 운용하면서 시간과 공간이라는 전장 환경을 얼마나 효율적으로 활용하여 주도권을 확보하고 결정적인 시간과 장소에서 상대적인 전투력의 우세를 달성하느냐에 따라 전투의 승패가 결정된다.

- **전투의 3요소 간 조화**

전술제대의 모든 지휘관과 참모는 전투의 3요소를 잘 이해하고 전투력을 시간 및 공간상의 이점과 조화롭게 결합함으로써 전투력의 승수효과를 창출할 수 있어야 한다. [그림 5-2]는 전투력, 시간, 공간의 활용 정도에 따라 전투력 발휘 능력이 상이해질 수 있다는 사실을 설명하고 있다.

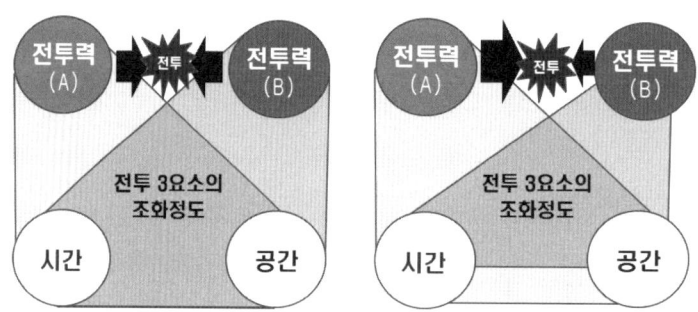

[그림 5-2] 전투의 3요소 간 조화

좌측 그림과 같이 A와 B의 전투력 수준이 동일하고, 시간 및 공간을 활용하는 정도도 비슷한 수준이라면 전투력의 발휘도 상호 대등하므로 전투 진행 간 어떠한 전기가 발생하지 않는다면 상호 팽팽한 전투 양상이 유지될 것이다.

우측 그림과 같이 A와 B의 전투력 수준이 동일하지만 A가 B보다 주어진 시간 및 공간을 활용하는 정도가 크다면 A가 B보다 더 효과적으로 전투력을 발휘함으로써 주도권을 확보하게 되고 전세戰勢는 A에게 기울게 될 것이다.

• **전투의 3요소와 연계된 전술적 상황판단**

[그림 5-3]과 같이 임무(M), 적(E), 지형 및 기상(T), 가용부대(T), 가용시간(T), 민간요소(C)는 전투를 수행하기 위해 전술적으로 고려해야 할 기본적인 요소로서 전투의 3요소 간 상호관계를 통해 전반적인 전장 상황을 판단할 수 있다.

수행해야 할 임무가 결정되지 않은 전투력은 의미가 없다. 작전목적을 달성하기 위해 어떠한 임무를 수행하여야 할 것인가가 명확하게 결정되었을 때 목적에 부합하는 방향으로 전투력을 지향할 수 있으므로 비로소 가치를 갖게 되는 것이다.

전투는 피·아 쌍방 전투력의 충돌이다. 적 전투력의 능력과 기도를 파악하지 못하면 승리를 보장할 수 없음을 의미한다. 판단된 적 전투력의 능력과 기도에 아 전투력이 효과적으로 대응할 수 있는 능력이 있는지를 파악하고 이에 대한 대책을 강구해야 한다. 전투공간의 지형적인 요소와 자연현상으로서의 시간 측면에서 기상을 제대로 분석해야 아 전투력을 주어진 시·공간에 효과적으로 결합할 수 있다.

시각의 연속개념으로서의 시간 측면에서 적시적인 전투력 운용은 주도권의 확보 및 유지에 필수적이므로 가용시간을 잘 활용하여 작전 반응속도를 단축해야 하며, 전투공간 내의 민간요소는 전투력 운용에 대한 마찰 또는 촉진요인으로 작용할 수 있으므로 그 중요성이 더욱 증가하고 있다.

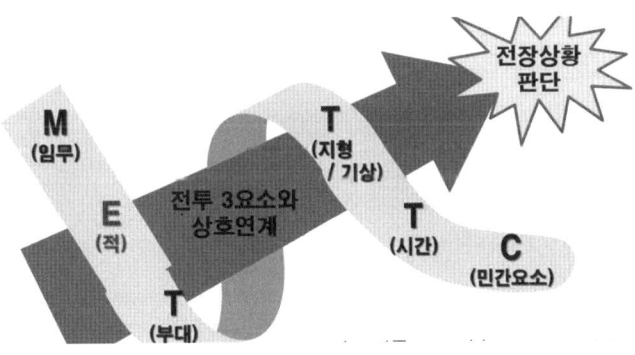

[그림 5-3] 전투의 3요소와 연계된 전술적 상황판단

- **전투의 3요소를 연계한 전투력 조직**

　전투력은 전술제대 지휘관이 이를 어떻게 조직하느냐에 따라 그 효율성이 크게 달라지므로 지휘관은 자신의 의도를 구현하는 데 적합하도록 전술집단을 구성하고 전투편성을 해야 하며, 전투력의 구성요소들이 상호 유기적으로 조화를 이루어 통합된 전투력을 발휘할 수 있도록 제반 노력을 기울이어야 한다. 이를 위해 지휘관은 시간 및 공간에 의해 발생하는 마찰을 최소화하고 시간 및 공간이 제공하는 이점을 극대화할 수 있도록 전투력을 조직해야 한다.

　지휘통제의 범위를 고려해서 수행해야 할 과업과 과업을 수행해야 할 공간을 기준으로 전투력을 여러 개의 전술집단으로 편성한다면 공간 활용, 작전 반응속도, 작전지속 측면에서보다 융통성 있는 작전이 가능하다. 또한, 전술집단별로 과업을 수행하는 데 적합하도록 전투편성을 해야 한다. 이러한 전투편성은 전술집단이 전투를 수행하는데 필요한 핵심적인 기능들이 반영되어야 한다. 이러한 핵심적인 기능은 지휘 및 통제하는 기능, 적을 찾는 기능, 유리한 공간으로 전투력을 기동시키는 기능, 식별된 적을 타격하는 기능, 전투에서 생존하는 기능, 전술적 목표를 달성할 때까지 작전을 지속시키는 기능 등을 의미한다. 이러한 것들이 바로 전투수행기능으로서 지휘통제, 정보, 기동, 화력, 방호, 작전지속지원 등의 6대 기능으로 구성되어 있다.

　전술집단이 전투수행기능을 효과적으로 발휘하려면 제병협동부대로 편성되어 제병과의 능력들이 통합됨으로써 전투력 발휘의 승수효과를 달성할 수 있어야 한다. 즉, 전술은 제병협동전투를 기본으로 한다.

- **전투의 3요소와 연계한 전투력 운용**

　[그림 5-2]에서 제시된 것처럼 동일한 전투력 일지라도 발휘하는 힘의 크기와 효과가 상이한 것은 적 전투력의 행동에 기초하여 나의 전투력을 시간과 공간적인 조건에 부합되는 방향으로 집중 운용, 분산 운용, 동적인 운용, 정적인 운용 등을 조화시킴으로써 상황에 유연하게 대처하기 때문이다. 따라서 집산동정集散動靜을 전

투력 운용의 특성[42]이라 한다.

　전투력 운용의 4가지 특성은 제각각 강점과 약점이 존재한다. 집중하면 강해지나, 대량피해 가능성이 증대된다. 분산하면 생존성이 향상되고 기동성이 증대되지만 약해진다. 움직이면 타격력은 증대되나 노출되기 쉽고 정지한 것보다는 정확한 타격이 어렵다. 정지하면 진지를 구축한 경우에는 생존성이 증대되나 그렇지 않으면 타격에 취약하며, 움직이는 것보다 타격력도 약하다. 따라서 이러한 특성들을 시간 및 공간에 최대한 부합되도록 적절하게 조화시켜야 한다.

　전술제대 지휘관과 참모는 잘 조직된 전투력을 피·아가 처한 시간과 공간상의 조건에서 전투력 운용의 4가지 특성을 어떻게 조화롭게 적용하느냐에 따라 그 강도와 효과 등이 다르게 나타난다는 것을 이해하여야 한다. 예를 들어 전투를 위한 작전형태나 기동형태는 이 4가지 특성을 조화시키되 그 비중을 달리하여 적용하거나 어느 한 특성을 적용하는 부대의 규모나 장소의 범위를 다르게 적용함으로써 시간과 공간에 부합되는 형태를 취하는 것이다.

　시간과 공간의 조건이 일반적일 때와는 현격히 다른 경우를 특수조건이라 한다. 특수조건 하에서의 전투는 시간과 공간의 특수성으로 인해 전투력 운용에 많은 제한사항이 따르고, 공자와 방자에게 미치는 영향에도 차이가 있으므로 전투력을 운용하는 방식이 다를 수밖에 없다. 이처럼 전술의 영역인 전투는 전투의 3요소 간 상호관계 속에서 이루어지는 피·아 전투력의 역학적인 작용임을 알 수 있다.

- **전투의 3요소와 전술과의 관계**

　전투의 3요소를 METT+TC를 고려하여 구체적으로 분석하고 판단하여 작전 수행과정[43]을 통해 공격, 방어작전 등 작전계획을 수립하고 준비하여 작전을 수행하는 것이다. 전투의 3요소와 전술과의 관계를 도식화해 보면 [그림 5-4]와 같다.

---

[42] 전투력은 집중하면 강해지고, 분산하면 약해진다. 또한, 움직이면 강해지며, 정지하면 약해진다.
[43] 작전수행과정은 1979년부터 1995년까지 지휘관 및 참모활동 순서로, 1996년 전술적 결심수립절차로, 2000년 부대지휘절차로 사용하다가 2011년부터는 작전수행과정으로 명칭을 변경하여 사용하고 있다.

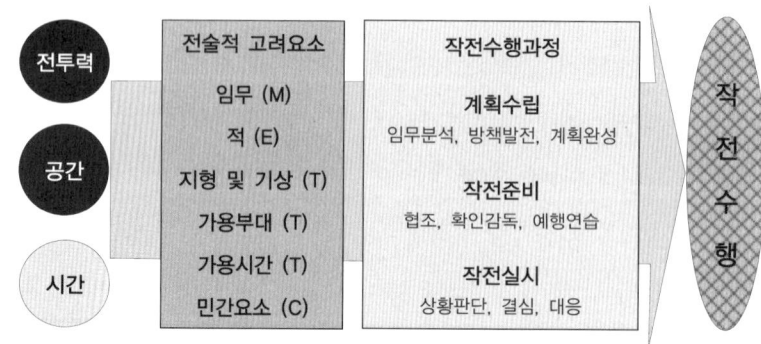

[그림 5-4] 전투의 3요소와 전술과의 관계

나. 공격·방어의 상호관계

• **공격과 방어의 선택**

전투를 승리로 종결시키고 적에게 나의 의지를 관철하기 위해서는 공격이 필수적이다. 그러나 의지만으로는 전투에서 승리할 수 없으므로 무조건 공격을 선택할수는 없다.

축구경기에서도 '최대의 공격은 최대의 수비다'라는 말이 있듯이 공격적 힘의바탕이 없는 수비는 무너지기 마련이다. 공격은 개인이 가지고 있는 공격 능력을최대한 활용하여 전술을 세우는 것이 중요하다. 경기장의 중앙 지역을 돌파하여 득점을 노리는 중앙공격과 수비의 압박이 상대적으로 약한 경기장 좌우 측면의 넓은공간을 활용하여 득점을 노리는 측면공격, 그리고 두세 명의 선수가 상대 팀의 방어 형태에 따라 코너킥과 슛을 조직적으로 계획하는 세트플레이SetPlay에 의한 공격을 사용하여야 한다. 수비는 상대 팀의 특성에 따라 대인 방어와 지역방어를 적절하게 사용해야 한다. 상황에 따라 상대 팀 공격수를 2~3명의 수비수가 협력하여공격수를 경기장의 바깥쪽으로 유도해서 슛 기회를 줄일 수 있도록 하는 협력 수비와 상대 팀 공격수가 오프사이드offside 위치에 있도록 유도하는 수비를 구사하여야 한다.

전투 시에도 통상 전투력이 우세한 경우에 공격작전 형태를 선택하지만, 전투력이 비록 열세한 경우에도 이를 슬기롭게 극복하고 공격하여 승리를 달성할 수 있다. 그러나 이를 극복하기 위해서는 전투력을 효과적으로 운용하기 위한 보다 많은 노력이 필요하다. 따라서 전투력의 우열 정도, 시간과 공간적인 조건 등을 명확하게 분석한 상태에서 공격 혹은 방어를 선택해야 한다. 이에 따라 최초부터 어느 일방은 공격, 그리고 다른 일방은 방어를 선택할 수도 있으며, 최초 쌍방이 모두 공격을 선택했다 하더라고 어느 일방으로 전세가 기울어짐에 따라 공격과 방어의 유형으로 전환될 수도 있다. 그러나 공격과 방어가 항상 상대적인 것은 아니며 상호 보완적인 관계에서 진행되는 것이 보통이다. 특히 대부대일수록 공격 또는 방어 일변도一邊倒의 작전은 이루어지지 않는다. 즉 전체 작전을 대관大觀한다면 어느 일방은 공세, 다른 일방은 수세의 성격을 띠고 있지만 실제로는 쌍방 공히 공격과 방어가 동시에 진행된다.

예를 들어 어느 한 부대가 공격작전을 수행하고 있더라도 적의 역습에 대응하는 경우, 주력부대의 측방을 방호하는 경우, 공중강습작전 성공 후 본대와의 연결을 위해 목표를 확보한 경우 등에는 부분적으로 방어작전을 병행해야 한다. 또한, 방어작전을 수행하고 있더라도 적을 의도적으로 유인하여 타격하는 경우, 상실된 방어지역을 회복하거나 돌파구 내에 투입된 적을 격멸하기 위해 역습을 하는 경우, 후방지역에 대규모의 특수전부대를 격멸하는 경우 등에는 부분적으로 공격작전이 병행되어야 한다.

- **공격과 방어의 속성**

축구경기에서 공격을 잘하는 팀은 상대적으로 수비가 약하고, 수비가 강한 팀은 상대를 이길 수 있는 점수를 내기가 어렵다는 장·단점이 있다. 전투에서도 공자와 방자는 각각 본질적인 유·불리점을 가지고 있다. 따라서 공격과 방어 시에는 상대방의 유리점과 자신의 불리점을 최소화하고 상대방의 불리점과 자신의 유리점을 최대한 활용하는 방향으로 작전을 수행하며, 이를 통해 달성한 성과를 확대함으로써 전투를 승리로 종결하고자 하는 속성이 있다. 이와 같은 공자와 방자의 속성이 적용되면서 전투가 진행되는 일반적인 과정은 [그림 5-5]와 같다.

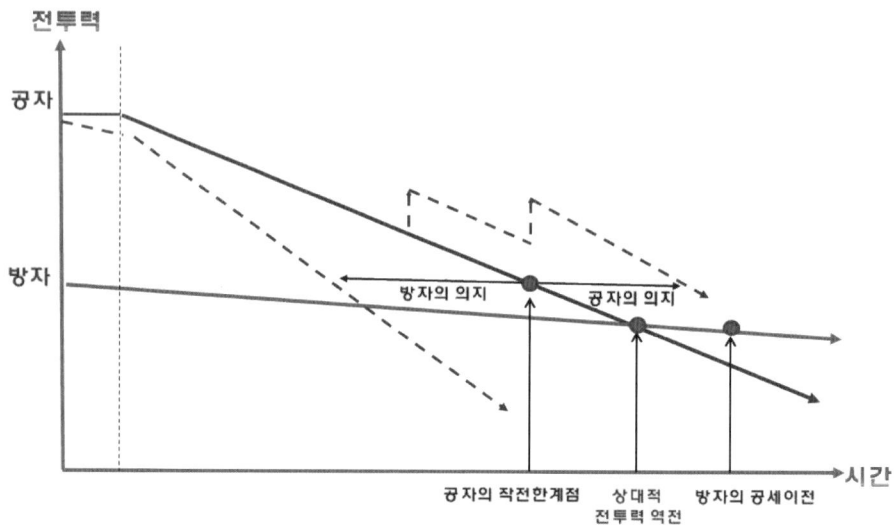

[그림 5-5] 공격과 방어의 상호관계

전투 초기부터 일정 시간까지는 다음과 같은 이유로 방자의 전투력 소모가 통상 공자보다 더 크게 나타난다. 공자는 통상 방자보다 우세한 전투력과 행동의 자유를 보유하고 있어 자신이 원하는 시간과 장소에 선제타격을 가하거나 전투력을 집중할 수 있고 기습과 기만효과를 달성하기 용이하다는 유리점이 있으나, 방자는 공자에 비해 행동의 자유가 제한되므로 공자의 선제행동에 대해 피동적인 대응을 하게 될 가능성이 크고 공자의 전투력 집중과 기습에 취약하며, 공자가 공격하지 않거나 견제하는 지역에 유휴전투력이 발생할 수 있다는 불리점이 있다.

그러나 일정한 시간이 지나면 공자의 전투력 소모가 방자보다 크기 때문에 전투력의 역전이 이루어지며 그 이후는 방자가 공세로 이전하는 여건이 조성된다. 그 이유로 공자는 노출된 상태로 기동함에 따라 생존성이 감소하고, 기동 간에는 지형, 전투 하중, 방자의 저항 등에 의한 마찰로 전투력이 급격히 소모된다.

반면에 방자는 방어에 유리한 지형을 선택하고 천연적인 장애물을 활용할 수 있다는 지형의 이점과 선택한 지형에서 가용한 시간을 이용하여 충분한 방어준비를 하고 진지의 강도를 증가시킬 수 있다는 시간의 이점, 그리고 지형과 시간의 이점을 활용함으로써 생존성을 보장하고 있다. 즉, 더욱 쉽게 전투력을 발휘할 수 있다는 유리점이 있다. 이에 따라 공자는 노출한 기동과 방자와의 지속적인 마찰로 인해 작전한계점에 도달하게 된다. 작전한계점은 부대가 더 이 상 작전을 지속하기 어려운 시기 및 상태로서 추가적인 전투력 보강이 이루어지지 않고 공격을 계속할 경우 방자와 전투력이 역전되기 시작한다.

전투력이 역전된 이후 공자는 공격하던 편성으로 인해 어느 정도 공격을 계속할 수는 있지만 결국 방자가 공세로 전환하게 될 것이다. 따라서 공자는 작전한계점에 도달하기 이전에 추가적인 전투력을 증원하거나 병력, 장비, 물자 등을 보충하고, 새로운 전기를 마련하기 위해 지속적인 노력을 기울일 것이다.

공자는 이러한 노력을 통하여 임무를 달성할 때까지 작전한계점을 연장하고 공격 기세를 계속해서 유지하려 할 것이며, 방자는 공자보다 생존성이 보장된 상태에서 지형과 시간의 이점을 이용하여 노출된 상태로 기동하는 공자의 전투력을 조기에 감소시킴으로써 보다 빠른 시기에 공자를 작전한계점에 도달시키고 공세로 이전하려 할 것이다.

공격과 방어의 속성은 결국 방어가 지닌 본질적인 유리점과 불리점을 이용하거나 극복하기 위한 의지에서 비롯된다. 즉 작전한계점에 도달하기 이전에 임무를 달성하려는 공자의 의지와 노력, 그리고 조기에 공자를 작전한계점에 도달시켜 공세로 이전하려는 방자의 의지와 노력이 전투의 전 진행 과정에서 대립하는 것이다.

제4절
승리의 핵심요소

> "전투는 우리의 멜로디Melody에 의해서 적이 춤을 추도록 주도권을 장악하여 적의 움직임을 유리하게 이용하여야 한다."
> – 몽고메리Montgomery

1 주도권 개념 및 특성

가. 주도권의 개념

주도권主導權이란 능동적이고 적극적인 행동으로 적을 수동적 위치로 유도하여 행동의 자유를 확보함으로써 자신의 의지대로 전세를 지배할 수 있는 능력을 말한다.[16] 주도권은 통상 시기와 장소 및 전투수단과 방법을 자유롭게 선택 구사할 수 있는 상황을 조성하는 데 있으며, 적의 행동은 최대한 구속하면서 아 행동의 자유는 최대한 보장하는 데 있다.

어떤 상황에서도 주도권은 장악되어야 하며 일단 확보된 주도권은 계속 유지되어야 한다. 주도권을 확보하였을 때는 상황 전개와 차후 조치를 내 의지대로 할 수 있으나 상실된 주도권의 회복에는 큰 손실과 곤란이 뒤따르며, 주도권 회복의 실패는 곧 패전을 의미하기 때문이다.

축구에서도 경기 시작부터 종료될 때까지 기선을 제압하여 항상 주도하는 공격을 해야 한다. 물론 말처럼 주도하는 축구가 쉬운 것은 아니지만, 전투와 마찬가지로 주도하지 못하면 상대 팀에게 90분 내내 끌려다니기 때문에 승리하기가 쉽지 않다.

따라서 전투에서도 언제나 왕성한 공격 정신과 과감한 전투력 응용, 그리고 수단 및 방법의 우세달성으로 기선을 제압하여 적을 내 의도대로 자유롭게 타격할 수 있어야 하며, 적에게 행동의 자유를 상실한 채 끌려다녀서는 안 된다. 그래서 손자는 "전쟁을 잘하는 자는 패하지 않는 곳에 위치해서 적이 패배할 기회를 놓치지 않는다_{故善戰者 立於不敗之地 而不失敵之敗也}"고 하여 주도권의 중요성을 강조하였다.[17]

주도권을 언급할 때 자주 쓰이는 전술적 용어로서 기선機先과 선제先制가 있다. 기선機先은 최초로 행동하는 힘으로써 적이 어떠한 전술적인 행동을 하기 전에 먼저 이를 공격하여 주도적인 위치에서 적을 제압하는 작전행동을 의미한다. 선제先制는 기선을 제압한다는 뜻으로 적이 행동하기 전에 전기戰機를 포착하는 것과 적보다 한발 앞서 적을 제압한다는 의미가 내포되어 있으며, [그림 5-6]과 같다.

나. 주도권의 특성

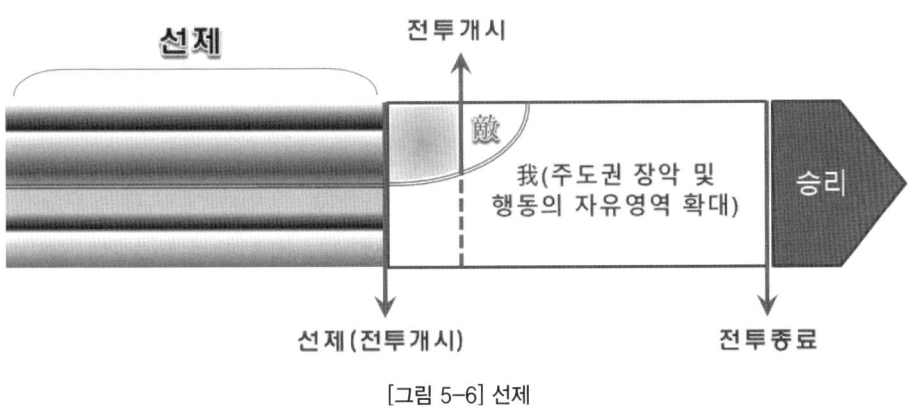

[그림 5-6] 선제

주도권은 다음과 같은 특성이 있다.[18] 먼저, 피·아 전투력과 전투 의지 때문에 좌우된다. 주도권은 일단 우세한 전투력과 강인한 전투 의지를 보유한 측에 귀속된다. 그러나 아무리 우세한 전투력을 보유하고 있어도 주도권을 획득하고자 하는 적극적인 의지가 없으면 주도권을 발휘할 수 없다.

둘째, 피·아 의지와 행동이 같은 곳에서 충돌할 경우 의지력의 발휘가 우세한 측에 존재한다. 주도권 획득을 위한 행동이 같은 장소에서 맞부딪혔을 경우, 다시 말해서 결전을 하겠다는 장소가 피·아 간에 일치되었을 때는 주도권을 획득하겠다는 의지가 강렬한 측에 귀속된다.

셋째, 주도권을 획득하고자 하는 시기는 같으나 그 장소가 다를 때는 상대방에게 위협을 느끼게 할 수 있는 측에 주도권이 존재한다. 이 말은 주도권을 획득하고자 하는 시기는 같지만, 장소가 서로 다를 경우 그 장소가 주는 위협의 정도에 따라 주도권의 방향이 달라진다는 뜻이다.

마지막으로 주도권을 획득하고자 하는 시기가 상이할 경우보다 빠른 시기에 시도하는 편이나 의지 또는 전투력과 같은 상황과 조건이 유리한 측에 주도권은 돌아간다.

축구에서도 마찬가지로 주도권은 선수들의 기동력과 정신력에 의해 좌우되며, 상대 팀보다 좋은 위치를 선점하여 득점할 수 있는 결정적인 기회를 포착하는 측이 유리하다.

2 주도권 획득의 원리

주도권의 특성과 힘의 원리는 곧 주도권 획득의 원리로 연결된다. 힘의 원리 면에서 적이 예상치 않은 시간과 장소, 방향, 그리고 힘의 중심점이 최대의 취약점이 되고 이러한 취약점에 대해 신속한 기동으로 전투력을 집중하거나 기습으로 적의 유·무형 전투력을 마비시킬 수 있을 때 가장 적은 힘으로 큰 효과를 발휘할 수 있다. 이와 같은 주도권의 특성과 힘의 원리를 결합하면 언제(시기), 어디서(장소), 어떻게(방법)라는 3가지 요소로 집약된다.

전투와 마찬가지로 축구경기에서도 공격에서는 상대 팀보다 빠른 기동력으로 정면보다는 측면에 집중하여 상대 팀이 공격하기 전에 선제적으로 공격하고 기습적으로 공격하면 쉽게 득점할 가능성이 커진다. 수비에서는 위험을 최소화하되 언제, 어디서, 어떻게 압박을 가할지를 늘 염두에 두어야 실점을 내주지 않고 주도권을 발휘할 수 있다.

가. 언제(시기)

주도권을 장악하기 위해서는 적보다 빨리 기선을 제압하는 것이 중요하다. 기선은 적이 공격하기 전에 먼저 공격하는 즉, 선제공격으로 주도적 위치에 서는 것이다. 공격은 물론 계획의 수립과 시행, 작전행동 등 제반 전투상황에서의 모든 선제행동을 포함한다. 그러기 위해서는 적보다 먼저 정확하게 상황판단을 하고 신속히 계획을 수립하여 전투력을 투입해야 한다.

따라서, 집중, 기동, 기습에서의 기선 없이는 그 효과를 기대할 수 없다. 최초부터 완전하게 상황을 판단하여 전투력을 투입하려고 우물쭈물하다가는 오히려 적에 기선을 제압당하게 된다.

나. 어디서(장소)

결정적인 지점을 타격하는 것은 주도권 획득의 전제조건이다. 결정적인 장소는 힘의 작용점과 방향 면에서 고려되어야 한다.

힘의 작용점과 방향의 선정은 목표선정과 일치하는데, 목표를 정하는 것은 목적하는 방향으로 모든 전투역량을 집중하는 데 있다. 목표를 정하기 위해서는 지형에 익숙해야 하고, 적의 전투역량이 어디에 집중되어 있는가를 알아야 하며, 집중된 전투력의 중심이 어디인가를 명확히 판별하는 것이 중요하다.

군사적 관점에서 전투력의 작용점은 정면, 측방, 측익, 배후 또는 후방이 되며, 정면보다 배후 또는 후방이 취약하므로 선제공격을 통해 쉽게 주도권을 장악할 수 있는 지역이다.

모든 물체는 균형을 유지하려는 속성이 있고, 균형을 유지하는 힘의 중심이 있기 마련이다. 이 중심을 무너뜨리면 물체는 넘어지게 된다. 전투에서도 전투력의 중심이 있고 이 중심을 타격하면 적 전투력이 와해하여 지리멸렬하게 된다.

따라서 장소의 측면에서 본 주도권 획득의 원리는 적의 저항이 가장 적고, 적이 가장 적게 예상되는 방향을 택하되 적 전투력의 중심인 곳을 타격해야 한다. 이때 아측에 유리한 지점을 선택해야 하는 것은 당연하다.

다. 어떻게(방법)

시기와 장소가 식별되었다면 다음의 문제는 "어떻게 그 시기와 장소에 대한 기선제압을 위한 전투력을 도달시킬 것인가?"이다. 즉 신속한 기동으로 결정적인 장소에 전투력을 집중하여 기습의 효과를 노리기 위한 것이다. 어떻게 기동하여, 어떻게 집중해서, 기습효과를 극대화하느냐 하는 것이 주도권 획득의 방법인 것이다.

이상 3가지를 요약해 보면, 주도권을 획득하는 방법 및 수단은 기동과 집중으로 결정적 시간과 장소에서의 상대적 우세를 달성하여 기습적으로 기선을 제압하는 것이다. 그러나 중요한 것은 언제, 어디서, 어떻게 주도권을 획득할 것이냐에 대한 지휘관의 확고한 의지야말로 주도권의 방향을 결정하는 주요 요인이다. 이들 3가지 요소는 작전술 및 전술 수준에 공히 적용되는 주도권 획득의 원리이지만 그 영향의 정도 면에서 구분해 본다면 '언제, 어디서 주도권을 획득할 것이냐'하는 문제는 주로 작전술의 영역에 속하고, '어떻게 주도권을 획득할 것이냐'하는 것은 전술의 분야에 속한다고 보아야 할 것이다.

3 주도권 획득 방법

다시 축구경기로 돌아가서 생각해보면 승리를 위해서 두 팀은 골을 넣거나 막는 등의 공격과 수비가 연속적으로 진행되면서, 승자와 패자가 구분된다는 측면에서 전투의 모습과 매우 유사하다고 볼 수 있다. 축구에서 주도권은 통상 선제골을 넣은 팀이 먼저 장악하게 되고 선제골을 넣은 팀은 이후 수비를 강화하여 장악한 주도권을 유지하려 할 수도 있고, 장악한 주도권을 확대하기 위하여 더욱 공격적으로 경기를 진행함으로써 추가 골을 넣으려고 할 수도 있다.

전투에서도 마찬가지로 전투에서 승리하기 위하여 주도권을 장악하고 지속 유지 및 확대하는 방법을 구체화하여 전투력을 운용할 수 있도록 노력을 집중하여야 한다.

앞에서 주도권 획득의 원리에 관해 설명한 바와 같이 주도권은 기동과 집중, 그리고 기습의 효과에 있었다. 따라서 여기에서는 기동과 집중, 기습, 그리고 공격과 방어작전 시 주도권 획득 방법에 관해서 기술하였다.

가. 기동

> "전투는 전장에 전투력을 집결할 수 있는 기동에 전적으로 의존한다"
> – 프레드릭 Frederick

기동은 집중을 달성하고 기습의 효과를 배가시키는 역할을 함으로써 주도권 획득에 결정적으로 기여하는 요소이다.

손자는 '세차게 흐르는 물의 빠른 속도는 돌을 떠내려가게 한다. 이 기세가 기동이다激水之疾 至於漂石者 勢也'고 하여 고여 있는 물과 같은 정적 전투력을 돌을 떠내려갈 정도의 동적動的 상태로 변환시키는 역할을 하는 것이 기동이라고 하였다. 손자는 이것을 가리켜 '형形이 세勢'로 변하는 것이라 하여 기동의 상대적 중요성을 역설하고 있다.[19]

프레드릭 대왕은 "전투는 전장에 전투력을 집결할 수 있는 기동에 전적으로 의존한다."라고 하여 전략적 기동의 중요성을 말했고, 나폴레옹은 "전투력은 부대의 중량에 가해진 속도에 의해 결정된다."라고 하였다. 실제로 기동과 추격을 연결해 강력한 전과확대를 함으로써 거의 모든 전쟁을 승리로 이끌어 기동전 사상의 효시가 되었다. 당시의 군대가 1분간 70보 기동하는 데 대해서 나폴레옹 군대는 120보를 기동했다.[20]

풀러는 "승리의 기초는 공격행위 그 자체보다 신속한 기동에 있다."라고 하여 전격전 이론의 원조가 되었다. 이들 모두 기동의 중요성을 강조하고 있으며, 기동이야말로 제반 전쟁원칙을 주도하는 전투승리의 결정적 요소임을 역설하고 있다.

시대의 변천과 함께 기동속도는 빨라졌고 기동속도의 상대적 우세가 전투 승패를 좌우하는 요인이 되었다.

기동이란 요망하는 시기와 장소에 효과적으로 이동하는 능력을 말하며, 전술적으로는 상대방에 비해 유리한 장소로 이동하는 모든 움직임을 총칭한다.

따라서 기동은 요망하는 시기와 장소에 효과적으로 이동하여 자유롭게 전투 장소를 선택함으로써 적보다 상대적으로 유리한 위치를 점하게 된다. 적이 예상치 않은 시간에 배후나 취약점과 같은 가장 유리한 목표를 향해 공세적으로 전투력을 집중하기 위한 수단이 기동인 것이다.

또한, 직접 적을 타격하는 수단은 화력이지만, 화력의 기능을 최대화하는 동시에 전투력을 효율적으로 발휘하여 이를 결정적인 것으로 유도하는 것이 기동이다.

적에 대하여 불의不意에 공격하는 것이 기습이다. 적이 예상치 않은 시간과 장소에 아 병력을 집중하는 것은 바로 기습달성의 조건이다. 기습달성의 수단은 기동이다. 따라서 기동은 집중의 수단인 동시에 집중으로 기동효과를 기대할 수 있으며, 기동과 집중에 의해서만 기습은 달성될 수 있는 것이다.

이처럼 기동은 전투력의 동적 기능으로서, 신속한 기동으로 적을 불리한 곳에 몰아넣음으로써 유리한 상황에서 병력을 집중할 수 있게 되며, 결국은 전투승리로 유도한다.

나. 집중

> "집중은 전시의 용병효과에 대한 모든 사항을 대표한다."
> – 마한Mahan

집중이란 결정적 시간과 장소에 가용한 전투력을 최대한 집결시켜 상대적 우세를 달성하기 위한 일련의 노력을 말한다.

집중은 전투력의 비율이 열세하더라도 결정적 시간과 장소에서 상대적 우세를 달성함으로써 주도권을 장악하여 전투를 승리로 이끌고 이를 곧 전체적 승리로 확산시킬 수 있는 결정적 요소이다.

탄넨베르크 전투 시 전체적으로는 소련군이 우세하였지만, 결정적 시간과 장소에서는 항상 독일군이 우세를 유지함으로써 승리할 수 있었던 것은 상대적 우세달성의 효과를 가장 극적으로 나타낸 사례이다.

전투력이 우세하면 승리하고 열세하면 패한다는 우승열패의 이치는 영원불변의 진리이다. 그러나 일정한 장소에 우세한 병력을 집중하는 것만이 능사는 아니다. 클라우제비츠가 말한 것처럼 전투는 병력의 절대적 우세로 결정되지만 절대 우세를 얻지 못하면 교묘한 병력 운용으로 상대적 우세를 달성하는 것이 중요한 것이다.

집중은 적의 약한 곳에 대하여 집중하여야 한다. 물은 높은 곳에서 낮은 곳으로 흐르게 마련이다. 왜냐하면, 저항요소가 적기 때문이다. 이와 마찬가지로 군사행동 또한 적의 강점은 피하고 약점에 집중되어야 한다.

적의 약점은 장소 면에서 지휘의 중추, 군사적 핵심, 지형상 불리점과 같은 곳을 말하는데 지휘의 중추는 적의 심리적 중추로서 의지의 자유를 마비시킬 수 있고, 군사적 핵심은 적 군사력의 균형을 파괴할 힘의 중심점이며, 지형상의 불리점은 적의 행동의 자유를 박탈함으로써 아 행동의 자유를 보장할 수 있다는 이점이 뒤따른다.

방향 면에서 본 취약점은 정면보다는 측익과 측방, 측익과 측방보다는 후면 및 배후가 취약점이 된다. 따라서 후면과 배후가 정면보다 힘이 적게 든다. 힘과 전투력의 지향 방향은 [그림 5-7]과 같다.

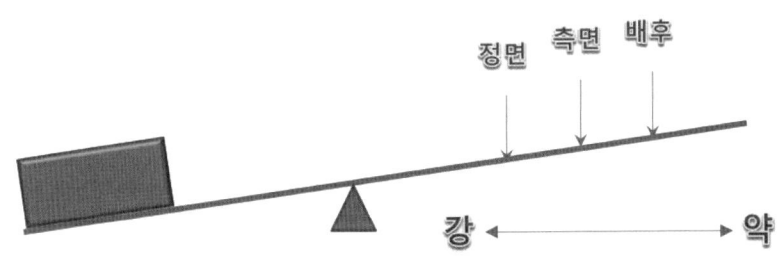

[그림 5-7] 힘과 전투력의 지향 방향

결정적 시간과 장소에서 상대적 우세를 달성하기 위해서는 우리의 분산에 의해 적을 분산시킨 다음 취약점을 스스로 노출케 해서 최대한 집중하는 집중과 분산의 조화가 필요하다.

그래서 나폴레옹은 "나는 오직 하나만 생각한다. 그것은 집중이다."라고 하였으며, 후에 부장 모로우가 "폐하는 항상 소수를 가지고 다수에 이겼습니다."라고 말한 데 대해서 "그렇지 않다. 나는 항상 다수로 소수를 이겼다."라고 대답하였다고 한다. [21] 상대적 우세달성의 묘리妙理를 깊이 터득한 말이다.

이외에도 마한은 "집중은 전시의 용병효과에 대한 모든 사항을 대표한다."라고 하였고, 디에르는 "병술이란 전투를 위해 신속히 집중하는 기술이고, 생존을 위해 분산하는 기술이다."라고 하였으며, 리델 하트는 "전쟁의 제 원칙은 집중이라는 말로 요약된다. 즉 약한 곳에 대한 힘의 집중 말이다."라고 하였다.

이처럼 이들은 한결같이 집중을 통해 상대적 우세를 달성하고 기습의 달성, 분산의 강요, 유리한 장소 선택 등을 통해 주도권을 장악함으로써 전투에서 승리할 수 있다고 강조하고 있다.

뉴턴Newton은 제2운동 법칙에서 F=ma, 즉 힘은 질량과 속도에 비례한다고 하였다. 이 원칙을 군사원리에 대입해 보면 전투역량(힘)=전투력×시간이라는 등식 관계가 성립한다.

여기서 전투력이 커질수록 전투역량도 증대된다는 원리가 나온다. 같은 원리로 전투력이 같을 때는 시간이 빠를수록 더욱 효과적이다.

이러한 힘의 원리는 전투력의 집중에도 그대로 적용된다. 즉, 동일한 전투력이라도 집중하는 방법과 시간, 장소에 따라 각기 그 효과는 다르다. 따라서, 집중의 원리와 힘의 효과는 [그림 5-8]에서 보는 바와 같다.

먼저, 전투력은 집중하면 강해지고 분산하면 약해진다. 마루에 손가락 끝으로 압력을 가하면 구멍이 나지 않지만 같은 힘을 뾰족한 송곳의 끝에 집중시키면 구멍이 뚫린다. 힘이 날카로운 송곳의 끝에 집중되기 때문이다. 따라서 전투력을 구성하고 있는 물질, 정신, 조직적 요소는 가능한 한 집중시키되 적은 최대한 분산토록 하여야 한다.

둘째, 집중된 전투력도 이동하면 강해지고 정지하면 약해진다. 전투력이 아무리 크더라도 움직이지 않으면 효과가 없다. 힘은 빨리 움직이면 강화되고, 천천히 움직이면 약화하며, 정지하면 발휘되지 않는다. 즉, 운동속도는 힘의 강·약을 결정한다. 호수에 담겨 있는 물은 아무런 힘이 없으나, 봇물이 터져 그 속의 물이 이동할 때는 무서운 위력을 발휘하게 되는 것이다.

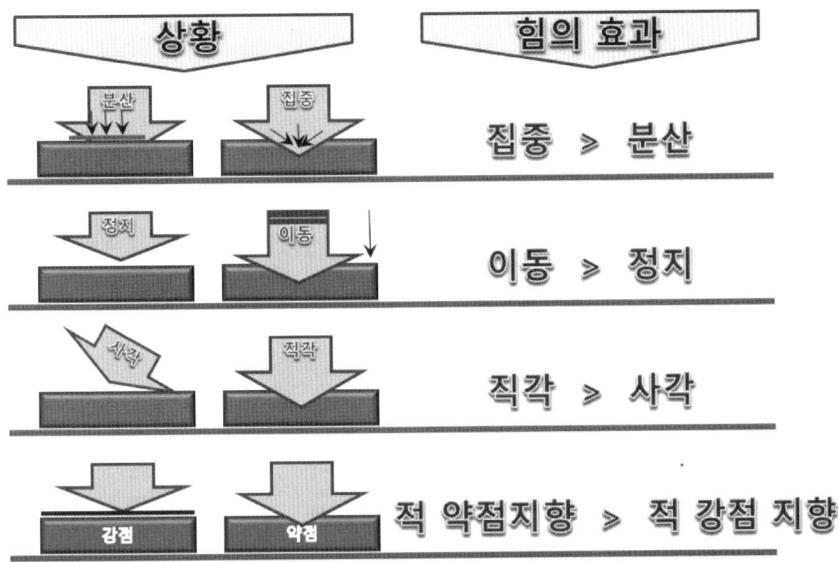

[그림 5-8] 집중의 원리와 힘의 효과

셋째, 힘의 집중은 직각으로 가할 때 배가된다. 힘은 직각으로 가할 때 가장 강하다. 따라서 사각으로 가할 때는 힘이 분산되어 약해진다. 따라서 전투력의 집중도 적에 대하여 직각으로 지향하여야 한다.

넷째, 집중은 적의 취약점에 지향되어야 한다. 전투력의 지향 장소는 적의 힘이 우월하거나 피·아 간에 세력이 팽팽히 균형을 유지하는 곳이 되어서는 안 된다. 오직 적의 힘이 약한 곳에 지향되어야 한다. 즉, 적의 힘의 집중이나 기동을 저해하는 지점 또는 기동 또는 집중을 위해서 많은 시간이 소요되는 곳에 지향되어야 한다.

이상과 같은 4가지 집중의 원리를 요약해 보면, 병력의 절대적 우세를 달성할 수 있어야 하며, 병력의 절대적 우세달성이 어려울 때는 시간, 장소, 방향을 잘 선택하여 상대적 우세를 달성하여야 한다.

다시 말해서 전장 전역에 걸쳐서 전투력이 열세하더라도 요망되는 시간과 장소에서는 적보다 상대적 우세를 달성하는 것이 집중의 원리인 것이다.

다. 기습

"적이 무방비 상태에 있을 때 공격하고, 뜻하지 않을 때 쳐야한다攻其無備 出其不意"
- 손자孫子

　기습이란 적이 예상하지 못한 시간, 장소, 방법(수단)으로 불의에 타격하여 적 전투력의 균형을 파괴함으로써 아군에게 결정적으로 유리하게 상황을 전환하는 공격 행동을 말한다. 기습은 적이 모르도록 하는 것도 중요하지만 적이 알면서도 효율적으로 대처하기에 너무 늦었다고 믿게 하는 것이 중요하다.

　기습은 모든 전쟁과 전투에서 상대방을 최악의 상태로 몰아붙여 큰 성과를 획득하는 데 결정적 역할을 해왔다. 최소예상선[44]과 최소 저항선[45]에 대한 기습은 승리의 길을 트는 가장 확실한 방법이다.

　기습에는 전략적 기습과 작전적 기습, 전술적 기습이 있는데, 전술적 기습은 적의 의도를 방해하기 위한 기만과 기습, 기도비닉, 작전부대 행동의 신속성 확대, 야음 및 시계 불량의 최대 이용, 불의의 지형 및 시간 이용, 강력한 파괴수단 사용, 새로운 전투방식 및 수단 사용으로 달성할 수 있다.

　예부터 지휘관의 등급을 정함에 있어서 정공법正攻法만을 아는 자는 하급의 지휘관이요, 정공법과 기공법奇功法을 알고 겸행하는 자는 중급 지휘관이며, 기奇와 정正을 알고 자유자재로 하는 자야말로 최고의 지휘관이라고 했다.

　기습은 전투의 법칙 중 가장 중요한 요소로서 전투에서 적보다 우위에 이르는 수단이기 때문에 항상 기습달성을 위해 노력해야 한다. 기습공격은 소부대가 적의 대부대를 공격하여 최선의 효과를 얻는 방법으로 전투의 모든 이점은 기습에서 비롯되며, 기습이야말로 전투를 유리하게 이끌 수 있는 열쇠임을 명심하여야 한다.

　그래서 전사 상 유명한 지휘관들은 한결같이 기습의 중요성을 강조하고 있다. 특

---

[44] 최소예상선은 적의 입장에서 아군이 공격하지 않으리라고 생각하는 지점 또는 지역을 아군이 판단하는 곳을 말한다.
[45] 최소저항선은 적의 입장에서 아군이 공격하지 않으리라고 생각하여 군사적인 대비책을 강구하지 않은 지점 또는 지역을 말한다.

히, 손자는 「손자병법」에서 "적이 무방비 상태에 있을 때 공격하고, 뜻하지 않을 때 쳐야한다攻其無備 出其不意."라고 하였고, 「육도」에서는 "군대를 움직이는데 기습처럼 효과적인 것이 없고 기습은 하나를 가지고 열을 공격하는데 있다動莫大於不意 因驚駭所以擊十也"라고 하였다. 따라서 기습은 적의 무방비한 상태에 가하는 일격이므로 가장 경제적이고 효율적이며, 단시간 내에 성과를 획득할 수 있는 공격 행동인 것이다.

기습방법은 시간, 장소, 전법, 기술상으로 적이 전혀 예상치 않은 상황을 이용하여 실시하게 된다.

먼저, 시간상의 기습은 신속한 속도에 의한 기습과 기상조건을 이용한 기습이 있다. 현대전은 기습수행에 많은 제한을 수반한다. 따라서 불의의 기습도 중요하지만, 비록 발견되더라도 효과적으로 반격하거나 행동화하기에 너무 늦게 하도록 하는 타이밍을 맞춰주지 않는 것이 중요하다. 신속한 기동은 기습을 낳는 중요 요소로 2차 세계대전 시 일본군의 진주만 기습, 이스라엘의 6일 전쟁, 한국전쟁은 시간상의 기습을 노린 좋은 예이다.

둘째, 장소 상의 기습은 작전할 수 없는 지역을 이용한 기습방법이다. 나폴레옹이나 한니발이 기동 불가능 지역으로 예상하던 알프스산맥을 통과한 사실, 한국전쟁 시 간만干滿의 차이가 심해서 상륙 불가능한 지역으로 알려진 인천을 상륙지점으로 채택한 것은 장소 상의 기습을 노린 좋은 예이다.

셋째, 전법상의 기습이란 새로운 전술을 이용하는 방법이다. 후티어Hutier의 돌파전술과 구데리안Guderian의 전격전[46]電擊戰, Blitzkrieg 등이다.

넷째, 기술상의 기습이란 새로운 병기의 사용으로 적의 심리적 균형을 와해하는 방법이다. 1차 세계대전 시의 전차, 독가스, 2차 세계대진 시의 V1, V2 및 핵폭탄과 같은 것들이 있다.

기습은 공격과 방어, 기타의 작전형태에서 난국을 타개하는 중요한 수단이며, 기습달성을 위해서는 기도비닉과 신속한 속도가 보장되어야 한다.

---

[46] 전격전이란 신속한 기동과 기습으로 일거에 적진을 돌파하는 기동작전을 말한다. 역사적으로는 독일군이 1939년의 폴란드 침공시에 처음 실시하였다.

기습은 계획의 건전성과 시행의 견실성이 없으면 치명적 결과에 빠질 수 있으나 적의 의지와 능력을 마비, 와해시키며, 우세한 적을 격멸할 수 있는 유리한 조건조성이 가능하므로 치밀한 계획에 의해 시행되어야 한다. 기습의 효과는 적 부대의 계획에 차질을 초래하는 데 보다 큰 의의를 두어야 한다.

기습은 적의 의표를 찔러서 적이 준비할 수 있는 대응시간을 박탈함으로써 정신적 충격에 의한 공황 상태를 유발해 지휘의 곤란, 사기 저하로 유형 전력을 마비시켜 상대적 우세를 달성하는 방법이다. 즉, 적의 전투력 발휘는 최대한 제한하면서 아 전투력의 상대적 우위를 달성하여 주도권 장악→유리한 상황 창출→전승을 기하는 유일한 방법이다.

미국 브루킹스Brookings 연구소의 벳츠Richard Betts 대령은 40년간에 걸친 기습공격의 성공 원인을 비교 분석한 결과 기습작전을 감행했을 때와 그렇지 않았을 때의 전투능력 발휘 효율은 전자의 경우 평균 2배에 가깝다고 했으며, 기습전에 있어 공방 간의 병력손실 비율은 5:1로 공자가 유리하다고 밝히고 있다.

기습의 효과를 양적으로 정확하게 측정할 수는 없지만, 기습을 통해 적을 재기불능의 상태로 몰아 놓은 사례는 전사戰史에서 흔히 보는 바이다.

기습은 모든 지휘관이 항상 노리는 바이기 때문에 이에 대응하기 위해 주·야로 엄히 경계하고 대비책을 세워놓고 있다.

그런데도 전사에서는 기습으로 인한 성공의 예로 수없이 많이 있다. 따라서 기습이 성공할 수 있었던 이유를 고찰하는 것은 바로 기습에 대비하는 대응조치에 도움을 줄 것으로 믿는다.

첫째, 다양한 기습공격의 발전은 항상 예측 가능성의 한계에 도전하여 철통같은 경계 속에서도 불의의 시간과 장소, 불의의 방법에 따라 그 명맥이 화려하게 이어지고 있다. 이처럼 기습공격의 방법은 그 수단과 규모, 수행절차가 계속하여 발전되고 있어서 새로운 기습방법이 시간과 공간상의 변화와 교묘하게 맞아떨어졌을 때 사람들은 경이와 찬탄의 눈으로 박수를 보내고 있다. 지휘관이 항상 새롭고 영활한 기습방법을 창출한다면 이는 곧 전투승리의 지름길이다.

둘째, 정보의 부재, 부실 또는 경고되지 못했을 때 언제나 기습은 성공하거나 많은 성과를 올렸으며, 경고가 지연되었을 때도 이에 준하는 효과가 있었다. 문제는 경고에 대한 불신인데 사람은 긴장이 만성화되면 임박한 위험에도 무감각해지기 쉽다. 경고에 대한 불신은 정확한 경고가 아군의 대응으로 적에 의해 연기되었을 때 엉터리 경고로 평가되며, 또한, 계속된 경고는 경고 피로에 사로잡히게 되어 비상이나 경계의 해제를 유발, 결국은 기습을 자초하게 된다. 믿을만한 정보 또는 경고인가 하는 옥석을 가리는 문제는 실로 어려운 일이나 경고에 대한 불신으로 인한 기습 성공은 뼈아픈 상처와 교훈을 남기게 되므로 특히 유의하여야 한다.

셋째, 대응조치의 지연은 늦게 경고되었거나, 기습의 초기 단계에 감지되었으나 부대가 대응태세를 취하기에 너무 늦거나 상당히 늦은 상태에서 효과적으로 기습에 대처하지 못하는 상태를 말한다. 군대의 발전과 고도의 과학기술은 점차 기습의 기회를 감소시키고 있다고 할 수 있으나, 전술적 기습은 지형과 기상의 이용, 기습 수단의 창의적 운용으로 항상 가능하다. 따라서 적은 병력으로 많은 병력을 이기기 위해서는 계속된 공격 기세 유지를 통해 기습의 우위를 달성하여야 한다. 여기서 특히 고려할 것은 기습효과와 시간과의 관계[22]이다.

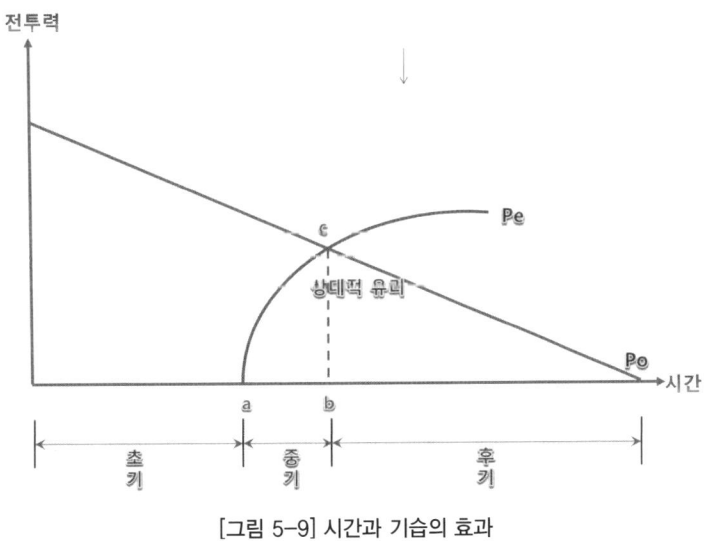

[그림 5-9] 시간과 기습의 효과

[그림 5-9]에서 보듯이 기습의 초기에는 대응시간의 박탈로 적 전투력(Pe)은 0이 된다. 그러나 차츰 시간이 지남에 따라 대응 및 준비상태가 갖추어짐으로써 기습효과는 감소한다(Pe≦Po). 더욱 시간이 지나면 마침내 기습효과는 거의 0에 도달하게 된다(Pe≧Po).

따라서, 기습의 효과를 극대화하기 위해서는 초기 단계에서 적의 전투력을 완전 무력화하는 것이 중요한데 적의 취약점에 대한 우세한 병력과 화력의 집중 또는 우세한 전투력으로 계속 압박하는 것이 중요하다.

라. 공격 시 주도권 획득

공격은 주도권을 장악하는데 유리한 조건을 갖추고 있다. 공자는 공격시간과 장소의 선정, 공격 방향의 선택, 공격대형의 편성, 공격 호기의 조성을 자유자재로 구사할 수 있어서 방자보다 기선을 제압하기 쉽다. 따라서 공격은 주도권을 확보하는데 가장 유리한 전술 행동으로 공격 시 주도권을 획득하는 방법으로는 다음과 같은 것들이 있다.

- **신속한 기동에 의한 과감한 집중**

공격은 결정적인 시간과 장소에 필요한 전투력을 과감하게 집중시켜 유리한 위치를 선점할 수 있어야 한다.

칸네 전투에서 카르타고군의 한니발 장군이 방어형 작전을 전개하면서도 그가 원하는 시간과 장소로 로마군 지휘관 바로를 유인하여 섬멸전(殲滅戰, Annihilation War[47] 을 전개할 수 있었던 것은 한니발의 주도권 확보에 대한 확고한 신념과 신속한 기동에 의한 과감한 집중을 감행할 수 있었던 덕분이다.

따라서 주도권 확보의 첫째 조건은 우세한 기동력에 의해 필요한 시기와 장소에 전투력을 집중할 수 있어야 하며, 가능한 적의 집중을 방해하면서 적의 취약점을 강타할 수 있어야 한다. 이럴 때 기습 달성도 가능하게 되는 것이다.

---

[47] 섬멸전이란 적의 병력과 장비를 완전히 사살, 파괴 또는 포획하여 영구히 그 저항 근원을 말살시키는 작전을 말한다.

- **방자의 과오나 약점 이용**

일반적으로 공자는 적의 취약점에 필요한 전투력을 집중시켜 결정적인 성과를 달성할 수 있으므로 가용한 모든 수단과 방법을 동원하여 적의 취약점을 발견할 수 있어야 하며, 적극적으로는 스스로 적이 취약점을 노출 시키도록 기회를 조성하여야 한다. 노출된 측·후방공격, 신장 배치된 적의 급소 타격, 적이 예기치 않은 시간과 장소 또는 전투수단을 동원하여 기습을 달성하는 방법 등이 이에 속한다.

- **공격 기세의 유지**

공격 기세란 지속해서 공격을 수행하는 힘의 세력을 말한다. 공자는 공격 개시와 함께 최종 목표를 달성할 때까지 공격 기세를 계속해서 유지할 수 있어야 한다.

공격 기세가 유지되지 못하면 전투력이 역전되어 작전한계점에 이르면 방자에게 주도권을 양보하게 된다. 따라서 일단 공격이 개시되면 전투력을 최대한 발휘하여 계속 압력을 가함으로써 방자의 행동 자유를 박탈하고 최단 시간 내에 목표를 확보할 수 있도록 해야 한다.

공격 기세를 유지하기 위해서는 적의 약점에 신속하게 예비대를 투입하거나 전과확대, 적의 역습격퇴, 주공의 증원에 투입할 수 있어야 한다. 또한, 종심 깊은 후방공격으로 적의 증원 전투력 차단, 공격속도의 최대한 보장, 강력한 적의 저항에 대한 우회기동, 화력 및 전투근무지원 보장 등은 공격 기세를 유지하는 방법이다. 결론적으로 공자가 주도권을 획득하기 위해서는 자신이 보유한 이점은 최대한 활용하되 방자의 이점은 최대한 박탈할 수 있어야 한다.

마. 방어 시 주도권 획득

공격 시 신속한 기습과 집중, 기동이 주도권 획득의 유일한 수단인 것처럼 방어 시에도 기습과 집중, 기동은 주도권 획득의 방법이다. 일반적으로 공격이 동적이고 적극적인 데 반해 방어는 정적이고 소극적인 전술 행동이기 때문에 주도권을 획득하는 방법도 약간의 차이가 있으나 크게 보아서 '어떻게 하면 공자의 이점은 박탈하면서 자신의 불리한 점을 극소화하느냐 하는 것'이 방어 시 주도권 획득의 방법이 된다.

러시아의 대 나폴레옹 전쟁, 독일의 탄넨베르크 전투는 방어로 주도권을 쟁탈하여 승리한 좋은 사례들이다.

- **기습의 활용**

전투력이 열세할 때 우세한 적을 격파하는데 기습처럼 효과적인 방법이 없다. 기습은 정신적 마비를 통해 유형 전투력을 무력화할 수 있기 때문이다.

- **분산을 통한 전투력 집중**

방어시에는 지형의 이점을 이용한다든가 행동의 부자유와 같은 이유로 쉽게 전투력을 집중할 수 없다. 그러나 공자가 언제, 어디로 집중할 것인가를 정확하게 판단만 할 수 있다면 대응 전투력을 적시 적소에 배치하여 효과적으로 방어할 수 있다.

가능한 전 종심에 걸친 동시 전투를 강요하여 후속 제대의 증원을 차단함으로써 적의 공격 기세를 약화하는 방법, 각종 기만 활동으로 적을 유인 분산함으로써 각개격파를 기도하는 방법, 유휴 병력을 최대한 억제하여 예비대를 충분히 활용하는 방법 등은 모두 상대적인 우세를 달성하여 주도권을 획득할 수 있는 수단들이다.

- **방어의 이점 활용**

방어의 이점을 최대한 활용하는 것은 공자의 강점을 상쇄시키는 좋은 방법이다. 따라서 방자는 가용시간을 최대한 이용하여 사전 준비를 철저히 한다든가 지형의 이점을 이용하여 전투력을 절약함으로써 필요하면 필요한 장소에 충분한 전투력을 보충할 수 있게 된다.

- **적 과오의 조성 및 이용**

공자가 방자의 방책에 관해 판단을 그르치도록 유도하는 방법이다. 예컨대 지역방어보다 기동방어가 불리한 지형에 기동방어 형태를 취했을 경우 적은 당연히 지역방어를 취할 것으로 예상해서 공격하게 될 것이다. 이때 기동방어에 의해 살상지대로 적을 유인하여 유리한 상황에서 전투한다면 적은 과다한 전투력의 상실로 주도권을 상실하게 될 것이다.

적의 약점이 발견되었을 때는 신속하게 파쇄, 역습, 역공격[48]과 같은 공격 행동을 활용하여 적의 공격 기세를 약화하는 것도 주도권을 획득할 수 있는 좋은 방법이다.

- **적의 강점 강타로 아 강점 확산**

공자가 공격 기세를 유지하는데 필수적인 강점 즉, 공자의 병참시설, 병참선, 교통중심지 등을 강타하면 적의 균형이 깨짐으로써 전체 전투력이 흔들리게 된다.

예를 들어 공자의 후방에서 병참선 상을 가로지르는 도섭이 불가능한 하천 상의 유일한 교량이나 목 지점을 방자가 사전에 탈취하여 방어에 임한다면 공자는 병참선이 차단되어 과감한 전투를 계속하지 못하게 될 것이다.

한편 공자가 방자의 약점을 공격하도록 유인하면 적의 전투력은 자연히 소진되어 패배하게 된다. 이것은 공격의 정태적인 성질로 공격의 동태적인 기능에 작용하여 스스로 주도권을 양보하게 만드는 방법이다. 예컨대 강력한 요새에 대해 공격하도록 유인하여 장기전화함으로써 적의 전투력을 소모하게 하는 것과 같은 것이다.

---

[48] 역공격은 방자가 적의 주력이 지향되는 지역을 고수하면서 적의 약점을 포착하여 주력의 측후방이나 타 지역에 대하여 제한된 공격을 실시함으로서 적을 격파하거나 증원 및 퇴로를 차단하여 효과적인 방어를 수행할 수 있도록 하는 방어시 공세행동의 일종이다.

제5절
전투력의 조직 및 운용

전투에서 승리하기 위하여 싸울 수 있는 조직을 만들고, 이를 효과적으로 운용하려면 먼저, 전쟁원칙[49]의 본질을 이해하고 당면한 상황에 따라 각 원칙을 창의적이고 융통성 있게 적용할 수 있어야 하며, 작전의 효율성을 극대화하기 위해 정형화된 일반적인 논리 절차와 순서를 제시한 작전수행과정은 제대별 특성과 능력을 고려하여 적용할 수 있어야 한다.

그리고, 작전을 효율적으로 수행하기 위하여 전장을 구분하고 적절한 전투력을 할당하여야 하며, 임무를 효과적으로 수행하기 위하여 전술집단을 조직하고 전투수행이 가능한 조직으로 편성하여야 한다.

또한, 작전을 효율적으로 수행하기 위해서 지휘통제 기능을 중심으로 전투 수행 기능을 통합 운용하여 전투력의 상승효과를 창출할 수 있어야 한다.

한편, 전술제대 지휘관은 잘 조직된 전투력을 피·아가 처한 시간과 공간의 조건에서 전투력의 운용은 공격과 방어 중 어느 것에 비중을 더 둘 것이며, 이를 위해 집산동정이라는 전투력의 4가지 특성을 어떻게 조화롭게 적용하느냐에 따라 그 강도와 효과 등이 다르게 나타난다는 것을 이해하여야 한다.

---

[49] 전쟁원칙은 영국(육군 소장 풀러)에서 태어나 미국 육군에서 진화를 거쳐 제2차 세계대전 이후 다른 나라에 전해졌다. 미 육군은 9개 항목을, 우리 군은 5회(~1964(9개), 1965~1982(9개), 1983~1995(10개), 1996~1998(11개), 1999(12개))의 변천과정을 거쳐 12개의 전쟁원칙을 적용하여 왔으나, 2002년 합참에서 군사기본교리를 발간하면서 기존의 전쟁원칙을 8개의 군사작전 원칙으로 개념을 변경함에 따라 육군에서도 합동교리와의 연계성을 고려하여 지상작전 원칙으로 변경하여 사용하고 있다.

1 전쟁원칙 적용

> "전쟁에 있어서 불변적인 것은 없는가를 자문해보고, 그것은 바로 전쟁원칙이며, 군대의 혁명적 변화는 전쟁의 원칙을 변화하는 상황에 적용하는 데 있다."
> – 풀러FULLER

전쟁원칙[50]은 고금의 전쟁사를 고찰하여 전투수행에 관한 지배적인 원리를 도출해낸 것으로 작전수행의 지침이며 교리를 발전시키는 토대가 된다.

전쟁원칙의 적절한 적용은 군사작전을 성공적으로 수행하는 데 대단히 중요하다. 각 원칙 간에는 상호 밀접한 관계가 있으며, 상황에 따라 상호 보강 또는 상충할 수 있으므로 각 원칙의 적용은 균형과 조화의 유지가 필요하다.

전쟁원칙은 목표, 정보, 공세, 기동, 집중, 기습, 경계, 통일, 절약, 창의, 사기, 간명의 원칙 등 12가지가 있으며, 여기에서는 각 원칙을 전술 제대 지휘관이 적용할 수 있도록 방향에 관해서만 기술하였다.

가. 목표의 원칙 目標의 原則

> "모든 군사작전은 명확하고 결정적이며 달성 가능한 목표에 지향"

상급제대 목표 달성을 구현하기 위하여 제대별, 단계별로 중간 목표를 선정할 수 있으며, 이 목표들은 보안이 허용하는 한 모든 부대원에게 전파하여야 한다.

각급 지휘관은 자신의 목표가 최종 목표 달성에 어떻게 기여하는지를 이해하여야 하며, 각 단계에서의 모든 노력이 설정된 목표 달성을 위하여 집중되도록 하여야 한다. 일단 선정된 목표는 그 자체로서 제 수단과 노력을 통제하게 되며, 모든 전쟁원칙 적용의 시발점이자 지배적인 원칙이 된다.

---

[50] 전쟁원칙은 단순한 체크리스트가 아니며 변화무쌍한 상황에 따라 유동적으로 적용해야 한다. 원칙을 획일적으로 적용한다고 해서 반드시 성공이 보장되는 것이 아니다. 그러나 원칙을 벗어나는 행위는 실패 위험을 높인다. 전쟁의 원칙은 전술의 창조적 측면에 치밀함과 집중력을 더해, 이론과 실전을 잇는 결정적 연결고리가 된다. (미 육군 FM 3-90 『TACTICS』 2001.)

군사작전 목표의 설정은 매우 중요하므로 신중을 기하여야 하고, 목표는 중요한 상황변화 시를 제외하고는 포기하지 말아야 하며, 이에 대비하여 최초 목표설정 시 다양한 사태 전개를 고려하여야 한다.

나. 정보의 원칙 情報의 原則

"적을 알고, 적을 찾고,
적의 약점을 이용"

전승의 요결은 적의 약점과 과오를 이용하는 데 있다. 그러므로 지휘관은 지속해서 적을 찾고 적의 약점을 발견하여 적시에 이를 이용하여야 한다.

전장에서 지휘관은 첩보와 정보의 홍수에 직면하게 된다. 따라서 각급 제대별로 필요한 정보만 적시적으로 전파될 수 있도록 조정·통제하여야 한다.

정보는 적시성 못지않게 신뢰성이 중요하다. 따라서 중요지역에는 제 수단을 중첩 운용하며, 수집된 첩보는 신속한 분석을 통해 신뢰성 있는 정보로 생산하여 실시간에 전파하여야 한다.

다. 공세의 원칙 攻勢의 原則

"적극적인 공세행동으로
전장의 주도권을 확보"

공세 행동은 전투작전 간 중요 성과를 달성하게 하는 효과적인 수단이다. 주도권을 장악 및 유지하여 행동의 자유를 획득하고 적을 불리한 위치로 움직이도록 강요하여 혼란과 피해를 주며 이를 통해 적을 격멸할 기회를 확장해 나가야 한다.

공세 행동은 자신감을 느끼게 하여 사기 진작에 크게 기여하는 반면, 방어만 할 수밖에 없는 부대는 사기 유지가 곤란하다. 상황에 따라 방어가 적절한 선택일 수도 있으나, 이 경우에도 주도권 확보를 위한 기회를 포착, 활용하도록 노력하여야 한다.

라. 기동의 원칙 機動의 原則

> "신속한 기동을 통하여
> 적을 불리한 위치에 놓이도록 강요"

기동은 기동력 발휘, 지형 및 기상의 극복, 화력 발휘, 적절한 지휘통제와 병참지원 등이 뒷받침되어야 잘 발휘될 수 있다.

신속한 기동의 효과는 적 약점 노출 강요 및 주도권 장악과 기습할 기회를 제공해주고, 행동의 자유와 교전 여부 결정권을 보장하며, 전투 진행 속도를 촉진함으로써 전투의 조기 종결에 기여한다.

기동의 원칙을 성공적으로 적용하기 위해서는 사고의 기동성, 창의성, 신속한 작전국면의 전환 등이 요구된다. 특히 기동의 원칙을 타 원칙과 적절히 결합하여 사용할 때 최대의 성과를 달성할 수 있다.

마. 집중의 원칙 集中의 原則

> "결정적인 시간과 장소에 전투력을 집중하여
> 상대적 우세를 달성"

가능하다면 결정적인 시간 및 장소에서 압도적 우세를 달성하여 단기간 내에 전세를 결정지어야 하며, 전체적으로 열세인 경우에도 가용한 모든 수단을 이용하여 결정적인 시간 및 장소에서 전투력 우세가 달성되도록 노력하여야 한다.

불명확하고 수동적 심리에 빠지기 쉬운 전장상황을 극복하고 결정적인 시간 및 장소에서 집중을 달성하기 위해서는 행동의 자유가 확보되어야 하며, 집중 효과를 극대화하기 위해서는 아군의 집중을 달성하는 동시에 적 분산을 강요하여야 한다.

장거리 무기체계가 발달한 현대 전장에서 집중의 원칙은 더욱 광범위하게 적용된다. 결정적인 전장뿐만 아니라, 그곳에 영향을 줄 수 있는 넓은 지역 내의 적의 기타 체계와 기능도 동시에 제압되어야 한다.

전투력 집중 달성 후 적의 대응을 회피하기 위하여 아군부대를 다시 분산시킬 수도 있으며, 부대의 집중 또는 분산 시기 및 방법을 판단하기 위하여는 시간에 대한 감각이 요망된다.

바. 기습의 원칙 奇襲의 原則

"적이 예상하지 못한 시간, 장소, 수단, 방법으로 적을 타격"

기습달성 측면에서는 적이 예상하지 못한 시간, 장소, 방법, 수단 등으로 타격하여 적의 균형을 상실시켜 혼란이 발생하도록 하여야 한다. 또한, 효과적으로 대응할 수 있는 여유를 박탈하고 그 효과를 지속·확대하여 적이 조직적인 행동을 하지 못하게 하여야 한다.

전투력 집중 측면에서는 적의 특정 부분에 대해 우세한 아 전투력을 불시에 집중시키거나, 준비되지 않고 상호지원도 곤란한 상태의 적 일부에 대해 압도적인 우세를 달성하여, 결정적 성과를 획득하게 하는 것이다.

기습은 적의 일부분을 목표로 하더라도, 상황에 따라서는 상대적으로 우세한 적 주력에 대해 조직적인 행동을 하지 못하도록 강요함으로써 결정적인 성과를 달성할 수 있다.

기습은 적의 전투력 통합이 제한되거나, 초기 충격으로 사기가 저하되는 등의 효과로 발생하는 것으로, 시간이 지나 적의 대응능력이 회복되면 그 효과는 급격히 소멸한다. 이러한 단계에서는 그때까지 형성된 호기를 확대할 수 있도록 적의 대응 전투력보다 우세한 전투력 집중을 달성하여 전세를 결정짓거나, 전투력이 부족하다면 기습을 한 부대를 전투 이탈시켜 기습전투를 종결시켜야 한다.

이상적인 기습은 적의 최대 약점에 나의 전투력을 최대로 집중하여 단 한 번에 승리를 결정짓는 것이다. 각급 제대 지휘관은 항시 제대별·국면별로 적에게 기습을 달성할 수 있도록 노력하여야 한다. 그러나 상급제대의 작전 구상과 상충하지 않도록 유의하여야 한다.

사. 경계의 원칙 警戒의 原則

> "경계태세를 유지하여 적의 기습을 방지하고
> 전투력을 보존"

경계의 원칙에서 최대로 강조하는 것은 적으로부터 기습을 당하지 않는 것이다. 적에게 기습을 허용하여 결정적인 피해를 받은 지휘관은 용서받을 수 없다. 경계를 위한 노력을 다소 과도하게 투입하더라도 이 조치가 지나치다고 할 수는 없다. 단, 노력의 낭비가 너무 과도하지 않도록 유의하여야 한다.

전장 감시, 조기경보, 경계부대 운영, 정찰 및 역정찰, 장애물의 운용 등은 경계를 위한 기본적인 수단이다. 지휘관은 이러한 경계수단을 적극적으로 활용하여 지상, 공중, 해상 등에 대한 입체적인 경계태세를 유지하여야 하며, 은폐와 엄폐, 소산, 전자전, 기만 작전, 작전보안 등도 적의 정보활동을 제한하거나 효과를 감소시켜 경계에 기여하여야 한다.

아. 통일의 원칙 統一의 原則

> "지휘의 통일과 노력의 통일을 통해
> 공동의 목적을 달성"

통일의 원칙이 곧 예하 지휘관들의 작전 활동을 강력히 규제하는 것을 의미하지는 않는다. 인간은 의사와 행동의 자유가 보장되어야 신념과 책임감이 강해지고 자기가 가진 모든 능력을 발휘한다.

따라서 부하들의 자유의사를 보장하는 가운데 노력의 통일을 유지하는 조화를 모색하여야 한다. 어느 정도까지 통일을 기하고 어느 정도로 독단 활동을 허용할 것인가에 관해 인간의 심리와 전쟁의 실제 상황의 변화 등을 고려하면서 지휘의 완급을 조절하여야 한다.

지휘관은 임무에 기초하여 적절한 수준의 통제와 지도를 통하여 각 부대 상호 간에 쉽게 협조할 수 있는 여건을 만들어 주어야 한다.

자. 절약의 원칙 節約의 原則

> "최적의 전투력을 운용하고
> 자원의 소모를 최소화"

    최소 희생으로 최선의 성과를 얻을 수 있는 방책을 수립하여 작전목적을 효율적으로 달성하여야 한다. 결정적인 시간 및 장소라도 과도한 투입이 되지 않도록 집중 비율을 적절히 조절하여야 하며, 결정적인 시간 및 장소 이외에는 최소한의 필수적인 전투력을 할당하되 이 정면에서 큰 손실이나 위험이 발생하지 않도록 적절한 방침을 설정하여야 한다. 결전장뿐만 아니라 기타 지역의 전투에서도 큰 손실이 수반되지 않도록 적절한 전투방식과 방책을 설정하여야 한다. 중요한 성과를 얻었다고 하더라도 심대한 손실을 보았다면 의미가 없다.
    작전에 요구되는 적절한 규모의 전투력을 판단하기는 쉽지 않지만 불필요한 전투력 낭비를 방지하여 경제적으로 운용되도록 노력하여야 한다. 전투력을 경제적으로 운용한다는 것이 반드시 최소 규모의 부대를 투입한다는 것을 의미하는 것은 아니다. 최소 규모의 부대를 투입하는 것은 위험이 수반될 뿐만 아니라 전투력 집중 원칙에도 어긋난다.

차. 창의의 원칙 創意의 原則

> "장차전 양상을 상정하고
> 새로운 대응방법을 모색"

    지휘관과 참모는 계획수립 및 실시간 상상력과 예측력을 바탕으로 창의력을 발휘하여 전쟁원칙과 전술 교리를 상황과 조화되도록 적용하여야 한다. 전투는 최초 계획대로 이루어지지 않는 경우가 많이 발생한다. 따라서 변화하는 상황을 잘 이용하여 아군에게 유리하게 하고, 발생한 기회를 적극적으로 이용하여야 한다.
    또한, 계획상에 명시된 상황과는 상이하게 실제 전투가 전개될 경우, 스스로 창의적인 판단을 통해 상급지휘관의 의도 범위 내에서 명령에 부여되지 않은 활동도 과감히 전개하여야 한다.

카. 사기의 원칙 士氣의 原則

"적의 사기는 꺾고,
아군의 사기를 고양"

지휘관은 부대의 사기를 유지할 수 있는 모든 노력을 기울이면서, 동시에 적의 사기를 저하하는 수단을 마련하여야 한다. 전장에서 사기에 영향을 주는 요소는 상대적인 화력의 우세와 퇴로 및 병참선 차단 위협 등이 있다.

공격 시에는 공격부대의 투철한 공격 정신과 사기를 유지 및 확대하면서 적의 사기를 저하하고 패배감을 조성하는 데 중점을 두어야 하며, 방어 시에는 방어부대의 사기진작 및 유지에 최선을 다하면서 적에게는 성공 가능성이 미약함을 인식시키는 데 중점을 두어야 한다.

타. 간명의 원칙 簡明의 原則

"간명한 계획과 명령으로
착오와 혼란을 방지"

전투는 마찰요소로 인해 통상 착각과 혼란을 동반한다. 그러므로 전투에서는 모든 부분에서 간명을 기본으로 하여야 한다. 명확한 목표설정은 간명의 시발점始發點이다. 설정된 목표에 따라 계획 및 명령을 간결하고 명확하게 작성 하달하여 오해와 혼란 발생 가능성을 최소화하여야 한다.

제 요소 간의 마찰 위험성 때문에 모든 요소가 갖춰진 완벽한 계획보다는 2/3 이상의 요소만을 갖춘 계획이 더 좋은 결과를 가져올 수도 있다.

구체적인 사항이 하달은 전투 간 오히려 부적절한 요소로 작용할 수 있으므로 제 작전요소를 통합하는데 필수적인 협조 사항 등을 꼭 필요한 경우가 아니고는 하달하지 않는 것이 바람직하다. 간명한 명령만으로도 협조 된 작전 수행이 가능하도록 하기 위해서는 구체적인 예규例規[51]와 교리教理가 완비되어야 하고, 평시 교육

---

[51] 예규는 작전을 수행함에 있어 공통적으로 적용해야 될 반복적인 활동에 대해 방법과 절차를 규정한 것으로 명령과 지시를 최소화할 수 있고, 명령과 지시가 없더라도 자동적으로 수행될 수 있도록 한다.

훈련을 통해 이를 숙지하며, 상·하간 공동의 전술관戰術觀을 갖추어야 한다.

2 작전수행과정 적용

작전수행과정은 작전을 수행하는 일련의 순서적인 과정으로 이러한 과정에는 계획수립, 작전준비, 작전실시, 평가가 있다.

일반적으로 계획수립, 작전준비, 작전실시는 순차적으로 연속적이고 반복적으로 이루어지나 상황에 따라 동시[52]에 이루어지기도 한다. 평가는 계획수립, 작전준비, 작전실시의 모든 과정에서 이루어진다.

작전수행과정을 적용하는 목적은 지휘관 및 지휘자, 지휘통제본부가 작전요소를 통합하여 체계적이고 논리적이며 효과적으로 임무를 완수하기 위함이다.

작전수행과정을 주도하는 것은 지휘관과 지휘자이다. 그러나 참모가 편성된 제대에서는 지휘관과 참모가 군사적 단일체로서 함께 주도하되 예하 부대 지휘관이 더 주도적이고 창의적으로 임무를 수행할 수 있도록 임무형 지휘[53]가 요구된다.

지휘관과 참모는 군사적 단일체로서 통합성과 효율성을 증진하기 위하여 개인의 사고과정과 행위과정[54]을 통해 공유하여야 한다. 여기에서는 계획수립은 물론 작전준비 및 실시의 모든 과정에서 이루어지는 사고과정 중 상황평가와 작전 구상을 중점적으로 기술하였다.

---

[52] 계획수립 과정에서는 계획을 수립하는 데 중점을 두지만, 적지종심지역작전부대의 투입이나 부대이동 등 작전을 준비하고, 감시 및 정찰활동과 같은 작전실시도 병행한다. 마찬가지로 작전실시 단계에서도 수립된 계획을 기초로 작전을 실시하면서 상황변화에 따라 새로운 계획을 수립하는 활동과 그에 따른 작전준비를 한다. 또한, 새로운 과업을 수령하게 되면 현행작전을 실시하면서 다른 작전계획을 수립할 수도 있다.

[53] 임무형 지휘는 전·평시 모든 부대 활동에서 부여된 임무를 효율적으로 완수하기 위한 기본적인 지휘개념으로 지휘관은 자신의 의도와 부하의 임무를 명확히 제시하고 임무 수행에 필요한 자원과 수단을 제공하되 임무 수행방법은 최대한 위임하며, 부하는 지휘관의 의도와 임무를 기초로 하여 자율적·창의적으로 임무를 수행하는 사고 및 행동체계를 말한다.

[54] 사고과정에는 상황평가, 참모판단, 지휘관판단, 작전구상 등이 있으며, 행위과정에는 정보교환, 지휘관중요정보요구, 전투협조회의, 지휘관지침 하달, 명령하달 등이 있다.

가. 계획수립

> "상황에 맞는 계획을 수립해야지, 상황을 계획에 맞추려 해서는 안 된다."
> – 패튼Patton

계획수립은 지휘관과 참모가 상급부대에서 부여한 과업을 기초로 임무를 결정하고 최선의 방책을 선정하여 계획을 완성하는 활동이다. 계획수립은 지속적인 과정으로 가용시간을 고려하여 지휘관 중심으로 간명하고 융통성 있는 계획을 수립하고 대담하고 창의적으로 구상하여야 한다.

계획수립의 목적은 논리적이고 효율적인 작전계획을 만들어서 노력을 효과적으로 통합하기 위함이다. 따라서 계획수립의 산물은 작전계획을 작성하는 데 직접 사용할 수 있도록 하는 데 중점을 두고 제대별 참모편성과 관계없이 전술적 계획수립절차[55]를 적용한다.

전술적 계획수립절차는 임무 분석, 방책 수립, 방책분석, 방책선정, 계획완성의 순으로 이루어진다.

먼저, 임무 분석과정[56]은 상급부대로부터 하달된 계획(명령)과 전장정보분석 등 각종 자료를 검토 및 분석하여 해당 부대의 임무를 결정하고 계획지침과 준비명령을 하달하는 것이다. 이는 전체국면을 통찰하고 지휘관 주도하에 작전목적 및 과업을 분석하고, 참모부에서는 세부 과업과 필요한 현황을 확인하고 최초 전장정보분석을 실시하며, 이를 토대로 지휘관에게 임무분석 브리핑을 한다. 그리고 지휘관은 자신의 작전구상 결과와 참모의 보고 내용을 기초로 계획지침과 준비 명령을 하달하는 순으로 진행된다.

둘째, 방책 수립은 임부를 완수하기 위해 어떻게 작전을 수행할 것인가에 대한

---

[55] 전술적 계획수립절차는 2021년 전술직 용어를 작전으로, 절차 용어를 과정으로 변경하여 삭전계획수립과정으로 명칭을 부여하였다. 여기에서는 전술적 계획수립절차로 기술하였다.

[56] 임무분석 과정은 전체국면을 통찰하고 작전목적과 과업분석을 포함하여 계획지침과 준비명령을 하달하는 것까지 포괄하는 개념으로 상대적으로 많은 시간이 소요된다. 미군의 경우 임무분석과정에서 전체 계획수립 가용시간의 30%를 할당하고 있음.

실행 가능한 방안인 방책을 수립하는 단계이다. 방책 수립 시에는 지휘관의 계획지침과 전장정보분석 등 참모판단 결과, 아군상황 등 가용한 모든 자료를 활용하며, 도식 및 서식으로 작성한다. 방책은 아군부대가 적보다 상대적으로 유리한 상태를 차지함으로써 주도권을 유지하고, 작전 실시간 예상하지 못한 사태가 발생하더라도 능동적으로 대처할 수 있도록 융통성을 제공하여야 하며, 적의 강점을 약화하거나 회피하고, 약점은 확대하거나 최대한 이용할 수 있도록 방책이 수립되어야 한다.

셋째, 방책분석은 가능성 있는 적 방책을 우선순위와 가용시간을 고려하여 각각의 아 방책과 워게임을 통해 상호 대비시켜 방책을 검증하고 보완하는 단계이다. 방책을 분석하는 목적은 수립한 방책의 성공 가능성을 검증하고 방책을 구체화하여 전투력 운용방법을 발전시키는 데 있으며, 작전실시 이전에 워게임을 통해 전투수행에 대한 공통된 상황인식을 갖고 앞으로 일어날 상황을 예측하여 대비하는 데 있다.

넷째, 방책선정은 방책분석을 통해 구체화한 여러 개의 아 방책을 상호 비교하여 최선의 방책을 선정하는 단계이다. 방책선정의 기초자료는 구체화한 여러 개의 아 방책과 방책별 강·약점이며 이러한 방책을 비교하여 가장 바람직한 하나의 방책을 최선의 방책으로 선정한다. 방책을 비교할 때에는 평가요소를 선정하여 비교하거나 장·단점으로 비교할 수 있다.

마지막으로, 계획완성은 작전계획의 기본문을 완성하고, 기능별로 부록을 구체화하며, 계획수립 과정에서 사고했던 내용을 토대로 지휘소 내부문건을 완성하는 단계이다. 수립된 계획은 작전 준비 및 작전 실시간 지속해서 수정·보완해야 하며, 우발계획 수립과 장차 작전계획 준비 등 작전 실시간에도 연속적으로 계획수립이 이루어져야 한다. 이는 적의 행동과 전장 상황의 변화에 따라 계획수립 당시의 사실과 가정이 지속해서 변화되기 때문이다.

나. 작전 준비 및 실시

> "가장 중요한 것은 혼란이 계속되는 전투상황에서 정확한 판단을 하는 일이다.
> 그리고 신속히 결심하고 주저함이 없이 과감하게 실행하여야 한다."
> – 몰트케Moltke

작전준비는 지휘통제본부가 수립된 작전계획을 기초로 작전을 효과적으로 수행하기 위해 준비하는 활동이다. 이는 부대의 작전수행능력을 향상시켜 작전의 성공 가능성을 높여준다.

작전준비 활동은 계획수립 시부터 작전이 실시되기 전까지, 그리고 작전 실시과정에서도 작전의 성공을 보장할 수 있도록 지속해서 이루어져야 하며, 통상적으로 임무수행준비 지도 및 감독, 예행연습[57]이 포함된다. 이러한 활동은 제대별 및 전투수행기능별로 노력을 통합하고 작전 실시간 대응시간을 단축하여 작전계획의 실효성과 작전 수행능력을 향상시킨다.

작전실시는 수립된 작전계획과 작전준비를 기초로 작전을 시행하는 활동으로 일반적으로 상황판단, 결심, 대응의 과정으로 이루어진다. 작전이 개시되면 전장상황은 계획수립 간에 상정한 상황과 다를 수 있다. 상황의 변화에 따라 작전계획대로 작전이 제대로 수행될 수 있는지, 그리고 문제점이 무엇인지를 따져 보기 위해서 상황판단, 결심, 대응의 단계를 거쳐야 한다.

상황판단은 계획을 수립할 때 사실과 가정을 기초로 상정한 상황이 작전 실시간 어떻게 나타나고 있는지와 수립한 계획대로 과업이 진행되고 있는지 등 현행작전을 평가하여 대응방책을 검토하는 것이다.

결심은 지휘관이 상황판단 결과를 기초로 시행할 작전계획과 상항조치 방안 등

---

[57] 예행연습은 지휘통제본부 요원들이 작전수행능력을 향상시키기 위해 실전 상황을 상정하여 미리 해보는 훈련으로 지휘통제본부 요원들은 전반적인 전투의 흐름을 이해한 가운데 임무수행절차와 방법을 숙달하고 작전계획의 실행 가능성과 타당성, 지휘통신수단의 적절성, 그리고 상·하급 및 인접부대 상호 간 협조할 사항을 도출하여 필요한 조치를 취하기 위해 실시한다. 예행연습의 종류에는 야외기동훈련(FTX), 지휘소야외기동훈련(CFX), 지휘소기동훈련(CPMX), 지휘소훈련(CPX) 등이 있다. (야교 기준-1-1 『지휘통제』, 2018.3.15.)

대응방책을 선정하는 것이며, 대응[58]은 지휘관이 결심한 사항을 지휘통제본부가 시행하는 것으로 결심한 내용을 명령으로 하달하고 예하 부대의 작전수행 여건을 보장하며 지도 및 감독하는 활동으로 이루어진다.

다. 평가

평가는 변화하는 상황이 작전에 미치는 영향을 지속해서 파악하여 판단하고 분석하는 활동으로 전장상황과 전체국면에 대한 지휘관의 상황이해를 가능하게 하며 작전수행 과정 동안 지속해서 시행된다. 평가의 결과는 환류되어 상황판단과 결심의 기초가 되며, 장차작전 판단에 활용된다.

지휘관과 참모는 좀 더 효과적인 임무의 완수와 지휘관 의도 달성을 위한 방법, 생존여건 향상 대책 등 상황에 맞는 최적의 전투력 운용을 위해 상황평가 등을 실시해야 한다.

지휘관은 자신의 상황이해에 기초하여 평가에 필요한 사항과 결심에 필요한 정보를 지휘관중요정보요구[59]로 제시해야 한다. 왜냐하면, 과도한 정보의 유입과 중점이 없는 평가로 인해 노력의 낭비가 발생할 수 있으며 지휘관의 결심을 제한시킬 수 있기 때문이다.

라. 작전 수행과정에서 수행되는 사고 활동

> "나는 전투한다.
> 하지만 그것은 내가 어떻게 할 것인가를 알고 난 이후이다"
> – 나폴레옹Napoleon

상황평가

상황평가는 상황이 작전에 미치는 영향을 평가하는 것이다. 이는 일반적으로 전술적 고려요소(METT+TC)를 평가요소로 하며 참모판단과 지휘관판단의 기초가 된다.

---

[58] 대응은 어떠한 일이나 사태에 알맞은 조치를 취하는 것으로 발생한 호기를 적극적으로 활용하기 위한 활동과 식별된 위협을 제거하기 위한 모든 활동을 포함한다.

[59] 지휘관 중요정보요구는 지휘관이 상황을 이해하거나 판단, 작전구상, 결심을 위해 필요로 하는 정보를 그 우선순위와 함께 관련 참모에게 요구하는 것이다.

전술적 고려요소(METT+TC)는 작전을 수행하는 전 과정에서 부대 또는 전투력 운용에 미치는 영향에 대한 상황평가와 판단의 기준을 제공하는 요소로 임무Mission, 적Enemy, 지형 및 기상Terrain and Weather, 가용부대Troops and Support available, 가용시간Time available, 민간요소Civil considerations 등 6가지가 있으며, 계획수립 단계에서는 전체국면을 통찰한 후 변화하는 상황을 평가한다.

불확실하고 유동적인 전투상황에서 전술의 원리, 원칙, 방법 및 절차 등을 창의적이고 융통성 있게 적용하기 위해서는 항상 전술적 고려요소를 효과적으로 고려함으로써 현 상황에 가장 적합한 계획을 수립할 수 있으며, 준비 및 실시과정에서도 현실에 맞는 판단과 대응, 결심을 할 수 있다.

- **임무**Mission

임무[60]는 부대 또는 개인이 상급부대에서 부여한 과업을 기초로 해야 할 일을 결정한 것으로 전술적 고려요소(METT+TC) 중 가장 핵심이 되는 요소이다. 임무는 다른 요소들이 부대 또는 전투력 운용에 어떠한 영향을 미치는지에 중점을 두고 분석 및 평가되어야 한다.

전술제대의 임무는 상급부대 작전목적과 최종상태를 달성하는데 부합되어야 한다. 상급부대의 작전목적과 최종상태는 상급지휘관의 의도에 제시된다. 따라서 전술제대 지휘관은 상급지휘관의 의도를 기초로 상급지휘관이 자신에게 요구하는 역할이 무엇인가를 명확하게 이해하여야 한다.

전장상황이 변화할 때는 이에 따라서 상급지휘관의 의도가 변경되거나 새로운 과업을 부여받을 수 있다. 전술제대 지휘관과 참모는 작전수행과정에서 항상 상급지휘관의 의도와 과업의 변경 여부를 확인해야 하며, 만일 변경되었다면 이에 따라 자신이 수행해야 할 임무를 재정립하여야 한다.

재정립된 임무는 다른 요소들에 대한 재판단을 요구하며, 이를 통해 상황을 평

---

60 임무는 작전계획이나 작전명령의 제2항(임무)에 기술할 때에는 '누가', '언제', '어디서', '무엇을'을 명백히 포함해야 한다. 작전계획 또는 작전명령의 5개 항목은 제1항(상황), 제2항(임무), 제3항(실시), 제4항(전투근무지원), 제5항(지휘 및 통신)이다.

가한 결과를 기초로 계획을 조정하여 시행하거나 새로운 우발계획을 수립하는 등의 조치를 하게 된다.

- 적 Enemy

적은 전장에서 전투를 수행해야 할 상대를 의미하며, 전술제대는 부여된 작전지역에서 대치하고 있는 적의 실체를 정확하게 분석 및 판단할 수 있어야 한다. 따라서 전술제대는 현시점에서의 적 구성 및 배치, 능력, 그리고 최근의 현저한 활동을 분석하고, 이를 기초로 적 지휘관이 어떠한 의도로 어떠한 방책을 채택할 가능성이 있는지, 적 방책의 강점과 약점은 무엇인지를 분석해야 한다.

적 지휘관 역시 자신의 의도를 관철하기 위해 논리적인 분석과 판단을 하므로 적에 대해 자의적으로 해석하는 것은 위험을 초래할 수 있다. 특히 상급지휘관일수록 단순한 적의 배치 및 구성, 능력보다도 적 지휘관의 관점에서 채택 가능한 방책과 의도를 합리적으로 분석하는 것이 중요하다.

적에 대한 논리적인 분석은 차후 아군에게 위협이 되는 적의 강점은 회피하거나 최소화하고, 아군에게 호기가 될 수 있는 적의 약점은 극대화하거나 최대한 활용할 수 있는 대응방책을 수립하는 데 중요한 역할을 한다.

- 지형 및 기상 Terrain and Weather

지형 및 기상은 전투 시 극복해야 할 마찰의 요인이면서, 지형과 기상이 주는 이점을 효과적으로 활용 시 전투력이 상대적으로 열세한 부대도 전투력이 강한 부대와 싸워 이길 수 있는 중요한 요인으로 작용한다.

지형 및 기상 분석의 핵심은 지형 및 기상이 작전에 미치는 영향을 식별하는 것으로서, 이를 기초로 작전 실시간 아군이 효과적으로 이용 또는 대비할 수 있는 전투력 운용방법을 강구할 수 있다.

작전지역 내에서 대치하고 있는 공자와 방자는 동일한 지형과 기상 여건하에서 전투를 수행하지만, 작전의 성격이 상이하므로 공격과 방어에 미치는 영향은 서로 다르게 나타날 수 있다.

전술제대 지휘관과 참모는 자신의 입장에서만 지형 및 기상을 분석해서는 안 된다. 즉 지형 및 기상이 피·아에 미치는 영향을 분석하여 적에게는 마찰요인을 가중하고 상승요인을 제한하며, 자신에게는 마찰요인을 최소화하고 상승요인을 극대화하는 방향으로 지형과 기상을 이용할 수 있는 전투력 운용방법을 구상하여 적보다 유리한 여건에서 전투를 수행할 수 있어야 한다.

지형은 통상 관측과 사계, 은폐 및 엄폐, 장애물, 중요지형지물, 접근로를 기준으로 평가하되, 부대의 임무·규모·성격에 따라 분석 관점과 중요도는 다를 수 있다.

기상은 통상 정보, 기동, 화력, 방호, 작전지속지원, 지휘통제 등 전투수행기능에 미치는 영향을 기준으로 평가한다.

전술 제대는 사계절의 변화에 따라 각각의 계절이 작전에 미치는 영향과 우리나라 지형의 대부분이 산악지형으로서 감제고지, 도로 견부 및 애로 지점, 주요 목 등이 작전에 매우 중요한 요소로 작용한다는 점을 고려하여 전투수행방법을 발전시켜 나가야 한다.

- **가용부대**^{Troops and Support available}

가용부대는 전술제대가 임무를 달성하기 위해 운용하거나 지원받을 수 있는 편제상의 부대와 배속 및 지원, 작전통제, 전술통제부대 등의 모든 전투력을 포함하며 유형 전투력과 무형 전투력이 결합한 총체적인 전투역량을 의미한다. 또한, 작전유형에 따라 경찰, 예비군, 민방위대, 행정관서, 주민 등 제 국가방위요소가 포함될 수도 있다.

전술제대 지휘관과 참모는 전투를 계획하고 준비 및 실시하면서 주어진 가용부대의 능력을 평가하여 가능한 능력 범위 내에서 과업을 수행한다. 능력이 초과하는 과업을 부여받으면 우선순위를 정하여 순차적으로 수행하든지, 상급부대의 지원 가능한 추가적인 부대 소요를 산출하여 건의할 수 있어야 한다.

가용부대는 부대의 위치와 전투력만을 판단할 것이 아니라 부대의 특성, 전투준비태세, 작전반응속도, 강점과 제한사항 등을 종합적으로 고려하여 판단해야 한다.

전술제대 지휘관과 참모는 최소한 2단계 하급제대에 관한 정보를 유지해야 효율적인 작전수행이 가능하다.

가용부대 판단은 과업의 할당, 과업을 수행하는 데 적합한 전투편성, 그리고 필요한 자원에 대한 지원으로 연계되어야 한다. 가용부대의 수적인 우세가 항상 승리를 보장하는 것은 아니다.

전술제대 지휘관과 참모는 상대하는 적보다 열세한 전투력을 보유하고 있더라도 결정적 시간과 장소에서 적보다 상대적 전투력 우세를 달성할 수 있도록 가용부대를 효과적으로 운영할 수 있어야 한다.

- **가용시간**Time available

가용시간은 상황을 인지한 순간부터 이에 대응하기 위한 행동이 개시되기 직전까지 경과되는 시간 또는 피·아의 작전속도를 고려한 상대적인 시간을 의미한다.

작전수행과정에서 가용시간의 효율적인 사용은 작전의 속도를 증진하는 데 결정적인 역할을 한다.

계획수립 간 가용시간이 충분하다면 주도면밀하게 계획을 수립하고 세부적인 준비가 가능하지만, 가용시간이 부족하다면 계획수립과 작전준비 과정에서 구체적인 협조와 통합이 제한될 수밖에 없다.

가용시간의 정도와 관계없이 상급지휘관은 자신의 가용시간 중 약 2/3 이상을 예하부대에 할당함으로써 예하부대의 계획수립, 작전준비 및 실시를 보장해야 한다.

시간이 부족한 경우에는 축약된 계획수립 과정을 적용하거나 상·하제대의 동시 계획 수립, 적시 적절한 준비명령 활용 등의 대책을 강구하여야 한다.

작전 실시간 대응방책 수립을 위한 가용시간 판단은 더욱 중요하다. 왜냐하면, 시시각각으로 변화하는 전장상황 속에서 상황판단과 결심에 걸리는 시간이 지체되어 대응 시기를 상실하게 된다면 적의 위협이 확대되거나 호기를 놓치는 결과를 초래하여 적에게 주도권을 박탈당할 수 있기 때문이다.

작전 실시간 대응방책은 피·아가 현 상황에 대응할 수 있는 작전속도를 고려하여 아군이 상대적인 시간의 우세를 달성할 수 있어야 한다.

- **민간요소** Civil considerations

민간요소는 작전지역 내 주민, 정부기관 및 비정부 기구, 언론 등 민간기관과의 협조 및 상호지원 등에 관련된 요소이다. 이는 비군사적인 요소이지만 현대전에서 군사작전에 미치는 영향은 지대하므로 민간요소는 효과적으로 통제 및 협조, 관리되어야 한다.

현대전에서는 자국민의 생명과 재산에 대한 보호와 인간 기본권에 대한 보장과 더불어 상대하는 적국의 주민에게도 국제법과 협약 등에 따라 그 권리가 확대되고 보장될 수 있도록 요구받고 있다.

이를 준수하지 않을 경우, 전쟁에 대한 혐오와 인간경시에 대한 부정적 여론이 언론매체를 통해 자국민과 세계 각국에 전파되어 전투원의 전투 의지와 전투 승패에도 직접적인 영향을 미칠 수 있기 때문이다.

전술제대 지휘관과 참모는 민간요소를 중요한 고려사항으로 판단하여 민간인의 인권과 각종 권리를 보장하는 차원에서 전투를 계획하고 준비 및 실시하여야 한다. 이를 위해 전술제대의 지휘관과 참모는 작전지역 내 정부 기관 등 각종 기관과의 협조 및 상호지원뿐만 아니라 민간인 보호 요소에 대한 국제조약 등에 대해 이해하고 작전을 수행하여야 한다.

또한, 작전지역 내 민간인 소개, 피난민의 철수로 판단과 유도, 적과 민간인의 분리, 유언비어 통제 및 해명, 작전의 정당성 홍보, 선무 및 심리전 활동 등을 효과적으로 실시하여 작전 방해 요인을 최소화하여야 한다.

그러나 전투현장에서 무장하지 않은 민간인이라 할지라도 전투에 직·간접 영향을 미치는 적성 국민일 경우에는 그 권리를 보장할 수 없으며 적절한 통제대책을 강구해야 한다.

작전구상

작전구상Operational Design은 지휘관과 참모가 상황이해를 기초로 요망하는 최종상태를 결정하고, 부대가 최종상태를 달성하기 위한 일련의 작전수행방법을 구상하는 사고의 과정이다.

작전구상이라는 용어를 사용한 것은 1990년대 중반 미군의 작전술 교리를 수용하면서 시작되었으며, 전술에까지 확장하여 적용하였다. 작전구상은 작전구상 요소라는 개념적인 도구를 이용한다. 작전구상 요소는 지휘관과 참모가 전장의 복잡한 문제를 이해하여 지휘관 의도와 지침, 작전개념을 구체화하는 데 도움을 주는 개념적 도구이자 사고의 틀이라고 할 수 있다.

작전구상 요소의 적용은 작전적 수준에서는 매우 유용하지만 전술적 수준에서는 유용성이 감소한다. 따라서 [그림 5-10]과 같이 전술적 수준에서는 최종상태, 중심, 결정적 지점, 작전선, 작전한계점, 작전단계화 등의 작전구상 요소를 적용한다.

[그림 5-10] 작전구상요소

전술제대 지휘관은 상급부대 준비 명령이나 계획(명령)을 통하여 임무를 인지한 이후부터 작전을 구상하기 시작하여 임무를 완수할 때까지 작전수행과정 전반에 걸쳐서 지속해서 작전구상을 실시한다. 작전구상을 위해서는 임무, 작전지역, 적 및 아군상황, 기타 전장환경, 지휘관 자신의 경험적 요소 그리고 참모가 제공한 정보 등을 종합적으로 고려해야 한다.

계획수립 시에 지휘관은 작전구상 결과를 계획지침으로 발전시켜 참모에게 계획

작성을 위한 지침을 제공한다. 작전 실시간에는 변화되는 상황 속에서 작전구상을 통해 기본계획대로 작전을 진행할 것인지, 우발계획[61]을 시행할 것인지 등을 결정할 수 있다.

- **최종상태**

최종상태는 군사작전을 통하여 궁극적으로 달성해야 할 피·아의 군사적 상황으로서, 전술제대가 전투를 통해 최종적으로 조성해야 할 조건 또는 상태를 의미한다.

부대가 부여된 과업을 완수하는 것만으로는 상급지휘관의 의도를 달성하였다고 하기는 어렵다. 왜냐하면, 상급지휘관은 작전의 종결이나 연속적으로 진행되는 차후 작전을 위해 특정의 상태를 조성해 주기를 예하 지휘관에게 요구하기 때문이다. 따라서 지휘관은 상급지휘관의 의도를 고려하여 상급지휘관이 요망하는 최종상태를 설정하고 이를 달성할 수 있는 작전수행 복안을 구상하여야 한다.

최종상태는 통상 적 주력의 격멸 수준, 특정 지역의 확보 및 통제, 아 전투력 수준과 작전지속능력, 주민 및 적대세력과 부대의 상호관계 등으로 설정된다.

- **중심**

중심은 피·아의 힘의 원천이나 근원이 되는 것으로 이를 파괴할 시에는 전체적인 구조가 균형을 잃고 붕괴할 수 있는 물리적·정신적인 요소를 말한다.

전술적 수준에서는 적의 전투체계를 분석하여 중심을 식별하고 이에 대한 접근방법을 고려하기보다는 적의 주 타격 대상을 목표 또는 핵심표적으로 직접 선정하여 관리한다.

전술적 수준에서 수행하는 전투는 전략적·작전적 수준처럼 광범위하거나 대규모의 삭선을 수행하는 것도 아니고 고려해야 할 사항이 많거나 복잡하지도 않기 때문에 비교적 단순하게 접근하는 것이 오히려 효과적이다. 그러나 전술 제대에서도 적이 비대칭적인 우위를 점하고 있는 요소 또는 특정 상황에서 핵심적으로 전

---

[61] 우발계획은 우발상황에 대비하기 위한 작전계획으로 기본계획과 상이한 수단과 방법으로 부대의 임무를 달성하기 위한 계획으로써 가장 가능성이 높지는 않으나 발생할 수 있을 것으로 예상되는 상황을 기초로 작성하며, 사전에 계획하거나 작전상황에 따라 지속적으로 발전시킨다. (야교 1-1 『군사용어』 2017.5.31.)

투력을 발휘하는 요소 등을 중심으로 식별할 수 있다.

- **결정적 지점**

결정적 지점은 적에 대해 현저한 이점을 얻거나 승리를 달성하는데 물리적·심리적으로 기여하도록 만드는 지리적 장소, 주요사태, 핵심요소 및 기능을 의미한다.

전술제대에서는 통상 특정 주요사태와 결부된 시간과 공간을 고려하여 결정적 지점을 식별한다. 이를 통해 언제, 어디서, 누가, 어떻게 특정 주요사태에 대응할 것인가를 구상함으로써 전반적인 작전수행 복안이 형성된다. 따라서 결정적 지점은 전술제대에서 작전을 가시화하는 핵심적인 요소이다.

공격작전을 위한 작전구상 시 결정적 지점은 중간 및 최종 목표를 설정하고 이를 탈취하기 위한 전투력 운용을 구상하는데 기초를 제공하며, 방어작전 시에는 전투력의 배치 및 공세행동을 위한 지역을 설정하고 이와 연계한 전투력 운용을 구상하는 데 도움을 준다.

- **작전선**

작전선은 군사적 목표를 달성하기 위해 현 작전기지나 배치지역으로부터 일련의 목표들을 연결하는 개념적이거나 지리적인 방향을 말한다.

전술제대에서는 통상 주공 또는 주 노력이 지향하는 방향으로서 결정적 지점과 연계하여 구상한다. 작전선은 통상 한 개를 지정하지만 전술제대 규모와 작전의 성격에 따라 다수의 작전선을 고려할 수도 있으며, 고려하지 않을 수도 있다. 공격작전 시에는 주 전투력이 지향되는 방향을 결정적 지점과 연계하여 구상하고, 방어작전 시에는 아군의 방어력을 발휘해야 할 결정적 지점을 적의 주력이 지향되는 방향과 연계하여 구상한다.

- **작전한계점**

작전한계점은 작전부대가 더는 현재의 작전을 수행하기 어려운 시점 또는 지점을 의미한다. 공자는 더는 공세를 유지할 수 없을 때, 방자는 더는 공세 행동을 할 수 없거나 방어를 수행할 능력이 없을 때 작전한계점에 도달한다.

계획수립 시 작전한계점 판단은 부대의 보편적인 능력을 고려할 수 있지만, 지형적인 마찰과 전투의 치열도 등을 추가로 고려해야 하며, 작전 실시간에는 자원의 부족, 수송능력의 제한, 과도한 진출, 전투력의 손실 등을 고려하여야 한다.

전술제대는 계획수립 및 작전실시 간 해 제대 및 예하제대가 작전한계점에 도달하기 전에 임무를 완수할 수 있도록 작전을 구상하여야 한다. 이를 위해 작전형태의 변경, 작전단계화, 전투편성 조정, 전투력 복원, 예비대 운용, 전술집단 변경, 추가 전투력 할당 또는 보충, 작전속도 조절 등의 자체적인 조치를 하고, 필요시 상급부대에 추가 전투력을 요구해야 한다.

전술제대 지휘관은 자신의 작전한계점을 예측하여 이에 대한 대책을 강구하는 동시에 적의 작전한계점에 관해서도 관심을 가져야 한다. 특히 작전 실시간에는 적이 작전한계점에 도달하였다는 징후를 포착하였다면 이를 적시적으로 활용할 수 있어야 한다. 정밀공격에서 전과확대 또는 추격으로 전환하거나 방어에서 공격작전으로 전환하는 것 등을 예로 들 수 있다.

- 작전단계화

작전단계화는 부대의 능력이나 수행해야 할 작전의 성격을 고려하여 작전을 효과적으로 계획 및 통제할 수 있도록 수 개의 단계로 구분하는 것을 의미한다.

전술제대에서는 적의 능력 및 가용방책, 아군의 전투력과 위치, 작전의 성격, 부대의 작전범위, 작전지역의 특징, 작전소요 시간, 작전종심, 작전지속지원 능력 등을 고려하여 작전단계화를 구상한다. 그러나 불필요한 단계화는 작전수행의 복잡성을 증대시켜 작전의 효율성을 오히려 감소시킬 수 있으므로 작전단계화를 반드시 고려해야 하는 것은 아니다.

공격작전 시 작전단계화를 구상한 결과는 통상 통제선으로 표현되며, 방어작전 시에는 필요한 때에만 작전단계화를 고려할 수 있다. 기동방어 시 유인단계, 타격작전단계로 구분하거나 지연방어 시 중간 지연선 설정 등을 예로 들 수 있다.

3 전장 및 전술집단 편성

가. 전장

전장은 작전을 수행하는 지역으로 관심지역과 작전지역으로 구분된다.

- **관심지역**

관심지역은 작전지역 밖의 현행 및 장차작전에 영향을 미칠 수 있는 적 부대가 위치한 지역으로 정보수집 및 분석을 포함한 정보활동의 범위를 한정하기 위해 설정한다. 이는 적의 위협을 기초로 적 부대의 이동능력, 차상급부대의 정보수집능력, 결심 및 반응속도, 장차 임무 등을 고려하여 결정한다.

- **작전지역**

작전지역은 작전을 수행하기 위하여 지휘관에게 권한과 책임이 부여된 지역이다. 이는 해당 제대의 감시 및 타격 능력을 고려하여 지리적 공간상의 전·후·측방 경계선으로 정면과 종심을 결정한다. 지휘관과 참모는 부여받은 작전지역 내에서 예하 부대의 지휘 통제, 감시 및 타격 능력, 과업 등을 고려하여 작전지역을 할당하고, 작전지역을 할당할 때는 예하 부대가 부여된 과업을 수행하고 자신의 부대를 보호할 수 있도록 충분한 공간을 고려해야 한다.

작전지역은 전장 상황에 따라 연속 또는 비연속 작전지역일 수 있다. 그러나 어느 일방의 전투력이 압도적으로 우세하거나 전장의 병력 밀도가 현저하게 낮은 경우를 제외하고는 대부분이 연속 작전지역이 될 것이다.

연속 작전지역일 경우 작전지역은 전투지경선에 의해 분할되며, 인접하는 예하 부대는 작전지역의 전투지경선을 공유한다. 반면, 비연속 작전지역일 경우 전투지경선을 공유하지 않으며 각 부대는 작전개념으로 연결된다. 비연속 작전지역에서 책임을 갖지 않는 지역에 대한 책임은 상급부대에 있다. 이러한 작전지역을 기초로 부대와 자원을 효율적으로 조직하고 배열하기 위해서는 시·공간, 목적, 자원사용 측면 등 3가지를 고려해야 한다.

시·공간 측면에서는 지휘관과 참모는 상급부대로부터 부여받은 작전지역을 기초로 전투력의 물리적 배치를 묘사하기 위해 [그림 5-11]과 같이 적지종심지역[62], 근접지역[63], 후방지역[64]으로 구분할 수 있다.

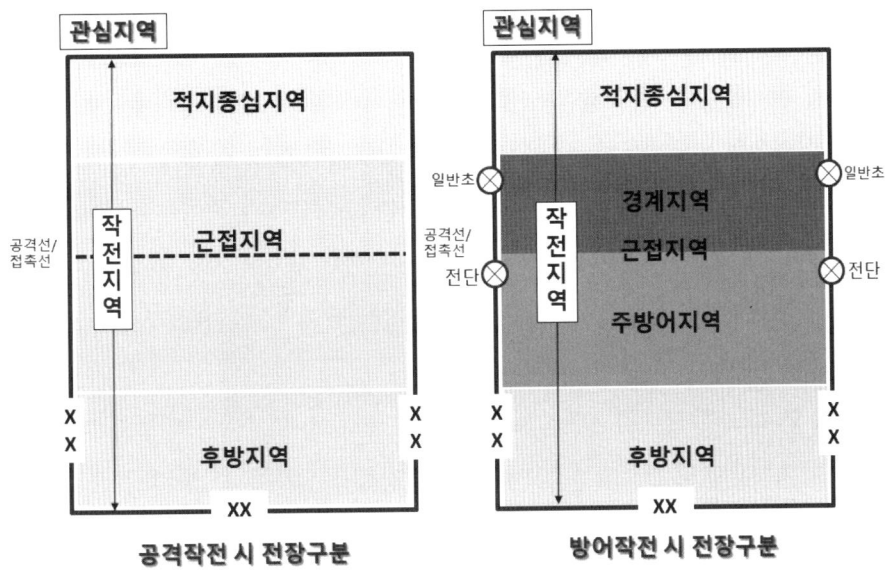

[그림 5-11] 연속 작전지역의 전장구분

적지종심지역에서의 작전은 통상 적의 중심을 포함하여 아군 작전에 위협이 되는 표적을 핵심표적으로 선정하여 이를 조기에 파괴 또는 무력화시킴으로써 예하부대가 수행하는 근접지역작전에 유리한 여건을 조성하는 데 중점을 두고 전투력을 운용해야 하고, 근접지역작전은 적의 주력부대를 격멸하거나 목표를 확보하기 위해서 결정적인 시간과 장소에서 적보다 상대적인 전투력의 우세를 달성할 수 있도록 전투력을 운용해야 하며, 후방지역에서의 작전은 예하부대에 위임하지 않고

---

[62] 적지종심지역은 근접지역 전방으로부터 작전지역의 최전방까지의 지역이다.
[63] 근접지역은 투입된 적 부대와 근접전투를 수행하는 지역이다.
[64] 후방지역은 각급 제대의 차하급 제대 후방전투지경선으로부터 해당 제대의 후방전투지경선까지의 지리적 공간이다.

해당 지휘관이 직접 실시하거나 예하부대에 할당 또는 전담부대를 지정하여 실시할 수 있도록 전투력을 운용해야 한다.

목적 측면에서는 지휘관과 참모는 부여된 작전지역을 기초로 시간과 공간적으로 지정한 지역과 연관 지어 목적 측면에서보다 명확성을 기하기 위해 작전을 결정적 작전[65], 여건조성작전[66], 전투력지속작전[67]을 설정한다.

결정적 작전은 지휘관과 참모가 전체 작전을 구상하고 지휘관 의도를 달성하기 위한 중심점으로 일반적으로 하나의 결정적작전을 선정하여 시행하고, 여건조성작전은 일반적으로 결정적작전을 수행하는 부대의 상급부대와 결정적작전을 수행하지 않는 부대에서 실시하며, 전투력지속작전은 전투력 운용의 종심을 보장할 수 있도록 작전지속지원기능과 방호기능의 발휘와 작전단계화, 예비대 보유, 진지교대 등을 통해 전투력이 발휘되도록 해야 한다.

자원사용 측면에서는 시·공간, 목적 측면과 연계하여 부대의 임무를 달성하기 위하여 자원사용의 우선순위를 지정하거나 변경하기 위하여 주 노력·보조 노력을 사용한다.

주 노력은 자원할당의 우선권을 부여하기 위하여 특정 시점에서 선정하는 부대로 주 노력은 부대의 노력을 결집하기 위해 지정하며, 특정 상황과 시점에서 가장 핵심적인 임무나 과업을 수행하는 부대를 의미한다.

보조 노력은 주 노력이 수행하지 않는 다른 임무나 과업을 수행하는 부대로 주 노력을 지정했다고 해서 반드시 보조 노력을 지정하는 것은 아니며, 보조 노력을 지정하였을 때는 자원할당의 우선순위를 부여하여야 한다.

전술제대 지휘관과 참모는 시·공간, 목적, 자원사용 측면을 함께 고려해야 한정된 작전지역 내에서 전투력을 짜임새 있게 조직하고 배열하여 최적의 작전 수행방법을 발전시킬 수 있다. 그러나, 작전 구상을 하거나 작전개념을 기술할 때는 하나

---

[65] 결정적작전은 임무완수에 결정적으로 기여하여 작전의 성공여부를 결정짓는 작전이다.
[66] 여건조성작전은 결정적 작전의 성공을 보장하기 위해 여건을 조성하고 유지하기 위한 작전이다.
[67] 전투력지속작전은 임무를 완수할 때까지 전투력이 지속적으로 유지되고 발휘되도록 하는 작전이다.

또는 수 개의 요소를 선택적으로 사용할 수도 있으나 이때에도 다른 요소들과 연계하여 최적의 작전 수행방법을 발전시켜야 한다.

나. 전술집단 편성

- **전술집단**

전술집단은 임무를 효과적으로 수행하기 위하여 전술적 과업을 고려하여 구분한 집단으로 전투편성의 기준이 되며 전투편성을 통해 전술집단별로 부대와 자원이 결정되고, 집단을 구성하는 부대 간의 지휘 관계와 지원 관계가 설정되어 임무 수행이 가능하도록 조직된다.

지휘관과 참모는 작전개념을 구현할 수 있도록 작전유형 및 형태에 따라 제 병과의 능력이 통합되고 전투수행기능이 효과적으로 발휘되도록 전투편성 등을 통해 전술집단을 조직해야 한다.

목적 측면을 기준으로 전술집단을 편성할 경우에 먼저 결정적 작전을 수행해야 하는 부대를 배열한 후 결정적작전의 여건을 조성하는 데 필요한 다수의 여건조성작전을 수행하는 집단을 배열하고, 이어서 전투력지속작전을 위한 전술집단을 배열하여 조직한다. 예를 들어, 공격작전 시 결정적작전을 수행하는 전술 집단을 주공과 결정적작전의 여건 조성을 위해 양공, 고착, 침투 등의 과업을 수행해야 하는 다수의 조공, 적지종심지역작전부대, 우발상황과 예기치 못한 상황에 대비하는 예비대 등과 같이 조직할 수 있다.

전술집단은 전술적 과업을 수행하는 데 적합하도록 조직되어야 하며, 과업을 수행하는 공간과 지휘통제의 범위, 전투부대, 전투지원부대, 전투근무지원부대의 적절한 조합 등을 고려하여야 하며, 지휘관과 참모는 제 병과와 전투수행기능이 통합되어 전투력이 효과적으로 발휘되도록 전투편성 등을 통해 전술집단을 조직해야 한다.

- **전투편성**

전투편성은 전술집단을 전투수행이 가능한 조직으로 편성하는 것으로, 건제부대, 예속부대, 배속부대, 작전통제부대, 전술통제부대, 지원부대 등 가용부대에 대하여 전술적 과업을 부여하고 지휘 관계 및 지원 관계를 설정[68]하는 것이다.

전투편성을 한다는 의미에는 지휘관 의도와 작전개념을 기초로 시·공간 측면과 목적 측면에서 전술집단별로 과업을 수행하는 주요 전투부대를 지정하고, 주요 전투부대 지휘관에게 과업수행에 필요한 전투부대, 전투지원부대, 전투근무지원부대와 자산을 할당해주며, 그들 사이의 지휘관계와 지원관계를 설정하는 것을 포함하고 있다. 이러한 전투편성을 통해 전술집단별로 과업수행이 가능한 온전한 전술집단이 구성되어야 한다.

- 지휘관계

지휘관계Command Arrangement는 부대를 지휘하는 권한과 책임의 정도를 합법적으로 규정한 것으로 건제와 예속, 배속과 작전통제 및 전술통제 등이 있다.

건제建制, Organic는 법령 및 각 군의 설치 명령에 따라 창설된 부대 또는 기관[69]과 이러한 법령과 설치 명령에 그 예하 부대 또는 조직으로 명시되어 영구적으로 소속된 구성체에 대하여 상급부대 또는 조직과 예하 부대나 조직과의 관계에 부여하는 편제상의 지휘관계로, 건제 관계에 있는 상급부대 지휘관은 예하 부대에 대한 지휘 및 지원관계를 설정할 수 있는 권한이 있다.

예속隸屬, Assignment은 부대가 비교적 영구적으로 특정 부대에 소속되는 것으로, 피예속부대의 지휘관은 작전수행 간 예속된 부대에 대하여 배속, 작전통제, 전술통제 등 새로운 지휘관계를 설정할 수 있으며, 직접지원, 일반지원, 증원 등의 지원관계도 설정할 수 있다.

배속配屬, Attachment은 부대 또는 인원이 특정 편성체에 일시적으로 소속되는 것으로, 피배속부대 지휘관은 작전수행 간에 배속된 부대에 대하여 재배속이나 작전통

---

[68] 지휘관계와 지원관계는 작전을 수행하는 부대 간의 명확한 지휘 및 지원의 책임과 권한을 규정하여 지휘의 통일과 노력의 통일을 달성하기 위해 설정한다.
[69] 기관이란 국군조직법에 근거를 두고 다른 법령의 적용을 받아 설치되는 교육, 연구, 시험, 특수 목적의 조사, 수사 또는 재판 등을 주 임무로 하는 군사조직 및 군사법원 등을 말한다.

제, 전술통제 등의 지휘관계와 직접·일반지원, 증원 등의 지원관계를 설정할 수 있는 권한이 있다. 그러나 전속과 진급에 대한 권한 및 책임은 통상 원 소속부대에 있다.

작전통제作戰統制, OPCON, Operational Control는 작전계획이나 명령상에 명시된 특정 임무나 과업을 수행할 수 있도록 특정 기간에 지휘관이 행사하는 것으로, 지휘관은 작전통제된 부대에 대하여 예하부대와 작전통제, 전술통제의 지휘관계, 직접지원, 일반지원, 증원, 일반지원 및 증원 등의 지원관계를 다시 설정할 수 있지만 배속의 지휘관계를 설정할 수 있는 권한은 없다. 작전통제에는 일반적으로 작전지속지원, 교육훈련 등의 권한과 책임은 포함되지 않는다.

전술통제戰術統制, TACON, Tactical Control는 동일한 공간 내에서 특정 임무와 과업을 수행하기 위해 일시적으로 양개 부대 간의 지휘체계를 단일화시키는 것으로, 전술통제를 하는 부대의 지휘관은 전술통제된 부대에 대하여 예하부대와 전술통제의 지휘관계, 직접지원, 일반지원, 증원 등의 지원관계를 다시 설정할 수 있으나 배속이나 작전통제의 지휘관계를 설정할 수 없다.

- **지원관계**

지원관계Support Relationships는 지휘관계에 속하지 않은 상태에서 한 부대가 다른 부대를 지원하는 경우에 지원부대와 지원을 받는 부대 간의 관계를 설정한 것으로, 직접지원, 일반지원, 증원, 일반지원 및 증원 등이 있다.

직접지원直接支援, DS, Direct Support은 지원부대가 지정된 특정 부대만을 지원하는 것으로, 지원부대는 피지원부대의 지원요청에 반드시 응해야 하며, 상급부대 또는 피지원부대 전체를 지원하는 일반지원과는 어떠한 관점에서 표현하느냐에 따라 차이가 있다.[70]

일반지원一般支援, GS, Genneral Support은 지원부대가 소속된 상급부대 또는 피지원부대의 예하부대 전체를 지원하는 것으로, 일반지원 관계를 부여받은 부대는 원소속부

---

70 직접지원의 예를 들면 사단의 A포병대대가 B연대를 직접지원할 때 사단의 입장에서 A포병대대가 B연대를 직접지원하는 것이지만, B연대의 입장에서는 A포병대대가 연대를 일반지원하는 것이다.

대에 의해 부대배치가 이루어지고 지원의 우선순위가 설정된다.

증원增援, RF, Reinforcing은 임무완수를 위해 동종 병과 간 추가적으로 전투력을 지원하는 것으로 화력증원은 포병부대가 피증원 포병부대의 화력을 증강하는 것이다. 증원 임무를 부여받은 부대는 원소속부대와의 지휘관계는 그대로 유지하나 피증원부대에 의해 부대 배치가 이루어진다.

일반지원 및 증원GSR, Genneral Support & Reinforcing이란 지원 및 증원부대가 피지원부대를 전체적으로 지원하면서 동종의 다른 부대를 증원하기 위해 부여된 지원관계이다. 일반지원 및 증원 임무를 부여받은 부대는 원소속부대에 의해 부대 배치가 이루어지며, 지원 및 증원의 우선순위 설정권은 원소속부대, 증원부대 순으로 갖는다.

전술집단과 전투편성의 지휘 및 지원관계는 전술적 고려요소(METT+TC)에 따라 결정되며, 작전이 진행됨에 따라 얼마든지 변경될 수 있다.

4 전투수행기능의 통합 운용

> "아직도 각 부대가 제각기 작전을 실시하는 경향이 있는데,
> 이는 모든 부대가 한 손으로만 싸우려는 식이다.
> 소총병은 총만 쏘려 하고, 전차 사수는 전차포만 사격하려 하며,
> 포병도 포사격만 하려 하는데, 이것은 전투하려는 것이 아니다.
> 이는 악단이 연주 하는데 먼저 피콜로를 연주하고, 이어서 클라리넷을 연주한 다음
> 트럼펫을 연주한다면 이것이 소음일 뿐이지 무슨 음악이라 할 수 있겠는가?
> 각 악기가 조화를 이루어 음악을 만들어 내려면 서로 도와야 한다.
> 전투에서도 조화를 이루려면 각 화기가 서로 지원해야 한다.
> 팀플레이를 해야 승리하는 것이다."
> — 패튼Patton

전투수행기능Warfighing Functon[71]은 전투를 수행할 때 부대 규모와 특성과 관계없이 수행해야 할 군사적인 역할과 활동을 6가지로 구분한 것으로, [그림 5-12]와 같

---

[71] 전투수행기능은 1989년 전장기능으로, 1996년 전장기능체계로 사용하다가 2011년에 전투수행기능으로 명칭을 변경하였으며, 2018년에는 6대 전투수행기능과 리더십, 전장지식 등 8개 요소를 전투력 발휘 요소로 정립하였다. 2021년에는 전장지식을 정보(Information)로 용어를 변경하여 사용하고 있다.

이 지휘통제를 중심으로 정보, 기동, 화력, 방호, 작전지속지원으로 구성된다.

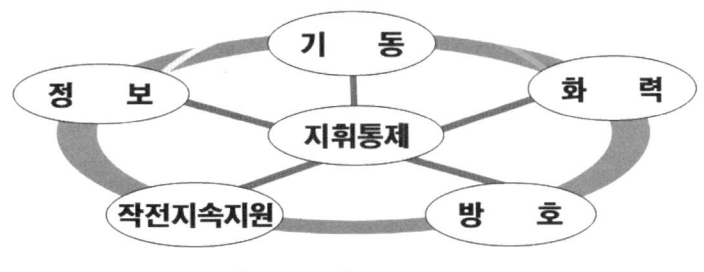

[그림 5-12] 전투수행기능

지휘통제 기능을 제외한 타 기능은 적과 우군, 지형 및 기상, 민간요소를 대상으로 운용되는 반면, 지휘통제 기능은 다른 기능의 운용을 통합하는 데 중점을 두고 운용된다.

각각의 전투수행기능은 개별적으로 수행되는 것이 아니라 관련 있는 타 기능과 상호 협조 된 상태에서 운용되어야 하며, 특히 지휘통제 기능을 중심으로 유기적으로 통합되었을 때 전투력 발휘의 효과를 배가倍加시킬 수 있다.

가. 지휘통제指揮統制 Command Control

지휘통제는 지휘관과 참모가 군사적 단일체로서 예하부대를 지휘하고 통제하는 것으로 전투수행기능의 하나로써 모든 가용 작전요소를 통합[72]하여 작전수행의 주도적인 역할[73]을 하는 기능이다.

지휘통제는 전투수행기능의 중추로서 지휘관과 참모가 함께 수행하면서 지휘의 술과 통제의 과학을 균형 있고 조화롭게 구현하여 임무를 완수하게 하는 것이다.

지휘관과 참모는 시휘통세본부[74]를 봉하여 지휘통제를 하며, 지휘관 의도에 부합

---

[72] 모든 가용 작전요소의 통합은 전투수행기능의 통합, 제대별 노력의 통합, 민·관 작전요소의 통합을 포함하는 의미이다.
[73] 작전수행을 주도하기 위해서 지휘관과 참모는 작전수행과정에 적극적으로 동참하여 작전을 이끌어 가고 변화되는 상황을 고려하여 명확한 지휘관의도와 지침, 적시 적절한 결심을 통해 명령을 하달하고 적극적인 지도와 확인 및 감독, 선제적인 자원의 제공 등을 해야 한다.
[74] 지휘통제본부는 지휘관과 참모를 포함한 지휘통제요원이 예하 부대를 효과적으로 통제하기 위해 지휘소의

되게 내부적 활동으로 모든 기능을 통합하고, 외부적 활동으로 상·하급, 인접 지휘통제본부와 제대별 노력을 통합하여 작전수행의 주도적 역할을 해야 한다.

또한, 지휘관은 임무형 지휘를 통해 예하부대 지휘관이 상급부대 지휘관 의도와 임무에 기초하여 자율적이고 창의적으로 작전을 수행할 수 있도록 해야 한다.

나. 정보 情報 Intelligence

정보는 지형 및 기상, 적 및 우군사항, 민간요소에 관한 첩보 및 정보를 제공하여 전투력의 효율적인 운용을 보장하는 전투수행기능이다.

정보는 전장의 불확실성을 최소화하고 임무 수행에 필요한 첩보 및 정보를 제공하며, 전장을 가시화하고 대정보 활동을 통해 적의 정보수집 거부 및 방호를 지원하는 역할을 수행한다.

정보는 특정한 전투수행기능이나 정보 관련 조직만 수행하는 것이 아니라 작전수행에 관련된 모든 전투수행기능과 부대가 공통으로 수행하여야 한다. 예를 들어 정보종합실을 제외한 타 전투수행기능에서도 아군에 관한 사항, 능력 범위 내에서 적과 작전환경, 민간요소에 관한 사항도 취급하고 관리하여야 한다.

다. 기동 機動 Maneuver

기동은 전투력을 이동[75]하여 배치[76]하는 전개[77], 시·공간적으로 유리한 위치로 이동시키는 전술기동[78], 적의 기동을 방해하는 대기동[79]을 포함하는 기능이다.

전투력을 전개 시에는 작전실시 이전에 지형정찰, 전투진지 구축, 장애물 설치, 경계부대 운용, 정보체계 운용 준비, 정보 및 화력자산 운용 준비, 전투근무지원시

일부로 편성한 지휘통제기구이다.

[75] 이동은 부대와 장비가 행군 또는 수송 수단에 의해서 한 장소에서 다른 장소로 옮겨지는 활동이다.
[76] 배치는 특정지역 내에서 각 부대, 병력이나 장비 등을 배열(일정한 차례나 간격으로 벌여 놓는 것)하는 것이다.
[77] 전개는 전투력을 이동시키고 배치하여 전투를 준비하는 활동이다.
[78] 전술기동은 전투력을 시·공간적으로 유리한 위치로 이동시키거나 적이 차지하고 있는 지역을 탈취하거나 확보하는 활동이다.
[79] 대기동은 장애물 운용과 거부작전을 통해 적의 기동을 방해하거나 차단하는 활동이다.

설 소산 및 배치, 경계대책 강구 등을 통해 전투를 수행할 수 있는 능력을 갖추어야 한다.

지휘관과 참모는 전술기동 간 작전지역 내에서 적에 대하여 상대적 이점을 달성하기 위해 전술적 고려요소(METT+TC)를 기초로 상황을 평가하고 판단하여 적절한 전투대형[80]을 선택하고 이동기술[81]을 적용한다. 또한, 기동에 방해되는 적의 위협을 분석하여 적이 이용할 수 있는 기동로에 장애물을 운용하거나 교량을 파괴하는 등의 거부작전을 통해 적의 기동을 저지하거나 지연시켜야 한다.

기동은 결정적인 시간과 장소에 전투력을 집중시키고 적의 취약점을 노출하는 반면, 아군의 취약점을 감소시킨다. 그리고 결정적작전은 정보 또는 화력 기능에 의존하여 수행할 수 있으나 최종적으로는 기동에 의해서 완성된다.

기동은 타 기능과 통합되어 수행된다. 즉, 정보기능으로부터 필요한 첩보 및 정보를 받아 기동을 계획하고 위협을 극복해야 하며, 화력을 운용하여 기동을 촉진하며, 방호를 통해 생존여건이 향상될 수 있다. 타 기능들도 기동 기능을 통해 가용한 부대와 자산을 이동하여 배치하고 시·공간적으로 유리한 위치로 전술 기동하며, 적의 기동을 방해하여 해당하는 기능의 효율적인 운용을 보장할 수 있다.

라. 화력火力 Fire

화력은 가용자산을 통합한 화력 운용[82]으로 적을 타격하는 기능이다. 이는 적의 중심을 파괴하고 화력우세를 달성하며, 아군의 기동을 촉진하고 적의 기동을 지연 및 저지하는 역할을 수행한다.

화력의 효과가 극대화될 수 있도록 적의 중심 및 주요 표적은 타격 우선순위에 따라 표적 타격 요망효과[83] 달성이 가능하도록 가용화력을 집중운용한다.

---

[80] 전투대형은 전투를 수행함에 있어 부대를 효과적으로 통제하고 운용하기 위한 부대, 인원, 장비 및 물자 등의 질서 있는 배열이다. (야교 1-1 『군사용어』, 2017.5.31.)

[81] 이동기술은 부대가 전투대형을 유지한 상태로 이동하기 위해 사용하는 기술로서 연속 전진, 선두감시 하 전진, 교대전진 등이 있다. (야교 1-1 『지휘통제』, 2017.5.31.)

[82] 화력운용은 화력운용 개념과 절차에 따라 화력을 운용하는 전반적인 작전활동이다. 이러한 화력운용에는 화력전투와 화력지원으로 구분한다.

화력자산은 통상 핵심표적[84]을 파괴 또는 무력화[85]할 수 있는 중요한 수단이면서 적에게는 중요한 표적이 되므로 항상 위험에 노출되어 있다. 따라서 표적 타격 요망효과를 극대화하고 화력 자산에 대한 생존여건을 향상하기 위해서는 표적 가치 분석을 통해 타격 우선순위 등을 선정하고 정보, 기동, 방호 등 타 전투수행기능과 통합 운용하여야 한다.

마. 방호防護 Protection

방호는 전·평시 각종 위협과 위험으로부터 보호해야 할 인원, 장비, 시설, 정보 및 정보체계[86]에 대한 생존여건 향상과 기능 발휘를 보장하는 전투수행기능이다.

각종 위협과 위험은 모두 사전 예방대책을 강구하고 피해를 최소화할 수 있도록 준비해야 한다. 특히 아군의 중심은 우선적으로 방호해야 할 대상으로 선정하여 적의 정찰부대나 화력 자산 등의 위협에 대한 방호대책을 강구하여야 한다.

지휘관과 참모는 모든 전투 수행기능과 부대 단위로 방호를 위한 가용한 수단을 통합 운용하여 모든 전투 수행기능과 부대의 생존여건을 향상하고 행동의 자유를 보장할 수 있도록 해야 한다.

바. 작전지속지원作戰持續支援 Support

작전지속지원은 제반 자원을 관리 및 지원하고 근무[87]를 제공하여 전투력을 조성하고 유지함으로써 작전 지속성을 보장하는 기능으로 군수·인사·동원[88]의 기능으

---

[83] 표적타격 요망효과는 제압, 무력화, 파괴로 구분한다.
[84] 핵심표적은 표적가치분석을 통해 고가치표적 중 반드시 획득하여 타격하기로 결정한 표적을 말한다. (야교 1-1 『군사용어』 2017.5.31.)
[85] 무력화란 적의 인원이나 물자를 군 작전에 사용될 경우에 비효과적이거나 혹은 사용이 불가능하도록 만드는 행위를 말한다.
[86] 정보체계는 정보를 자동으로 처리 및 분석하여 저장, 전송, 전시하는 체계이다.
[87] 근무란 군수기능의 일부로 부대의 기본적인 요구를 제공하고 건강, 복지, 사기, 전투지속능력을 증진시키는 활동이다. 일반적으로 야전취사, 급수지원, 세탁 및 목욕 지원, 물자정비, 환경보전 등이 해당된다. (야교 1-1 『군사용어』 2017.5.31.)
[88] 동원이란 전시, 사변 또는 이에 준하는 국가 비상사태 시 한 나라의 인적·물적, 그 밖의 모든 자원을 국가 안전보장에 기여할 수 있도록 효율적으로 통제, 관리 및 운용하는 것을 말한다. (국방부 훈령 제2363호

로 구성된다.

작전지속지원은 전술 기동 및 대기동 수단을 제공하고 전장 순환통제[89]를 통해 전투력의 원활한 기동을 보장하며 화력 자산 등에서 소요되는 장비와 탄약 등을 제공하여 지속적인 운용을 가능하게 하여야 한다.

따라서 소요 자원을 예측 및 판단하고 적정 수준의 자원을 확보하여 적시 적소에 제공하는 것이 중요하다.

5 공격작전

> "적이 준비하지 않은 곳을 공격하고, 적이 뜻하지 않는 곳으로 나아가라
> 攻其無備, 出其不意
> – 손자孫子

가. 공격攻擊 전리戰理[90]

손자는 「손자병법」에서 "가까운 곳을 노리면서도 먼 곳을 노리는 것처럼 하고, 먼 곳을 노리면서도 가까운 곳을 노리는 것처럼 한다近而示之遠 遠而示之近"고 하였고, "적에게 이익을 주는 것같이 하여 꾀어서 끌어내고, 적을 혼란케 하여 이를 취한다利而誘之 亂而取之"고 하였으며, "적이 준비하지 않은 곳을 공격하고, 적이 뜻하지 않는 곳을 노려라攻其無備, 出其不意驕"고 하였다. 또한 "적이 강하면 정면충돌은 피하고, 적을 노하게 하여 흔들어 놓고, 저 자세로 나아가 적을 교만하게 만든다强而避之, 怒而撓之, 卑而驕之"고 하였으며, "적이 편히 쉬고자 하면 이를 방해하여 피로하게 만들고, 적이 친하면 분열시켜야 한다佚而勞之, 親而離之"라고 하였다.[23]

클라우제비츠는 「전쟁론」에서 "공자는 전체 전투력으로 방자 전체를 기습할 수 있는 이점을 보유하고 있으며, 공격은 상대적으로 동적인 상태에 있기 때문에 방자

『국방 동원업무에 관한 훈령』 (2019.12.24.)
[89] 전장순환통제는 기동로와 보급로를 확보 및 통제하고 제한요소를 제거함으로써 원활한 부대기동과 작전지속지원을 보장하기 위한 제반활동을 말한다.
[90] 전리란 전쟁에서 전승을 획득하기 위한 근본적인 원리 및 원칙을 말한다.

보다 쉽게 적 전체를 포위하고 차단이 가능하다."라고 하였다. 또한 "공자는 승리의 한계점을 반드시 예측해야 하고, 모든 공격 시 방어가 반드시 고려되어야 한다."라고 하였다.[24]

일본의 육전학회陸戰學會「전리입문戰理入門」에서는 "공격이야말로 주도권을 확보하고 결정적인 성과를 얻을 수 있는 최선의 방책이며, 전투력이 강하다는 것은 승리를 위한 기초 조건이지만 전투력의 성질을 알고 교묘하게 활용하는 것은 더 높은 차원의 승리조건이 된다."라고 하였고, "전투의 승패는 상대적 전투력에 의해 우승열패의 판가름이 나며, 적의 전투력을 타격하여 파쇄시키기 위해서는 적 전투력을 아군이 원하는 시기와 장소에 구속하는 작용이 필요하다."라고 하였다.[25]

축구경기에서도 마찬가지로 상대 팀을 이기기 위한 근본적인 원리와 원칙이 있다. 적절한 드리블과 패스를 통해 공간을 확보하고, 공을 가지고 있지 않을 때도 수비를 유인하여 동료 선수에게 공격 기회를 만들어 주어야 하며, 패스를 받을 선수가 어떤 상황인지 잘 관찰한 후 속도를 늦추거나 빠르게 하여 기회를 만들어야 하며, 슛할 기회가 오면 과감하면서도 정확하게 차야 득점할 가능성이 커지는 것이다.

나. 공격작전 기본개념

- **공격작전 수행 주안**

공격작전은 공격하고자 하는 시간과 장소를 선택할 수 있는 이점이 있으므로 방어작전과 비교하면 주도성 발휘가 쉽고 융통성 있는 전투력 운용이 가능하다. 그러나 유리한 여건하에서도 과도하게 신중하여 결단을 주저함으로써 호기를 상실하거나 사소한 위험을 수용할 용기가 부족하여 결정적인 시간과 장소에서 상대적인 전투력 우세를 달성하지 못한다면 공격작전의 가치를 스스로 저버리는 것과 같다.

따라서 공격작전 시에는 위험을 감수할 수 있는 용기와 과감한 결단력, 그리고 적의 약점과 과오에 대해 단호하면서도 집요하게 압박할 수 있는 실천력을 발휘하여 적을 물리적·심리적으로 압도함으로써 계속적으로 피동적인 상황에 처하도록 강요하고 조기에 적의 전투의지를 말살시킬 수 있는 대담한 공격[91]을 추구하여야 한다. 이때 무조건적인 대담성 발휘는 적에게 역이용당할 위험이 있으므로 정보의 우위를 달성하여 적의 기도를 파악하는 것이 중요하다.

공자가 주도권을 장악하고 대담성을 적극적으로 발휘하게 되는 결정적인 계기는 적의 약점과 과오로부터 발생하기 때문에 적극적인 감시정찰과 다양한 기만작전[92]을 전개하여 적의 약점과 과오를 식별하거나 조성할 수 있어야 하며, 동시적·연속적인 전투를 통해 적의 약점을 확대하거나 또 다른 약점을 조성함으로써 효과적인 대응기회를 박탈하고 보다 피동적인 상황에 놓이도록 계속 압박을 가해야 한다.

적을 물리적·심리적으로 압박하고 공격 기세를 유지하기 위해서는 기습, 집중, 속도tempo[93]에 주안을 두어야 한다. 즉 적이 예상치 못한 시간·장소·수단·방법으로 공격하여 기습을 달성함으로써 적을 혼란에 빠뜨려야 하고, 적의 약점과 과오에 대해 전투력을 집중하여 결정적인 성과를 달성해야 하며, 우세한 속도를 발휘하여 적 부대를 격멸해야 한다.

- **공격기동형태**

공격작전의 목적을 효율적으로 달성하기 위해 적보다 유리한 위치로 부대를 이동시켜 목표로 접근하는 형태이다. 즉, 공격부대가 전반적으로 전투력을 지향하고 운용하는 모습을 구분한 것으로 돌파, 포위, 우회기동, 침투 기동, 정면공격이 있다.

일반적으로 공격부대 지휘관은 방책 수립 시 공격기동형태 중 하나를 선택하게 되는데 추정과업[94]을 포함한 부대 임무, 지휘관 의도, 작전지역의 특성, 적의 배치

---

[91] 대담한 공격은 공자의 유리한 특성을 최대한 활용하여 주도권을 장악, 유지, 확대해 나가겠다는 공세적인 정신과 의지가 반영된 것이다.
[92] 기만작전은 아군의 작전의도, 능력, 배치 등을 적에게 오판하도록 유도하여 적을 아군의 의도대로 유인하거나 적의 기도를 사전에 포기하게 하는 계획적인 작전활동을 말하며, 기만방법에는 양공, 양동, 계략, 허식 등이 있다.
[93] 속도tempo는 적에 대한 상대적인 작전의 속도이자 리듬이다. 속도tempo는 주도권 장악의 필수요소로서 단순한 속도만을 의미하는 것이 아니라 전투상황과 적의 탐지 및 대응능력 평가에 따라 작전을 조정하는 능력을 말한다. 속도tempo는 상대성, 적시성, 지속성을 구비하여야 한다. (야교 1-1 『군사용어』 2017.5.31.)
[94] 추정과업은 상급부대 작전명령에 명시되어 있지 않지만 명시과업을 완수하기 위해 반드시 달성해야 하는 과업이다. 이는 임무진술에 포함할 정도로 중요한 과업으로 임무진술의 완전성을 제고하기 위하여 염출한다. (야교 1-1 『군사용어』 2017.5.31.)

등을 고려하여 공격기동형태를 결정하며, 공격부대는 적을 격멸하기에 유리한 여건을 조성하기 위해 하나의 공격작전에 여러 개의 공격기동형태를 유기적으로 결합해 적용할 수 있어야 한다.

돌파는 공격부대가 적의 주 방어진지의 일부를 격파하고 적을 분리한 후 각개격파各個擊破[95] 하여 적의 방어 지속성을 파괴하는 공격기동형태로 적 방어진지에 약한 측익이 없을 경우, 신장된 적 방어진지에서 약점이 탐지되었을 경우, 초월하는 부대의 초월여건을 보장하기 위해 기동로를 신속히 개방해야 할 경우, 그리고 포위를 하기에는 시간이 제한되는 경우 등에 적용한다.

포위는 적의 강력한 방어진지를 회피하여 적의 약한 측익[96] 또는 공중으로 기동하여 적 후방의 목표를 확보한 후 지대 내에서 적을 격멸하는 공격기동형태로 통상 지형적으로 적의 퇴로[97]차단이 가능할 때, 진지에 약한 측익이 있을 때, 아군이 충분한 기동력을 보유하고 있을 때, 시간이 충분할 때 적용한다.

우회기동은 적의 강력한 방어진지를 우회 통과하거나 상공을 비행하여 적 후방의 결정적 목표를 확보한 후, 적 후방에 위협을 가하여 적을 준비된 방어진지로부터 이탈시키거나 전환을 강요하여 공자가 원하는 시간과 장소에서 적 부대를 격멸하는 공격기동형태이다. 우회기동은 적 부대의 철수 또는 증원을 차단할 수 있는 지형이 있을 때 적용하는 것이 유리하다.

침투기동은 공격부대 일부 또는 전부가 적 방어진지의 간격 또는 적 배치가 미약한 지역을 은밀히 통과하여 적과 교전 없이 또는 최소한 교전으로 적의 측·후방을 공격하는 기동형태로 지상, 수중, 공중 또는 이들 수단의 결합으로 실시할 수

---

[95] 각개격파란 적이 시기 또는 지역적으로 종 또는 횡으로 분리되어 전투력을 집중할 수 없는 기회를 이용하여 분리된 하나하나를 차례로 격파하는 것이다.

[96] 약한 측익이란 비교적 적과 치열한 교전없이 아군부대가 통과할 수 있는 적 배치상의 간격으로, 약한 측익으로 고려될 수 있는 곳은 적의 배치가 미약한 곳이나, 적 방어진지상의 간격 또는 전투지경선의 취약한 곳, 그리고 지형 여건상 지휘통제가 곤란하고, 인접부대간 상호 지원이 곤란한 곳을 약한 측익이라 할 수 있다.

[97] 퇴로란 적이 측·후방으로 철수가 가능한 통로로서 차량이 통과 가능한 도로를 말한다. 단, 소부대에서는 도보 병력이 통과 가능한 통로도 고려할 수 있다.

있으며, 통상 시도조건이 불량한 악천후 또는 야간을 이용하거나 산악 및 삼림 지역에서 적 방어진지 간 발생하는 간격을 이용하여 실시한다.

정면공격은 공격부대가 최단거리를 이용하여 전 정면에 걸쳐 적을 동시에 공격하는 기동형태이다. 정면공격은 전투력이 약한 적 부대를 공격하거나, 적을 고착 또는 견제하기에 유용한 공격기동형태로 통상 적이 약화하였거나 전개하지 않았을 경우, 적 경계부대를 소탕할 경우, 적 부대를 고착 또는 견제할 경우, 위력수색을 할 경우, 전과확대나 추격 간 분산된 적을 신속히 공격할 경우, 도하공격 시 하천선 차안의 도하지점을 확보하는 임무를 부여받은 경우 등에 적용한다.

다. 공격작전 수행

공격작전은 앞에서 설명한 다양한 공격기동형태를 활용하여 실시하게 되는데, 실시되는 양상에 따라 일반적으로 접적전진, 정밀공격, 급속공격, 전과확대, 추격으로 구분된다. 이처럼 공격작전의 형태를 구분하여 적용하는 이유는 형태별로 작전 수행방법이 다르기 때문이다.

공격작전의 형태는 전술적 고려요소(METT+TC)를 기초로 상황을 평가하고 판단한 결과에 따라 적용해야 한다. 이는 공격부대에 부여된 과업, 적과의 접촉 여부, 적 방어진지의 강도, 지형 및 기상, 가용부대, 공격을 위한 가용시간 및 작전 기간 등을 고려하여 결정한다.

공격작전 형태는 정형화된 전개 과정이 있는 것이 아니므로 반드시 순차적으로 전개되는 것은 아니며, 상황에 따라 다양하게 전개될 수 있다. 공격작전의 형태 전개 과정은 [그림 5-13]과 같이 상황과 여건에 부합되게 적용해야 하며, 작전목적 달성에 기여할 수 있어야 한다.

- 접적전진

접적전진은 적과 접촉이 단질된 상태하에서 적과 접촉을 유지하거나 회복하기 위하여 실시하는 공격작전의 형태로 통상 차후 작전을 위한 유리한 상황을 조성하는 데 목적이 있다.

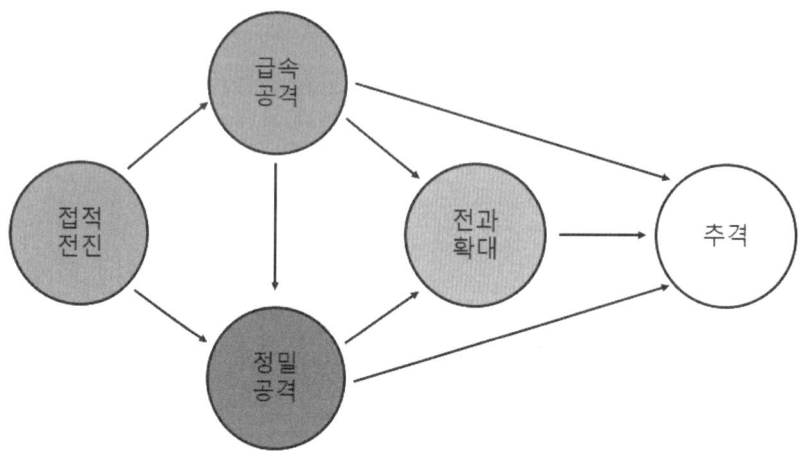

[그림 5-13] 공격작전의 형태 전개 과정

접적전진은 전장상황이 불명확하거나 적과 접촉이 단절되었을경우에 실시한다. 접적전진은 통상 전체 공격작전의 일부분으로 수행되며, 전술 상황에 맞게 다른 공격작전의 형태로 신속하게 전환할 수 있도록 태세를 갖추어야 한다.

접적전진은 비교적 광범위한 지역에서 적을 찾는 유동적인 작전이므로 전체적으로 전투력의 4가지 특성 중 적을 찾기 위한 분산과 융통성 있는 기동의 원리가 적용되지만, 부분적으로 전투력의 4가지 특성 중 적을 제거하기 위한 집중과 기동의 원리가 적용된다.

- **정밀공격**

정밀공격은 충분한 상황평가를 통하여 정밀하게 계획하고 준비하여 실시하는 공격작전의 형태로 통상 적이 잘 준비된 상태로 방어태세를 갖추어 아군이 적을 우회할 수 없거나 급속공격으로 극복할 수 없는 경우에 실시한다.

정밀공격은 강력히 편성된 적의 방어진지를 공격하는 작전이므로 충분한 상황평가를 통해 적의 기도를 분석하고 강·약점을 도출하여 작전을 수행해야 하며, 정밀공격 시 적 방어의 강점을 약화 또는 고착 및 견제하거나 회피하고, 발견되거나 조성된 적 방어의 약점에 전투력을 집중하여 과감하게 공격작전을 수행해야 한다.

정밀공격은 적에 관한 상세한 정보를 기초로 세부적이고 주도면밀하게 계획하고 준비하여 실시하는 공격작전이므로 전투력의 4가지 특성 중 먼저, 집중과 기동의 원리를 통해 상대적 우세를 달성하고, 분산과 기동, 분산과 정지의 원리를 통해 적의 전투력을 분산시키며, 분산과 기동의 원리를 통해 적의 약점에 전투력을 집중하여 돌파구가 형성 및 확장되면 추가 전투력을 중심으로 투입한다. 또한, 집중과 기동의 원리를 통해 적의 방어 균형을 와해시키고 지속성을 파괴하여 최종 목표를 확보해야 한다.

- **급속공격**

급속공격은 적이 방어태세를 갖추기 전에 최소한의 준비로 가용부대를 투입하여 공격기세를 유지하고 적을 격멸하는 공격작전의 형태이다. 급속공격의 목적은 통상 조기에 주도권을 장악 및 유지하고 적 부대를 격멸하는 것이다.

급속공격은 적과 조우하여 신속히 적을 격멸해야 할 경우, 접적전진 간 적 경계부대 또는 방어준비가 미약한 적과 접촉한 경우, 성공적인 방어 후 공격에 유리한 기회가 포착된 경우 등에 실시한다.

급속공격은 통상 적에 대한 첩보가 제한되고 상황이 명확하지 않은 가운데서 실시되며, 호기 포착과 동시에 전투가 실시되므로 계획수립과 작전준비를 위한 가용시간이 부족하고 작전실시 간 상황이 다양하게 변화되는 특징이 있다. 따라서 지휘관은 최소한의 준비로 최대의 성과를 달성하기 위하여 지역별로 분권화된 작전을 실시해야 한다.

이처럼 급속공격은 적이 방어태세를 갖추기 전에 최소한의 준비로 가용부대를 투입하여 공격 기세를 유지하고 적을 격멸하는 작전이므로 전체적으로 집중과 기동의 원리가 적용되지만 적을 분산시키고 호기를 조성하기 위해 부분적으로는 분산과 기동 또는 분산과 정지 원리가 적용된다.

- **전과확대**

전과확대는 전투에서 달성한 부분적인 성공을 신속히 확대하는 공격작전의 형태이다. 전과확대는 통상 정밀공격이나 급속공격의 성공 후에 작전을 수행하며, 적의 조직적인 철수나 재편성을 방해하고 방어의 지속성을 파괴하기 위해 실시한다. 이를 위해 전과확대는 속도 발휘와 적 방어체계를 와해시키는 데 목적이 있다.

전과확대는 전투에서 달성한 부분적인 성공을 신속히 확대하는 작전이므로 전투력의 4가지 특성 중 분산과 기동 또는 집중과 기동의 원리가 적용된다.

- **추격**

추격은 도주하는 적을 뒤쫓아가 적 부대를 격멸하거나 적의 전투 의지를 파괴하는 공격작전의 형태이다. 추격은 통상 정밀공격이나 전과확대에 이어서 적이 방어에 실패하고 전면적인 철수를 시도하는 경우에 실시한다.

추격은 도주하는 적의 징후를 포착하게 되면 신속하고 과감한 추격을 통해 적 부대를 격멸하거나 전투 의지를 파괴하는 작전이므로 전투력의 4가지 특성 중 분산과 기동 또는 집중과 기동의 원리가 적용된다.

6 방어작전

"전쟁에서 방어는 단순한 방패가 아니라, 능숙한 타격과 더불어 형성된 방패이다."
― 클라우제비츠 Clausewitz

가. 방어防禦 전리戰理

손자는 「손자병법」에서 "용병을 잘하는 장수는 먼저 적이 승리하지 못하도록 만전의 태세를 갖추고, 아군이 승리할 기회를 기다린다昔之善戰者 先爲不可勝, 以待敵之可勝"고 하였고, "먼저 싸움터에 가서 자리를 잡고, 적을 기다리는 군대는 편안하다凡先處戰地, 而待敵者佚"고 하였으며, "방어를 잘하는 자는 그의 병력을 땅속 깊숙이 감춘 것 같이 하여 적에게 공격할 틈을 주지 않는다善守者 藏於九地之下"고 하였다.[26]

클라우제비츠는 「전쟁론」에서 "방어는 적을 확실하게 이기기 위한 전쟁의 보다 강력한 형태"라고 하였고, "방자가 보유한 대규모 집중과 내선의 이점은 승리를 쟁취하는 데 보다 결정적이며 효과적이다"라고 하였으며, "신속하고 강력한 공세로의 이전은 방어에서 가장 중요한 순간이다"라고 하였다.[27]

일본의 육전학회 「전리입문」에서는 "공격하지 않는 적에 대해서는 적극적으로 방어목적을 달성할 수 없다"라고 하였고, "시간적 또는 공간적 요인으로 인해 방어에서의 최종적인 전승은 공격으로서 획득될 수 있다"라고 하였으며, "방어는 아군의 편성 및 장비에 유리한 지형을 선정하여 사전 준비로 지형을 강화하고 전투력을 조정하고 조직화하여 주도권의 장점을 확보한다."라고 하였다. 그리고 "공격이 개시되면 방자는 적의 주공격 방향을 판단하여 전력의 중점형성에 노력을 기울이는 한편, 적을 혼란시켜 고립상태에 빠트리는 등 호기를 포착하여 타격을 가하고 주도권을 탈취하여 적의 공격을 파쇄해야 한다."라고 하였다.[28]

축구경기에서도 마찬가지로 경기를 앞두고 감독이 전술을 짤 때 무엇을 가장 중시하고 우선으로 고려할까? 수비다. 경기에서의 수비는 건물을 지을 때의 기초공사와 같다. 기초가 튼튼하고 넓어야 고층건물을 지을 수 있듯이 수비가 안정되어야 공격이 힘을 제대로 쓸 수 있다. 따라서, 상대 팀 공격을 지연시키고, 득점 가능성이 가장 큰 패널티 박스penalty box안과 그 주변 지역으로 수비 사이의 공지空地를 줄여 공격 측의 스루 패스through pass를 억제하며, 협력 수비가 가능한 공간을 만들어야 한다. 또한, 수비수는 상대 팀이 볼을 가지고 있을 때 무엇이 위험하고 무엇이 유리한가를 알고 있어야 하며, 언제나 볼을 중심으로 수적으로 많은 팀이 유리하므로 끊임없이 수적 우위를 만들어야 한다.

나. 방어작전 기본개념

방어작전 시 적의 공격에 대하여 수세적이고 피동적인 사선으로 일관한다면 전투에서 승리할 수 없다. 즉 방자가 공자의 행동을 기다렸다가 대응하는 방식의 소극적인 전투를 수행한다면 공자에게 사고와 행동의 자유를 허용하게 되어 기습과 집중을 달성하는데 호기를 제공하게 되며, 이에 따라 수세적인 전투가 계속될 가능성이 크다.

따라서 비록 방자라 할지라도 전투력을 공세적으로 운용하여 주도권을 장악하고 적의 전투력 소모를 강요하여 초기에 작전한계점에 도달시킬 수 있는 공세적[98] 방어를 추구하여야 한다.

공세적 방어를 위한 전제조건은 작전 초기부터 적지종심지역으로 전장을 확대하고 정보 우위를 달성함으로써 먼저 적의 기도를 파악하는 것이다.

방자가 주도권을 장악하고 발휘하기 위해서는 적의 공격을 기다리기보다는 정보 우위 달성에 기초하여 초기부터 적극적인 선제행동을 하는 것이 중요하다.

적보다 먼저 보고, 먼저 결심하여, 먼저 타격한다면 공자의 공격 균형을 와해시키는 동시에 방자는 호기를 이용할 수 있는 여건을 조성할 수 있기 때문이다. 또한, 공자는 방자 보다 싸우고자 하는 시간과 장소를 선택하기 쉽다는 장점이 있다.

공자는 결정적인 시간과 장소에서 전투력의 상대적인 우세를 달성하여 공격 기세를 유지하고 성과를 확대하여 조기에 작전을 종결하려 할 것이다. 따라서, 지형의 이점과 연계하여 방어수단을 효과적으로 통합 운용함으로써 결정적인 시간과 장소에서 공자의 상대적인 전투력 우세달성을 거부하는 것이 방어작전에 성공하는 관건이라 할 수 있다.

더불어 공자의 조직적인 공격을 방해하고 전투력 소모를 강요하려면 방어 종심을 최대한 이용하여야 한다. 즉 종심 상의 지형과 시간의 이점을 활용한 병력, 화력, 장애물의 통합 운용과 제대별 적극적인 공세 행동을 통해 적의 행동을 구속하고 적이 조기에 작전한계점에 도달하도록 강요함으로써 결정적 작전을 위한 여건을 조성하여야 한다.

다. 방어작전 수행

방어작전의 형태는 지역방어, 기동방어, 지연방어로 구분하며 통상 전술적 고려요소(METT+TC)를 종합적으로 고려하여 결정한다. 그러나 어떠한 방어작전의 형

---

[98] 공세적이라는 의미는 무조건적인 공세행동만을 추구하는 것이 아니라 수세적이고 피동적이며 소극적인 대응개념을 탈피하여 작전을 주도적이고 능동적이며 적극적으로 수행함을 의미한다.

태를 적용하든지 성공적인 방어작전을 위해서는 전투력의 정적요소와 동적 요소[99]를 효과적으로 결합하는 것이 필수적이다.

방어작전의 형태를 구분하는 목적은 지휘관과 참모가 작전을 어떻게 수행할 것인가에 대한 일반적인 방향을 제시하기 위함이다. 방어작전의 형태는 [그림 5-14]와 같다.

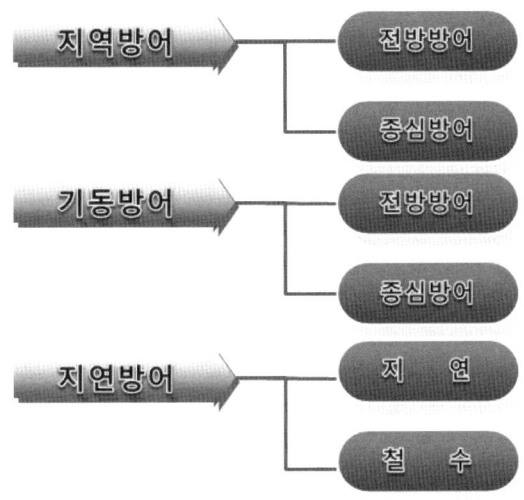

[그림 5-14] 방어작전의 형태

- **지역방어**

지역방어는 지형의 자연적인 방어력을 이용하여 전투진지를 준비하고 병력을 배치하며 화력과 장애물로 진지를 보강함으로써 공자보다 유리한 여건에서 작전을 수행한다. 그러나 진지를 이용한 정적인 전투력 운용만으로는 효과적인 방어작전이 제한되기 때문에 동적인 전투력을 결합하여 운용해야 한다.

지역방어의 수행 시기는 상급부대로부터 특정 지역을 확보하도록 임무를 부여받거나, 작전지역이 방어력 발휘가 유리한 지형으로 형성된 경우, 방어진지를 준비할 수 있는 시간이 충분히 보장되는 경우 등 전술적 고려요소(METT+TC)를 종합적

---

[99] 방어시 전투력의 정적요소는 공자를 고착, 와해, 전환, 봉쇄하기 위해 운용되는 전투력을, 동적요소는 적을 타격 및 격멸하기 위해 운용되는 전투력을 의미한다.

으로 고려하여 수행해야 한다.

지역방어 수행방법은 일반적으로 결정적 작전을 어디에서 실시하는가를 기준으로 전방방어와 종심방어로 구분하며 혼용하여 적용할 수 있다. 전방방어는 주 방어지역의 전투지역 전단 일대에서 결정적 작전을 하는 방법이며, 종심방어는 주 방어지역의 종심 일대에서 결정적 작전을 하는 방법으로 일부 부대는 다른 부대가 종심방어를 수행할 때 전방방어를 수행할 수 있다.

지역방어는 동적인 전투력보다 정적인 전투력을 더 많이 사용하여 실시하는 방어작전의 형태로 방어에 유리한 지형에 주 전투력을 배치하여 지역을 확보하면서 적을 저지, 격퇴, 격멸하는 작전이므로 전체적으로는 분산과 정지의 원리가 적용되지만, 적이 돌파한 지역에 대한 역습이나 적의 약점과 과오에 대해 호기를 포착하여 실시하는 공세행동 시에는 집중과 기동의 원리가 적용된다.

- **기동방어**

기동방어는 적 주력을 격멸하기 위해 계획된 시간과 장소로 적을 유인하거나 진출시킨 후 주 전투력을 동적으로 운용하여 적 부대를 격멸하거나 중요지역을 확보하는 것이다. 기동방어는 주 전투력을 운용하여 결정적 작전을 수행하며 조기에 주도권을 확보하여 방어작전의 궁극적인 목적을 달성하기 위한 적극적인 방어작전의 형태라 할 수 있다.

기동방어의 수행 시기는 적 부대 격멸을 목적으로 하는 경우, 아군의 의도대로 유인이 가능한 지형 또는 방어지역 종심에 적을 유인 격멸할 수 있는 지형이 발달한 경우, 결정적 작전을 위한 기동과 화력을 갖춘 강력한 공격부대를 편성할 수 있는 경우 등 METT+TC 요소를 종합적으로 고려하여 수행해야 한다.

기동방어 수행방법은 결정적 작전을 어디에서 실시하는가를 기준으로 전방방어와 종심방어로 구분된다. 전방방어는 적 주력의 공격을 전투지역 전단 전방에서 고착시킨 후 적의 측·후방을 타격하거나 퇴로를 차단하여 적을 전투지역 전단 전방에서 격멸하는 방법이며, 종심방어는 적의 주요 접근로에서의 돌파를 방어지역 종심까지 의도적으로 허용함으로써 아군의 돌파구 첨단의 저지 진지와 좌·우 견부

진지에 의한 포위망 속으로 적을 유인한 후 공격부대를 투입하여 적을 격멸하는 방법이다.

기동방어는 주 전투력을 동적으로 운용하여 아군이 원하는 시간과 장소에서 결정적인 작전을 하게 되므로 작전 초기에는 분산과 정지의 원리가 적용되지만, 전투가 진행됨에 따라 분산과 기동의 원리로 변화되다가, 결정적 작전을 위한 공격부대의 공세 행동시에는 집중과 기동의 원리가 적용된다.

- **지연방어**

지연방어는 공간을 허용하여 아군의 전투력을 보호하면서 적의 공격을 지연시키고 시간을 획득하거나 아군이 의도한 지역으로 적을 유인하기 위해 수행하며, 진지 공간에 대한 통제, 후방으로의 이동로 확보, 후방초월 등을 위한 제반 활동과 상급부대의 지원, 인접 부대와의 협조, 예하 부대에 대한 통제 등 매우 조직적인 작전 수행이 요구된다.

지연방어 시 전투력을 후방지역으로 이끌어나간다고 하여 수세적인 작전으로 일관해서는 안 되며, 적의 약점과 과오가 포착되거나 조성이 되면 소규모이지만 기동성 있는 예비대 등을 운용하여 적극적인 공세 행동으로 적을 지연시키거나 혼란을 조성해야 한다.

지연방어 수행 시기는 자발적으로 선택하여 수행하기보다는 상급부대로부터 과업으로 부여받았거나, 적의 압력에 의해 불가피하게 수행하게 되며, 어떠한 경우이든 상급부대 지휘관의 승인을 득해야 하며, 임무와 적 상황에 기초하여 결정한다.

지연방어 수행방법은 전술적 고려요소(METT+TC)를 기준으로 지연과 철수[100]로 구분되며, 일반적으로 지연과 철수가 결합한 형태로 진행된다.

지연방어는 주도권을 가진 적을 대상으로 공간을 양보하면서 후방으로 지연과 철수를 반복하여 작전을 수행하게 되므로 전체적으로 분산과 기동의 원리가 적용된다.

---

[100] 철수는 지연방어 종류의 하나로, 차후작전을 위하여 적과 접촉하고 있는 부대의 일부 또는 전부를 접적지역으로부터 이탈하는 작전으로서, 적의 압력에 의해 적과 접촉을 단절하고 후방으로 이동하는 강요에 의한 철수와 적의 압력이 없거나 경미한 상태에서 자의에 의해 실시하는 자발적인 철수로 구분된다.

Note

[1] 육군교육사,「군사이론연구」, 1987., p.341.
[2] 국대원,「안보관계용어집」, 1985., p.120.
[3] 미국,「브리태니커 백과사전」, 1988.
[4] 육군교육사,「군사이론연구」, 1987., p.339.
[5] 미 FM100-5,「작전요무령」, 1986., pp. 10-11.
[6] 육군교육사,「군사발전」, 33호 부록, 1986., p.38.
[7] 국대원,「안보관계용어집」, 1985., p.120.
[8] 클라우제비츠,「전쟁론」, 육군대학 편저, 1980., pp. 64~70.
[9] 육군본부,「전술」, 2013., p.1-10.
[10] 상게서, p.1-13.
[11] 육군교육사,「군사이론연구」, 1987., p.352.
[12] 클라우제비츠,「전쟁론」, 육군대학 편저, 1980., pp. 64~70.
[13] 육군교육사,「군사이론연구」, 1987., p.356.
[14] 육군본부,「전술」, 2013., p.-14.
[15] 육군본부,「전술」, 2013., p.1-16.
[16] 육군본부,「군사용어사전」, 2012., p.506.
[17] 노병천,「도해 손자병법」, 연경문화사, 2006.
[18] 육군교육사,「주도권 장악」, 1998., p.2-2.
[19] 노병천,「도해 손자병법」, 연경문화사, 2006.
[20] 양창식 역,「전리란 이런 것이다」, 서림출판사, 1981., p.70.
[21] 신정도,「전략학원론」, 동서병학연구소, 1970., p.243.
[22] 조명제,「기책병서(奇策兵書)」, 익문사, 1976., p.456.
[23] 이종학 역,「손자병법)」, 박영사, 1984., p.18.
[24] 클라우제비츠,「전쟁론」, 육군대학 편저, 1980., pp. 64~70.
[25] 양창식 역,「전리란 이런 것이다」, 서림출판사, 1981., p.87.
[26] 이종학 역,「손자병법」, 박영사, 1984., p.18.
[27] 클라우제비츠,「전쟁론」, 육군대학 편저, 1980., pp. 64~70.
[28] 양창식 역,「전리란 이런 것이다」, 서림출판사, 1981., p.87.

# CHAPTER 06

맺는말 結言

Conclusion

CHAPTER 6

맺는말 結言

저자들이 본서를 집필하였던 본원적인 목적은 새로운 시대에 부합하는 전쟁과 군사 현상에 대한 사상, 이론 및 교리와 연계하여 군사력 등 역량을 적응적으로 창의적인 운용할 수 있도록 하는 데 도움을 주기 위하여 군사전략, 전술 및 작전술의 술적 원리와 방법 그리고 그 방향성에 대한 통찰通察을 독자들에게 제공하는 것이었다.

오늘날 현대의 시대에는 양극화된 지배적 정세, 거시적 환경 변화, 과학기술의 개선과 혁신 지속, 새로운 위협의 등장에 따른 전쟁이나 분쟁紛爭 양상의 변화 등으로 그 실체와 관념이 모두 급격히 변화하는 소용돌이 속에 있다. 이러한 가운데 한 국가와 민족의 생존, 보존/유지, 성장, 그리고 번영이라는 국가목표를 실현하기 위해서는 군사력을 포함하여 가용한 모든 국력 등 역량들은 목적과 가치 융합적으로 만들어지고 운용되어야 함은 당연하다.

대부분의 국가는 그들의 국가가지와 국가이익의 수호를 위한 대표적인 역량 중의 하나로 군사력을 보유하고 있다. 군사는 전쟁을 전제로 하는 것이다. 군사는 본원적으로 전쟁을 일어나지 않도록 하거나 유사시 전쟁이 발발하여 생존이익 핵심이익 등 국가이익을 위해 군사력이라는 수단을 사용해야 한다면 그 전쟁에서는 반드시 승리하여야 한다. 이는 생존, 보존과 유지, 번영이라는 궁극적인 국가의 목표를 달성할 수 있는 토대이기 때문이다. 그러므로 평화는 전쟁을 머금고 있으며, 전쟁은 평화를 안고 있기 때문에, 평화를 보장하기 위해서는 전쟁이 일어나지 않도록 갖추어진 역량과 의지로 억지 혹은 억제하거나, 전쟁이 일어난다면 전쟁의 목적을 달성할 수 있는 능력과 힘Power을 미리 준비하여 대비하고 이를 전쟁의 승리를 위해 운용되어야 한다.

　전쟁의 억제와 전쟁에서의 승리는 군사력을 포함하여 관련된 국력을 어떻게 준비하는가도 중요하지만, 더욱 중요한 것은 '군사력을 포함하여 관련된 국력의 총제적 관점에서, 국가 목적 및 가치 구현과 가용한 역량의 효과적 운용을 위해 이를 어떻게 융합하여 적용할 것인가'하는 원리와 방법 그리고 그 결집된 방향성에 관한 것이다. 오늘날 당면하고 있는 불확실한 현실과 미래의 소용돌이치는 패러다임의 전환기 속에서 발현될 수 있는 위협과 위험에 적응적으로 대응할 수 있도록 준비된 국가의 군사와 관련된 '힘Power', 즉 '군사력'의 건설 방향과 군사력을 효과적으로(전쟁의 승리 등 성과를 달성할 수 있는) 원리와 방법을 구상하여, 조직하고 결합하여 융합된 가치가 발현, 운용될 수 있도록 하는 것은 매우 중요한 일이다.

　오늘날에는 범세계적으로 새로운 전쟁 양상의 확산과 새로운 전장영역 확장이나 전쟁 주체의 변화 등으로 부상하는 위협 자체와 창의적이고 적응적인 위협의 대응에 대해 많은 군사학자, 사상가, 이론가, 군지휘관들은 관심을 높이고 있다. 또한, 한국군의 측면에서도 직면하고 있는 한반도 전장에서의 북한의 위협과 잠재 위협들은 과거 어느 때보다도 불확실성을 증대시키고 있으며, 이러한 위협 자체의 양상 역시 비대칭적, 다원적, 비정규적, 복합적, 역동적으로 변화하고 있을 뿐만 아니라 적정 국방예산 확보 제한과 출생률 감소로 인한 병역자원의 제한 등 국방 환경의 급격한 변화와 도전까지도 지속되고 있어서 한국군은 이에 대한 적응적인 대응을 창의적으로 모색해야 할 시점에 당도해 있다. 더욱이 전면전과 정규전 중심, 단일 위협에 고착된 위협의 논의에 함몰된 북한위협에 대한 합리적이고 실천적인 대응뿐만 아니라 핵 및 미사일과 사이버, 우주 등 복합적으로 발생할 가능성이 있는 위협의 대응에도 점차 관심이 증대되고 있기 때문에, 한국군으로서는 창의적이고 혁신적인 융합적 국방가치 창출을 위한 군사력 등 총체적 역량 사용에 대한 개념발전이 무엇보다도 요구되고 있다.

범세계적으로 각국에서는 미래 전쟁과 군사 현상에 대한 창의적인 담론談論들과 과학과 술을 기반한 이론화 노력이 지속적으로 노정되고 있다. 한국 역시 이러한 새로운 위협과 다변화된 위협 및 제한 여건과 환경에 능동적 대응 가능한 창의적 군사력운용개념 창출, 즉 합리적인 군사전략과 작전개념 등 술의 정립을 위해 본원적인 관점에서 비전 추진방향을 설정하고 이에 필요한 창의적 군사전략, 작전술 및 전술의 개념 창출이 요구되고 있다고 할 것이다.

이러한 상황적 측면과 요구되고 있는 총체적 군사력발전이란 관점을 수용하여, 본서는 군사력 사용의 과학적 이론을 기반으로 전쟁철학과 군사전략, 전술 그리고 작전술의 술적 운용에 대한 본질적인 원리와 방법을 다루고 있다. 본서의 전반적인 내면에 흐르는 질문은 '전쟁이란 무엇이며, 전쟁에서 어떻게 이길 것인가?'하는 문제이다. 본서는 이 같은 본서의 본원적인 질문에 답할 수 있도록 전쟁의 본질로서 전쟁철학과 군사력 운용의 술로서 군사전략, 작전술, 전술의 정체성과 그들 간 내적 상호관련성 및 주요 원리와 방법 중심으로 전개하고 있다.

이를 위해 우선 첫 번째로 1장에서는 전쟁과 군사에 대한 창의적인 사상적, 이론적, 교리적 뒷받침을 위한 통합적 관점에 관한 틀을 제시하고 논의하고 있다, 두 번째로 본서의 2장에서는 '전쟁이란 무엇인가 하는 전쟁의 인식과 이 전쟁 인식을 바탕으로 전쟁을 어떻게 준비하고 싸울 것이냐'하는 전쟁철학에 대해 논의하고 있다. 세 번째로 3, 4, 5장 각각에서는 통합적 관점에 관한 틀을 기반으로 전쟁철학과 연계하여, '어떻게 싸워서 이길 것인가'하는 군사력의 운용 술과 관련된 군사전략, 작전술, 전술에 대한 원리를 체계적으로 논의하고 그에 대한 방법에 대해 제시함으로써 독자들에게 이에 관한 논리적인 지식을 제공할 뿐만 아니라 창조적 사고 능력 계발의 기초를 다질 수 있도록 하였다. 이를 통해 전반적인 군사사상-이론-교리의 틀 속에서 군사력 운용에 대한 통찰을 제공하고 나아가 군사에 관한 독자들의 이해와 공감의 확산이 이루어질 수 있도록 하는 데에 노력 하였다. 더욱이 국가와 군사 목표를 효과적으로 구현할 수 있도록 하는 집합적이고 총체적인 노력으로서, 국가의 능력과 의지의 융합체로써의 군사력으로 하여금 전쟁의 승리 등 국가적 목적달성으로 확고하게 연결할 수 있도록 하는 전략, 작전술, 전술 등 술術, Arts의 창조적 발전 방향과 이와 서로 연계하여 과학적이며 보다 정교하게 구상된 융합적 원리와 방법 그리고 나아가 국방 및 군사의 정책과 전략 근원적인 발전방향성 그리고 실효적인 구현방향 등에 대하여 논의하였다.

세부적으로 3장 군사전략 부문에서는 전략이 '군사적 천재의 용병술'이라는 협의적 개념에서 '초지역적, 전술 영역, 복합적, 동시적, 역동적 환경하, 경쟁 그리고 분쟁 및 전쟁의 광범위한 범주에서 목표를 달성하기 위해 가용한 역량을 구성하는 제諸요소를 융합적으로 운용하는 데 필요한 보다 광범위한 원리와 방법에 대한 현대적 이해'로의 진화된 관점에서 논의를 전개하고 있다. 전략은 현재로부터 미래를 일관되게 연결하는 술과 과학의 상승효과가 반영된 끊임없는 과정이자 산물이라는 현대적 관점에서, 전략의 목표는 복합적 환경에서 협력하고, 경쟁하며, 전쟁이나 경쟁을 수행하는 정부 및 다른 집단이나 조직의 정책에 기여하는 것이다. 본 장에서는 이 같은 전략에 대한 새로운 관점에서 전략을 개관하고, 국가전략과 군사전략의 위상과 정체성, 군사전략의 유형 및 특성과 목표, 그리고 군사전략의 설정과 구현과 관련된 틀, 원리와 방법, 그리고 군사력 발전방향성에 대하여 논의하고 있다.

4장 작전술 부문에서는 현대의 복합적이고 역동적인 전쟁에서 작전술이 필요한 이유와 기본원리를 제시하고 실제 상황에 창의적으로 적용하기 위한 이론적 수준의 방법에 대해 기술하였다. 전쟁 양상은 갈수록 복잡해지고 군사적 수단은 다양해지고 있지만 국가의 정치적 목적을 달성한다는 전쟁의 목적과 그러한 목적을 달성하기 위한 군사력 운용의 기본적인 원리는 크게 변하지 않았다. 본 장에서는 작전술의 등장배경과 발전과정을 살펴봄으로써 현대에 들어 왜 작전술이 필요해졌는지를 살펴보고, 전략과 전술과의 관계를 비교, 분석함으로써 작전술의 의미와 담당 영역을 고찰하고 작전적으로 사고하기 위한 관점을 제시하였으며, 그러한 작전술을 실제 상황에 창의적으로 적용하기 위한 방법과 절차를 이론적 수준에서 논의하였다.

5장 전술 분야는 먼저, 전술을 이해하고 실제 전장에 적용할 수 있는 능력을 배양하기 위해서 전술개념이 등장하게 된 배경과 발전과정을 논의하였고, 본론에 들어가서는 전술의 정의와 목적에 따른 새로운 관점과 틀에서 전술제대와 전투의 기본원리, 승리의 핵심요소인 주도권 획득 원리와 방법을 논의하였으며, 전쟁의 원칙과 작전 수행과정 적용, 전장 구분 및 전술 집단편성, 전투 수행기능의 통합 운용, 그리고 공격과 방어 등 전투력의 조직 및 운용 원리와 방법에 대하여 논의를 전개하였다.

본서 발간의 주요 의의는 우선 첫째, 군사사상-군사이론-군사교리의 연계 틀 하에서 군사술 혹은 용병술의 융합적 운용 관점에서 군사전략, 작전술, 전술의 정체성과 각각의 원리와 방법뿐만 아니라 이들 간 융합적 운용 원리와 방법 대한 공통의 인식과 이해를 제공하고 있다는 것이다. 독자들은 이와 같은 인식과 이해를 바탕으로 '한국군의 독자적 이론의 발전이나, 독창적이고 창의적인 구상과 설정 및 구현을 위해 어떻게 구상하여 발전시키고, 실천적으로 이를 적용하여 구현할 수 있을 것인가' 하는 보다 긍정적인 기반을 마련할 수 있을 것이다. 둘째, 오늘날과 같은 거시적 환경의 변화와 복잡하고 역동적으로 변화가 예측되는 미래 전쟁 양상에 능동적으로 대응할 수 있는 포괄적인 전략적 대응방향과 창의적인 술적인 운용 방법과 관련된 이슈에 대한 합의 및 공감대 확산에 기여하고 있다. 이는 한국군의 전략, 전술, 그리고 작전술 차원의 창의적 개념발전과 구현을 위한 기준을 제공하고, 그에 대한 발전방향과 가능한 대안을 원리적, 방법적으로 구체화함으로써 향후 일관성 있는 건강하고 효과적인 정책과 전략의 수립과 관련 기능적 업무의 효율적 추진을 위한 긍정적인 참고자료로 활용될 수 있을 것이다. 마지막으로 본서에서 포괄적으로 논의하고 있는 군사술 혹은 용병술의 원리와 방법 그리고 발전방향성에 대한 논의가 교리화 등 공식적으로 수용이 된다면, 군사사상가, 군사학자, 군사이론가뿐만 아니라 정책과 전략 유관부서, 관련기관 그리고 일반군사대학, 군사학교 기관에서 업무와 교육의 일관성, 합리성 그리고 창의성 제고하는 데에 기여할 수 있을 것이다.

하지만 본서를 집필하고 발간을 진행하는 데에 예상치 못한 고충을 따랐음에도 불구하고 위와 같은 몇 가지 기대하는 의의를 제공하기 위해 저자들은 혼신의 노력을 다하였지만, 다음 몇 가지 제한사항이 존재하고 있음을 본 저자들은 부인하지 못할 것이다. 첫째, 연구 초반부터 벽에 부딪힌 것은 용어와 틀frame의 문제였다. 예를 들어, 군사사상, 군사이론, 군사교리 그리고 전략과 군사전략, 작전술 및 전술, 원리와 원칙, 방법과 개념 등 용어들이 명확한 정립이나 정체성이나 이해 없이 혼용되고 있었으며 전반적인 틀에 대한 개념도 이해가 부족하여 위상과 관계 정립에 대하여 저자들 사이에서 많은 토의와 쟁점 사안에 대한 논쟁이 있었다. 많은 논쟁 속에서 저자들의 나름 노력으로 가능한 명확히 정립하거나 혹은 정리하려고 노력하였으나 여기에 대한 여러 제한사항은 지속 존재하고 있을 것으로 보인다. 둘째, 전쟁철학, 군사전략, 작전술, 전술에 대한 정체성, 위상과 관계, 원리 및 방법 등 광범위한 내용을 제한된 지면에서 논의하기에는 상당한 제한이 있었기 때문에, 원리와 방법에 대한 보다 더 자세하고 합리적인 논의 등 필요한 세부적인 내용을 망라하지 못함으로서 독자들에게 더 나은 공감과 합의를 이끌어 내기 위한 더 깊고 넓은 터전을 제공하지 못하고 있다는 것이다. 또한, 이론이나 교리가 완전하기 위해서는 원리principle와 방법method 그리고 실천practice적인 측면이 충분히 고려되어야 하지만 본서의 서두에도 밝혔듯이 본서는 원리와 방법에 관한 주제들을 중점으로 하고 있어 실천적 부분에 대한 논의가 제한되고 있음을 밝힌다. 마지막으로, 본서에서 제시하고 있는 원리와 방법 그리고 발전 방향에 대한 논의들은 본원적으로 수준별 최고의사결정자나 최고지휘관에 관련된 것으로, 각 주체들을 둘러싸고 있는 변화하는 환경이나 자체적인 진화進化 노력 가운데에서 이들의 목표 등에 대한 전략적 선택이나 전략적 의사결정Strategic Choice 혹은 Decision making 혹은 정치적 합의 등에 따라 본서에서 논의하고 있는 내용이 최적이 아닐 수 있으며, 더욱 효과적인 방향으로 발전될 수도 있을 것이라는 것을 부인할 수 없다. 또한, 본서에서 논의하고 있는 안이나 각 논의는 모든 대안을 포함하고 있지 않으며, 또한 서로 배타적이지도 않을 수 있다는 제한사항 역시 가지고 있을 수밖에 없다.

이 책을 맺으면서 독자분 들이나 의사결정자, 실무자, 학생 등 이해관련자 분들에게 다음과 같은 제언적인 말씀을 드리고 싶다. 본서에서 주요 주제로 논의하였던 군사사상 그리고 전략과 군사전략, 작전술 및 전술에 대한 세부 개념의 발전은 장기 연속선상에서 진화적으로, 혹은 혁신적 혹은 창발적으로 발전되고, 이들은 국가, 집단, 조직 등 해당 주체들의 포괄적인 전략적 기획에 의한 정책과 전략 구상 및 설정 그리고 구현과 시행까지의 효과적 연계와 융합적 산출과정이 무엇보다도 중요하다는 관점에서, 우선 군의 전반적인 비전과 역할 속에서 한국군의 주요, 잠재적 위협에 대비한 발전된 전략개념의 역할과 최종 모습의 구상 및 그 모습이 명확히 현시顯示될 필요가 있으며, 이에 대한 최고의사결정자들의 의지가 우선적으로 제시될 필요가 있다. 또한, 장기적 관점의 발전을 위해 본서의 논의에 대한 법적, 제도적 구상과 구조적, 프로세스적인 체제의 발전 그리고 이론적, 교리적 발전을 실체화하는 반드시 연속되고 지속되는 공동의 노력이 필요하다는 점을 말씀드리고 싶다. 더욱이 본 연구 방향과 방안이 실천적 관점에서 구체적으로 구현되기 위해서는 혼란된 용어와 주요 주제에 대한 관련 개념의 조속한 정립을 통한 이론화 그리고 이어지는 교리화, 그 노력에 대한 타당성과 합리성 확장 등에 대한 국민과 군 내부의 포괄적인 공감대 형성 노력과 더불어 법적, 제도적, 체제 및 기재 발전과 적용에 대해서 범군적으로 실천적인 응용 연구와 적용 노력이 뒤따라야 할 것임을 강조하고자 한다.

찾아보기

ㄱ

가용 전투력	342
가용부대	383
가용시간	384
가치 창출을 위한 융합의 방향성	234
간명의 원칙	375
객관적 무제한 전쟁	94
견제	394
걸프전	207
결심	379
결전전략	51
결정적 작전	392
결정적 지점	388
경계의 원칙	373
계획수립	377
계획완성	378
고강도 분쟁	103
공간	340
공격	347
공격 시 주도권 획득	364
공격과 방어의 상호관계	348
공격기동형태	403
공격우위	199
공격작전	330, 401, 402
공격작전의 형태 전개 과정	406
공세의 원칙	282, 370
공지전투	264
관심지역	390
교리(敎理)	7
교전	68
구성주의	17
구스타프 아돌프	58
국가 중심(state-centric)	16
국가이익	216
국가이익의 내생성	17
국가전략	176, 178
국가총체전	41
국민군	36
국민전쟁	36
국제연맹	121
국지전	101
국토적 여건에 따른 전쟁관	126
군사 사상(Military Thought)	8
군사 현상	10
군사교리	10
군사대강	46
군사력과 전투력	68
군사력변환	231, 232
군사력의 운용	32
군사사상	9
군사이론	10
군사전략	63, 176, 178, 181, 195, 220
군사정책	220
군사학	19
균형	279
근접지역작전	391
금융전	99
급속공격	407
기계화이론	40
기계화전	39, 256
기동	355, 398
기동군	261
기동마비전	43, 71
기동방어	412
기동의 원칙	285, 371
기술기반 미래전 담론	71
기술주의(技術主義)	40
기습	360
기습의 원칙	287, 372

ㄴ

나고르노카라바흐 전쟁	13
나폴레옹 전쟁	59
내전	102
냉전	101
네트워크중심전	20

ㄷ

다영역작전	43
다영역전장	20
다영역전투	43
다원	105
단기전	101
단순한 무제한 전쟁	91
대국관리전쟁	70
대기동	398
대담한 돌진 전법	261
대륙적 관념주의	51
대응	380
대전략	57, 155
대전술	256
독일적 관념주의	54
돌파	404
동시통합전	99
동질성과 합리성의 가정	16
디제스	46

ㄹ

러시아와 우크라이나 전쟁	13
레지옹(Legion)	34
로 프런티어	70
리델 하트(Liddell Hart)	53, 140, 313
리비아 작전	203

ㅁ

마비전	256
마오쩌둥	89
마키아벨리	23
모자이크전	20, 43
목표의 원칙	281, 369
몰트케(Moltke)	269, 313
무력분쟁	19
무정부(anarchy)의 가정	16
무제한전	72
미 국방 용어사전	63
민간요소	385

민주평화론	121	산디니스타(Sandinista)	12	예측	278
		상도(常道)	50	오사(五事)	49
ㅂ		상황판단	379	오인(misperception)	119
방어	347	상황평가	380	와일리	63
방어 시 주도권 획득	365	생존이익	216	용병술	32, 61
방어우위	199	생활방식에 따른 전쟁관	131	용병술 개념의 발전 역사	58
방어작전	330, 408	샤른 호르스	23	용병술 개념의 변천	57
방어작전의 형태	411	선제	351	용병술에 대한 주요 이론가 및 개념 요약	57
방책 수립	377	섬멸전(殲滅戰)	37, 52	우주전	99
방책분석	378	섬멸전략	201	우회기동	404
방책선정	378	소규모전쟁	102	워털루 패전	36
방호	400	소모전(消耗戰)화	38	웹스터 사전	63
방호의 원칙	287	소모전략	200	유격전	102
배속	394	손자(孫子)	48, 137	유혈섬멸	52
법률전	99	손자병법	46, 48	융합	44
베게티우스	25	술(術)	6, 7	융합 모델	231
베르덩 전투	200	슐리펜 계획	316	이라크내전	12
베트남전쟁	99	스마트전쟁	70	이라크전	12
베트남전 전략	262	스베친(Aleksandr A. Svechin)		이슬람국가전	13
변도(變道)	50		56, 259, 269	인민전쟁	102
병렬전	43	스펜서	106	인본주의	49
보불전쟁	25	승리	320	인티파다(Intifada)	12
보조계획	305	시간	338	일반지원	395
복합전	71	시간과 기습의 효과	363	일반지원 및 증원	396
본델 골츠(Vondel Goltz)	313	심리전	99	임무	381
부전승	52			임무 분석과정	377
분란전	74, 102	**ㅇ**			
불(Hedley Bull)	89	아제르바이잔과 아르메니아전	13		
비군사수단	41	아프가니스탄전	13	**ㅈ**	
비대칭전	72	알 카에다(Al Qaeda)	12	작전	67
비재래전	101	앙드레 보푸르	59	작전구상	386
빈도와 위험도에 따른 전쟁의 분류	102	에드워드 얼(Edward Earle)	63, 313	작전구상요소	297, 386
		여론전	99	작전기동군	261
		연속 작전지역의 전장구분	391	작전단계화	389
ㅅ		열전	101	작전선	388
사기의 원칙	288, 375	영국적 경험주의	54	작전수행과정	376
사상(Thought)	8, 83	예규(例規)	375	작전술(operational arts)	6, 57, 64, 263, 269
사상전	99	예방전쟁	70	작전실시	379
사이버전	99	예속	394	작전적	255
삭세	23				

작전적 사고	276	
작전적 수준	263	
작전준비	379	
작전준비 활동	379	
작전지속지원	400	
작전지역	390	
작전통제	395	
작전한계점	388	
장기전	101	
저강도분쟁	20, 69, 70	
적극 방어	263	
적의 중심	52	
적지종심지역	391	
전격전	257	
전과확대	407	
전구	66	
전략	6, 63, 185, 218, 272	
전략 매트릭스	156	
전략(strategy)	57	
전략-작전술-전술	56, 267	
전략론	54	
전략문화	20	
전략의 요소와 균형	174	
전략의 하위 개념으로서 전술	60	
전략적 기획	237	
전략적 기획 프로세스 발전 구상	238	
전략적 기획과 일반기획의 위상	237	
전략적 의사결정	190, 226	
전리입문(戰理入門)	402	
전면전	101	
전복전	102	
전술(tactics)	6, 57, 65, 312	
전술 제대	323	
전술 제대의 구비요건	326	
전술 제대의 역할 및 과업	323	
전술 제대의 작전수행 범위	329	
전술관	376	
전술기동	398	

전술의 과학	321	
전술적 고려요소	346, 381	
전술집단	393	
전술집단 편성	393	
전술통제	395	
전역	67	
전역 계획	298	
전역 시행	303	
전장	390	
전쟁	3, 66	
전쟁 수행 방식에 의한 군사전략 유형	200	
전쟁 원칙	280	
전쟁 철학	29	
전쟁 철학과 사상	62	
전쟁관	126	
전쟁론	85	
전쟁목적과 전쟁목표의 상관관계	145	
전쟁목적에 대한 군사사상가의 논의	137	
전쟁목표에 대한 군사사상가의 논의	141	
전쟁사상	29	
전쟁연구	85	
전쟁원칙	369	
전쟁의 구분과 유형	101	
전쟁의 본질	87, 104	
전쟁의 수행	53	
전쟁의 원인	112	
전쟁의 준비	52	
전쟁의 진화	90	
전쟁지도	65	
전쟁철학	85	
전투	67, 320	
전투공간	340	
전투력	320, 336	
전투력의 조직 및 운용	368	
전투보장활동	331	
전투수행기능	397	

전투수행기능의 통합 운용	396	
전투의 3요소	336	
전투의 3요소 간 조화	342	
전투의 3요소를 연계한 전투력 조직	344	
전투의 3요소와 연계한 전투력 운용	344	
전투의 3요소와 전술과의 관계	346	
전투의 특성	333	
전투편성	393	
전환이론	119	
절대전쟁	52, 97	
절약의 원칙	374	
접적전진	405	
정면공격	405	
정밀공격	406	
정보	398	
정보의 원칙	283, 370	
정보전	27, 99	
정책	218	
정책과 전략	29	
정치 목적의 구성과 체계	136	
제병협동작전	331	
제한전	27	
제한전쟁(制限戰爭)	52	
조미니(Jomini)	23, 37, 313	
종심전투이론	260	
주관적, 무제한 전쟁	93	
주관적/객관적 무제한 전쟁	96	
주도권	351	
주도권 획득 방법	354	
주도권 획득의 원리	352	
주요 군사전략가의 군사전략에 대한 통찰	186	
중강도분쟁	103	
중상주의	94	
중심	387	
중요이익	216	
증원	396	

지구전(持久戰)화	38	통일의 원칙	373	**A~Z**	
지구전략	51	통합	279	Exploitation	231
지역방어	411	트리안다필로프	259	Exploration	231
지연방어	413	팀워크	337	non-state Actor	74
지원관계	395			Sub-states	74
지휘관계	394	**ㅍ**			
지휘통일의 원칙	284	팔랑스(Phalanx)	34		
지휘통제	397	평가	380		
직업군대 전쟁으로 제한전쟁	92	포쉬	25		
직접지원	395	포위	404		
집단군	316	포클랜드 전쟁	203		
집산동정(集散動靜)	337	풀러	269		
집중	356	프리드리히2세	58		
집중의 원리와 힘의 효과	358				
집중의 원칙	286, 371	**ㅎ**			
		하이브리드전(Hybrid Warfare)	18, 75, 99		
ㅊ		항공전	40		
창의의 원칙	374	해리 서머스	262		
철학	83	해상박명종	340		
첨단기술기반전	27	해상박명초	340		
총력전	27, 39	해양이론	40		
총력전론	41	핵심이익	216		
최종상태	387	혁명전쟁	102		
추격	408	현대총력전	97		
칠계(七計)	49	현실주의 패러다임	16		
침투기동	404	화력	399		
		화력자산	400		
ㅋ		확장된 전투	264		
코소보 전쟁	203	환원주의(reductionism)	21		
콜린 그레이	63	후속계획	305		
클라우제비츠(Clausewitz)	11, 24, 32, 51	흐로티우스(Grotius)	88		
	85, 138, 269, 313	희생양이론	119		
키라스(Kiras)	74	힘과 전투력의 지향 방향	357		
ㅌ		**기타**			
탄넨베르크 전투	317	1, 2세대전쟁	73		
탈국가화	74	3세대전쟁	73		
테러리즘	74, 102	4세대전쟁	12, 18, 20, 73, 99		
통섭	21				

Strategy · Tactics, and Operational Arts
어떻게 경쟁하고 승리할 것인가?
원리와 방법

초판 1쇄 발행 2022년 8월 26일
초판 2쇄 발행 2022년 10월 14일

지은이 배달형 · 전덕종 · 김진영
펴낸이 이창형
펴낸곳 GDC미디어
주   소 서울시 서대문구 신촌로 25, 3~4층
이메일 gdcmedia@naver.com
등록번호 제 2021-000004호
ISBN 979-11-975015-6-2 03300

* 책값은 뒤표지에 있습니다.

※ 이 책은 저작권법에 따라 보호를 받는 저작물이므로 무단 전재와 무단 복제를 금지하며,
   이 책 내용의 전부 또는 일부를 이용하려면 반드시 저작권자(배달형 · 전덕종 · 김진영)와
   GDC미디어의 서면 동의를 받아야 합니다.

※ 잘못된 책은 구입하신 서점에서 바꾸어드립니다.